Raw Milk
即食生乳及其制品

（巴西）路易斯·奥古斯托·尼罗
安东尼奥·费尔南德斯·德·卡瓦略 著
张养东　王加启　郑 楠　等 编译

中国农业科学技术出版社

图书在版编目(CIP)数据

即食生乳及其制品：Raw Milk / (巴西) 路易斯·奥古斯托·尼罗，(巴西) 安东尼奥·费尔南德斯·德·卡瓦略著；张养东等编译 . --北京：中国农业科学技术出版社，2022. 10

ISBN 978-7-5116-5769-5

Ⅰ. ①即… Ⅱ. ①路…②安…③张… Ⅲ. ①鲜乳②乳制品-食品加工 Ⅳ. ①TS252

中国版本图书馆 CIP 数据核字(2022)第 082557 号

责任编辑 金 迪
责任校对 马广洋
责任印制 姜义伟 王思文

出 版 者 中国农业科学技术出版社
北京市中关村南大街 12 号 邮编：100081
电 话 (010) 82106625 (编辑室) (010) 82109702 (发行部)
(010) 82109709 (读者服务部)
网 址 https://castp.caas.cn
经 销 者 各地新华书店
印 刷 者 北京地大彩印有限公司
开 本 185 mm×260 mm 1/16
印 张 17
字 数 400 千字
版 次 2022 年 10 月第 1 版 2022 年 10 月第 1 次印刷
定 价 138. 00 元

Raw Milk, First edition
Luís Augusto Nero
Antonio Fernandes de Carvalho
ISBN: 978-0-12-810530-6
Original English language edition published by Academic Press.
Authorized Chinese translation published by China Agricultural Science and Technology Press Ltd.

《即食生乳及其制品》（张养东，王加启，郑楠 等编译）
ISBN 978-7-5116-5769-5

注　意

《即食生乳及其制品》

译者名单

主 编 译： 张养东　中国农业科学院北京畜牧兽医研究所

王加启　中国农业科学院北京畜牧兽医研究所

郑　楠　中国农业科学院北京畜牧兽医研究所

参译人员（按姓氏笔画排序）：

王　亨　扬州大学

王　童　河南工业大学粮油食品学院

王连群　塔里木大学

王峰恩　山东省农业科学院

王梦芝　扬州大学

王朝元　中国农业大学

田兴舟　贵州大学

任大喜　浙江大学

刘凯珍　河南农业大学

许晓曦　东北农业大学食品学院

苏传友　河南农业大学

李大刚　广东省农业科学院动物科学研究所

李文清　河南农业大学生命科学学院

杨永新　青岛农业大学

杨舒黎　佛山科学技术学院

张书文　中国农业科学院农产品加工研究所

吴正钧　光明乳业股份有限公司、乳业生物技术国家重点实验室

吴浩铭　中国科学院动物研究所

闵　力　广东省农业科学院动物科学研究所

林树斌　广东省农垦总局
孟　璐　中国农业科学院北京畜牧兽医研究所
赵正涛　江苏科技大学粮食学院
姜雅慧　四川农业大学
顾佳升　国家奶业科技创新联盟
倪迎冬　南京农业大学
高艳霞　河北农业大学
高海娜　北京工商大学
郭利亚　河南科技学院
黄　锐　中垦华山牧乳业有限公司
黄国欣　南开大学
常广军　南京农业大学
韩荣伟　青岛农业大学

译者的话

大自然里普遍存在着即食生乳。因为不经任何处理的生乳是新生代哺乳动物唯一且趋近完美无缺的食物。

人类进入工业化时代，伴随着大城市出现，发现细菌感染是传染病的原凶，于是杀菌法盛行，最初起步的是热杀菌法即巴氏杀菌法。然而当时并非一帆风顺，反对的观念是净化法，为什么不从源头上去控制细菌的侵入而非要加热呢？不过随着微生物学的发展，热杀菌法普遍得到各国政府认可并以立法形式迅速推广，净化法被社会遗忘了。

近代，尤其在当代“生命科学”被提出之后，发现了在哺乳动物乳汁里存在大量不同种类的生物活性物质，这些生物活性物质对动物机体发挥重要和关键的生物学功能。但是，经过热杀菌之后的奶制品中却多多少少不复存在。人类再次将目光转向了生乳及其制品，意外地发现其居然保留着相对完整的乳的固有生物活性物质！这些事实震惊了许多科学家。

自大量生物活性物质在生乳中被发现以来，防止热伤害奶的呼吁已经成为一个难以忽视的问题。热杀菌法各种新工艺随着时代进步已经取得了日新月异的发展，但无法从根本上解决热伤害对乳中固有生物活性物质的破坏，因此寄希望于“非热杀菌”“除菌法”“抑菌法”等技术来替代“热杀菌法”的期盼在日益迫切，也有人希望回归本源，直接食用生乳及其制品，重新研究净化法。

即食生乳及其制品不属于现代乳品工业“百花园”，是生长在花园外的一朵“野花”。但这朵“野花”直接传承于人类有史以来饮奶的传统，虽不受文明社会“待见”却久经考验而枝叶茂盛。

截至目前，我国即食生乳及其制品还未有其法律地位。编译者出版本书，目的是从学术上介绍即食生乳及其制品这一奶制品品类，从产业实践上让行业内人士了解即食生乳及其制品，填补国内学术和行业上的空缺。

鉴于编译者水平有限，译文中难免存在偏误，恳请读者批评指正。

译者注

2022 年 9 月

目　录

1　生乳生理学

Christopher H. Knight

Department of Veterinary and Animal Sciences, University of Copenhagen, Copenhagen, Denmark

1.1　引　言

生乳消费是一个很有争议的话题，人们对生乳消费常常也知之不多。生乳是优于还是劣于其他乳呢？一般认为生乳是未经巴氏杀菌的乳，但消费者通常将其与经过巴氏杀菌，且经过标准化、均质和半脱脂的加工乳做比较。虽然从工艺角度来说生乳未经过加工，但实际上是经过“生物加工”的。乳腺上皮细胞向外分泌的水性分泌物在乳房内储存过程中，挤奶过程中，进入奶罐后，与其他农场的乳混合在一起时，以及在包装和运送给消费者的过程中，都会发生酶修饰和其他修饰。在这一章，主要介绍“生乳”的生理学（当然，无论食用何种奶产品，泌乳生理学都是一样的），首先是考虑泌乳的起源和目的，然后是乳腺本身。幼年期的乳腺发育，特别是妊娠期的乳腺发育，接着是乳汁生成（泌乳的启动）、分泌，排乳前的储存，然后是排乳。在泌乳期，分泌细胞会发生发育性重塑（尤其是刚分娩后），腺泡充盈和排空过程中反复受到机械刺激，病原菌的潜在攻击，以及泌乳后期乳腺的退化与恢复。所有这些过程都已有大量的研究和综述，本章不想重述这些过程，将尽量找出那些与安全食用生乳最相关的泌乳生理学要素，论述的内容也尽可能是前瞻性的，而不是回顾性的。

1.2　泌乳作为多功能生理生存机制的历史背景和演变

泌乳生理学教授的基本是比较简单的知识，仅是在生殖生物学一章末尾再加一点内容，但乳腺被许多学科用作模型系统。因此，文献检索“泌乳生理学”一词可检索到大量与乳腺生物学和乳腺癌相关的分子研究的最新文献，但有关泌乳生物学过程机制研究的文献却极少。好在大部分泌乳生物学过程机制研究的旧文献仍未过时，不久前有学者对这些文献进行了比较详细的综述，在《乳腺生物学与肿瘤学杂志》（简称JMGBN）发表了一系列文章（Neville，2009）。篇幅不长但信息丰富的《泌乳生理学》教科书（Mepham，1977a）或更新后更全面的《泌乳与乳腺》（Akers，2002）也能让读者更好地了解这方面的知识。现将泌乳的不同生理过程用图 1.1 表示，以使读者对本章内容有大致的了解。

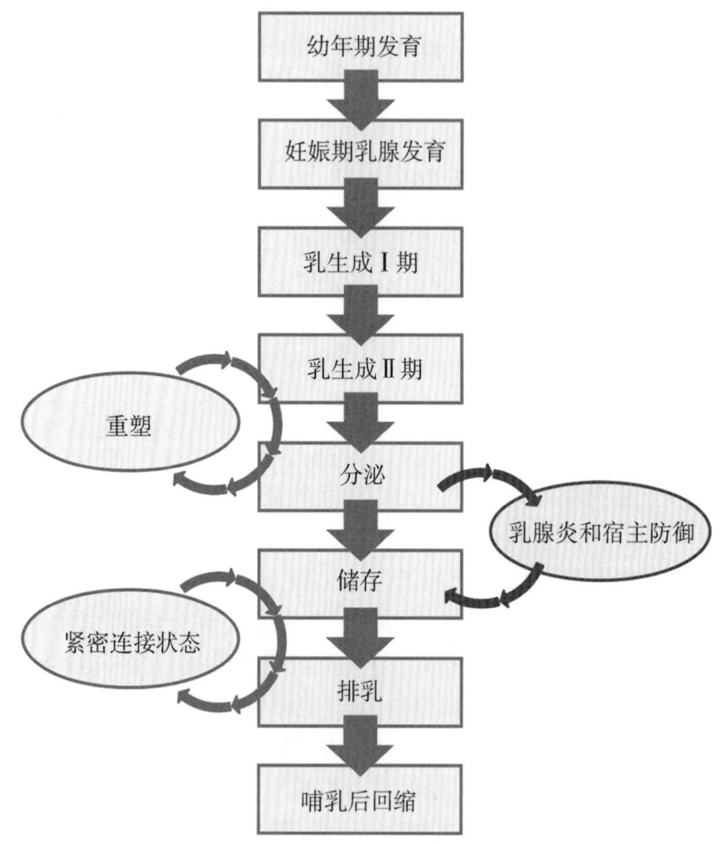

图 1.1　构成泌乳的不同生理过程概述

关于泌乳的进化起源存在争议，有人认为合弓纲动物的卵具有多孔性，因此要从皮肤分泌出水性分泌物（Oftedal，2012），也有人认为乳腺已演变成免疫系统的一个特殊组成部分（Mclellan 等，2008）。之所以提及这一点，主要是为了强调泌乳功能的多样性，很明显，乳具有提供营养、免疫保护和水合作用三位一体的功能。这些功能的相对重要性某种程度上因物种而异，比如说通过初乳转移被动免疫，对人类就不像对奶牛那么重要，因为被动免疫可在产前通过胎盘转移给胎儿。这揭示了另一点，即妊娠和泌乳的相互作用和相互依赖。从进化的角度看，这两个不同的生理阶段对有些物种都同样重要，对有些物种则不是这样。有袋类动物生下的幼崽非常不成熟，几乎完全依赖哺乳（育儿袋被誉为“能看风景的子宫”；Renfree，2006）。而另一个极端现象，豚鼠幼崽出生时已经非常成熟，哺乳几乎可有可无。在妊娠期间大多数物种的乳腺都会生长发育，以满足新生幼崽（而非母亲）的需要，因此，内分泌机制已经进化，以确保胎儿可以影响乳腺的生长，从而影响其自身的命运（Knight，1982）。乳腺分泌物中含有与该物

种相匹配的能量物质，以脂肪和碳水化合物的形式出现，而且脂肪和碳水化合物各自的重要性又有所不同（Oftedal，1984）。新生儿生长缓慢，大部分能量由母乳中的碳水化合物（乳糖）提供，而鳍足动物（海豹）的乳汁富含脂肪，可提供新生幼崽快速生长的能量，并起到绝缘隔热的作用。牛乳介于这两者之间。乳蛋白（酪蛋白和乳清蛋白）也因物种而异，最突出的特点是人乳和马科动物乳蛋白含量都比较低。这并不是说乳蛋白对这些物种不太重要。各种动物乳中的乳蛋白，尤其是肽类的一个重要特性是具有调节作用或生物活性，可能仅需微量即可发挥作用。在这里“可能”是个关键词。一方面，所有食物中的微量成分有时都可能引起严重的过敏反应或其他反应，但另一方面，消化系统可将食物中的蛋白质消化分解成单个的氨基酸。近几十年来，人们对乳的保健生物活性的兴趣一直很浓厚（Weaver，1997），但事实上，欧洲食品安全局至今尚未批准过任何一种具有保健作用的奶制品。最近一篇关于母乳成分及其生物活性的综述着重讨论了寡糖作为益生元的潜在影响（Andreas 等，2015），以及特定的单一脂肪酸，尤其是共轭亚油酸（CLA）潜在的生物活性作用（Kim 等，2016），表明即使不考虑其所含的全部矿物元素和微量元素，乳也是一种品种多样、具有广泛的潜在生物活性作用的食品。对乳成分的详细描述不在本章的论述范围，但我们应该考虑生物活性因子的出现是如何受不同生理机制影响的。乳的另一个重要特征在于营养物质的运输形式，钙就是一个很好的例子。磷酸钙纳米团簇作为亚结构存在于酪蛋白胶束中，其浓度远高于其溶解度（Lenton 等，2015）。有时某种特定的乳可能具有特定的，甚至独有的特性。比如，越来越多的证据表明，骆驼乳可提供大量具有生物活性的胰岛素（Meena 等，2016）。

在决定分泌乳汁并确定向其中添加何种成分后，哺乳期应该持续多久呢？一般的共识似乎是，牛哺乳期为 10 个月左右，妇女至少 6 个月，但从生理学实际角度来说，其弹性很大（Knight，2001）。对于喂养幼崽别无他法的物种来说，哺乳期只能是“以幼崽需要为度”，而对于有蹄类动物来说，因食物可得性不同，哺乳期长短可能会有很大的差异（如果条件恶劣，季节性繁殖的鹿可能一整年不生育，因为幼鹿需要更长时间的哺乳；Loudon 等，1983）。这里有一个新概念，对讨论生乳很重要。从生物学上讲，乳本来是给新生儿吃的，但在本书中，我们主要考虑的是年龄更大的消费者。母乳通常能很好地满足新生儿的营养需求，尽管人们有时对具体细节有争议（Knight，2010），并且产妇不泌乳的情况也越来越多（Marasco，2014）。年龄更大的消费者最佳需求将大不相同，取决于许多与生活方式相关的因素，特别是其他饮食和运动。长期以来，有一种基于流行病学的观点认为，食用牛奶，特别是乳脂，对健康有害，尤其对心血管健康有害。近来对一些证据的复核结果显示，这一观点是错误的（Thorning 等，2016）；奶对人是有好处的！

1.3 乳腺发育生理学

1.3.1 幼年期发育

乳腺的生长发育过程称为乳腺发育，主要发生在妊娠期，受到卵巢类固醇激素和胎盘催乳素的刺激。尽管如此，在生命早期存在乳腺发育的“关键窗口期”（Knight 和 Sorensen，2001），这与乳腺复杂的多细胞特性有关。在出生后至进入幼年期很长时期内，乳腺都由相对独立的导管上皮组织和包裹在外面的脂肪垫组成。乳腺上皮组织不会长出脂肪垫外，有明显的证据显示，从早期开始，脂肪垫的间质细胞（以及由此形成的胞外基质）跟导管上皮细胞之间存在相互调节作用（Kratochwil，1986；Faulkin 和 Deome，1960）。然而，随后大量的脂肪组织对导管系统的生长起到局部抑制作用。这一点在青春期前的青年母牛上得到了证实，有人认为是受生长激素（GH）/胰岛素样生长因子轴干扰的原因（Sejrsen 等，2000）。对于这种生长抑制能否完全解释过度喂养的青年母牛以后将出现产奶量下降现象，仍未有定论。在很长一段时间内乳房稳定而缓慢地发育，在生长速度不同的动物中，不可能总是忽略年龄相关的差异（Daniels 等，2009）。然而，有明显的证据表明，肥胖小鼠乳腺脂肪垫内过量脂肪沉积对分泌组织的发育及随后的功能均有抑制作用（Flint 等，2005）。鉴于对肥胖妇女泌乳不足越来越多的关注（Nommsen-Rivers，2016），这是一个值得进一步研究的领域。

1.3.2 妊娠期乳房发育

在已研究的物种中，妊娠期乳腺上皮细胞呈指数增殖，在大多数物种中这显然是主要的生长期（有袋类动物明显不同，乳腺发育大部分是在产后由吮吸触发的局部机制刺激下发生的）。有人首先在山羊上对反刍乳用动物这种生长模式进行定量研究（Fowler 等，1990），后来在奶牛上进行研究（Capuco 和 Ellis，2013）。第二次世界大战后关于乳腺发育的内分泌控制的经典研究被收录在 2009 年的 JMGBN 专刊中（Forsyth 和 Neville，2009）。经证实，“刺激乳腺发育复合物”是由雌激素、生长激素和肾上腺皮质激素促进导管生长，以及孕酮和催乳素刺激小叶腺泡（分泌组织）增殖共同完成。后来发现胎盘催乳素（许多物种的胎儿胎盘产生的一种催乳素样激素）可以代替催乳素（Hayden 等，1979）。Berryhill 等最近综述了雌激素的作用，雌激素被认为是主要的乳腺发育激素，也已证明膳食因素（尤其是共轭亚油酸）对乳腺发育有重要影响。归根结底，乳腺要生长发育首先必须有上皮细胞的增殖。奇怪的是，雌激素是一种乳腺发育激素，但显然不是一个有丝分裂原；体外研究未能证实雌激素对乳腺细胞增殖的直接刺激作用，相反，雌激素的作用被认为是通过局部产生的胰岛素样生长因子-1（IGF-1）来间接实现的，IGF-1 似乎是牛乳腺的重要有丝分裂原。许多其他因素，如光周期（Andrade 等，2008）和炎症（Gouon-Evans 等，2002）已被证明对乳腺发育有明确的影响。光周期可能通过催乳素和其他局部生长因子如巨噬细胞的集落刺激因子（CSF）引起的炎症起作用（共轭亚油酸 CLA 的作用似乎与炎症反应有关）。然而，影响乳腺细胞的一个特定因素不一定对妊娠动物有明显作用，值得注意的是，这里提到的光周期效应，已在用外源类固醇激素刺激泌乳的绵羊中观察到，而 CSF 研究用的是小鼠，目的是为了更好地了解乳腺癌的成因。在过去的十年里，对于乳用动物来说，对孕期乳房发育的研究兴趣已经日渐减退（啮齿动物和其他乳腺癌模型物种的情况当然不是这样）。这可能是由于乳用动物乳房发育几乎都是成功的，没理由认为还有可以改善的余地。前面已经提到了 IGF-1 的促有丝分裂作用。生

长激素（GH，又称牛生长激素，BST）可刺激 IGF-1 的分泌，后面我们将介绍生长激素对反刍动物泌乳具有显著影响。然而，用生长激素刺激绵羊乳房发育的尝试均未获得成功(Stelwagen 等，1993)。

1.4 产后和泌乳期乳腺的持续发育

有袋类动物是在短期妊娠后产下幼崽，分娩时乳腺小且尚未完全发育。分娩后，小袋鼠一直叼住妈妈的一个乳头，这个乳房开始泌乳且开始进入明显增殖阶段（其他乳房并不泌乳、发育）(Lincoln 和 Renfree，1981)。这种增殖和泌乳同时进行是一种极端的现象，其单侧发育特性突显了局部调节机制的重要性。在讨论泌乳的调节和乳中的生物活性因子时还会着重介绍这一点。大多数物种在泌乳早期乳腺可能还稍有增殖，但与妊娠期相比，这部分增殖是很小的。乳用动物泌乳期乳腺的主要发育特征是，泌乳高峰期前后开始的细胞凋亡引起细胞逐渐丢失，这也是泌乳量随泌乳期延长而下降的原因。这与哺乳持续时间长短有关，将在后面讨论。

显然，泌乳开始前乳房的发育是必不可少的，且对产奶量有很大影响。乳房的发育对乳成分是否有影响尚不确定，除非发育中的乳腺上皮结构完整性存在严重缺陷。我们在后面讨论泌乳过程时，就会明白这一点。

1.5 乳的生成

1.5.1 乳生成第一阶段

在泌乳开始前，分泌机制必须发育。在妊娠期间分泌细胞已经增殖，所以现在我们需要更详细地探讨这些细胞及其分泌活动。Fleet 等（1975）将乳生成第一阶段定义为“分泌活动的启动，即乳房内出现前初乳”，将乳生成第二阶段定义为“临近分娩时大量乳汁分泌的启动”。他们还重申了“galactopoiesis（乳汁分泌）”一词的定义，即“在已确立的泌乳期乳产量的增加”。随着 galactopoiesis 除了含有乳的“增加”之外还增加了“维持”这个条件之后，这些定义被广泛接受，尽管在一些关于母乳喂养文献中，galactopoiesis 被误称为是乳汁生成第三阶段（Suárez-Trujillo 和 Casey，2016）。两个过程及其调控完全不同，但相互关联。动物科学相关的文献中也使用“初乳生成”一词（Baumrucker 等，2010），但这可能增加了不必要的复杂性。问题在于定义，初乳是分娩后最早出现的乳汁，但有很多证据表明，初乳的分泌早在分娩前就开始，之后在乳腺中储存数天或数周。后面我们就会明白，新生幼崽口中的初乳与一段时间前由上皮细胞顶膜分泌的前初乳不太可能完全相同。

Babraham 团队（Fleet 等，1975）发现山羊在妊娠后期前初乳分泌增加，并观察到离子组成发生了变化（从细胞外离子比较多变为细胞内离子比较多），乳糖浓度增加，以及 IgG 浓度增加。以上变化与催乳素和胎盘催乳素增加相一致，所以他们提出了其具有因果关系的假设。产前数周含有蛋白和脂肪的乳样物质的出现显然表明乳合成作用的酶促机制已经存在，这一观点也得到了组织学研究的支持。为什么此时已经可以泌乳却不泌乳，原因仍不清楚。另外，需要切记的是：尽管前初乳采集的量比较少，但也并非微不足道，后来发现这可能会刺激乳汁分泌提早启动，其机制可能是通过清除局部产生的前列腺素而致（Maule Walker 和 Peaker，1980）。

所有新生动物的首要需求都是获得能量、进行体温调节和被保护。初乳在不同程度上满足了这些需求。大多数物种的新生幼崽出生时都有一定的能量储备，足以存活数小时，婴儿甚至能存活几天，因此，能量不需要完全来源于初乳。母亲的行为（舔干，体热）对幼崽的体温调节也有帮助，因此，直接由初乳提供的热量不是生存所必需的。有些物种（特别是人类）天生就具有从胎盘获得的被动免疫保护。家畜则不同，对它们来说初乳最重要的作用（要比人重要得多）是提供免疫保护，尤其是免疫球蛋白 IgG1。初乳质量等同于 IgG 的含量。常乳中免疫球蛋白含量很低，且以 IgA 为主。初乳中免疫球蛋白含量很高，且 IgG 高于 IgA。这是怎么回事？Baumrucker 和 Bruckmaier（2014）对 IgG 分泌进入初乳进行了综述。很多细节还没有得到可靠的证实，但似乎其分泌是通过一种跨细胞转运机制，首先 IgG 从血浆通过一种特异性受体内化进入乳腺分泌细胞。这种特异性受体可能是新生幼崽的 Fc 受体，目前已经知道新生儿的 Fc 受体在胎盘和肠道中也发挥同样的作用。IgG 接着穿过细胞移位至细胞顶膜，被释放入腺泡（此术语将在分泌部分作更详细解释）腔内。有一点需要切记的是：“开放的肠道”现象。新生幼崽肠道对免疫球蛋白的吸收仅发生在出生后前一两天，此时相邻上皮细胞之间的紧密连接（TJs）是打开的，从而导致上皮是“渗漏的”。言下之意显而易见，一些免疫球蛋白，甚至大多数免疫球蛋白的转运是经细胞旁路途径而不是跨细胞膜转运途径。确切来说，同样的“渗漏”现象也发生在妊娠期和刚分娩后的乳腺。这种现象与常乳的质量有很大关系，将在后面讨论。其对初乳分泌是否也很重要尚不清楚。

1.5.2 乳生成第二阶段

不同物种分娩时的内分泌变化相似（不完全相同），催乳素升高，孕酮下降。试验结果已清楚表明，催乳素在有孕酮存在时不能启动乳的大量分泌，而去除孕酮后则乳大量分泌。这就是 Nick Kuhn 的“孕酮触发”假设，首次发表于 1969 年，40 年后在 *JMGBN*特刊上再版（Kuhn，2009）。此假设仍未过时。由于孕酮下降也与分娩调控有关，这一机制确保了分娩和乳供应之间的同步性。但人类泌乳除外，孕酮直到产后 2~3 天才下降，此时乳汁才开始大量分泌。

1.6 分　泌

1.6.1 合成过程

详细描述乳成分的合成已超出本章的范围，读者可参考发表于动物学会第 41 届研讨会论文集的综述（脂肪，Dils 等，1977；蛋白质，Mepham，1977b；乳糖和其他糖，Jones，1977）。有些要点值得强调，乳腺蛋白质合成没有什么特别之处：氨基酸由特异性转运载体转运，蛋白质在粗面内质网的核糖体中合成，在分泌前蛋白质颗粒积存在高尔基体中。合成的蛋白质主要有：酪蛋白、α-乳清蛋白（所有物种）和 β-乳球蛋白（有些物种没有，包括人类）。乳中其他蛋白质主要来源于血浆，尽管有证据表明有些蛋白质（比如急性期蛋白，Eckersall 等，2006）可能由乳腺内皮细胞或其他类型细胞合成。一项跨哺乳期的牛乳蛋白组学研究揭示，不同泌乳阶段表达的乳蛋白数量的变化少于 10%，这些变化主要是免疫相关蛋白的变化，泌乳中期少于泌乳早期（对新生幼崽的免疫保护很重要）和泌乳后期（对乳腺的保护很重要）。在动物细胞中，α-乳清蛋白控制高尔基体利用葡萄糖合成乳糖的过程。乳糖合成前体物是葡萄糖和半乳糖，不分物种，但乳脂合成在很大程度上取决于物种。在非反刍动物，乳脂合成的主要前体物是葡萄糖，而反刍动物（可利用的葡萄糖相对比较少）乳脂合成的主要前体物则是乙酸。因此，很明显，乳腺分泌细胞葡萄糖的供应和摄取是乳合成的主要决定因素。乳腺摄取葡萄糖是非胰岛素依赖性的，主要由葡萄糖转运蛋白（GLUTs）1 和 8 转运（Zhao，2014）。这些 GLUTs 的表达在乳生成第二阶段显著升高，尽管这看起来是局部缺氧而不是内分泌刺激的结果。细胞内葡萄糖究竟是如何被特异性地输送到高尔基体以合成乳糖的？此机制尚不清楚。

1.6.2　分泌过程

乳腺首先是一个外分泌腺，尽管它也具有内分泌功能（Peaker，1996）。乳腺分泌细胞是有极性的，物质经基底侧细胞膜吸收入胞内，并通过几种分泌机制中的两种，经细胞顶膜分泌主要的乳成分（脂肪、蛋白质和乳糖）（图 1.2，Shennan 和 Peaker，2000）。乳糖和乳腺合成的蛋白质由胞吐方式分泌，即高尔基体与细胞顶膜融合，高尔基体的内容物被释放入乳腺腺泡腔内（细胞 2，图 1.2），而脂肪则经顶浆分泌过程分泌，即当脂肪滴被挤压进入腔中时被包裹在细胞顶膜中，这个膜就变成了脂肪球膜（细胞 3）。显然，泌乳不是直接分泌，而是不断地发生大量动态的膜重组。进一步研究不同成分进入乳的方式，会发现情况更为复杂：Baumrucker 和 Bruckmaier（2014）的研究发现有 8 条独立的路径，McManaman（2014）的研究中认为乳腺的磷脂转运形式多达 12 种。然而，从生理学角度来看，乳中主要和次要成分的转运有 5 种独立途径。除了胞吐和顶浆分泌，简单的物质可能首先通过基底膜，然后经某种载体或转运体通过顶膜（膜途径：细胞 1，图 1.2）。与受体结合的复合物分子可以结合、内化，通过一个或多个胞内囊泡转运并被挤压排出（这种机制为跨细胞转运，以细胞 4 显示的免疫球蛋白为例。许多药物也以此种方式分泌，Yagdiran 等，2016）。这 4 种机制都是跨细胞的，即路径是穿过分泌细胞的。第 5 种机制完全不同，为细胞旁路途径转运（相邻细胞之间），并且只有在相邻细胞之间的连接复合物（尤其是紧密连接）变成“渗漏的”情况下才可能出现（Linzell 和 Peaker，2009）。从这些多重机制中可以清楚看出，乳中可能含有泌乳动物摄入或吸收的许多物质（Liston，1998）。

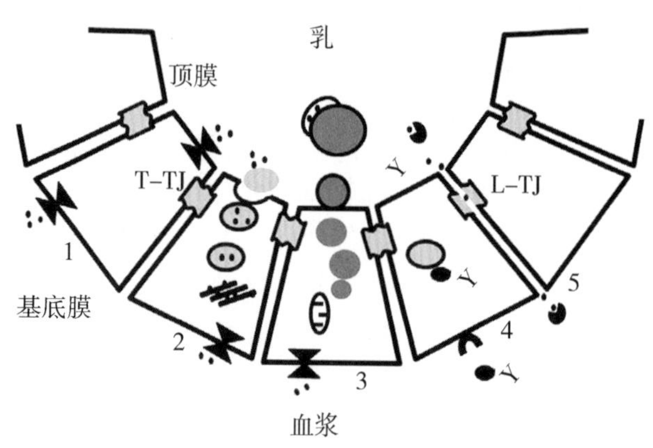

图 1.2　乳腺分泌细胞内的 5 种分泌途径

注：细胞 1 显示膜途径：简单分子通过载体或转运体摄取穿过基底膜，在细胞内转运，然后经顶膜流出。细胞 2 显示乳糖、蛋白质和水的胞吐，通过高尔基体膜与顶膜的融合，再释放高尔基体内容物。细胞 3 显示脂肪通过顶浆分泌进入乳中。细胞 4 显示跨细胞转运，复合分子与基底侧膜上的特异性受体结合，然后被内化，在胞内经一个或多个囊泡转运，最后被挤压在顶膜排出。这些途径都是跨细胞途径。第 5 种机制是通过细胞 4 和细胞 5 之间渗漏的紧密连接（L-TJ）的细胞旁路途径。

1.7　合成与分泌的调节

催乳素于 20 世纪 30 年代首次在兔上发现，因其促进泌乳的特性而得名。在包括人类的许多物种中，催乳素刺激乳分泌和维持泌乳的功能是毋庸置疑的（Crowley，2015），但在反刍动物上就不那么清楚了。有几项研究表明，牛、绵羊和山羊内源性催乳素减少对产奶量的影响很小，甚至没有影响；而生长激素的刺激作用则已经得到极其广泛的认可（Bauman，1999），重组牛生长激素（rBST）已被商业化提供给美国奶农作为泌乳的刺激剂。遗憾的是，其生物学机制仍不完全清楚。动态平衡（Homeorhesis）是指在维持整体能量平衡的同时，将能量和营养重新分配至代谢的某一特定方面。GH/rBST 对乳腺动态平衡的促进作用很容易证实，但 GH 是否对乳腺分泌细胞有直接作用则尚不清楚。乳腺是增加养分摄入还是增加养分排出？这种争论从未得到正确的答案，但有一个共识是，产奶量不仅只是对可利用营养的多少有反应。在乳腺水平，GH/rBST 促进产乳的途径仍是个谜！最近的证据（Lacasse 等，2016）表明，催乳素在反刍动物泌乳中的作用比以前认为的更重要，而且其作用似乎是直接作用于乳腺分泌细胞。催乳素的促乳活性部分是通过促进乳成分的合成，部分是促进乳的分泌。Truchet 等（2014）最近对这一主题进行了综述，重点介绍了膜循环不断发生的重要性。这要求多种膜蛋白互相合作，其中主要是与花生四烯酸结合的 SNARE 蛋白（可溶性 N-乙基马来酰亚胺敏感因子附着蛋白受体），被认为是催乳素促分泌作用的介质。

乳的合成和分泌除了全身性控制外，还有局部性调控。最简单的例子是挤奶频率；奶牛每天挤奶从 2 次改成 3 次时产奶量会增加，但产奶量增加仅局限于增加挤奶频率的乳区（Hillerton 等，1990）。这种局部控制过程后面将做更详细讨论。

1.8 乳糖（水）分泌的重要性

如前所述，乳糖是在高尔基体囊泡中由葡萄糖和半乳糖合成的，这些小分子很容易通过高尔基体膜。乳糖是一种不能穿过半透膜的大分子，因此累积在高尔基体内，产生渗透势能将水引入高尔基体囊泡内。这是水进入乳的主要途径（Linzell 和 Peaker，2009）。与天然的直觉相反，水不能简单透过细胞膜，因为细胞膜脂双层结构具有很强的疏水性。显然，水确实可进入乳中（也可穿过许多其他细胞膜），负责转运作用的转运分子主要是水通道蛋白（AQPs），其中已鉴定出 13 个成员。我们和其他人（NaseMI 等，2014b）最近已证实了乳腺组织中 AQPs 1、3 和 5 的存在及其对乳腺发育的调控作用。AQP1 主要表达于毛细血管内皮细胞。AQP3 和 AQP5 分别在分泌细胞基底侧和顶膜侧表达，提示 AQP5 参与了分泌。与此相矛盾的是，AQP5 的表达从妊娠至哺乳一路下降（其他则上升），但是这些膜蛋白极其稳定，也许从时间角度来看其表达水平并不等同于其功能的大小。我们还没确定高尔基体膜上是否有 AQP 的表达，但估计会有。关于乳糖浓度在整个泌乳期的变化有很多讨论（在泌乳后期趋于降低），但有充分的理由相信，在分泌时乳糖浓度是恒定的，或者很接近恒定。这种分泌产物是恒定的但终产物（粗产物）有变化的现象带来了另一重要概念：在乳腺内贮存过程中乳成分发生了变化。这也引出了一个问题，如果水流动只是被动的，由乳糖合成所驱动，那 AQPs 受乳腺发育调节又有什么意义呢？这一规则有一重要例外。有袋动物乳成分在整个泌乳期的变化非常大。泌乳早期（Nicholas 术语中的第 1、第 2a 和第 2b 阶段，1988）的特点是乳汁分泌相对稀少，但乳糖高，而泌乳后期（第 3 期）乳汁分泌量比较大，但乳糖含量低。这种情况下，除了乳糖之外，似乎不可避免还有其他物质也参与调节水的进出。因此人们有希望可通过调控水的进出进而调控产奶量，这的确是一个令人兴奋的前景。

1.9 重　塑

从乳生成第二阶段至完全泌乳的转变通常是平稳的，但毫无疑问的是，在短期内发生的变化是非常巨大的。乳腺的血流量以及氧和营养物的摄取均增加了许多倍，此时牛乳房的水流量约 6 倍于非泌乳牛肾脏的水流量，在细胞水平，当腺泡充满乳汁时原来静态呈立方状的分泌细胞变成柱状，排乳后又变回立方状，每天如此反复循环几次或多次。几年前有研究人员发现，相当一部分分泌细胞不能完成这种转变：在泌乳早期，乳腺细胞凋亡（细胞生理性死亡）很多，至少在乳用动物上是如此（Sorensen 等，2006）。乳腺组织的这种重塑可能是去除异常细胞或多余细胞的机制，但还有另一种可能解释。在乳汁生成过程中启动葡萄糖转运入分泌细胞的“局部缺氧启动”假说（Zhao，2014）意味着此时的细胞代谢领先于心血管供应。最近我们获得的证据表明，在乳腺发育中（我们提出的“乳生成第三阶段”）血管生成（毛细血管的最终发育）很晚。这是发生在乳腺重塑的一个极端例子，但不应低估泌乳过程中所必需的整体可塑性的作用。反刍乳用动物的泌乳曲线已众所周知，泌乳高峰后产奶量的下降被认为是乳腺细胞进一步凋亡的结果；简单来说，泌乳后期动物分泌细胞的效率与泌乳高峰期动物一样，仅是数量较少（Fowler 等，1990）。在牛上，分泌细胞的凋亡仅通过增加挤奶频率即可部分缓解（Sorensen 等，2008；Herve 等，2016），由此，我们有希望可将牛泌乳期延长至远远超出其通常 10 个月的时间，预计这将既有经济效益又对牛的健康有好处（Knight，2008）。欧洲部分国家有些奶农已经采用延长泌乳期的做法（Maciel 等，2016），但目前这种做法尚未被广泛采用。

1.10 乳在乳腺内的储存及对分泌功能和乳品质的影响

大多数外分泌腺的工作模式是“分泌后即不管”，分泌产物很快被运走并代谢掉。乳腺则不同。乳用动物的乳腺有一个很大的储存区，即乳池，但即便如此，仍有相当一部分乳储存在分泌腺泡内，与乳腺细胞直接接触（Knight 等，1994）。奶农每天通常定时挤奶两至三次，这意味着储存时间为 8~16 h。对许多物种来说，储存时间的变化要大得多，因为这取决于母子关系的亲疏程度。有两种结果：由于蛋白水解酶的存在，储存期间乳的特性会发生变化，储存乳中的生物活性因子有可能通过局部机制调控乳的分泌过程。

1.10.1 乳腺功能的局部调控

乳腺内局部调控的典型例子是挤奶频率的刺激效应。Henderson 和 Peaker（1984）采用单侧挤奶，再灌注等量生物惰性等渗蔗糖的方法，首次明确地表明，挤乳频次的刺激效应是由于储存乳中的生物活性因子的移除，而不是压力的消除。这是一种使乳的供需相匹配的机制，其生物学原理是显而易见的。实际结果是，农场主把每天两次挤奶改为三次，产奶量可增加 12%~15%，如果是采用自动化挤奶系统（AMS），则无须增加劳动力成本即可达到增产的效果。整个泌乳期每天到 AMS 系统挤奶次数更多的奶牛，泌乳持续性也更好，平均产奶量约增加 20%（Pettersson 等，2011）。此外，改变挤奶频率仅改变产量，而不影响成分（Knight 等，2000）。在寻找乳中特定的泌乳调节因子方面，一些科研团队曾进行了相当多的研究，但正如 Weaver 和 Hernandez（2016）最近综述的那样，目前仍然没有明确的答案。有人发现一种（或多种）自分泌小肽（泌乳反馈抑制因子）可通过高尔基体膜抑制蛋白质运输，从而导致乳糖合成减少，产奶量下降（Wilde 等，1995），但这还不能通过确切的鉴定来确认。而酪蛋白衍生的磷酸肽通过破坏乳腺紧密连接（TJs）可完全抑制泌乳（Shamay 等，2002），但并不能证明其具有介导挤奶频率效应所需的精密控制作用。最近，血清素，即 5-羟色胺

(5-HT) 也被证明在乳腺中具有局部调节作用。抑制 5-HT 再摄取可增加细胞暴露于血清素的机会，已证明这样可破坏细胞间紧密连接（TJs），加速干奶时的产量下降（Hernandez 等，2011）。5-羟色胺也在乳腺内通过局部作用诱导甲状旁腺激素相关肽的分泌，这种肽在泌乳期钙平衡中起着重要作用。同样，血清素介导挤奶频率效应仍缺乏确切的证据，但显然乳腺内存在一些局部控制机制，储存乳中的生物活性因子可能参与了局部调控。

1.10.2 乳腺内的乳蛋白水解

乳品加工者非常清楚蛋白质分解可能产生的问题，研究者从奶制品的角度对这一主题进行了大量综述（Ismail 和 Nielsen，2010）。最近也有关于乳蛋白分解的生理学基础的综述（Dallas 等，2015），但此方面还没有得到很好的研究。纤溶酶显然是牛乳中主要的蛋白水解酶系统，但实际上还有许多其他系统（在综述中列出 9 个），其中大多数除了其活性蛋白酶外，还有个特点，即存在蛋白酶抑制剂和激活剂。许多可能的生物功能可归因于这些系统。新生幼崽的消化酶系统通常没有年长动物的发育完善，因此食用已部分消化的食物对它们更有益。蛋白质分解也会在乳中产生许多生物活性肽，这些肽对肠道微生物群、免疫功能、食欲调节等都产生有益的作用。在乳腺内，蛋白质分解可能有助于酪蛋白分子大小的最佳分布，产生具有抗菌活性的生物活性因子，有助于预防乳腺炎。考虑到这些潜在的生物效应，我们可能会以为牛乳在体温下储存半天会发生大量蛋白质分解。事实并非如此。在喂养良好的健康母牛泌乳早期所产的乳中，酪蛋白的分解程度相当小，一些蛋白质（如乳铁蛋白和免疫球蛋白）似乎完全不发生蛋白质分解。与酪蛋白的胶束结构相比，这些蛋白质具有紧密的球状结构，纤溶酶系统与酪蛋白胶束是相结合的（肯定如此），其他系统可能也是这样，所以乳蛋白降解程度有差异是可以理解的。另外还有一点要知道，大多数外分泌腺的分泌物都含有蛋白酶，许多与胃肠道相关的腺体就是最好的例子，其原因很清楚，但也有其他例子，如汗液中广泛存在的激肽释放酶系统（Lundwall，2013）。换句话说，这些系统的存在可能仅仅说明乳腺是由皮肤腺进化而来。或者，也许选择压力有利于蛋白酶抑制剂而不是蛋白酶的出现。

健康奶牛泌乳早期通常可能有轻微的蛋白质水解，但在患病和泌乳后期时，情况往往远非如此。众所周知，在以牧草为基础的低投入生产系统中，泌乳后期生产的乳加工性能差（Lucey，1996），主要与纤溶酶导致 β-酪蛋白分解为 γ-酪蛋白有关（Brown 等，1995）。纤溶酶及其无活性前体，纤溶酶原，是出现于乳中的血清蛋白，在泌乳后期乳中纤溶酶原浓度越来越高（Politis 等，1989）。乳中的蛋白酶来自何处？没有直接证据表明乳腺分泌细胞能生成纤溶酶或乳中各种蛋白酶系统的组分。转录组学分析表明，乳中的体细胞中存在编码组织蛋白酶和各种纤溶酶成分的 mRNA（Wickramasinghe 等，2012），但这些体细胞主要是免疫细胞。很可能有些蛋白酶是在乳腺内由分泌细胞或其他类型的细胞合成的。然而，泌乳活动与泌乳阶段的关系提示了一种更简单的解释：大多数蛋白酶源于血浆，随着泌乳后期乳腺上皮透过性增大，经细胞旁路途径进入乳汁。这在图 1.3 中有说明。

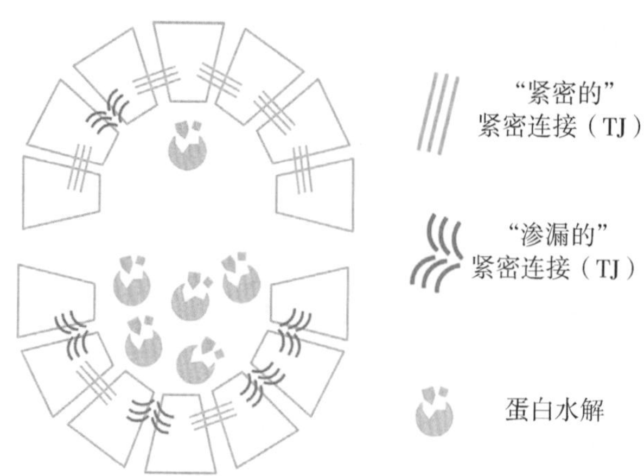

图 1.3　TJ 状态和乳分泌后乳中蛋白水解的结果

在上半图中，相邻分泌细胞之间的大部分 TJ 是完全紧密的，蛋白水解酶进入腺泡腔的细胞旁通道受到限制，乳几乎没有蛋白水解。这是健康乳腺在泌乳早期和中期的情况。在下半图中，大部分的 TJs 已经变得渗漏，蛋白水解酶可经细胞旁路途径流入，从而导致腺泡腔内乳中蛋白水解增加。这可发生在泌乳后期、乳腺炎和初乳分泌期间。

1.10.3　储存解剖学

乳池中储存的乳中生物活性分子仅与分泌细胞接触时才会影响其分泌，因此，局部调控的作用程度会因腺体的解剖结构不同，特别是乳池与分泌小泡的容积比不同而有差异。这可以通过超声波扫描来测量（或者至少是估计）。Dewhurst 和 Knight（1994）研究表明，乳池大的奶牛对增加挤奶频率的反应较小，因为受局部调节的影响较小，同样也更能忍受低频率挤奶。后来研究表明小反刍动物也具有类似的现象。

1.11　紧密连接状态

1.11.1　乳腺上皮完整性

乳腺上皮由分泌腺泡细胞组成，这些分泌腺泡细胞由连接复合物连接，包括（从顶端到基部的结构顺序）紧密连接（TJs）、系带附着物（中间连接）和黄斑附着物（桥粒）。在 20 世纪 70 年代初，Dorothy Pitelka 和 Malcolm Peaker 分别对乳腺紧密连接的物理特性和功能特点进行了描述，最近 Stelwagen 和 Singh（2014）对其进行了综述。"连接"一词含有刚硬、不弯曲的意思，但实际上这些结构是动态、可塑的，由两类跨膜蛋白（claudins 和 ocluddins）组成，这些跨膜蛋白处于不断流动和再循环状态（Chalmers 和 Whitley，2012）。因此，紧密连接（TJ）的完整性可能会（也确实会）发生变化。成熟乳的特点是低钠和高钾浓度（类似细胞内液），由封闭的上皮细胞来维持

此特点（紧密连接 TJ，图 1.3 上半图）。在妊娠期和刚开始泌乳时，TJs 是“渗漏的”（图 1.3 中的下半图），乳汁和血浆之间离子和其他一些小分子物质（比如乳糖）可达到平衡状态。一些免疫球蛋白的转移很可能也通过这种旁细胞途径，相当肯定的是蛋白酶（特别是纤溶酶系统的成员）和免疫细胞也能通过渗漏的 TJ。随着泌乳的进行，“渗漏的”TJ 比例逐渐增加，从而解释了泌乳后期的乳中蛋白质分解增加的现象。

1.12 对乳品质的影响

TJ 的临时开启可由两种机制中的一种实现：正常的细胞外钙浓度对 TJ 的维持是必要的，因此，注入钙离子螯合剂如 EGTA［乙二醇-双-（β-氨基乙醚）］可将 TJ 打开，产奶量亦随之立即下降（Neville 和 Peaker，1981）。超生理剂量的排乳激素，催产素也会造成渗漏，可能是由于肌上皮细胞过度收缩引起的简单物理破坏（Jonsson 等，2013，也可参阅排乳部分）。这种情况的主要影响是乳中体细胞计数（SCC）和总蛋白含量出现暂时性增加。因此，研究者建议，可将此种处理作为一种改进的乳腺炎一次性诊断方法（例如，用于诊断哺喂肉牛犊母牛的乳腺炎）。同样的方法也被用来暂时增加猪乳中的免疫球蛋白含量（Farmer 等，2017）。需要强调的是，这些暂时性变化（EGTA 约 48 h，催产素约 24 h）进一步证明 TJ 是“活的”和具有动态特性的。这与整个泌乳期的长期变化形成对比。前面已提到，由于细胞凋亡使得分泌细胞的数量逐渐减少，并伴随着上皮完整性的相应降低。这是由于 TJ 功能全面逐渐丧失，还是由于部分 TJ 完全渗漏引起的？目前尚不清楚。从乳品加工者的角度来看，如前所述，其结果是牛奶的蛋白质量变差。从兽医的角度来看，使用 SCC 作为乳腺健康，特别是亚临床乳腺炎的指标时，确实应该将泌乳期考虑进去，但通常没有考虑这一点。这些 TJ 状态的长期变化是乳腺整体发育策略的一部分，也可以通过增加挤奶频率这个简单办法来逆转（Sorensen 等，2001）。在泌乳 52 周时，一侧乳区每天挤 3 次奶，其乳中 α-酪蛋白和 β-酪蛋白含量显著高于对侧每天挤 2 次的乳，而纤溶酶、纤溶酶原和 γ-酪蛋白含量则低于对侧乳。两侧乳区交换挤奶频率后很短时间内（48 h），这种差异就产生部分逆转。同一头牛的这些内部差异是局部调节的另一典型例子，清楚地表明了 TJ 的重要性。最后，每天挤奶一次时产奶量降低，TJ 状态可能只是其部分原因，因为有证据表明，乳约经 18 h 的积存后，就会出现渗漏的现象（Stelwagen 等，1997）。

1.13 乳腺炎与宿主防御

乳腺炎是乳腺的感染性炎症，将在后面讨论，这里不做详细论述。然而，必须注意，乳腺确实具有局部防御机制，包括提高急性期蛋白反应（Eckersall 等，2006）和通过前面所述的相同机制，即降低 TJ 的完整性来招募免疫系统成员。其机制尚不清楚，但可能与催产素水平升高有关；我们观察到患有亚临床乳腺炎的山羊内源性催产素释放增加（C. H. Knight，未发表）。妇女哺乳期乳腺炎是一个常见且痛苦的疾病（Scott 等，

2008)，这方面的研究工作却少得惊人，尤其是考虑到亚临床乳腺炎是人类免疫缺陷病毒（HIV，艾滋病病毒）垂直传播的主要媒介时（仍然是由于 TJ“渗漏的”结果）(Willumsen 等，2000)。乳腺也可因乳汁过量积存而发生非感染性炎症。这种“生理性炎症”和乳腺炎的乳汁中存在的细胞因子有所不同，至少在金黄色葡萄球菌感染的小鼠中是如此（Nazemi 等，2014a)。

1.14 排　乳

Bruckmaier 和 Wellnitz（2008）对奶牛排乳的研究进行了综述。挤奶时对乳头的触觉刺激触发了垂体后叶释放催产素，从而引起乳腺泡外周和整个小导管的肌上皮（平滑肌）细胞收缩。乳腺泡收缩，导管内径增大，乳腺内压升高，乳被挤入乳池并在此经吮吸或挤奶而排出。大多数情况下，这种排乳反射在挤奶时通常都很正常，但有时会受应激的影响，导致不完全排乳。其对乳成分的直接影响是脂肪含量降低，因为受比重和表面张力的影响，部分脂肪会滞留于乳腺泡内。用外源催产素可令残留乳（在正常、完全排乳后留下的）排出，已知其含有超过 10%的脂肪。此外，实验表明，与一侧乳区完全挤奶相比，一侧乳区不完全挤奶还导致乳中 SCC 增加，而乳糖减少，这两个变化都可根据渗漏的 TJ 进行解释（Penry 等，2016)。

排乳也受到挤奶机机械特性和乳头解剖结构的影响。大量的研究集中在不同的真空度、流速和挤奶时间对乳头形态的影响上，因为已知乳头形态差与乳腺炎风险之间有联系。然而，除了 SCC 外，乳成分的变化尚未见报道。同样，因排乳不正常或不充分对乳蛋白质组的影响也未见详细报道。

1.15 泌乳后乳腺回缩

根据定义，干奶期后发生的变化不影响到达乳品厂的生乳，因此不详细讨论。Capuco 和 Akers（1999）已综述了乳用品种动物乳腺的回缩过程。简言之，这是在前面所述的随着泌乳的进行而发生变体的基础上，继续加速变化。细胞凋亡增加，乳积聚的物理效应使得乳腺上皮细胞变得非常渗漏，乳分泌停止。随着酪蛋白生成减少，乳铁蛋白和其他与乳腺防御有关的蛋白质生成增加，最后分泌的乳蛋白质组成与成熟乳不同(Wang 和 Hurlery，1998)。乳腺回缩的模式很大程度上受这样一个事实的影响：大多数奶牛在干奶时已怀孕，所以，此时实际上有两个上皮细胞群，一个是正在凋亡的老细胞群，一个是正在增殖的新细胞群。

1.16 总　结

乳腺是一个动态的、代谢活跃的器官，有相对复杂的生理机能，受内分泌和局部因子的共同调控。在乳的生成、分泌和腺体内储存过程中，许多因素都会影响乳成分。如果想优化原料乳的质量，就必须了解泌乳所涉及的过程。

参考文献

Agenäs, S., Safayi, S., Nielsen, M. O., Knight, C. H., 2018. Angiogenesis is a late event in bovine mammary development: evidence for lactogenesis stage 3? J Dairy Res. In press.

Akers, R. M., 2002. Lactation and the Mammary Gland. Wiley-Blackwell, Hoboken, NJ.

Andrade, B. R., Salama, A. A., Caja, G., Castillo, V., Albanell, E., Such, X., 2008. Response to lactation induction differs by season of year and breed of dairy ewes. J. Dairy Sci. 91, 2299-2306.

Andreas, N. J., Kampmann, B., Mehring Le-Doare, K., 2015. Human breast milk: a review on its composition and bioactivity. Early Hum. Dev. 91, 629-635.

Bauman, D. E., 1999. Bovine somatotropin and lactation: from basic science to commercial application. Domest. Anim. Endocrinol. 17, 101-116.

Baumrucker, C. R., Burkett, A. M., Magliaro - Macrina, A. L., Dechow, C. D., 2010. Colostrogenesis: mass transfer of immunoglobulin G1 into colostrum. J. Dairy Sci. 93, 3031-3038.

Baumrucker, C. R., Bruckmaier, R. M., 2014. Colostrogenesis. IgG1 transcytosis mechanisms. J. Mammary Gland Biol. Neoplasia 19, 103-117.

Berryhill, G. E., Trott, J. F., Hovey, R. C., 2016. Mammary gland development—it's not just about estrogen. J. Dairy Sci. 99, 875-883.

Brown, J. R., Law, A. J., Knight, C. H., 1995. Changes in casein composition of goats' milk during the course of lactation: physiological inferences and technological implications. J. Dairy Res. 62, 431-439.

Bruckmaier, R. M., Wellnitz, O., 2008. Induction of milk ejection and milk removal in different production systems. J. Anim. Sci. 86 (13 Suppl), 15-20.

Capuco, A. V., Akers, R. M., 1999. Mammary involution in dairy animals. J. Mammary Gland Biol. Neoplasia 4, 137-144.

Capuco, A. V., Ellis, S. E., 2013. Comparative aspects of mammary gland development and homeostasis. Annu. Rev. Anim. Biosci. 1, 179-202.

Chalmers, A. D., Whitley, P., 2012. Continuous endocytic recycling of tight junction proteins: how and why? Essays Biochem. 53, 41-54.

Crowley, W. R., 2015. Neuroendocrine regulation of lactation and milk production. Compr. Physiol. 5, 255-291.

Dallas, D. C., Murray, N. M., Gan, J., 2015. Proteolytic systems in milk: perspectives on the evolutionary function within the mammary gland and the infant. J. Mammary Gland Biol. Neoplasia 20, 133-147.

Daniels, K. M., Mcgilliard, M. L., Meyer, M. J., Van Amburgh, M. E., Capuco, A. V., Akers, R. M., 2009. Effects of body weight and nutrition on histological mammary development in Holstein heifers. J. Dairy Sci. 92, 499-505.

De Vries, A., 2006. Economic value of pregnancy in dairy cattle. J. Dairy Sci. 89, 3876-3885.

Dewhurst, R. D., Knight, C. H., 1994. Relationship between milk storage characteristics and the short-term response of dairy cows to thrice-daily milking. Anim. Prod. 58, 181-187.

Dils, R., Clark, S., Knudsen, J., 1977. Comparative aspects of milk fat synthesis. Symp. Zool. Soc Lond 41, 43-55.

Eckersall, P. D., Young, F. J., Nolan, A. M., Knight, C. H., McComb, C., Waterston, M. M., et al., 2006. Acute phase proteins in bovine milk in an experimental model of *Staphylococcus aureus* subclinical mastitis. J. Dairy Sci. 89, 1488-1501.

Farmer, C., Lessard, M., Knight, C. H., Quesnel, H., 2017. Oxytocin injections in the postpartal period affect mammary tight junctions in sows. J Anim. Sci 95, 3532-3539.

Faulkin, L. J., Deome, K. B., 1960. Regulation of growth and spacing of gland elements in the mammary fat pad of the C3H mouse. J. Natl Cancer Inst. 24, 953.

Fleet, I. R., Goode, J. A., Hamon, M. H., Laurie, M. S., Linzell, J. L., Peaker, M., 1975. Secretory activity of goat mammary glands during pregnancy and the onset of lactation. J Physiol 251, 763-773.

Flint, D. J., Travers, M. T., Barber, M. C., Binart, N., Kelly, P. A., 2005. Diet-induced obesity impairs mammary development and lactogenesis in murine mammary gland. Am. J. Physiol. Endocrinol. Metab. 288, E1179-E1187.

Forsyth, I. A., Neville, M. C., 2009. Introduction: hormonal regulation of mammary development and milk protein gene expression at the whole animal and molecular levels. J. Mammary Gland Biol. Neoplasia 14, 317-319.

Fowler, P. A., Knight, C. H., Cameron, G. G., Foster, M. A., 1990. *In-vivo* studies of mammary development in the goat using magnetic resonance imaging (MRI). J. Reprod. Fertil. 89, 367-375.

Gouon-Evans, V., Lin, E. Y., Pollard, J. W., 2002. Requirement of macrophages and eosinophils and their cytokines/chemokines for mammary gland development. Breast Cancer Res 4, 155-164.

Hayden, T. J., Thomas, C. R., Forsyth, I. A., 1979. Effect of number of young born (litter size) on milk yield of goats: role for placental lactogen. J. Dairy Sci. 62, 53-57.

Henderson, A. J., Peaker, M., 1984. Feed-back control of milk secretion in the goat by a chemical in milk. J. Physiol. 351, 39-45.

Hernandez, L. L., Collier, J. L., Vomachka, A. J., Collier, R. J., Horseman, N. D., 2011. Suppression of lactation and acceleration of involution in the bovine mammary gland by a selective serotonin reuptake inhibitor. J. Endocrinol. 209, 45-54.

Herve, L., Quesnel, H., Lollivier, V., Boutinaud, M., 2016. Regulation of cell number in the mammary gland by controlling the exfoliation process in milk in ruminants. J. Dairy Sci. 99, 854-863.

Hillerton, J. E., Knight, C. H., Turvey, A., Wheatley, S. D., Wilde, C. J., 1990. Milk yield and mammary function in dairy cows milked four times daily. J. Dairy Res. 57, 285-294.

Ismail, B., Nielsen, S. S., 2010. Invited review: plasmin protease in milk: current knowledge and relevance to dairy industry. J. Dairy Sci. 93, 4999-5009.

Jones, E. A., 1977. Synthesis and secretion of milk sugars. Symp. Zool. Soc Lond 41, 77-94.

Jonsson L., Svennerten-Sjaunja K. & Knight, C. H., 2013. Potential for use of high-dose oxytocin to improve mastitis diagnosis in dairy cows and beef suckler cows. Proceedings of the British Society of Animal Science. 2013, 188.

Kim, J. H., Kim, Y., Kim, Y. J., Park, Y., 2016. Conjugated linoleic acid: potential health benefits as a functional food ingredient. Annu. Rev. Food Sci. Technol. 7, 221-244.

Knight, C. H., 1982. Mammary development in mice: effects of hemihysterectomy in pregnancy and of litter size post partum. J. Physiol. 3227, 17-727.

Knight, C. H., 2001. Lactation and gestation in dairy cows: flexibility avoids nutritional extremes. Proc. Nutr. Soc. 60, 527-537.

Knight, C. H., 2008. Extended lactation in dairy cows: could it work for European dairy farmers? In: Royal, M. D., Friggens, N. C., Smith, R. F. (Eds.), Fertility in Dairy Cows: Bridging the Gaps. Cambridge University Press, Cambridge, UK, pp. 138-145.

Knight, C. H., 2010. Changes in infant nutrition requirements with age after birth. In: Symonds, M. E., Ramsay, M. M. (Eds.), Maternal-Fetal Nutrition During Pregnancy and Lactation. Cambridge University Press, Cambridge, UK, pp. 72-81.

Knight, C. H., Sorensen, A., 2001. Windows in early mammary development; critical or not? Reproduction 122, 337-345.

Knight, C. H., Hirst, D., Dewhurst, R. J., 1994. Milk accumulation and distribution in the bovine udder during the interval between milkings. J. Dairy Res. 61, 167-177.

Knight, C. H., Muir, D. D., Sorensen, A., 2000. Non-nutritional (novel) techniques for manipulation of milk composition. Br. Soc. Anim. Sci. Occas. Pub. 25, 223-239.

Kratochwil, K., 1986. Hormone action and epithelial-stromal interaction: mutual interdependence. Horm. Cell. Regn. 139, 9.

Kuhn, N. J., 2009. Progesterone withdrawal as the lactogenic trigger in the rat. 1969. J. Mammary Gland Biol. Neoplasia 14, 327-342.

Lacasse, P., Ollier, S., Lollivier, V., Boutinaud, M., 2016. New insights into the importance of prolactin in dairy ruminants. J. Dairy Sci. 99, 864-874.

Lenton, S., Nylander, T., Teixeira, S. C., Holt, C., 2015. A review of the biology of calcium phosphate sequestration with special reference to milk. Dairy Sci. Technol. 95, 3-14.

Lincoln, D. W., Renfree, M. B., 1981. Mammary gland growth and milk ejection in the Agile wallaby, Macropus agilis, displaying concurrent asynchronous lactation. J. Reprod. Fertil. 63, 193-203.

Linzell, J. L., Peaker, M., 2009. Changes in colostrum composition and in the permeability of the mammary epithelium at about the time of parturition in the goat. 1974. J. Mammary Gland Biol. Neoplasia. 14, p271-p293.

Liston, J., 1998. Breastfeeding and the use of recreational drugs—alcohol, caffeine, nicotine and marijuana. Breastfeed. Rev. 6, 27-30.

Loudon, A. S., McNeilly, A. S., Milne, J. A., 1983. Nutrition and lactational control of fertility in red deer. Nature 302, 145-147.

Lucey, J., 1996. Cheesemaking from grass based seasonal milk and problems associated with late-lactation milk. J. Soc. Dairy Technol. 49, 59-64.

Lundwall, A., 2013. Old genes and new genes: the evolution of the kallikrein locus. Thromb. Haemost. 110, 469-475.

Maciel, G. M., Poulsen, N. A., Larsen, M. K., Kidmose, U., Gaillard, C., Sehested, J., et al., 2016. Good sensory quality and cheesemaking properties in milk from Holstein cows managed for an

18-month calving interval. J. Dairy Sci. 99, 8524-8536.

Marasco, L. A., 2014. Unsolved mysteries of the human mammary gland: defining and redefining the critical questions from the lactation consultant's standpoint. J. Mammary Gland Biol. Neoplasia 19, 271-288.

Maule Walker, F. M., Peaker, M., 1980. Local production of prostaglandins in relation to mammary function at the onset of lactation in the goat. J. Physiol. 309, 65-79.

Mclellan, H. L., Miller, S. J., Hartmann, P. E., 2008. Evolution of lactation: nutrition v. protection with special reference to five mammalian species. Nutr. Res. Rev. 21, 97-116.

McManaman, J. L., 2014. Lipid transport in the lactating mammary gland. J. Mammary Gland Biol. Neoplasia 19, 35-42.

Meena, S., Rajput, Y. S., Pandey, A. K., Sharma, R., Singh, R., 2016. Camel milk ameliorates hyperglycaemia and oxidative damage in type-1 diabetic experimental rats. J. Dairy Res. 83, 412-419.

Mepham, T. B., 1977a. Physiology of Lactation. Open University Press, Milton Keynes. Mepham, T. B., 1977b. Synthesis and secretion of milk proteins. Symp. Zool. Soc Lond 41, 57-75.

Nazemi, S., Aalbæk, B., Kjelgaad - Hansen, M., Safayi, S., Klærke, D., Knight, C. H., 2014a. Expression of acute phase proteins and inflammatory cytokines in mouse mammary gland following *Staphylococcus aureus* challenge and in response to milk accumulation. J. Dairy Res. 81, 445-454.

Nazemi, S., Rahbek, M., Parhamifar, L., Moghimi, S. M., Babamoradi, H., Mehrdana, F., et al., 2014b. Reciprocity in the developmental regulation of aquaporins 1, 3 and 5 during pregnancy and lactation in the rat. PLoS One 9, e106809.

Neville, M. C., 2009. Classic studies of mammary development and milk secretion: 1945-1980. J. Mammary Gland Biol. Neoplasia 14, 193-197.

Neville, M. C., Peaker, M., 1981. Ionized calcium in milk and the integrity of the mammary epithelium in the goat. J. Physiol 313, 561-570.

Nicholas, K. R., 1988. Asynchronous dual lactation in a marsupial, the tammar wallaby (Macropus eugenii). Biochem. Biophys. Res. Commun. 154, 529-536.

Nommsen-Rivers, L. A., 2016. Does insulin explain the relation between maternal obesity and poor lactation outcomes? An overview of the literature. Adv. Nutr. 7, 407-414.

Oftedal, O. T., 1984. Milk composition, milk yield and energy output at peak lactation: a comparative review. In: Peaker, M., Vernon, R. G., Knight, C. H. (Eds.), Physiological Strategies in Lactation. Academic Press, London, pp. 33-85.

Oftedal, O. T., 2012. The evolution of milk secretion and its ancient origins. Animal 6, 355-368.

Peaker, M., 1996. Intercellular signaling in and by the mammary gland: an overview. In: Wilde, C. J., Peaker, M., Taylor, E. (Eds.), Biological Signaling and the Mammary Gland. Hannah Research Institute, pp. 3-13.

Penry, J. F., Endres, E. L., de Bruijn, B., Kleinhans, A., Crump, P. M., Reinemann, D. J., et al., 2016. Effect of incomplete milking on milk production rate and composition with 2 daily milkings. J. Dairy Sci. Available from: https: //doi. org/10. 3168/jds. 2016-11935.

Pettersson, G., Svennersten-Sjaunja, K., Knight, C. H., 2011. Relationships between milking fre-

quency, lactation persistency and milk yield in Swedish Red heifers and cows milked in a voluntary attendance automatic milking system. J. Dairy Res. 78, 379-384.

Politis, I., Lachance, E., Block, E., Turner, J. D., 1989. Plasmin and plasminogen in bovine milk: a relationship with involution? J. Dairy Sci. 72, 900-906.

Renfree, M. B., 2006. Society for Reproductive Biology Founders' Lecture 2006—life in the pouch: womb with a view. Reprod. Fertil. Dev. 18, 721-734.

Scott, J. A., Robertson, M., Fitzpatrick, J. A., Knight, C. H., Mulholland, S., 2008. Occurrence of lactational mastitis and medical management: a prospective cohort study in Glasgow. Int. Breastfeed. J. 3, 21-26.

Sejrsen, K., Purup, S., Vestergaard, M., Foldager, J., 2000. High body weight gain and reduced bovine mammary growth: physiological basis and implications for milk yield potential. Domest. Anim. Endocrinol. 19, p93-p104.

Shamay, A., Shapiro, F., Mabjeesh, S. J., Silanikove, N., 2002. Casein-derived phosphopeptides disrupt tight junction integrity, and precipitously dry up milk secretion in goats. Life Sci. 70, 2707-2719.

Shennan, D. B., Peaker, M., 2000. Transport of milk constituents by the mammary gland. Physiol. Rev. 80, 925-951.

Sorensen, A., Muir, D. D., Knight, C. H., 2001. Thrice-daily milking throughout lactation maintains epithelial integrity and thereby improves milk protein quality. J. Dairy Res. 68, 15-25.

Sorensen, A., Muir, D. D., Knight, C. H., 2008. Extended lactation in dairy cows: effects of milking frequency, calving season and nutrition on lactation persistency and milk quality. J. Dairy Res. 75, 90-97.

Sorensen, M. T., Nørgaard, J. V., Theil, P. K., Vestergaard, M., Sejrsen, K., 2006. Cell turnover and activity in mammary tissue during lactation and the dry period in dairy cows. J. Dairy Sci. 89, 4632-4639.

Stelwagen, K., Singh, K., 2014. The role of tight junctions in mammary gland function. J. Mammary Gland Biol. Neoplasia 19, 131-138.

Stelwagen, K., Grieve, D. G., Walton, J. S., Ball, J. L., Mcbride, B. W., 1993. Effect of prepartum bovine somatotropin in primigravid ewes on mammogenesis, milk production, and hormone concentrations. J. Dairy Sci. 76, 992-1001.

Stelwagen, K., Farr, V. C., Mcfadden, H. A., Prosser, C. G., Davis, S. R., 1997. Time course of milk accumulation-induced opening of mammary tight junctions, and blood clearance of milk components. Am. J. Physiol. 273, R379-R386.

Suárez-Trujillo, A., Casey, T. M., 2016. Serotonergic and circadian systems: driving mammary gland development and function. Front. Physiol. 7, 301.

Thorning, T. K., Raben, A., Tholstrup, T., Soedamah-Muthu, S. S., Givens, I., Astrup, A., 2016. Milk and dairy products: good or bad for human health? An assessment of the totality of scientific evidence. Food Nutr. Res. 60, 32527.

Truchet, S., Chat, S., Ollivier - Bousquet, M., 2014. Milk secretion: the role of SNARE proteins. J. Mammary Gland Biol. Neoplasia 19, 119-130.

Wang, H., Hurley, W. L., 1998. Identification of lactoferrin complexes in bovine mammary secretions during mammary gland involution. J. Dairy Sci. 81, 1896-1903.

Weaver, L. T., 1997. Significance of bioactive substances in milk to the human neonate. In: Tucker, H. A., Petitclerc, D., Knight, C., Sejrsen, K. (Eds.), Third International Workshop on the Biology of Lactation in Farm Animals. Elsevier, Amsterdam, pp. 139-146.

Weaver, S. R., Hernandez, L. L., 2016. Autocrine-paracrine regulation of the mammary gland. J. Dairy Sci. 99, 842-853.

Wickramasinghe, S., Rincon, G., Islas-Trejo, A., Medrano, J. F., 2012. Transcriptional profiling of bovine milk using RNA sequencing. BMC Genomics 13, 45.

Wilde, C. J., Addey, C. V., Boddy, L. M., Peaker, M., 1995. Autocrine regulation of milk secretion by a protein in milk. Biochem. J. 305, 51-58.

Willumsen, J. F., Filteau, S. M., Coutsoudis, A., Uebel, K. E., Newell, M. L., Tomkins, A. M., 2000. Subclinical mastitis as a risk factor for mother-infant HIV transmission. Adv. Exp. Med. Biol. 478, 211-223.

Yagdiran, Y., Oskarsson, A., Knight, C. H., Tallkvist, J., 2016. ABC-and SLC-transporters in murine and bovine mammary epithelium—effects of prochloraz. PLoS One 11, e0151904.

Zhang, L., Boeren, S., Hageman, J. A., Van Hooijdonk, T., Vervoort, J., Hettinga, K., 2015. Perspective on calf and mammary gland development through changes in the bovine milk proteome over a complete lactation. J. Dairy Sci. 98, 5362-5373.

Zhao, F. Q., 2014. Biology of glucose transport in the mammary gland. J. Mammary Gland Biol. Neoplasia 19, 3-17.

2 生乳的理化特性

Isis Rodrigues Toledo Renhe[1], Ítalo Tuler Perrone[2], Guilherme M. Tavares[3], Pierre Schuck[4] and Antonio F. de Carvalho[5]

[1]Instituto de Laticínios Cândido Tostes, EPAMIG, Juiz de Fora, Brazil,
[2]Faculdade de Farmácia, Universidade Federal de Juiz de Fora, Juiz de Fora, Brazil,
[3]Faculdade de Engenharia de Alimentos, Universidade de Campinas, Campinas, Brazil,
[4]STLO, Agrocampus Ouest, UMR1253, INRA, Rennes, France,
[5]Departamento de Tecnologia de Alimentos Universidade Federal de Viçosa, Viçosa, Brazil

2.1 乳的结构和理化成分

乳的四种主要成分是水、乳糖、脂肪和蛋白质。蛋白质是乳中的第四种主要成分，平均含量约为 3.3%（质量分数）（Walstra 等，2006）。乳成分的变化受遗传（物种和品种）、季节、泌乳阶段、疾病及饲养等因素的影响。乳的结构是指其化学成分的物理排列，同其他系统一样，一旦处于热力学失衡状态，就会发生改变。乳中的脂肪可以被乳化成脂肪球，脂肪球是直径在 0.1~20 μm 的超分子结构，平均直径为 3~5 μm（Lopez，2011）。每升乳中大约有 10 万亿个脂肪球，其表面积可达数百平方米。通过离心很容易从乳中分离出脂肪球，得到乳浆，乳浆即是乳脂被乳化的连续相（Walstra 和 Jenness，1984）。酪蛋白胶束是乳中的另一种超分子结构，在乳浆中呈胶体分散。它是由蛋白质和矿物质（主要是钙和磷酸盐）形成的高度水合的聚集体，直径在 150~300nm，具有多分散性（Müller-Buschbaum 等，2007）。尽管酪蛋白胶束在乳干物质中所占比例较低，但由于其体积较小，因此在乳中数量比脂肪球多 1 万倍（Walstra 和 Jenness，1984）。通过超离心或微滤从乳浆分离出酪蛋白胶束即可得到乳清。所以乳清是分散酪蛋白胶束的液体。乳清中分散有乳清蛋白，乳清蛋白是一种直径为几纳米(约 5 nm)的球蛋白，可以通过超滤从乳清中分离出来。

表 2.1 比较了三种主要的商业奶（牛奶、水牛奶和山羊奶）含量最高的几种成分的平均值，并突出了三个物种间的差异。营养成分浓度高低与重要性并不直接对应。维生素、酶和微量元素等微量成分起着重要的营养作用，这些微量成分也能够催化反应，影响乳的风味。值得注意的是，抗生素和杀虫剂等污染物会改变乳的成分和某些特性。

表 2.1　牛奶、水牛奶和山羊奶的成分比较　　单位：g/100 g

成分	奶牛	水牛	山羊
总干物质	12.7	17.6	12.5
乳脂肪	3.7	7.0	3.8
酪蛋白	2.6	3.5	4.7
乳清蛋白	0.6	0.8	0.4
乳糖	4.8	5.2	4.1
灰分	0.7	0.8	0.8

资料来源：改编自 Jandal（1996）和 Ahmad 等（2008）。

2.2　乳主要成分的生物合成

乳的成分和理化特性直接取决于动物泌乳期的生物合成过程。实质上，这个生物合成过程包括 3 个步骤：分泌（细胞内合成）、分泌细胞的释放/排出以及分泌物在乳腺泡、导管和乳池中的储存。泌乳控制取决于内分泌腺的激素活性，直接受动物生理状态的影响。

乳成分来源于动物血液，可以从血液直接进入乳汁中，也可以由血液的前体物在分泌细胞中合成。动物先经过一个非生产阶段，即乳房发育阶段，然后伴随着孕酮和雌激素浓度的增加，进入乳腺组织的准备阶段。在乳汁生成过程中，乳汁的分泌始于催乳素浓度的增加以及孕酮和雌激素的减少，并在泌乳期间维持生产。随着泌乳的进行，催乳素水平下降，孕酮和雌激素水平升高。图 2.1 展示了血液成分在分泌细胞中经历的修饰过程以及它们最后出现在乳中的过程，同时还展示了营养、血液成分、动物生理学和分泌细胞合成过程如何决定乳成分的过程。

乳的脂肪酸组成取决于饲养（长链脂肪酸、乙酸和 β-羟基丁酸的可获得性）以及瘤胃微生物的生物氢化。乳糖由葡萄糖和半乳糖合成，其合成取决于乳糖合成酶（半乳糖基转移酶+α-乳白蛋白）。乳糖释放到管腔中，与盐（主要是氯化物）的进入达成平衡。乳合成必须与动物的血液等渗，这样乳成分的高低就有生理限制。在泌乳后期或乳房感染的情况下，血液成分经细胞旁路途径向乳汁转移增加，导致乳成分［乳糖浓度较低，氯化物和血清蛋白免疫球蛋白、牛血清白蛋白（BSA）浓度较高］以及理化性质的变化（热稳定性下降，干酪生产过程中凝乳特性发生变化）。蛋白质的组成和性质取决于核糖体决定的氨基酸序列和高尔基体囊泡中发生的翻译后修饰。值得关注的翻译后修饰有磷酸化、糖基化、钙和柠檬酸结合以及 S-S 结合。脂肪球的三层膜来源于内质网的极性脂质和蛋白质，以及分泌细胞的双层顶膜（Heid 和 Keenan，2005），这在很大程度上决定了乳的成分和性质。

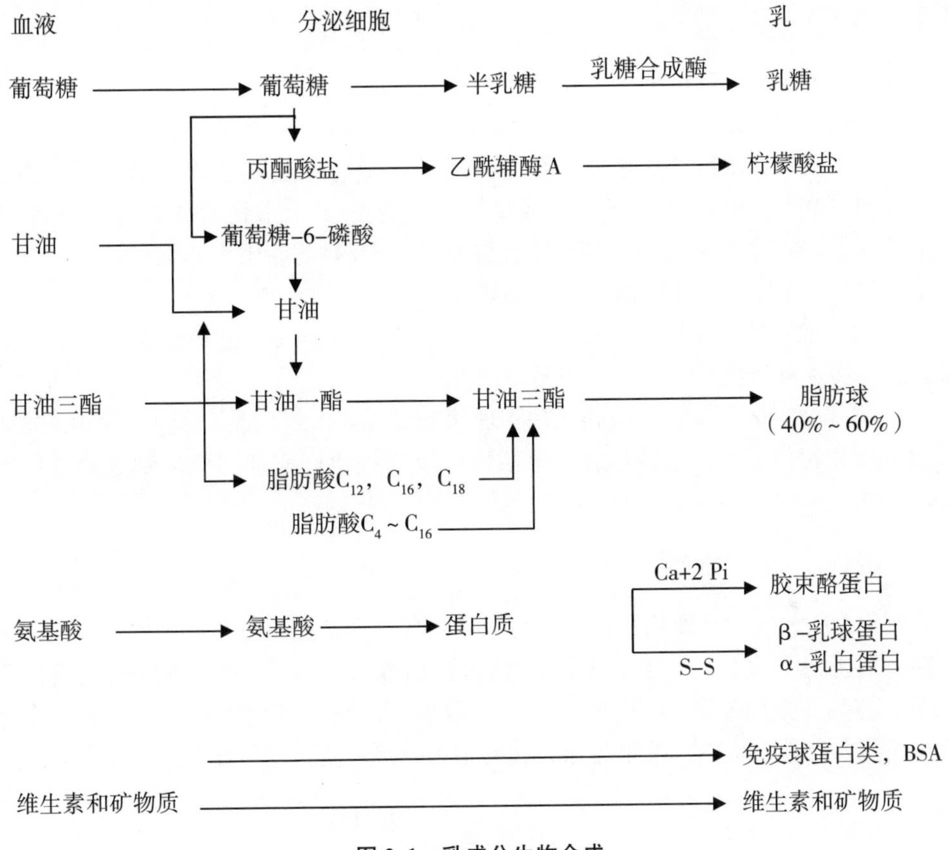

图 2.1 乳成分生物合成

2.3 主要成分介绍

乳的主要成分是水、蛋白质、乳糖、脂类和盐，理化性质与水相似，但水相中的物质/溶质、胶体成分和乳化成分的存在会改变其性质。乳中可溶性分子（尤其是乳糖和盐）的含量会影响其渗透压（约 700 kPa）、水分活度（约 0.993）、沸点（约 100.15℃）和冰点（0.552~0.540℃）（Walstra 等，2006）。盐的含量决定了乳的离子强度（约 0.08 M），离子强度与蛋白质含量是其可滴定酸（0.14%~0.18%，以乳酸表示）、pH 值（25℃时 6.6~6.8）和缓冲能力的主要决定因素。除其他因素外，乳的颜色是由脂肪球和酪蛋白胶束对可见光的散射作用决定的。乳中脂肪和蛋白质的含量也会影响其黏度（20℃时约 2.1 mPas）、折射率（20℃时 1.3440~1.3485）和表面张力（约 52 N/m）（Walstra 等，2006）。脂肪含量对乳的密度（1 028~1 034 kg/K^3）、热导率[约 0.559 W/（m · K）]和比热[约 3.93 kJ/（kg · K）]也有很大影响（Walstra 等，2006）。乳的氧化还原电位（25℃ pH 值 6.7 时+0.25~+0.35 V）取决于溶解氧的浓度。

2.3.1 水

乳中的水发生不同程度的化学相互作用，亲水组分通过离子-偶极或偶极-偶极与水发生强烈的相互作用。乳中的一些水具有低分子活性，不会在-40℃的温度下冻结，且非常接近溶质和非水组分的表面。水可分为结构型（发生剧烈的化学相互作用，并成为其他分子的组成部分）、邻近型或单层型（存在于亲水化合物的第一个结合位点）和多层型（占据单层周围的其他结合位点）。奶及奶制品中水的最重要的一点是其对化学、物理和微生物稳定性的影响。例如：

（1）化学稳定性：美拉德反应、脂质氧化、维生素损失、色素稳定性和蛋白质变性都是受食物水分活性影响的反应实例。

（2）物理稳定性：盐水平衡和乳糖物理状态（无定形或结晶）受水的可用性影响。

（3）微生物稳定性：培养基的水分活性可以通过允许或抑制微生物生长来影响其生长。

2.3.2 蛋白质和其他含氮化合物

含氮化合物是乳的重要组成部分，可以用凯氏定氮法进行分析。乳中已发现的含氮化合物包括蛋白类化合物［约占95%，称为蛋白氮（PN）］和非蛋白质性质化合物［约5%，称为非蛋白氮（NPN）］。NPN由尿素、尿酸、肌酸和氨基酸组成。蛋白质可分为酪蛋白、乳清蛋白、乳脂肪球膜和酶相关的蛋白质，如图2.2所示。

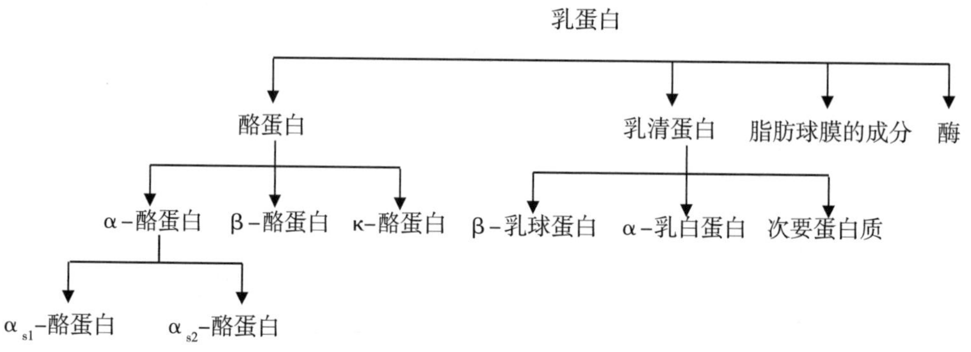

图2.2 乳蛋白组分的细分

酪蛋白是乳中的主要蛋白质，占乳蛋白总量的78.3%。酪蛋白在其等电点pH值4.6附近发生沉淀（Walstra等，2006），这是它们与天然乳清蛋白的区别，后者在此pH值下不会沉淀。酪蛋白并不是以单个分子的形式存在，而是以富含磷酸钙的大型复杂超分子结构（称为酪蛋白胶束）的形式存在，其直径从150 nm到300 nm不等（Swaisgood，2003；Müller-Buschbaum等，2007）。这些酪蛋白胶束即自组装的各种酪蛋白分子（片段）：α_{s1}-、α_{s2}-、β-和κ-酪蛋白，这些酪蛋白组分的主要特征见表2.2。酪蛋白胶束的分子量约为10^5 kDa，并且酪蛋白组分在其结构上遵循α_{s1}：α_{s2}：

β：κ=4：1：4：1.3 的比例。酪蛋白对钙的敏感程度依次为：α_s>β>κ-酪蛋白。奶酪和酸奶等奶制品基质的形成是以酪蛋白胶束蛋白质网状结构的生成为基础的。胶束结构以干基计算由 94%蛋白质和 6%盐（质量）组成。每毫升乳平均含有 10^{15} 个酪蛋白胶束，彼此间隔在 240 nm 左右。酪蛋白胶束是水合结构，每克蛋白质能结合多达 3.3 g 水（Huppertz 等，2017）。关于酪蛋白胶束的结构及分类的纳米团簇、双结合或亚胶束模型仍有争议。由于显微图像的异质性，酪蛋白胶束被解释为磷酸钙的亚基或簇（Dalgleish，2011；Dalgleish 和 Corredig，2012；de Kruif 和 Holt，2003）。该亚胶束模型描述了各种酪蛋白组分通过磷酸钙连接而成的各种亚结构。有人认为，特定的酪蛋白胶束是磷酸钙纳米簇团通过盐桥连接到钙敏感酪蛋白的特定结合位点形成的（de Kruif 和 Holt，2003），这就是所谓的“纳米团簇模型”。最后，双结合模型从聚合的角度描述了蛋白质的组装，并没有考虑酪蛋白胶束内部（Dalgleish，2011）。双结合模型和纳米团簇模型相似，认为磷酸钙纳米团簇是钙存在于蛋白质的结构。集中在蛋白质序列上的磷酸氨基酸变成磷酸根中心，与磷酸钙形成稳定的连接。两种酪蛋白结构在酪蛋白结构上唯一一致的一点似乎是大多数 κ-酪蛋白存在于酪蛋白胶束的表面。κ-酪蛋白对钙敏感性酪蛋白有保护作用。由于它在酪蛋白胶束表面向外伸展（Dalgleish 和 Corredig，2012；de Kruif 和 Holt，2003；Swaisgood，2003）形成了毛状层，从而对酪蛋白胶束的空间稳定性也起到保护作用。

表 2.2 酪蛋白和乳清蛋白的特性

属性/特点	酪蛋白				乳清蛋白	
	α_{s1}	α_{s2}	β	κ	β-乳球蛋白	α-乳白蛋白
分子量（kPa）	23.6	25.2	24	19	18.3	14.2
氨基酸残基	199	207	209	169	162	123
磷酸丝氨酸残基	8	11	5	1	0	0
游离半胱氨酸残基	0	0	0	0 或 2	1	0
胱氨酸残留（S-S 键）	0	1	0	0 或 1	2	4
等电点（pI）	4.9	5.2	5.4	5.6	5.1~5.2	4.3~4.7
糖基化	-	-	-	+	-	-
钙离子键	+++	+++	++	+	-	+

乳清蛋白占乳总蛋白质含量约 20%（*w/w*）。乳清蛋白是球状蛋白质，在乳加工过程中具有与酪蛋白不同的特性。例如，与酪蛋白不同，乳清蛋白对热敏感（Anema，2009；Walstra 等，2006）。β-乳球蛋白是主要的乳清蛋白，约占乳中乳清蛋白的 50%。它主要以二聚体的形式存在于乳中，并且含有一个游离巯基，该游离巯基加热后有高度的反应活性（Anema，2009；Donato 和 Guyomarćh，2009）。结果导致与其自身以及与其

他乳蛋白形成聚集体。由于β-乳球蛋白含量高且容易变性，所以乳清在加工过程中的特性往往主要由它决定（O'Mahony 和 Fox，2013）。α-乳白蛋白在乳清中的含量位列第二，约占乳清蛋白20%。它是一种与Ca^{+}结合的金属蛋白。除特殊情况外，α-乳白蛋白通常不会结合，且对热处理非常敏感，尤其是在不存在其他蛋白质的时候（O'Mahony 和 Fox，2013；Walstra 等，2006）。由于α-乳白蛋白参与乳糖的合成，因此两者的浓度是相关的，α-乳白蛋白对乳成分和产奶量有重要作用（O'Mahony 和 Fox，2013）。乳清中的其他次要蛋白包括牛血清白蛋白、免疫球蛋白、蛋白胨和乳铁蛋白。

2.3.3 乳糖

乳糖是乳中的主要碳水化合物，是婴儿的主要能量来源。乳糖是由半乳糖和葡萄糖通过β-1-4-糖苷键连接而形成的二糖。不同物种的乳，乳糖含量是有差异的，奶牛和人的乳糖平均含量分别为4.8%和7.0%。乳糖被认为是益生元，因为它有利于双歧杆菌的增殖并可促进钙和维生素D的吸收。乳糖由D-半乳糖和D-葡萄糖组成，其中半乳糖的醛基通过β-1-4-糖苷键与葡萄糖的C-4基团连接。这种连接可以被β-半乳糖苷酶水解，β-半乳糖苷酶可将乳糖水解为半乳糖和葡萄糖。这种转化对乳制品工业具有重要意义，因为水解产物甜度和溶解度更高。半乳糖和葡萄糖也可直接发酵并立即被婴儿肠道吸收。乳糖在20℃的平均溶解度是18.2 g/100 g水，而葡萄糖的溶解度是107 g/100 g水，半乳糖的溶解度为50 g/100 g水。乳糖不像蔗糖、葡萄糖和果糖那么甜。据报道，乳糖的甜度是蔗糖的1/5。乳糖分子特性影响各种乳制品的生产和特性。发酵乳制品的生产基于乳糖的发酵，而发酵的主要副产物是乳酸，其次是二氧化碳、乙酸、二乙酰和乙醛。乳糖发酵使乳转化成发酵乳和奶酪成为可能，是保存乳的方法之一。乳糖的低溶解度直接影响乳、炼乳、乳清和奶粉生产，因为乳糖在溶液中会达到饱和及过饱和水平。对浓缩乳制品，主要问题是出现有砂粒感的结晶。在炼乳生产工艺中，采用微结晶或强制/诱导结晶的方法获得小于16 μm的乳糖晶体，是控制终产品品质的基本步骤。对焦糖乳酱，则通过增加黏度来控制结晶的大小，增加黏度可通过添加增稠剂来实现。这样并不是不产生结晶，只是不产生比较粗大有砂粒感的结晶。使用乳糖酶可防止结晶形成，但涉及生产工艺的改变。控制或预防各种食品中的结晶需要了解该过程的动力学以及晶体形成和储存过程中质量传递、能量和动量特性之间相互作用的知识。例如，溶液的最终乳糖含量和产品温度是浓缩乳和浓缩乳清结晶的决定因素。溶液中的最终乳糖含量将取决于最初的乳糖含量和终产品中的含水量。产品温度降低将导致乳糖溶解度降低，有利于结晶。炼乳生产中采用的是强制结晶或诱导结晶，也称为二次成核。该过程分为三个步骤：产品的受控冷却，结晶核（乳糖粉末）的添加和连续搅拌。快速的受控冷却增大了结晶的动力，有利于核的形成。添加乳糖粉（核）有助于获得大量的小结晶。小结晶比较好，因为人吃不出有晶体存在。

乳糖分子也受到美拉德反应的影响，这是一种非酶促褐变反应，会影响乳及其衍生物的特性。从生产的角度来看，美拉德反应有些有可取之处，有些则对产品产生负面影响。美拉德反应造成的结果包括：因赖氨酸发生反应后不能消化而导致蛋白质营养价值

下降；形成产生风味和香气的化合物；在反应的后期阶段形成抗氧化化合物；形成抗菌化合物；以及由于类黑精的生成引起的褐变。影响非酶促褐变反应的主要因素有温度、pH 值、水活度、碳水化合物的性质、氨基酸的性质和催化剂效应。在低温下，美拉德反应较慢。在 40~70℃的范围内每增加 10℃，速度几乎翻倍。当 pH 值接近中性时，反应速率最大。当水分活度高于 0.9 时，即反应物被高度稀释且有大量非结合水分子存在时，褐变速度降低。当水活度低于 0.2 时，褐变速度趋近于 0。对碳水化合物，单糖的反应速率高于二糖。对氨基酸，非质子化氨基的存在增加了第一步美拉德反应的速度。最后，在有磷酸和柠檬酸阴离子和铜离子存在时美拉德反应速度加快。了解影响美拉德反应的因素对于乳焦糖酱和炼乳的生产至关重要，因为所需的颜色深度取决于消费群体的喜好。

2.3.4　脂类

脂类是一类不溶于水，但可溶于有机溶剂的有机化合物，分子中含有烃链，广泛存在于各种食品中。脂类包括脂肪酸、甘油三酯和磷脂。牛奶的脂类浓度为 2.8~6.0 g/100mL，平均值范围为 3.5~4.0 g/100mL。乳脂以微球的形式存在，外面包裹可维持油/水乳液稳定的脂蛋白膜。乳中的脂类主要是甘油三酯，但是乳中也含有糖脂、脂溶性维生素以及风味和香味决定因素，例如内酯、醛和酮。甘油三酯和磷脂连接的脂肪酸残基构成 90%（质量）的乳脂。但乳中也有游离脂肪酸存在。在乳中已经发现了 400 多种脂肪酸，但其中只有一小部分含量在 1%以上（按质量计）。乳的特点是短链脂肪酸残基（C4:0~C10:0）浓度相对较高。丁酸残基（C4:0）为反刍动物乳特有。棕榈酸、硬脂酸和肉豆蔻酸是主要的饱和脂肪酸残基。在单烯类化合物中，油酸残基是最丰富的。单烯脂肪酸也包含反式异构体，平均占乳脂的 3.7%（质量）。多烯，尤其是亚油酸和 α-亚麻酸，其含量接近 3.0%（质量）。乳脂含有共轭亚油酸（CLA）的异构体，其含量为 0.2%~2.0%（质量），以 C18:2 顺-9,反-11（瘤胃酸）为主。乳脂成分变化很大，其变化受饲养、品种和泌乳期以及动物的健康和年龄的影响。饲养是最主要的因素。为了生产利于人类健康、有助于降低心血管疾病风险的奶制品，人们越来越关注乳脂成分的变化。为此，可以增加油酸（C18:1 顺-9）和作为 CLA 的内源前体的十八烯酸（C18:1 反-11）的水平。为了增加这两种脂肪酸的水平，必须降低饱和中链脂肪酸的浓度，例如月桂酸（C12:0）、肉豆蔻酸（C14:0）和棕榈酸（C16:0）。乳脂的微观结构是 0.1~20 μm（大多数为 3~5 μm）的小球。小球被三层膜包裹，其质量相当于乳脂的 2%~6%。脂肪球膜是不对称的，其内层和外层成分不一样。磷脂酰胆碱、鞘磷脂和糖脂主要分布于小球的外表面。中性脂质磷脂酰乙醇胺和磷脂酰丝氨酸集中在内层。奶制品生产过程会影响脂肪球的组成和结构。加热可能会导致膜成分与变性乳清蛋白，尤其是 β-乳球蛋白相互作用。搅拌可能导致脂肪球聚结和膜材料的损失。在均质化过程中，将小球打破使脂肪球缩小到 1 μm，增加了脂肪球的表面积，新形成的小球没有足够的膜材料来包被。这样，新膜开始包裹小球，这个过程取决于蛋白质，如酪蛋白的沉积。在生产奶油时，脂肪球破裂导致膜材料损失，进到酪乳中。乳脂容易发生脂解作用。天然乳脂肪酶是导致该降解反应的主要原因。奶制品中的水解酸败可能是由嗜冷菌产生的热稳定脂肪酶或残留的天然脂肪酶引起的。脂肪球膜可以防止脂肪分解。然而，有些乳在脂膜没有破裂时也可能会出现自发性脂肪分解。尽管如此，由膜损坏引起的脂解仍是乳脂解的主要机制。天然脂肪酶和大多数细菌的脂肪酶都以甘油三酯末位的脂肪酸残基为目标。由于乳脂在 sn-3 位含有较高比例的短链酯化脂肪酸，脂解作用会增加这些化合物游离形式的浓度。未分解的短链脂肪酸会使奶及奶制品产生不良的风味和气味。自动氧化可产生过氧化氢而影响乳脂，使其分解成羰基化合物，产生不良的风味和气味。乳中饱和脂肪酸占优势且存在天然抗氧化剂（如 α-生育酚和 β-胡萝卜素），所以乳脂具有较好的抗氧化性。乳脂氧化可由金属离子，特别是铜离子的存在或暴露在光下而引起。自动氧化作用的发生取决于食物因素和乳中抗氧化剂和促氧化剂化合物的平衡。氧化过程主要发生在奶及奶制品储存期间。自氧化速率取决于溶解氧浓度、存储温度以及抗氧化剂和促氧化剂的数量。

2.3.5 盐

乳中的常量营养素（蛋白质、脂肪和碳水化合物）是其营养作用的重点，特别是对婴儿的生长发育非常重要，但盐类也具有独特的营养价值。矿物质和微量矿物质在骨骼生长和发育、细胞功能和维持渗透压中起到重要作用（Lucey 和 Horne，2009）。矿物质具有缓冲能力、生物功能和依数性，在酪蛋白胶束的形成和稳定中也起着关键作用（Lucey 和 Horne，2009）。在奶制品生产中，矿物质在加工过程中对蛋白质稳定性有直接影响：可影响蛋白质凝胶质构、奶酪功能和质构，还能维持乳液的稳定（Lucey 和 Horne，2009）。

乳盐是以低摩尔质量离子存在于乳中的物质。“乳盐”并不等于“灰分”，因为乳灼烧导致有机盐逸散，同时也导致非盐化合物形成灰分。乳中的主要阳离子是钙、镁、钠和钾。主要的阴离子是磷酸根、柠檬酸根和氯离子（Gaucheron，2005）。乳中富含钙和磷酸盐，其矿物质含量不是恒定的，而是随着泌乳期、动物营养、环境和遗传因素而变化。

矿物质，特别是钙和磷酸盐，在酪蛋白束的结构和稳定性中起重要作用。在加工过程中，矿物质会影响蛋白质功能和乳的性质。乳中的矿物质与蛋白质发生复杂、动态而强烈的相互作用（Gaucheron，2005）。钙、无机磷酸盐和其他矿物质分布在可溶相和胶体相（酪蛋白胶束）之间，其分布明显取决于 pH 值、温度和浓度等因素（Lucey 和 Horne，2009）。在可溶相上，它们可以进一步分为游离、以离子缔合的形式、或与蛋白质如 α-乳白蛋白相连等几种形式。大约 2/3 的钙和一半的无机磷酸根离子处于胶体相，通过磷酸丝氨酸残基结合位点与酪蛋白相连（Gaucheron，2005）。胶束钙一部分通过这些残基的中间体（酪蛋白酸钙）直接结合到酪蛋白上，一部分与胶体无机磷酸盐（磷酸钙）结合。钙也可以柠檬酸钙的形式与酪蛋白胶束结合。

乳盐成分的变化虽然可来自动物本身，但更可能是由加工工艺引起。酸化导致乳中酸碱基团质子化，结果造成酪蛋白释放出磷酸钙进入乳清相（Gaucheron，2005）。热处

理降低了磷酸钙的溶解度并诱导胶体磷酸钙（CCP）的形成，造成可溶相中磷酸钙浓度降低。这种变化直至加热到90℃（几分钟）之前是可逆的。过度加热可导致盐类分布和酪蛋白胶束发生不可逆转的变化（Gaucheron，2005；Lucey 和 Horne，2009）。冷却对溶解度的逆效应导致 CCP 溶解，这是因为 β-酪蛋白从酪蛋白胶束中解离出来。随着一些可溶性磷酸钙的移去，膜浓度改变了各组分所占的比例并增加了 CCP。如果采用渗滤，可去除更多的可溶性钙，会影响胶束的完整性（Li 和 Corredig，2014）。螯合剂是调节乳盐含量的重要化学试剂，对阳离子具有亲和性，尤其能够除掉钙，从而提高热稳定性（de Kort 等，2012）。增加螯合剂浓度可导致酪蛋白胶束解离，直至胶束结构解体（Lucey 和 Horne，2009）。

可溶性盐可以不同的离子形式和非离子复合物的形式存在。钠和钾完全以阳离子形式存在。在正常 pH 值的乳中，氯离子和硫酸根离子（强酸盐）以阴离子形式存在。磷酸盐、柠檬酸盐和碳酸盐（弱酸盐）在乳中以各种离子形式分布。乳中离子钙可影响 β-乳球蛋白的变性温度并促进其聚集，使沉积在热交换器表面上的吸附蛋白质增加，吸附蛋白质之间形成的桥也增加。这种聚集是重要的，热交换器结垢是一个严重的问题，因为它降低了热传导效率并导致系统压力下降程度增大，最终会影响加工厂的盈利能力。由于结垢，产品变质的风险增大，因为流体可能不能加热到热处理所需的温度。此外，随产品流动冲走的沉积物会导致严重的污染。因为乳中富含钙和磷酸根离子，一旦产生磷酸钙沉淀，必然会对乳盐的浓度产生影响。

与脂质或蛋白质相比，盐只占乳含量的一小部分，但它们在酪蛋白胶束的结构和稳定性中起重要作用。物理化学加工条件的微小变化可能会引起成分的变化或不同乳盐浓度的变化，从而影响酪蛋白胶束的稳定性。高钙活度、低磷酸根离子和柠檬酸根离子活度以及紧接着的热处理可降低乳的热稳定性。乳盐不平衡也可导致酒精或茜素试验出现假阳性。

参考文献

Ahmad, S., Gaucher, I., Rousseau, F., Beaucher, E., Piot, M., Grongnet, J. F., Gaucheron, F., 2008. Effects of acidification on physico-chemical characteristics of buffalo milk: A comparison with cow's milk. Food Chem. 106 (1), 11-17.

Anema, S. G., 2009. The whey proteins in milk: thermal denaturation, physical interactions and effects on the functional properties of milk. In: Thompson, A., Boland, M., Singh, H. (Eds.), Milk Proteins: From Expression to Food, first ed Academic Press, Amsterdam, pp. 239-282.

Dalgleish, D. G., 2011. On the structural models of bovine casein micelles—review and possible improvements. Soft Matter 7 (6), 2265.

Dalgleish, D. G., Corredig, M., 2012. The structure of the casein micelle of milk and its changes during processing. Annu. Rev. Food Sci. Technol. 3, 449-467.

Donato, L., Guyomarćh, F., 2009. Formation and properties of the whey protein-κ-casein complexes in heated skim milk —A review. Dairy Sci. Technol. 89, 3-29.

Gaucheron, F., 2005. The minerals of milk. Reprod. Nutr. Dev. 45, 473-483. Heid, H. W., Keenan, T. W., 2005. Intracellular origin and secretion of milk fat globules. Eur. J. Cell Biol. 84, 245-258.

Huppertz, T., Gazi, I., Luyten, H., Nieuwenhuijse, H., Alting, A., Schokker, E., 2017.

Hydration of casein micelles and caseinates: implications for casein micelle structure. Int. Dairy J. 74, 1-11.

Jandal, J. M., 1996. Comparative aspects of goat and sheep milk. Small Rumin. Res. 22 (2), 177-185.

de Kort, E., Minor, M., Snoeren, T., Van Hooijdonk, T., Van der Linden, E., 2012. Effect of calcium chelators on heat coagulation and heat-induced changes of concentrated micellar casein solutions: the role of calciumion activity and micellar integrity. Int. Dairy J. 26 (2), 112-119.

de Kruif, C. G., Holt, C., 2003. Casein micelle structure, functions and interactions. In: Fox, P. F., Mcsweeney, P. L. H. (Eds.), Advanced Dairy Chemistry—Volume 1 Proteins Part A, third ed Kluwer Academic/Plenum Publishers, New York, pp. 233-276.

Li, Y., Corredig, M., 2014. Calcium release from milk concentrated by ultrafiltration and diafiltration. J. Dairy Sci. 97, 5294-5302.

Lopez, C., 2011. Milk fat globules enveloped by their biological membrane: unique colloidal assemblies with a specific composition and structure. Curr. Opin. Colloid Interf. Sci. 16 (5), 391-404.

Lucey, J. A., Horne, D. S., 2009. Milk Salts: Technological Significance. In: Fox, P. F., Mcsweeney, P. L. H. (Eds.), Advanced Dairy Chemistry—Volume 3—Lactose, Water, Salts and Minor Constitutents, third ed Springer, New York, pp. 351-389.

Müller-Buschbaum, P., Gebhardt, R., Roth, S. V., Metwalli, E., Doster, W., 2007. Effect of calcium concentration on the structure of casein micelles in thin films. Biophys. J. 93 (3), 960-968.

O'Mahony, J. A., Fox, P. F., 2013. Milk proteins: introduction and historical aspects. In: Mcsweeney, P. L. H., Fox, P. F. (Eds.), Advanced Dairy Chemistry—Volume 1A Proteins: Basics Aspects, fourth ed. Springer, New York, pp. 43-85.

Swaisgood, H. E., 2003. Chemistry of the caseins. In: Mcsweeney, P. L. H., Fox, P. F. (Eds.), Advanced Dairy Chemistry—Volume 1 Proteins Part A, third ed. Kluwer Academic/ Plenum Publishers, New York, pp. 139-201.

Walstra, P., Jenness, R., 1984. Química y físicalactológica. Editorial Acribia, Zaragoza, 423.

Walstra, P., Wouters, J. T. M., Geurts, T. J., 2006. Dairy Science and Technology, Second Ed. CRC Press, Boca Raton, FL, 808 pp.

3 生乳的微生物学

Luana M. Perin[1]，Juliano G. Pereira[2]
Luciano S. Bersot[3] and Luís A. Nero[1]

[1]Departamento deVeterinária，Universidade Federal de Viçosa，Viçosa，Brazil
[2]Universidade Federal do Pampa，Uruguaiana，Rio Grande do Sul，Brazil
[3]Universidade Federal do Paraná，Setor Palotina，Palotina，Brazil

3.1 引 言

自从牛开始被驯化以来，人类开始获取牛奶供自己食用，从而衍生和发展出复杂的产业链。由于牛奶本身及其成分如脂肪和蛋白质等的多功能性，人们开发了多种奶制品用于食用。此外，在乳品产业链还设计了不同的设备和工艺，包括牧场中的挤奶、储存、运输至乳品加工厂以及最后的加工过程。这种复杂的乳品链增加了牛奶被微生物污染的机会，由于农场牛奶生产的特性，牛奶微生物污染时常发生。

牛奶中微生物污染的控制是奶制品质量安全控制的关键。许多污染牛奶的微生物是致病的，可以危害人类健康。其他微生物可以作为牛奶生产和储存的卫生条件指示物，牛奶生产者和食品检验员通过此类微生物评估牛奶生产环境并预测牛奶是否变质和是否用于奶制品加工。最后，这类微生物表现出的良好和可利用的特征，可让他们作为益生菌或有益菌使用，也可作为发酵食品的起始培养物。所有微生物可以在不同的生产步骤污染牛奶，突出了它们与奶制品链的关联性。

在本章中，我们将重点描述生鲜乳中天然存在的主要微生物群，重点关注它们的主要污染来源和它们如何影响牛奶品质，以及它们对牛奶和奶制品的质量和安全性的影响。

3.2 生鲜乳和奶制品中的微生物

在动物源性食品中，牛奶被认为是最容易滋生微生物的食品之一，这是由于 pH 值、高水活度和丰富的营养成分等因素造成的。微生物在牛奶中找到了它们繁殖的有利条件。生鲜乳中的微生物种类繁多，由引起腐败的细菌、病原微生物和在重要技术环节起重要作用的细菌组成（Montel 等，2014；Perin 等，2017）。微生物多样性直接受到奶牛群的卫生条件、环境卫生、挤奶设备的使用以及与生鲜乳的处理、储存、冷藏和加工相关因素的影响（Murphy 等，2016）。

牛奶在乳房内是无菌的，但一旦从乳房中被挤出，牛奶就会暴露于空气中与设备表面接触，导致牛奶不可避免地受污染。由于环境（如水质、挤奶区卫生）和操作条件（消毒设备差、处理不当、储藏温度高于推荐值）无法控制，牛奶被污染，细菌找到最佳的生长和繁殖条件，牛奶的物理化学特性被改变，并可能成为公共卫生中重要微生物污染的来源（Raza 和 Kim，2018）。本章将介绍牛奶在生产过程中污染的主要途径和来源。

3.2.1 卫生指示微生物

卫生指示微生物指一种或一类微生物，在牛奶中广泛存在，并能预示挤奶、牛奶保存或加工等环节的卫生指标是否合格。在牛奶中常用的卫生指示微生物为好氧嗜温微生物、嗜冷菌和大肠杆菌。

3.2.1.1 嗜温菌和嗜冷菌

嗜温菌最适宜在 25~40℃ 的中等温度下生长，这是腐败菌和致病菌的最佳生长条件。存在于牛奶中的主要嗜温细菌有微球菌属（*Micrococcus*）、葡萄球菌属（*Staphylococcus*）、肠球菌属（*Enterococcus*）、埃希菌属（*Escherichia*）、沙雷氏菌属（*Serratia*）、不动细菌属（*Acinetobacter*）、黄杆菌属（*Flavobacterium*）、假单胞菌属（*Pseudomonas*）、分枝杆菌属（*Mycobacterium*）、芽孢杆菌属（*Bacillus*）、乳球菌属（*Lactococcus*）、乳杆菌属（*Lactobacillus*）等（Jay，2012）。嗜温细菌被认为是通用的卫生指标，它们在牛奶中的存在是不可避免的，因为这些细菌大多存在于动物乳房、挤奶工人手上、设备表面、水和空气中。因此，嗜温细菌数量受牛奶从乳房中挤出的环境条件影响（Jay，2012）。一般来说，牛奶中嗜温细菌数量高于 5.0 log CFU/ mL 则表明在挤奶和加工过程卫生条件差，而当数量低于 3.0 log CFU/ mL 表明生产加工操作较为规范。总之，良好的操作规范、充分的冷却和冷藏是控制牛奶嗜温细菌的有效措施。

牛奶冷却必须在挤奶后立即进行，并且温度必须迅速达到 4℃，这样有利于在热处理前控制微生物繁殖。挤奶后生鲜乳冷藏是保存产品最重要的步骤。然而，这种做法不应单独应用，因为在生产初期许多污染原奶的微生物即使在冷藏温度下也有繁殖的能力，特别是在高于理想温度和低于 10℃ 的边缘温度下（Perin 等，2012），具有这种能力的微生物被称为嗜冷菌，目前被认为是生鲜乳中微生物污染的主要问题之一。牛奶中的嗜冷菌的存在与它们的腐败活性有关，因此是牛奶保质期的主要限制之一（Cousin，1982）。嗜冷菌污染主要由挤奶设备和水消毒不彻底引发。在适当的挤奶和保存条件下，嗜冷菌占生鲜乳微生物总数的 10%，但当在较差卫生条件下获取牛奶时，它可以达到生鲜乳中微生物总数的 75%。

嗜冷菌包括假单胞菌属以及芽孢杆菌等几个属的细菌。假单胞菌由于其在 4~7℃ 范围内较强的代谢活性而被认为是经典的嗜冷菌（Jay，2012）。然而，芽孢杆菌在 8~

10℃的冷却温度间占非主体地位，其增殖最适温度在4~10℃，在初始的嗜中温计数时生鲜乳中有5.0 log CFU/mL（这被认为是此类菌存在的最大限值）的嗜冷菌，并且牛奶在4℃或更低的温度下储存，24 h后嗜冷菌数量显著增加（Scatamburlo等，2015；Yamazi等，2013）。因此，良好的挤奶卫生条件和在4℃或4℃以下冷藏可防止此类细菌在生鲜乳中引起不良的变化。

3.2.1.2 大肠杆菌和肠杆菌科

大肠杆菌群是革兰氏阴性菌，是可发酵乳糖产生气体的嗜温菌。牛奶中大肠杆菌浓度高于2.0 log CFU/mL则表明牛奶加工中的卫生规范较差，并预示可能存在肠道病原菌。大肠杆菌群存在于土壤、未经处理的水、设备表面和粪便中。大肠埃希菌、克雷伯氏菌、肠杆菌和柠檬酸杆菌属于大肠杆菌群的一类，尽管大肠埃希氏菌主要栖息在人类和动物的肠道中（Jay，2012）。因此，牛奶被大肠菌群污染并不一定表明牛奶与粪便接触过，但能说明牛奶中存在大肠杆菌。

由于大肠菌群能够发酵乳糖，肠杆菌科细菌可以作为牛奶挤奶期间是否污染的指示菌。肠杆菌科是由许多能发酵葡萄糖的细菌组成的一个大家族。该家族包括大肠菌群和其他不能发酵乳糖的肠杆菌，这些肠杆菌科的细菌可广泛作为在生鲜乳加工链的各种环境尤其是挤奶过程中的污染指示菌（Martin等，2016）。

3.2.2 病原微生物

除了被卫生指示微生物污染外，牛奶还能携带多种病原体，当摄食携带病原体的生鲜乳或由生鲜乳加工的奶制品时可影响消费者的健康，此处将详细介绍生鲜乳中病原体、食源性病原体和人兽共患病原体，奶制品中的病原体将在第12章详细介绍。

病原微生物可以通过两种不同的方式污染牛奶：① 通过患有如牛分枝杆菌、流产布鲁氏菌等疾病的奶牛分泌产生的牛奶感染；② 由不卫生的挤奶和处理引起的，从通过被金黄色葡萄球菌、弯曲肠杆菌、沙门菌、李斯特菌、产志贺毒素大肠埃希菌污染的设备、地板、土壤、水和粪便导致的（Boor等，2017；Gonzales-Barron等，2017；Zeinhom和Abdel-Latef，2014）。

由牛分枝杆菌和流产杆菌引起的结核分枝杆菌和牛布鲁氏菌病是危害公众健康和影响奶业生产的重要疾病。这些疾病可以通过直接接触受影响的动物或摄入未经适当热处理的原料奶或奶制品而感染人类（Jay，2012）。

金黄色葡萄球菌已成为与摄食牛奶和奶制品相关的食物中毒的原因。它之所以发生是因为金黄色葡萄球菌是奶牛乳腺炎的主要病原体，也可通过食品加工者的皮肤、鼻腔和口咽中携带的病原体在加工处理生鲜乳和奶制品的过程中污染产品。由于动物的卫生条件不达标或挤奶操纵不规范引起金黄色葡萄球菌污染，肠毒素的产生需要大量的细菌，这些细菌可引起人类的呕吐和脱水的临床问题（Cavicchioli等，2015；Gonzales-Barron等，2017；Viçosa等，2010）。

弯曲杆菌被认为是诱发食源性疾病的主要因素之一，尤其是摄食被其污染的奶及奶制品时。据估计，在美国，弯曲杆菌诱发的疾病占食源性疾病的70%。但在另外一些国家如巴西，未见报道因摄食该类细菌感染的食品而暴发的疾病，可能与他们缺乏对食源性疾病的监管有关。弯曲杆菌属包括几个种，其中最重要的是空肠弯曲菌（*Campylobacter jejuni*）。生鲜乳巴氏杀菌不彻底就会引起弯曲杆菌病暴发。这种病原体的污染发生在挤奶过程中，因为它可能存在于牛的肠道、粪便中，可能由于挤奶过程中的操作不规范造成。在挤奶区使用污染的水是另一个污染源（Del Collo 等，2017；Silva 等，2011）。

弯曲杆菌、沙门氏菌和产志贺毒素大肠埃希菌是肠道病原菌，能够通过生乳传播，但发生率较低。沙门氏菌和产志贺毒素大肠埃希菌是诱发世界上食源性疾病的主要病原体，但很少由摄入污染的原料奶或奶制品而引起暴发。粪便污染是发生食源性疾病的主要原因，因此应采取严格的卫生措施，防止牛奶直接或通过媒介和水等与粪便接触（Gonzales-Barron 等，2017）。

李斯特菌广泛分布于自然界中，是一种嗜冷菌，能形成生物膜黏附于设备和挤奶器皿表面（Kocot 和 Olszewska，2017；Latorre 等，2010）。对于细菌的初始黏附，必须依赖一定的湿度和有机物质的存在，这为细胞外聚合物物质的增殖和生产提供了条件，可保持细胞牢固附着于表面（Kocot 和 Olszewska，2017）。因此，在乳品生产中防止生乳中单核细胞增生李斯特菌的存在，一定要有良好的卫生规范，使用洗涤剂和消毒剂可减少此类微生物在设备和器皿表面形成生物膜并牢固黏附（Kumar 等，2017）。

3.2.3 腐败微生物

腐败微生物对于乳品工业来说是非常重要的，由于其需要维持代谢活动，并在牛奶中存活，它们使乳成分发生改变并导致奶制品的显著变化。原料奶中腐败微生物的污染是不可避免的，因为它们广泛分布在挤奶区域、设备和加工环境中。挤奶工人是避免牛奶污染从而减少由于产品变化造成的经济损失的主要责任人。几种细菌能使牛奶变质。在细菌酶（蛋白酶和脂肪酶）的作用下，牛奶会发生由糖酵解微生物、蛋白水解和脂肪分解所引起的酸化（Júnior 等，2018）。

因此，它们产生初级代谢产物乳酸，降低了牛奶 pH 值。pH 值降低会影响牛奶稳定性，因为当牛奶 pH 值在正常范围内（6.6~6.8），酪蛋白在胶乳胶束周围呈现负电荷。随着溶液中 H^+ 离子浓度增加，胶束之间的斥力减小，这导致胶束结构失稳，在 pH 值为 4.6 时达到酪蛋白的等电点。此外，高浓度的 H^+ 也导致保持胶束之间键合稳定性的胶体磷酸键变性。因此，酸化乳使酪蛋白稳定性发生变化，这可能导致加热凝结，限制了其在工业中的使用（Steinkraus，1992）。主要的酸化微生物是嗜温微生物，如乳杆菌（*Lactobacillus*）、链球菌（*Streptococcus*）、乳球菌（*Lactococcus*）和一些肠细菌（Jay，2012）。

嗜冷菌分散在环境中，一旦污染牛奶，就可以在冷却温度下快速繁殖。嗜冷菌包含的微生物种类主要属于假单胞菌属、芽孢杆菌属、乳酸杆菌属、李斯特菌属等物种。大多数嗜冷菌不耐热，容易被牛奶加工中的热处理所破坏，然而一些微生物，如芽孢杆菌属、梭菌属、链球菌属，具有耐热性，能耐受热处理（Júnior 等，2018）。嗜冷菌最重

要的特性是其产生耐热蛋白水解和脂解酶的能力，能在热处理后仍保持其酶活性。这些酶在乳的特定成分中具有作用位点，并在奶制品整个保质期产生作用（Capodifoglio 等，2016；Scatamburlo 等，2015）。

酶的蛋白水解作用主要发生在 k-酪蛋白上，导致蛋白质水解和随后的胶束失稳，这种不稳定导致超高温处理的牛奶发生凝固。UHT 处理牛奶，酶的作用促使凝胶形成进而导致牛奶包装底部出现沉淀。酪蛋白降解产生多肽而使牛奶产生苦味。此外，蛋白酶的作用降低了奶制品的产量（Fairbairn 和 Law，1986）。

脂肪酶通过增加甘油三酯的脂解潜能来水解脂球膜上的磷脂。脂解酶能将甘油三酯水解为游离脂肪酸、丁酸和己酸。在牛奶和奶制品中游离脂肪酸的存在会引起酸败味（Capodifoglio 等，2016）。

3.2.4 有益微生物

一些从工业环境中分离出来的微生物在牛奶加工中能起到重要的作用，并能产生所需的代谢物。这些微生物在乳品工业中用作发酵剂，促进牛奶发生期望的变化，并产生不同的产品如发酵奶和奶酪。在第 8 章中将详细介绍原料奶和奶制品中的有益微生物群以及在牛奶中产细菌素的乳酸菌的作用。

乳酸菌、乳酸杆菌、链球菌、丙酸杆菌、明串珠菌等是在牛奶加工业中发挥重要作用的主要微生物类群（Dal Bello 等，2012；Morandi 等，2011；Perin 等，2016；Ribeiro 等，2014）。这些微生物参与牛奶发酵和微生物细胞产生能量的过程，这些微生物产生各种物质改变乳的风味、外观和结构（Montel 等，2014）。此外，这些微生物还具有脂解和蛋白水解能力，并且通过氨基酸和甘油三酯的转化产生芳族化合物。

一些乳酸菌（LAB）具有产生细菌素的能力。细菌素是在核糖体中合成的抗菌肽，现已发现多种多样的细菌素，它们在氨基酸组成、生物合成、运输和作用方式上有所不同（Cotter 等，2005；Molloy 等，2011）。在食品中，细菌素可以很自然地作为正常微生物的产物或从发酵培养物中引入。

多项研究表明由于细菌素对致病微生物和腐败微生物具有活性，可在食品中使用这些肽替代传统的化学防腐剂。几种微生物能产生细菌素，如粪肠球菌、肠球菌、乳杆菌、乳球菌、片球菌、毕氏菌等，产生细菌素乳链菌肽、片球菌素、乳链球菌素、乳酸乳球菌素、亮菌素、植物乳杆菌素、肠道菌素、食肉杆菌素等（Javed 等，2011；Kruger 等，2013；McAuliffe 等，1998；Perin 等，2015；Perin 和 Nero，2014）。这些抗菌肽能够影响细胞膜通透性、抑制细胞壁合成或抑制靶细胞 RNA 聚合酶和 RNA 聚合酶活性发挥作用（Cotter 等，2005；Deegan 等，2006）。

3.3 乳品加工链中微生物污染源

奶及奶制品，像所有其他食物类型一样，都有可能导致食源性疾病。多种因素会影响牛奶品质，如兽药、杀虫剂和其他化学添加剂、环境污染、营养物降解，但微生物污染是威胁奶及奶制品的主要安全问题。牛奶富含多种营养物质、蛋白质、脂类、碳水化合物、矿物质和维生素，同其他类型食品一样可以发生物理化学变化，微生物包括细菌、霉菌和酵母菌的滋生。

牛奶除了被细菌污染，牛奶可以携带一些有益细菌，如乳酸菌可以促进奶制品发酵，并且还能够产生抗菌物质（酸、双乙酰、细菌素等）作为生物防腐剂；但它也能携带一些人类病原体，如沙门氏菌、大肠杆菌 O157: H7、李斯特菌、金黄色葡萄球菌、小肠结肠炎耶尔森菌、蜡状芽孢杆菌、肉毒梭菌、牛分枝杆菌、牛布鲁氏菌，羊布鲁氏菌和以嗜冷菌为主的腐败微生物。

牛奶的初始微生物数量有很大的差别。微生物可以从产奶动物、牧场环境、挤奶过程、存储、运输，或乳品加工中感染微生物。在处理过程中与人和设备的接触构成交叉污染源。因此，必须遵循良好的卫生规范来控制整个奶制品加工链中的牛奶污染，以确保其安全性和适用性。

3.3.1 动物和农场

牛是牛奶中微生物污染的重要来源。动物应由合格的兽医师管控，以确保牛没有患如布鲁氏菌病、结核病、裂谷热、乳腺炎和其他能通过牛奶转移给人类的传染病。此外，泌乳牛应是经过良好的饲养、健康和未处于治疗期的奶牛（FAO/WHO，2004）。应确保泌乳牛饲养区域干净，患病动物应该被隔离。

牛奶在离开乳房的那一刻开始就会发生污染，在动物生病时，牛奶中的病原体可从乳腺分泌而来。乳房感染是全世界奶业中的一种常见疾病，治疗具有高昂的经济成本（Cullor，1997）。乳房感染涉及病原体载体来源、转移手段、侵入机会和易感宿主。微生物通过乳头顶端导管进入乳房。由于受伤使乳头损坏会破坏乳头导管形成的保护性屏障。这样，微生物通常在挤奶过程中穿透乳头末端，然后附着在乳头池的组织上（Chambers，2005）。乳腺炎的其他信息将在第 11 章奶牛传染病章节做介绍。

病原体感染乳房致使牛奶污染，这样挤奶机、挤奶员的手、擦乳房的毛巾和其他部分都能被污染，并通过这些媒介在奶牛群中转移疾病（Chambers，2005）。金黄色葡萄球菌和大肠菌群主要引起反刍动物的临床和亚临床乳腺炎（Antonios 等，2015；Keane，2016）。其他种类如李斯特菌、牛支原体、无乳链球菌、乳房链球菌也可导致乳腺炎并转移到牛奶中（Chambers，2005；Cullor，1997；Nicholas 等，2016）。

大肠杆菌是许多临床病例中的主要分离物，当宿主被免疫抑制时，尤其是在分娩和早期哺乳前后（Cullor，1997）。垫料和粪便是大肠杆菌污染的主要来源。Keane（2016）调查临床乳腺炎病例发现，分离的三株大肠杆菌为多药耐药，其中一株对 7 种抗生素耐受，这可以引发对人类交叉耐药性的关注。Jørgensen 等（2005）发现金黄色葡萄球菌似乎在挪威散装牛奶中非常流行，分离株经常产生肠毒素并含有肠毒素基因。在生乳制品中也发现了产肠毒素的金黄色葡萄球菌。

许多国家都采用管控系统来减少乳腺炎发生，包括挤奶后的乳头浸泡消毒，抗生素治疗以及挤奶前后奶牛的良好卫生规范。重要的是使用抗生素或其他兽药处理过的牛奶不能使用，因为抗生素和药物会转移到牛奶中去（Chambers，2005）。另一个有趣的研究表明，饲喂自制的 TMR 饲料和湿啤酒糟和在挤奶厅中存在灰尘是牛奶中污染梭菌的危险因素（Arias 等，2013）。

牧场中的水和环境卫生也是影响牛奶污染的因素，需予以正确管理。被污染的水可能污染饲料、设备或挤奶动物，从而导致病原微生物进入牛奶。在饮用水不可用的农场里，应该用净化方法处理。大肠菌群是环境中的一个普遍存在的群体，然而它们的存在有助于检验奶制品生产用水的质量（Chambers，2005）。此外，应充分管理废弃物（粪肥、饲料残渣、废水等）以避免蚊蝇和最终的细菌污染（FAO/WHO，2004）。

3.3.2 挤奶

挤奶过程可直接影响原料奶和奶制品的质量和安全性（Chambers，2005）。微生物污染的主要来源有乳腺、乳房和乳头的外部以及挤奶设备（Donnelly，1990；Slaghuis，1996）。因此，对乳房和乳头、挤奶员的手和挤奶区域进行充分的清洁是减少牛奶腐败和病原微生物污染的关键，并改善最终的卫生条件。挤奶过程的步骤如下（FAO/WHO，2004）。

（1）在挤奶之前，应该对动物进行评估，并测试每个泌乳乳头是否有可见的缺陷。对于患病动物（如患有临床乳腺炎的动物），应在最后挤奶或使用不同的挤奶设备或人工挤奶，不可用于人类消费。

（2）乳房和乳头应该用饮用水清洗，每只奶牛使用一次性毛巾擦拭。

（3）每头泌乳奶牛的头三把奶应丢弃到特定的容器中，而不用于人类消费。

（4）挤奶后，应再次清洗乳房，最好用乳头浸泡消毒以避免乳头感染。

此外，在整个过程中，应采取一些预防措施，以避免感染。

挤奶设备、器皿和储藏容器会因暴露于空气中受到严重污染进而增加贮存在这些设备中每毫升牛奶的细菌数量，所以在使用前后应进行彻底的清洗消毒（Chambers，2005）。细菌和牛奶残留物会在难以清洁的区域和设计不良的部件中积聚成生物膜。防止挤奶设备中生物膜的出现是实现安全、优质牛奶需求的关键步骤，这也是大罐牛奶感染李斯特菌的一个潜在来源（Latorre 等，2010）。

挤奶也可以由人工进行，但应该按照规范操作，比如挤奶员应该健康，手要洗净和烘干；挤奶者不应该在动物或自己的身上擦手；牛奶应该尽快挤出到挤奶容器。挤奶后，牛奶应立即冷却，以避免微生物的生长。

3.3.3 储存和运输

控制牛奶中微生物生长的主要方法是挤奶后立即冷却原料奶（Bonfoh 等，2003；Pinto 等，2006）。原料奶的理想贮藏温度为 4℃，该温度能较好地控制微生物的生长（Chambers，2005；Jay，2012）。不同国家和地区建立了不同的原料奶贮藏方法。一些国家建立了特定的微生物标准，必须强制要求采用所制定的存储方法（表 3.1）。所采用的标准主要取决于奶牛场的特点和奶制品在该国经济中的重要性（Perin 等，2012）。在巴西，如果农场没有充分配备冷却器，原料奶可以在挤奶后 2 h 之内在室温下运输到奶制品厂。

表 3.1 不同国家和地区对原料奶储存和微生物数量的要求

国家/地区	贮藏条件	微生物标准	参考文献
阿根廷	5℃及以下	200 000 CFU/mL	Argentina，1969
巴西	4~7℃：散装罐 7℃：奶罐浸入处于室温的冷却水中（挤奶后 2 h）	300 000 CFU/mL（2016—2017） 100 000 CFU/mL（2017 年后）	Brazil，2002
加拿大	1~4℃	50 000 CFU/mL	Canada，1997
哥伦比亚	4℃±2℃	700 000 CFU/mL	Colombia，2006
厄瓜多尔	无参数要求	无参数要求	Equador，2003
欧洲	每日收集后存于 8℃ 挤奶 2h 之内在室温贮存后放于 6℃贮藏	100 000 CFU/mL	European Commission，2004
墨西哥	5℃及以下	120 min 美蓝还原试验的最小值	Mexico，2007
新西兰	挤奶 3 h 之内在室温贮存后放于 7℃贮藏	100 000 CFU/mL	New Zealand，2006
美国	挤奶后 3 h 冷却至 4.4℃；挤奶后 2 h 在室温下收集并存于 10℃	100 000 CFU/mL	USDA，2010

MA：嗜温性需氧菌，CFU/mL。

参考文献：改编自 Perin 等（2012）。

储存条件会引起牛奶微生物的变化。如果牛奶在高温下保持很长时间，牛奶会滋生一种特定微生物，该类微生物称为嗜冷菌（Perin 等，2012；Pinto 等，2006）。这些微生物在 7℃以下生长良好，其最适生长温度为 20~30℃（Jay，2012）。许多微生物对巴氏杀菌温度敏感，但有些种类能够产生耐热的脂解酶和蛋白水解酶，这被认为是引起奶及奶制品腐败的主要因素（Leitner 等，2008；Marchand 等，2008）。牛奶中滋生这类细菌与牛奶巴氏杀菌后污染有关。

Perin 等（2012）比较原料奶在不同贮藏条件下对卫生指标微生物种群的影响，观察到在嗜冷菌中，假单胞菌和沙雷氏菌是主要污染菌。尽管他们发现在 4℃冷冻是控制中温需氧菌和总大肠菌群的理想温度，然而，挤奶后的牛奶样品微生物数量较少，不同的贮存条件也不足以维持微生物特别是嗜冷菌的生长。从挤奶过程的第一步起就确保良好的生产规范是确保产品品质的关键。

显而易见，原料奶的初始微生物对原料奶中腐败菌和病原微生物的生长有直接的影响，而与贮藏温度无关。

根据 FAO 制订的奶及奶制品的卫生实践规范（FAO/WHO，2004），储奶罐的设计、制造、维护和使用，应遵循最大程度避免牛奶受污染，避免将污染物引入牛奶中和减少牛奶中微生物的生长。此外，在挤奶和清洗设备、器皿和仪器时应使用充足的饮用水。在收集中心冷却后，牛奶应以保持牛奶温度低于 8℃的方式进行运输。牛奶运输应在冷藏条件下进行，不应过分拖延；如果是在罐中运输的话，必须正确密封并避免阳光直射。所有与牛奶接触的设备必须清洁和消毒，避免下一次使用时引起牛奶交叉污染。此外，还要避免牛奶加工人员污染牛奶，他们应穿着干净的衣服，并不会携带会污染牛奶的传染性病原；在运输过程中和卸货时应采取良好的卫生措施。

另一方面也值得关注，原料奶在冷藏条件下可能掩盖一些不卫生操作，如未充分清洁和消毒的挤奶设备进而产生异味和产生劣质产品，并存在消费者食源性感染的风险（Chambers，2005）。在农场中进行足够的冷藏应与食品卫生和卫生实践相结合，以确保牛奶的最终质量。

3.3.4 乳品加工厂

当牛奶到达乳品加工厂时，应由有资质的人员对牛奶品质进行必要的质量检验以确定原料奶是否适合加工。根据 FAO/WHO（2004）推荐的牛奶质量检测方法有：可滴定酸度的测定、10 min 刃天青试验、煮沸凝结试验、沉淀试验、半小时美蓝还原实验、pH 值测定、防腐剂和抗生素的测定。中温需氧菌计数也属于常规分析，这些有助于质量监控和食品检查员的分析，但不适于评价发酵罐中的牛奶，需要 24~48 h 后才能得到最终结果。

在一些国家允许销售生鲜乳，但应该考虑存在威胁公共卫生的潜在风险。在奶制品行业，原料奶可以用来生产一些手工奶制品，如生乳奶酪。这种产品由于其感官特性和营养品质而深受消费者的喜爱。然而，在出售或生产奶制品之前，应对牛奶进行处理从而减少腐败和消除病原体污染概率（Angelidis，2015）。

从第一步挤奶开始控制原料奶微生物对于防止生产损失和实现奶制品的最佳保质期至关重要。传统加工中，牛奶需要经过两个热处理过程：巴氏杀菌和超高温灭菌。最低巴氏杀菌条件需要具备杀菌效果即等同于将牛奶中的每一个颗粒在 72℃加热 15 s（连续流动巴氏杀菌）或 63℃ 加热 30 min（间歇巴氏杀菌）（Codex Alimentarius Commission，2004）。巴氏杀菌能有效地破坏生物结核分枝杆菌和引起 Q 热的立克次体的贝氏考克斯菌（Raspor 等，2015）。能在巴氏杀菌过程中存活的嗜热微生物群包括微杆菌属、微球菌属、芽孢杆菌孢子、梭菌孢子和产碱菌属；然而，这类微生物在正常环境温度下的生鲜乳中也不会有效繁殖，若牛奶中耐热微生物数量较大表明挤奶设备可能被污染（Chambers，2005）。鉴于此，这种类型的牛奶应该冷藏保存，其保质期比 UHT 牛奶更有限。热处理后牛奶的温度应迅速降低以避免微生物的增殖。

允许生鲜乳温度变化的储存条件可能会影响大肠杆菌的耐热性。然而，牛奶感染大肠菌属和大肠杆菌通常发生在巴氏杀菌后如存储和灌装过程中（Chambers，2005）。食品工业通常使用相同的手段来保证食品的质量，例如良好的生产规范、良好的卫生习惯、风险分析和关键控制点，包括采用一些标准做法和减少污染的风险。

3.4 奶制品微生物监控面临的挑战

控制牛奶中微生物污染是牛奶生产者和牧场、乳品业、消费者和食品检查员长期面临的挑战。原料奶中一些微生物天然存在的潜在风险对消费者是显而易见的，必须通过严格监控以避免有害细菌的存在和人类摄入。然而，牛奶和奶制品是有益细菌的天然来源，必须适当地分离、表征和作为益生菌与发酵剂培养物充分使用。最后，必须监测特定微生物群作为质量控制程序的一项内容，这类微生物是生产环境恶劣或者不合格的标识物，通过官方的食品检测避免向消费者输送劣质奶产品。因此，控制和监测原料奶的微生物群对奶制品质量、消费者接受度和官方质控要求有直接的影响。

然而，微生物计数和病原菌的检测是非常耗时的，一般在牛奶进行加工、消费者消费生鲜乳或奶制品时才获得检测结果。尽管有这种局限性，质量控制程序要求对这些微生物进行持续监测，允许微生物计数数据有波动，可通过预测可能的问题引发的患病率和提出适当的方法来解决它们。为替代以上类似方法，在1970—1980年间乳品工业中开发了各种快速和自动化的方法，以评估原料奶和奶制品的质量和安全性（Sohier等，2014）。这些方法中许多都是基于传统的方法，而基于分子的方法正越来越多地被用于乳品工业微生物的监测（Beletsiotis等，2011）。与采用或选择的方法无关，重要的是要强调在原料奶和奶制品中必须对其中的微生物污染进行监测。

原料奶及其制品中微生物的自然存在以及这些产品携带病原体的潜在风险，导致需要在生产的不同步骤中对微生物污染进行更严格的控制。这些风险强调了在原料奶生产过程中极端护理和卫生的相关性，挤奶、储存、运输和加工过程需按照严格的卫生程序控制产奶动物的疾病。所有这些挑战只有通过适当和广泛的监控不同微生物种类而得以解决。最后，必须由食品检查员进行适当和可靠的官方监测，以确保生产出足够安全的产品用于消费。

参考文献

Angelidis，A. S.，2015. The microbiology of raw milk. In：Papademas，P.（Ed.），Dairy Microbiology：A Practical Approach. CRC Press/Taylor & Francis Group，Boca Raton，pp. 2269.

Antonios，Z.，Theofilos，P.，Ioannis，M.，Georgios，S.，Georgios，V.，Evridiki，B.，et al.，2015. Prevalence，genetic diversity，and antimicrobial susceptibility profiles of Staphylococcus aureus isolated from bulk tank milk from Greek traditional ovine farms. Small Ruminant Res. 125，120126.

Arias，C.，Oliete，B.，Seseña，S.，Jimenez，L.，Pérez-Guzmán，M. D.，Arias，R.，2013. Importance of on-farm management practices on lactate-fermenting *Clostridium* spp. spore contamination of Manchega ewe milk：determination of risk factors and charac-terization of Clostridium population. Small

Ruminant Res. 111, 120128.

Beletsiotis, E., Ghikas, D., Kalantzi, K., 2011. Incorporation of microbiological and molecular methods in HACCP monitoring scheme of molds and yeasts in a Greek dairy plant: a case study. Proc. Food Sci. 1, 10511059.

Bonfoh, B., Wasem, A., Traore, A., Fane, A., Spillmann, H., Simbé, C., et al., 2003. Microbiological quality of cows' milk taken at different intervals from the udder to the selling point in Bamako (Mali). Food Control 14, 495500.

Boor, K. J., Wiedmann, M., Murphy, S., Alcaine, S., 2017. A 100-year review: microbiology and safety of milk handling. J. Dairy Sci. 100, 99339951.

Capodifoglio, E., Vidal, A. M. C., Lima, J. A. S., Bortoletto, F., D'Abreu, L. F., Gonçalves, A. C. S., et al., 2016. Lipolytic and proteolytic activity of *Pseudomonas* spp. isolated during milking and storage of refrigerated raw milk. J. Dairy Sci. 99, 52145223.

Cavicchioli, V., Scatamburlo, T., Yamazi, A., Pieri, F., Nero, L., 2015. Occurrence of *Salmonella*, *Listeria monocytogenes*, and enterotoxigenic *Staphylococcus* in goat milk from small and medium-sized farms located in Minas Gerais State, Brazil. J. Dairy Sci. 98, 83868390.

Chambers, J. V., 2005. The microbiology of raw milk. Dairy Microbiology Handbook: The Microbiology of Milk and Milk Products. John Wiley & Sons, Hoboken, NJ, pp. 3990.

Cotter, P. D., Hill, C., Ross, R. P., 2005. Bacteriocins: developing innate immunity for food. Nat. Rev. Microbiol. 3, 777788.

Cousin, M., 1982. Presence and activity of psychrotrophic microorganisms in milk and dairy products: a review. J. Food Protect. 45, 172207.

Cullor, J. S., 1997. Risks and prevention of contamination of dairy products. Rev. Sci. Tech. 16, 472481.

The Microbiology of Raw Milk Dal Bello, B., Cocolin, L., Zeppa, G., Field, D., Cotter, P. D., Hill, C., 2012. Technological characterization of bacteriocin producing *Lactococcus lactis* strains employed to control Listeria monocytogenes in Cottage cheese. Int. J. Food Microbiol. 153, 5865.

Deegan, L. H., Cotter, P. D., Hill, C., Ross, P., 2006. Bacteriocins: biological tools for bio-preservation and shelf-life extension. Int. Dairy J. 16, 10581071.

DelCollo, L. P., Karns, J. S., Biswas, D., Lombard, J. E., Haley, B. J., Kristensen, R. C., et al., 2017. Prevalence, antimicrobial resistance, and molecular characterization of Campylobacter spp. in bulk tank milk and milk filters from US dairies. J. Dairy Sci. 100, 34703479.

Donnelly, C. W., 1990. Concerns of microbial pathogens in association with dairy foods. J. Dairy Sci. 73, 16561661.

Fairbairn, D. J., Law, B. A., 1986. Proteinases ofpsychrotrophic bacteria: their production, properties, effects and control. J. Dairy Res. 53, 139177.

FAO/WHO, 2004. Code of Hygienic Practice for Milk and Milk Products CAC/RCP 57-2004.

Gonzales-Barron, U., Gonçalves-Tenoório, A., Rodrigues, V., Cadavez, V., 2017. Foodborne pathogens in raw milk and cheese of sheep and goat origin: a meta-analysis approach. Curr. Opin. Food Sci. 18, 713.

Javed, A., Masud, T., ul Ain, Q., Imran, M., Maqsood, S., 2011. Enterocins of *Enterococcus faecium*, emerging natural food preservatives. Ann. Microbiol. 61, 699708.

Jay, J. M., 2012. Modern Food Microbiology. Springer Science & Business Media, New York.

Jørgensen, H. J., Mørk, T., Høgåsen, H. R., Rørvik, L. M., 2005. Enterotoxigenic *Staphylococcus aureus in* bulk milk in Norway. J. Appl. Microbiol. 99, 158166.

Júnior, J. R., de Oliveira, A., Silva, F. de G., Tamanini, R., de Oliveira, A., Beloti, V., 2018. The main spoilage-related psychrotrophic bacteria in refrigerated raw milk. J. Dairy Sci. 101, 7583.

Keane, O. M., 2016. Genetic diversity, the virulence gene profile and antimicrobialresis-tance of clinical mastitis-associated Escherichia coli. Res. Microbiol. 167, 678684. Kocot, A. M., Olszewska, M. A., 2017. Biofilm formation and microscopic analysis of bio-films formed by Listeria monocytogenes in a food processing context. LWT-Food Sci. Technol. 84, 4757.

Kruger, M. F., Barbosa, M. de S., Miranda, A., Landgraf, M., Destro, M. T., Todorov, S. D., et al., 2013. Isolation of bacteriocinogenic strain of *Lactococcus lactis* subsp. lactis from rocket salad (Eruca sativa Mill.) and evidences of production of a variant of nisin with modification in the leader-peptide. Food Control 33, 467476.

Kumar, A., Alam, A., Rani, M., Ehtesham, N. Z., Hasnain, S. E., 2017. Biofilms: survival and defense strategy for pathogens. Int. J. Med. Microbiol. 307, 481489.

Latorre, A. A., Van Kessel, J. S., Karns, J. S., Zurakowski, M. J., Pradhan, A. K., Boor, K. J., et al., 2010. Biofilm in milking equipment on a dairy farm as a potential source of bulk tank milk contamination with *Listeria monocytogenes*. J. Dairy Sci. 93, 27922802.

Leitner, G., Silanikove, N., Jacobi, S., Weisblit, L., Bernstein, S., Merin, U., 2008. The influence of storage on the farm and in dairy silos on milk quality for cheese production. Int. Dairy J. 18, 109113.

Marchand, S., Coudijzer, K., Heyndrickx, M., Dewettinck, K., De Block, J., 2008. Selective determination of the heat-resistant proteolytic activity of bacterial origin in raw milk. Int. Dairy J. 18, 514519.

Martin, N. H., Trmčić, A., Hsieh, T.-H., Boor, K. J., Wiedmann, M., 2016. The evolving role of coliforms as indicators of unhygienic processing conditions in dairy foods. Front. Microbiol. 7.

McAuliffe, O., Ryan, M. P., Ross, R. P., Hill, C., Breeuwer, P., Abee, T., 1998. Lacticin 3147, a broad-spectrum bacteriocin which selectively dissipates the membrane potential. Appl. Environ. Microbiol. 64, 439445.

Molloy, E., Hill, C., Cotter, P., Ross, R., 2011. Bacteriocins, Encyclopedia of Dairy Sciences, Second Ed. Academic Press, San Diego, pp. 420429.

Montel, M. C., Buchin, S., Mallet, A., Delbes-Paus, C., Vuitton, D. A., Desmasures, N., et al., 2014. Traditional cheeses: rich and diverse microbiota with associated benefits. Int. J. Food Microbiol. 177, 136154.

Morandi, S., Brasca, M., Lodi, R., 2011. Technological, phenotypic and genotypic characterisation of wild lactic acid bacteria involved in the production of Bitto PDO Italian cheese. Dairy Sci. Technol. 91, 341359.

Murphy, S. C., Martin, N. H., Barbano, D. M., Wiedmann, M., 2016. Influence of raw milk quality on processed dairy products: how do raw milk quality test results relate to product quality and yield? J. Dairy Sci. 99, 1012810149.

Nicholas, R. A. J., Fox, L. K., Lysnyansky, I., 2016. Mycoplasma mastitis in cattle: to cull or not to cull. Vet. J. 216, 142147.

Perin, L. M., Nero, L. A., 2014. Antagonistic lactic acid bacteria isolated from goat milk and identification of a novel nisin variant *Lactococcus lactis*. BMC Microbiol. 14, 36. Perin, L. M., Moraes, P. M., Almeida, M. V., Nero, L. A., 2012. Interference of storage temperatures in the development of mesophilic, psychrotrophic, lipolytic and proteolytic microbiota of raw milk. Semina: Ciências Agrárias 33, 333342.

Perin, L. M., Dal Bello, B., Belviso, S., Zeppa, G., de Carvalho, A. F., Cocolin, L., et al., 2015. Microbiota of Minas cheese as influenced by the nisin producer *Lactococcus lactis* subsp. lactis GLc05. Int. J. Food Microbiol. 214, 159167.

Perin, L. M., Belviso, S., Bello, B. D., Nero, L. A., Cocolin, L., 2016. Technological prop-erties and biogenic amines production by bacteriocinogenic *lactococci* and *enterococci* strains isolated from raw goat's milk. J. Food Prot. 80, 151157.

Perin, L. M., Sardaro, M. L. S., Nero, L. A., Neviani, E., Gatti, M., 2017. Bacterial ecology of artisanal Minas cheeses assessed by culture-dependent and-independent methods. FoodMicrobiol. 65, 160169.

Pinto, C. L. O., Martins, M. L., Vanetti, M. C. D., 2006. Qualidade microbiológica de leitecru refrigerado e isolamento de bactérias psicrotróficas proteolíticas. Ciênc. Tecnol. Aliment. 26, 645651.

Raspor, P., Smožina, S. S., Ambrožič, M., 2015. Basic concepts of food microbiology.

In: Papademas, P. (Ed.), Dairy Microbiology: A Practical Approach. CRC Press/Taylor & Francis Group, Boca Raton, pp. 122.

Raza, N., Kim, K.-H., 2018. Quantification techniques for important environmental contaminants in milk and dairy products. Trends Anal. Chem. 98, 7994.

Ribeiro, S., Coelho, M., Todorov, S., Franco, B., Dapkevicius, M., Silva, C., 2014. Technological properties of bacteriocin-producing lactic acid bacteria isolated from Pico cheese an artisanal cow's milk cheese. J. Appl. Microbiol. 116, 573585. Scatamburlo, T., Yamazi, A., Cavicchioli, V., Pieri, F., Nero, L., 2015. Spoilage potential of *Pseudomonas* species isolated from goat milk. J. Dairy Sci. 98, 759764.

Silva, J., Leite, D., Fernandes, M., Mena, C., Gibbs, P. A., Teixeira, P., 2011. *Campylobacter* spp. as a foodborne pathogen: a review. Front. Microbiol. 2.

Slaghuis, B., 1996. Source and significance of contaminants on different levels of raw milk production. Symposium on Bacteriological Quality of Raw Milk. International Dairy Federation, Wolfpassing, Austria.

Sohier, D., Pavan, S., Riou, A., Combrisson, J., Postollec, F., 2014. Evolution of microbi-ological analytical methods for dairy industry needs. Front. Microbiol. 5, 16.

Steinkraus, K., 1992. Lactic acid fermentations. Applications of Biotechnology to Traditional Fermented Foods. A Report of an Ad Hoc Panel of the Board on Science The Microbiology of Raw Milk and Technology for International Development. National Academy Press, Washington, DC. Viçosa, G. N., Moraes, P. M., Yamazi, A. K., Nero, L. A., 2010. Enumeration of coagulase and thermonuclease-positive *Staphylococcus* spp. in raw milk and fresh soft cheese: an evaluation of Baird-Parker agar, Rabbit Plasma Fibrinogen agar and the Petrifilmt Staph Express count system. Food Microbiol.

27, 447452.

Yamazi, A. K., Moreira, T. S., Cavicchioli, V. Q., Burin, R. C. K., Nero, L. A., 2013. Long cold storage influences the microbiological quality of raw goat milk. Small Ruminant Res. 113, 205210.

Zeinhom, M. M., Abdel-Latef, G. K., 2014. Public health risk of some milk borne pathogens. Beni-Suef Univ. J. Basic Appl. Sci. 3, 209215.

4 生乳的规章制度与生产

Ton Baars

Research Institute of Organic Agriculture（FiBL），Frick，Switzerland

4.1 未加工鲜奶的定义

给未加工的鲜奶下个定义是很有必要的。未加工鲜奶即从哺乳动物（主要是食草动物）乳腺挤出并收集在奶罐中以待进一步加工的原料奶。在德语中（FinkKeüler，2013），生乳（Rohmilch）与商店销售的加工过的饮用乳（Trink Milch；Trinken 饮用）不同，因为后者只有经过加工（加热、均质）后才能饮用。Wightman 等（2015）讨论过生乳这个概念是如何被广泛使用，并在消费者、奶农和立法者中深入人心的。他们说："生乳是指任何未经巴氏杀菌的乳，有些法规也是这样定义的。"但巴氏杀菌的原料奶与直接饮用的未加工奶是不一样的。为了厘清两者的区别，我们喜欢把要进行巴氏杀菌的奶称为巴氏杀菌原料奶，而把专门供人直接饮用的全脂奶称为未加工鲜奶。因此，此奶非彼奶，奶农生产这两种奶时出发点不一样，采取的安全措施也不一样。如果你知道牛奶是要进行巴氏杀菌的，则安全来自热处理杀灭所有食源性病原菌。相反，如果想生产未经热处理即可直接饮用的奶，就需要对如何生产安全的生乳有深入的了解，有详尽的方案，有相关的知识和兴趣。有关饮用生乳利弊的讨论基本上已经陷入无意义的争辩，往往是打趣话，但关于生乳的严肃问答（Gumpert，2015）和科学讨论还是有意义的（Baars，2013；Claeys 等，2013；Ijaz，2014）。

描述进展和变化的词语很大程度上取决于所处的时代和国家。1925 年，在瑞士苏黎世（Brand，1925），人们将乳分为生乳和特色乳，特色乳就是即将问世的巴氏杀菌奶。在第二次世界大战之前，医生喜欢将生乳当作儿童饮用奶、当作治病的奶或保健奶，而现在给儿童饮用生乳的人会被当成生乳罪犯。这表明一个世纪以来，我们对未加工鲜奶的态度和看法已发生了巨大的变化，现在我们不是从风险和安全的角度来区分不同的未经加工奶的质量，而是怀疑所有的生乳质量都有问题。在本章中，我们将重点介绍供人类直接饮用的鲜奶的历史和发展。本文将对几个销售未加工安全鲜奶实例的现状进行讨论。

4.2 未加工鲜奶的历史

19 世纪，淡牛奶开始在西方国家的一些地区成为一种商品（Atkins，2010）。在此之前，牛奶主要是在农场加工成奶酪和黄油。在农村人人都饲养牛羊，而且那时大多数人都住在城外。无论是兼职还是全职，每一种职业仍与农业相关。在欧洲，奶的主产地是气候温和多雨的沿海地区和山区。在荷兰，17 世纪的油画上已经有豪达奶酪。豪达奶酪以荷兰西部城市豪达命名，是该地区的一种轮状奶酪，那里有大片泥炭草地供放牧。多余的牛奶在农场里每天加工两次。荷兰西部到处都有本地奶酪市场，而黄油主要出产于弗里斯兰省的草原地区（de Vries，1974）。如今，豪达商标是对特定奶酪加工方法的认证，与产地无关。

人们的生活水平和婴幼儿的营养在 19 世纪发生了巨大变化（Oblden，2012，2014）。在工业革命期间，欧洲人口翻了一番，很多人移居到城市。为了喝到未加工的鲜奶，必须将奶运送到城镇，但是路程变得越来越远。起初人们对卫生、冷藏和动物健康等还没有深入的了解。解决路程遥远的一个办法是在城里养牛。一些地方最后发展到用泔脚饲料养牛，生产泔脚饲料奶（Schmid，2009；Oblden，2014）。泔脚饲料奶是奶牛大量饲喂城里酒厂的酒糟或其他下脚料生产出来的。这些泔脚饲料不像青草和干草，并不适合反刍动物大量食用。因为日粮中缺乏粗饲料，奶牛经常生病，而且城镇里的牛舍也不太卫生。到了 1861 年，由于发生了食源性人兽共患病问题，美国禁止了泔脚饲料奶的销售，因此有必要组织将牛奶从乡村运进城镇（Oblden，2014）。Fink-Keßler（2013）提到城市化程度的提高是奶牛和奶农被逼离城市的重要原因。然而，在德国，直到 20 世纪 90 年代末，奶牛场还可以建在市区内。在不来梅市，有超过 15 名奶农在为市民提供经过认证的生牛乳。夏季，奶牛在城外放牧（与德国生乳协会退休理事长 Gerhard Windler 口头交流获得的信息）。

19 世纪工业化的一个副作用是，人们不再生活在农村，不再生活在农场和牛羊周围。妇女必须参加工业劳动，不能再用母乳喂养婴儿，要用人工乳喂养。然而，在 1899 年，巴黎人工喂养儿童的死亡率为 46%，而母乳喂养儿童的死亡率为 5%（Oblden，2012）。在对细菌和卫生有深入了解之前，就已经有了以牛奶为基础的婴儿喂养方法。但当时人们的做法都不大对头，以为给婴儿提供灭菌/巴氏杀菌奶就可以降低他们的死亡率，而没有意识到设备的清洁和消毒、牛奶的迅速冷却、牛奶产自健康干净的奶牛就可以降低婴儿的死亡率。Oblden（2014）还介绍了人工喂养设备的技术研发，并称其为细菌的天堂。过了好一些时间之后人们才研发出真正可以清洗和消毒的橡胶乳头。

在城镇饲养的奶牛总体情况常常相当糟糕（Schmid，2009）：牛有病、有溃疡，牛舍又脏又黑、卫生差，水也不干净。在城市出售的牛奶有可能兑水，掺面粉、白垩粉和其他东西，以牟取更高的利润。防止人们出售假牛奶（掺假），让儿童远离问题牛奶（安全）是一件很重要的事情。19 世纪 80 年代末，欧洲各国制定了奶和黄油的相关法

律，防止有人用人造奶油或人造黄油冒充用奶油制成的真黄油。英语人造黄油“butterine”这个词与黄油“butter”这个词太接近，因此最后用了 margarine 这个词（www.techniekinnederland.nl）。首要目标是防止食品掺假。牛奶就应该是牛奶，黄油就应该是黄油。法律的制定是朝着保证食品安全，防止分枝杆菌等食源菌进入食物链的方向进行的。

由于冷链系统差，散装牛奶在运输链的不同环节（火车、仓库、商店）存在混奶的情况，所以最好在牧场把牛奶装瓶。对农场、牛奶、牛奶容器、细菌的监控方法也慢慢建立起来。由于牛奶安全存在巨大问题，所以才需要对牛奶进行巴氏杀菌和灭菌。这样整个西方国家的城市都建起了巴氏杀菌工厂。

关于将生牛乳喂养幼儿刑事化的争论，早在 19 世纪末就开始了。美国一个慈善家 Nathan Straus 在纽约建了大型巴氏杀菌工厂，并对瓶装牛奶进行冷藏运输。1895 年 Straus 给美国所有城市的市长都写了一封信。Obladen（2014）在他的综述中引用了 Straus 的话，“我一直认为，总有一天，用未灭菌的牛奶喂养幼儿会被视为过失犯罪，现在离这一天的到来已经不远了。”Brand（1925）曾提到纽约巴氏杀菌牛奶销量增长非常快。1903 年消费的牛奶只有 3%经过巴氏杀菌，1912 年为 40%，1914 年为 88%，1918 年为 98%。美国所有其他大城市的情况也与此相似（Atkins，2010）。巴氏杀菌被接纳的速度通常取决于居民的数量。城市越小，未经巴氏杀菌牛奶供应的时间就越长（Brand，1925）。瓶装巴氏杀菌法，也称为 Koch 消毒法或保温杀菌法（60~65℃；20~30 min）是一种对牛奶品质影响较小的方法。杀菌温度不超过 65℃，因为那时人们已经知道温度太高牛奶中的白蛋白会凝固（Brand，1925）。人们喜欢将牛奶装在瓶子中，用防水盖子密封，再进行巴氏杀菌，以防再受污染。

同样在德国也有关于是否有必要对牛奶进行巴氏杀菌的争论。虽然屠宰的牛中有 22.5%有结核病症状，但讨论的首要问题是，人和牛的结核病是否相同，牛是否会传给人。结核病的主要形式是肺结核，可以通过牛传给牛，人传给人，也可通过受感染的挤奶工咳嗽传播至牛奶。当人们还是用手把奶挤到不密闭的奶桶时，牛奶可能会接触到各种东西（通过手、空气）。1905 年，德国柏林竟有 48%屠宰的猪由于饲喂受感染的脱脂牛奶和牛奶离心机的奶垢而感染结核病（Fink-Keüler，2013）。结核菌素试验呈阳性只意味着动物感染了结核杆菌，并不意味着它有会排菌的活动性结核病。据估计，只有 0.2%的奶牛会产出带有结核病菌的牛奶。然而，与美国不同的是，欧洲的问题是小规模牛场数量多，因此销售前混奶情况也比较多。一旦有一头牛受感染就可能会污染大量的牛奶（Barnett，2000）。在英格兰和威尔士，1928 年死于结核病者有 2/3 年龄低于 15 岁，其中 5 岁以下的人受到的影响最大——考虑到婴儿饮食中的奶量，这并不奇怪（Barnett，2000）。因此，人们对是否有必要对出售的生牛乳进行强制性巴氏杀菌进行了讨论。人们接受用巴氏杀菌来控制结核病的传播是一个实用的做法，但相关农场的卫生问题也必须解决。巴氏杀菌被视为一种权宜之计，而不是永久性的解决方案。其他国家也有人持这种观点。英国有机运动和土壤协会的创始人 Eve Balfour 女士是一个反对巴氏杀菌的演说家。在她看来，“巴氏杀菌是失败的自白。我们的目标应该是在消除巴氏杀菌的需求（不健康奶牛和不卫生的做法）之后，马上停止这种做法。”（Atkins，2000）。在美国的城市巴氏杀菌法是用得比较早的，而在英国，Atkins（2000）曾写道：“巴氏杀菌法在20世纪50年代逐渐从大城市传到小城镇和农村地区。结核病的威胁越来越小，牛奶结核菌素试验分级标准最终在1964年被废除，因为不再需要了。由于对牛进行淘汰，结核病和布鲁氏菌病在工业化西方国家已经基本被消灭。然而，在第二次世界大战之后，巴氏杀菌反而成为牛奶销售的新标准。在苏格兰、加拿大和美国的一些州，出现了一种反对强制巴氏杀菌的新论点，即‘食物选择自由’。”这一论点在过去几十年几次有关食用生牛乳的讨论中都被使用过。

早在19世纪初人们就已经开始从农村的奶牛场，而不是从城里饲喂泔脚饲料的奶牛来生产安全的生牛乳（Atkins，2010）。在19世纪，新型交通系统（主要是铁路）使得牛奶能够从农村迅速运入城镇。此外，工业冷却技术的进步也是保证生牛乳能远距离运输，保存几天仍然新鲜的先决条件。早期生产安全生牛乳的项目都是与慈善家的企业联合进行的。例如，丹麦的哥本哈根牛奶供应公司成立于1879年，“牛奶来自40个精心挑选的农场，通过火车特殊的密封车厢运来。牛奶用冰块冷却到5℃并过滤。该公司就反对巴氏杀菌”（Atkins，2010）。他们所有的牛奶都是瓶装的，这要比英国早得多。有趣的是公司的重点客户是反对巴氏杀菌的人。原则上，他们要的是一个卫生的环境、健康的奶牛和兴旺的乡村：“如果牛奶生产条件控制得当，就不需要巴氏杀菌”（Atkins，2010）。通过巴氏杀菌不能从根本上解决牛奶质量差的问题，只有未经加工的安全鲜奶能解决这个问题。它是以奶牛的饲养和健康知识为基础，以受过专业培训的高素质奶农为基础，以奶农对自己工作的专注和热爱为基础，以干净卫生的牛舍为基础，以挤奶和清洗设备过程采取的安全程序为基础。

奶牛、牛舍和人员的卫生，牛舍的建设、供水、生产的卫生条件、牛奶的装瓶和贴标、挤奶后和运输过程中牛奶的冷却等方方面面都要关注。在美国，未加工安全生乳的生产是在当地医务委员会的指导下进行的，该委员会是美国医学牛奶委员会协会和美国认证牛奶生产商协会的一部分（Atkins，2010）。这些委员会负责对牛场的卫生和牛奶的卫生进行监管，而不是在巴氏杀菌环节才进行监控。同样1875年在德国，医生和卫生工作者从靠近城市的牛场挑选出健康的奶牛，严加监管，首次生产并售出供婴幼儿饮用的安全牛奶。只有不断地对挤奶奶牛的健康状况进行充分检查的情况下，才同意该牛场可以开始销售生牛乳（Fink-Keüler，2013）。认证生乳是由医学博士推介的。Brand（1925）对瑞士的认证生乳作了介绍，在瑞士认证生乳被称为Vorzugmilch、Kindermilch、Krankenmilch或Sanitätmilch（分别为首选牛奶、儿童用奶、病人用奶和医用奶），其生产过程中特别关注牛场、奶农和奶牛的严格卫生条件和健康状况。牛奶的迅速冷却是标准的一部分。Fink-Keßler（2013）提到，奶牛只能喂干草和自家种的精饲料，不能喂生产泔脚饲料牛奶所用的酒糟等废料（糟粕，糖蜜）。与此同时，还对交售生牛乳的奶农进行教育，并设立示范农场，举办农业展览、竞赛和年会。教育是必不可少的，因为奶农必须改变平常挤奶的习惯。同时，牛奶也按不同质量标准进行分级，以质定价，以刺激奶农生产出优质的牛奶。

Atkins（2010）描述说，1920 年，Reading 的研究人员（英国）将生产生乳，确保牛奶质量安全的经验归纳为五点：

① 牛奶应在挤奶后 3 h 内冷却；

② 防止灰尘、毛发等掉入敞开的奶桶里面；

③ 对挤奶设备（装乳的器具）进行消毒；

④ 检查奶牛、乳房的清洁程度，最后挤奶前要清洗乳房；

⑤ 培训、激励和教育参与挤奶的员工。

他们的理念与现在认证生乳生产商协会（德国）（www. milch-und-mehr. de）和生乳研究所（加利福尼亚州）（www. rawmilkinite. net）所描述的安全生乳的生产标准没有太大不同。主要的关注点是卫生、有保证的奶，人们不想要不纯净的奶，想找到不含病原菌的奶，首先是给他们的婴儿饮用。这一切都是为了降低风险。认证生乳并不像常见的大型乳品厂的产品那样，因为需要长距离运输而去追求超长的保质期（ARMM，2015）。认证生乳追求的是奶的新鲜度和安全性，一般最多必须在 7~10 天内食用。给当地的客户送未加工鲜奶每周至少应该送 2 次，最好 3 次以上。

反映牛奶质量的一个重要指标是牛奶中的细菌（细菌总数）和特定的细菌。在 19 世纪的最后十年，微生物的检测方法开始出现，牛奶被怀疑是几种传染病（斑疹伤寒、结核病）的传播媒介。在美国，首次对牛奶中的细菌进行计数是在 1892 年（Atkins，2010）。认证生乳的细菌限值被确定出来。结核菌素试验是认证生鲜乳的标准之一。结核菌素阴性奶可得到 50%的溢价，但就像今天一样，牛群中的奶牛都必须单独进行检测。美国在第一次世界大战之前就已经实行了定期对牛奶中的细菌进行计数的做法，把它作为牛奶卫生水平的监管指标。由于有了检测方法，所以才能为承诺的 A 级奶的质量标准提供客观的保证。在两次世界大战之间，英国建立了区域性乳品微生物检测中心从而对乳品的卫生质量进行监控。

生乳和热处理奶都有 A 级奶的认证体系。由于实行了牛奶分级制（A 级生乳、A 级巴杀奶、B 级巴杀奶和 C 级巴杀奶），美国各城市的乳品厂都被迫提高了收奶标准。在很短时间内，低等级牛奶就消失了（Brand，1925）。对 A 级生乳标准的评定，细菌总数是一个重要指标。A 级生乳细菌总数不应超过 3 万个菌落，A 级巴士奶每毫升不应超过 20 万个菌落（巴氏杀菌前）。在美国，有一套严格的监管和处罚制度。监管人员会采集奶样进行细菌学和化学质量检测，违规者会受到警告（第一次）、处罚（第二次），直至吊销生产许可证（第三次）的处罚（Brand，1925）。如今在德国，销售安全的认证生乳的监管和资格吊销制度仍然非常相似，尽管检查指标已经改变：如果超过一定的限值，奶农会受到警告，监管人员会立即重新取样，对牛奶进行检测，检测仍不合格的牛奶会被拒收，直到奶农能够证明牛奶恢复安全为止（https：//www. gesetze-im-internet. de/tier-lmhv/BJNR182800007. html）。

销售认证生乳有个比较大的问题是奶农的生产成本比较高（包括认证、检测、装瓶、更高的卫生标准）。而且，生产许可证也很昂贵，因此，对销售认证生乳感兴趣的主要是牛群比较大的农场主。而在 20 世纪 30 年代，英国大多数牛群都很小。到 1930

年，英国20万奶农中只有480人拥有认证或A级奶（结核菌素测试）证书（Barnett，2000）。由于认证成本高，因此奶农选择通过对牛奶进行巴氏杀菌而不是消灭牛结核病来减少人群感染。

4.3 设备、牛奶冷却和清洁

从前，人们每天只喝自家或邻近农场的牛羊产的生鲜乳，农场离客户近，从挤奶到奶被饮用的时间也短。在此期间（12 h内），由于生鲜乳中存在生物酶，可以抑制细菌的生长，所以奶质并没有太大变化。正如前面提到的，在传统奶酪加工区域，奶农每天两次把奶加工成奶酪。即在挤奶后几个小时内把未经冷却的鲜奶加工成奶酪。奶酪是一种稳定的产品，可以保存数月甚至数年。

早在20世纪初，人们就已经明白生乳有传播疾病的风险，挤奶的相关管理措施也逐步改变。虽然各种措施造成的影响很难说清，但很明显，人们更关注牛、人和设备的卫生，关注疾病和冷链系统。挤奶、冷藏和运输的技术进步对牛奶质量有着巨大的影响。挤奶和加工设备从木质发展到不锈钢和铜；挤奶从人工挤奶发展到自动挤奶；从开放式挤奶变为封闭式挤奶；从敞开的桶、罐变为封闭的管道；从未冷却的送奶罐（30~40 L）变为冷却的散装牛奶罐。

为了使牛奶达到较高的卫生质量（即低细菌数），人们采用了一些传统方法来改变奶农的生产习惯：教育和培训、惩罚和奖励、现场监管和竞赛。如果奶农能长期交售符合卫生标准的牛奶，就会得到奖励。奖励可能只是每年在挤奶间或牛舍的墙上挂一个新的盾形奖牌，让奶农具有竞争力。

由于有了检测细菌的方法，人们对腐败和病原菌、温度的影响，以及清洗方式有了更深入的了解。挤奶和加工过程中不同做法的影响使人们知道了牛奶从奶牛到消费者的冰箱整个链条的关键控制点。这也为以质论价政策的制定提供了可能性。如果牛奶细菌数、体细胞数（SCC）居高不下，或者交售的牛奶发现有抗生素，奶农就会受到惩罚。在销售未加工即食鲜奶时，要求各种细菌的限值都很低，远低于用于巴氏杀菌的牛奶，另外，还要对潜在的食源性病原菌进行检测。同样，细菌含量的标准也在逐步调整，取决于实验室采用的技术。

一个重要的变化是细菌培养方式的转变。在传统的平板法中，由于有些细菌在特定的培养基中不能生长，所以并不是所有的细菌都能显示出来。DNA技术（PCR）是检测牛奶中所有细菌的新的、强有力的工具。从意大利生乳自动售货机采取的奶样，采用实时PCR法检出的阳性样本数量是用培养法检出的2.7~9.4倍（Giacometti等，2013）。特别是在排查农场哪个区域存在风险时，PCR技术是一种非常有用的工具。然而，人们谈菌色变，在没有进行定量风险评估的时候，发现任何细菌都可能导致官员和卫生人员的过度反应。

4.4 目前未加工鲜乳的分布情况

在西方国家，未加工鲜乳的销售情况差异很大。在美国，有些州已经将生乳销售合法化，但有些州则仍然是禁止或限制销售。关于生乳和食物自由的讨论在美国是重要话题，50个州之间相互矛盾的解释和立法很难说清。以下是美国各州生鲜乳合法化的统计（ARMM，2015）：

① 零售生乳合法：10个州；

② 农场零售生鲜乳合法：15个州；

③ 认购牧场或奶牛股份合法：4个州；

④ 对认购牧场股份无立法：6个州；

⑤ 生乳作为“宠物饲料”：4个州。

加拿大、苏格兰和澳大利亚完全禁止销售生乳（Ijaz，2014），而在新西兰、英格兰和威尔士，法规的修订使认证生乳的销售变得更容易。与澳大利亚形成鲜明对比的是，新西兰最近放开了生乳市场，英格兰和威尔士也是如此，出售生乳必须经过食品标准局（Food Standard Agency）的认证。此外，在欧洲，各国对欧盟食品安全法的解读仍然大相径庭。在德国，自20世纪初开始就允许销售经过认证的生乳（Vorzugs Milk）。其他国家也有这样的立法。然而，在大多数欧盟国家，生乳并不在零售店销售，而仅从农场直销。认证未加工鲜乳是奶农精心生产出来，最终目的是不必为了安全而加热消毒。西方世界对风险的这种完全矛盾的解读表明，对认证未加工生乳的利弊的评估，与其说是科学评估，还不如说是带有巨大政治色彩的评估。对于倡导饮用生乳的人来说，禁止销售生乳是对个人知情选择权的剥夺，是对公民选择自己的食物和食用方式自由权的剥夺。

本章将介绍五个国家的实例。现存的最早的销售体系之一是德国的认证生乳①。这种销售方式和对奶质量的监管与后来通过生乳协会②（美国加利福尼亚州一个独立的质量保证机构）的自愿性自我认证非常相似（Ijaz，2014）。现在也有人对在城镇，而不是在农场销售散装（可随时取饮的）未加工鲜乳感兴趣③（意大利、斯洛文尼亚）。鲜乳也可通过邮寄销售④（加拿大，英国）。最后一种是奶农和消费者通过签订新的法律契约⑤，规避销售生乳的法律限制，即所谓的奶牛或牧场共享制（美国）。总的来说，凡是奶农销售未加工即食鲜奶的地方，都十分注重农场卫生、冷链控制和食源性病原菌的控制。不同系统对特定细菌的关注非常相似，尽管限值可能略有不同，对人兽共患病病原体的控制在一定程度上取决于一个国家或地区内的具体情况和流行史。

4.4.1 德国的认证生乳

认证生乳在每次挤奶后直接进行装瓶，或者收集两次挤奶的奶量之后，第二天早上一起装瓶。这些未加工的鲜奶可在商店销售，但通常由奶农自己每天用冷柜或冷藏车送奶上门，或把奶送到发奶点。认证生乳的特点是就近生产就近销售。奶农就像英国城镇的送奶工，定期运送新鲜牛奶。因此，奶农必须在离城市不远的地方，或者与经销商相连，保证能在 12 h 内送货。出于安全考虑，认证生乳的法定保质期只有 4 天，尽管消费者也试过，如果保存得当，其保存期可超过 1 周（www. milch-und-mehr. de）。

4.4.1.1 销售认证生乳的前提条件

根据欧洲议会第 853/2004 号条例，凡是供人直接食用的生乳都必须贴上“生乳”标签。各成员国可根据当地情况制定自己的法规。产品标准是基于总平板计数（TPC，100 000/mL）、体细胞数（SCC，400 000/mL）和无结核病和布氏杆菌病（EU，2004）。欧洲国家的实践做法是平板计数和体细胞计数的绝对值保持在更低的水平，实际进行监控的细菌比这些基本法规中提到的要多得多。

自 20 世纪 30 年代以来，认证生乳配送服务已经在一些欧洲国家（奥地利、瑞士和德国）合法存在。但只有在德国，认证生乳的法律地位仍然存在。在第一次肠出血性大肠杆菌危机之后，立法者已经禁止在幼儿园、养老院、医院和托儿所销售任何生乳。因此，生乳丢掉很大一部分市场，有些奶农通过在农场安装巴氏杀菌设备把市场保存下来。那些继续生产认证生乳的奶农则将市场转向了家庭和当地的商店（www. milch-undmehr. de）。

为了保持销售认证生乳的合法地位，奶农每月需要向国家兽医控制机构送一瓶奶。对奶进行检测的指标有几个：卫生指标、乳房感染指标和人兽共患病指标（表 4.1）。每个指标有两个限值：m 和 M。如果超过“M”的限值，则须停止送奶。根据所有奶类销售的强制跟踪追溯体系，卖出的奶将被召回。如果只有一个样本检出值超过“m”，仍然可送奶。如果多于两个样本检出值超过“m”（检出值介于“m”和“M”之间），农场主必须重新检测牛奶。他们须重新送 5 瓶奶（表 4.1，n 栏），这 5 个样本中只有两个检出值可以在“m”和“M”之间，其他的必须在“m”以下。对于所有人兽共患病，总是要求样本是阴性的，否则必须立即停止送奶（https：//www. gesetze-im-internet. de/Tier-Lmhv/BJNR182800007. html）。

表 4.1 生鲜乳的限值

指标	m	M	n	c
细菌计数（mL）	20 000	50 000	5	2
肠杆菌（mL）	10	100	5	2
凝固酶阳性菌（mL）	10	100	5	2
体细胞计数（mL）	200 000	300 000	5	2
沙门氏菌（25 mL）	阴性	阴性	5	0
浓度致病菌或其毒素	阴性	阴性	5	0
感官异常	阴性	阴性	5	0
磷酸酶阳性	阳性	阳性	5	0

图框4.1中列举了一个农场将其生产的所有牛奶都作为认证生乳销售的例子。这个例子说明了认证生乳销售的潜在安全性。

图框4.1 雷戈德肖森案例：德国康斯坦茨湖柏林生物动力农场

这个生物动力农场有50头奶牛在生产认证生乳。农场采用让母牛给小牛喂奶的做法，所有公牛犊都作肉牛饲养。牛的品种是传统的棕色牛（本地Braunvieh牛），奶牛只吃鲜草（放牧）和干草。95%的未加工新鲜奶装瓶后直接从农场出售，或者通过邻近的有机贸易商（Bodan）出售，他负责每周3次将牛奶送到Baden的大城市Wurttemberg和Bavaria。

下表汇总了国家兽医整理出来的牛奶样品（每月一瓶）的数据。这里列出的仅是2010年至2014年的数据，按年份列出，并以平均值表示。表的最后两行是超过可接受阈值水平（"m"和"M"）的样本百分比。

表

年份	细菌总数（×1.000/mL）	肠道球菌（×1.000/mL）	凝固酶阳性葡萄球菌（×1.000/mL）	体细胞计数（×1.000/mL）
2010	1.4	2.7	2.7	36.7
2011	0.7	1.7	2.0	28.1
2012	1.0	8.0	1.5	23.9
2013	3.5	4.3	2.2	49.6
2014	3.2	2.4	2.0	22.6
合计				
平均	1.6	3.2	2.0	30.5
中值	1.7	1.7	1.5	35.0
低值	5.0	1.5	1.5	7.0
峰值	90.0	142.0	811.0	172.0
标准差	0.0	3.2	2.9	0.0
超出阈值水平				
M（大写）	1.8%	1.8%	1.8%	0.0%
m（小写）	3.5%	12.5%	7.0%	0.0%

此外，每月还对7种食源性病原菌和乳房细菌进行检测，包括：大肠杆菌毒素、弯曲杆菌、沙门菌、李斯特菌、耶尔森菌、无乳链球菌以及多重耐药金黄色葡萄球菌。所有牛奶样本检测结果均为阴性。

与过去相比，现在的挤奶程序已经根据人兽共患病细菌、腐败细菌、环境和依赖奶牛的乳腺炎细菌的生态学知识进行了调整。挤奶时要检查乳头和乳房；清洗乳头上的污垢、粪便和土壤；对挤出的头把奶进行乳腺炎评判；乳头可以预先药浴、清洗并擦干；一头奶牛使用一块布或者一块纸；挤奶后，可以用消毒剂（通常是碘剂）再次浸泡乳头，以防止细菌渗入开放的乳头管。如有必要，奶农可按顺序挤奶，即患有亚临床性乳腺炎的奶牛最后挤奶。有人也采用自动冲洗系统，即每挤完一头奶牛之后用水冲洗奶杯，以避免交叉污染。

常规病原菌检测是检测沙门菌、李斯特菌、弯曲杆菌和肠出血性大肠杆菌毒素。根据当地情况，可对牛奶中的其他人兽共患病或乳腺炎细菌进行检测。其他要求包括对进入牛群的青年母牛或干奶后重新进入牛群的奶牛进行乳房感染检测（图框 4.2）。兽医每月到农场巡查时会对牛群的健康状况进行检查。

Coenen（2000）描述了认证生乳农场与“常规”农场牛奶的比较结果（表 4.2）。此外，德国风险评估研究所（Hartung，2008）每年都会对认证生乳和普通农场牛奶进行检测。这两项研究都得出了这类 A 级生乳的高卫生标准的结论，但零风险是不存在的。

图框 4.2　牛奶体细胞数（SCC）的法律规定

虽然在过去几十年，散装牛奶体细胞限值已调低。然而，这些标准是为准备进行巴氏杀菌的牛奶设定的，而不是为供人类直接食用的牛奶设定的。在美国，自 1993 年以来散装奶罐 SCC（BTSCC）限值一直为 75 万个/mL。而在欧洲，自 1992 年起这个限值已经降到 40 万个/mL（Schukken 等，1993）。在一些北欧国家，这一限值甚至降到 15 万个/mL。高体细胞数表明奶牛患有临床性和亚临床性乳腺炎，意味着牛奶中存在乳腺炎细菌。BTSCC 和乳房感染率之间存在线性关系（Eberhart 等，1982）。然而，对巴氏杀菌奶生产来说，牛奶消费的安全性已转到乳品厂手上。相比之下，对供人直接食用的生乳，如此高的 SCC 水平是不能接受的。如果牛奶不进行巴氏杀菌，像金黄色葡萄球菌或无乳链球菌这样的有害细菌就必须通过预防措施加以控制，牛奶的限值应该更低。

确定健康乳房 SCC 阈值水平的唯一方法是来自动物本身。健康奶牛在第一个泌乳期内，每月挤出的所有牛奶 SCC 在 4 万~6 万个/mL。如果按一头奶牛的总产奶量来计算，体细胞数高于 10 万个/mL 与乳房四个乳区中有一个受感染有相关（Hamann，2002）。Hamann 的结论是根据一组牛奶成分（6 种）发生改变得出的。随着奶牛年龄的增大，其体细胞数总是略微升高，但年龄较大的奶牛极限是 15 万个体/mL。从动物福利的角度来看，散装奶罐的上限不应超过 10 万（或 15 万）个/mL。超过此限值表明牛奶有不良细菌存在的风险，不适合直接食用。对准备进行巴氏杀菌的牛奶则不存在这种风险。

4.4.2　生乳协会

在加利福尼亚州（美国）销售生乳是合法的，Organic Pastures 牧场的成功是生乳协会（www. rawmilkinstitute. net）成立的基础。有关生乳安全的知识和 Organic Pastures

牧场的经验将用于支持其他奶农探索安全生乳的生产方法。生乳协会在其宗旨声明中提到，“生乳协会将通过培训和指导奶农，制定生乳指南，提高生乳的可获得性和生产透明度，改进教育、推广和研究，从而提高生乳和生乳产品的安全和质量”。当涉及安全生乳的认证标准时，生乳协会将是一个独立、客观的第三方机构；它将在其网站上列出经过认证的奶农，并通过公布奶农所生产的生乳的质量和卫生/安全数据来增加信息透明度。生乳协会为想获得认证的奶农提供指导和培训计划。生乳协会通过举办教学活动和网络研讨会，让奶农了解销售安全生乳相关的各种问题。农场的透明度是获得认证的一个重要指标，每个获得认证的农场的核心文件是其自行编写的风险分析和管理计划（RAMP）或食品安全计划：“农场获得认证的门户网站内容包括农场运作的简介和农场网站的链接。消费者可以访问农场的食品安全计划和随附的检查列表，以获得证明想要购买的牛奶不含病原菌、细菌数低的资料信息。他们可以利用这些信息，根据他们能理解的事实做出是否购买的决定”。在这个风险分析和管理计划中，奶农讲述自己将如何处理、控制和解决与生乳生产有关的重要安全问题。通过这个计划，农场工作人员知道如何处理农场的各种潜在风险。Organic Pastures 牧场在自己的风险分析和管理计划中是这样写的：“我们的风险分析和管理计划是一个‘从牧草到玻璃杯’的所有条件和基于风险的管理体系，通过对所有非关键、GMP、卫生标准操作程序（SSOP）和（CCP）生鲜奶安全元素的每日检查表验证，确保一致的测试结果。按照该管理计划，生产管理人员会定期召开团队会议和讨论，以便我们对安全问题有更多了解，对数据进行评估之后，可以对计划进行必要的修改”（ARMM，2015）。

表 4.2　普通生乳和安全生乳中 4 种食源性病原菌的检出情况

项目	普通生乳	安全生乳
农场（N）	115	35
乳样品数（N）	149	74
细菌总数	49 000	8 700
李斯特菌	10.1	16.2*
VTEC	0.7	0.0
沙门菌	0.0	0.0
弯曲杆菌	0.0	0.0

* 阳性样本全部来自一个农场重复抽取的乳样。按照监管制度这个农场的乳不能作为安全即食生乳销售。

图框 4.3 是最近的一个例子，说明在检测出一个出血性大肠杆菌阳性牛奶样本之后，Organic Pastures 牧场如何处理并立即解决问题。

图框 4.3 Organic Pastures 牧场（http：//www.organicpastures.com）

加利福尼亚州的 Organic Pastures 牧场每年生产 3 800 t牛奶，相当于大约 1 200万份牛奶，主要是未加工的生鲜乳，还有生乳产品。2016 年春季，该农场的内部控制系统检出大肠杆菌 O157: H7 呈阳性。这是自从该农场开始对这种细菌进行检测 15 年来检出的首个 O157: H7 大肠杆菌阳性病例。他们立即召回了出售的所有牛奶，内部生物安全控制系统在 72 h 内查出了一头携带该菌的母牛。他们的行动如此之快，是因为农场上有快速 Bax PCR 测定仪。通过逐步排除，追溯到问题是由一头牛引起，并把该牛淘汰屠宰。在该州食品风险控制系统还没对这种情况发出预警之前，养殖场已经发现并解决了问题。

需要控制的风险领域包括：农场引进奶牛、生牛乳的处理、环境风险、饲料来源、人和营养因素。像德国的认证生乳农场一样，农场主会定期对牛奶中的卫生指示性细菌及潜在的人兽共患病细菌进行检测。对人兽共患病细菌的检测，这里也是采取零容忍的做法。大肠菌群可接受水平为<10 个/mL，菌落总数不应超过 5 000 个/mL。

4.4.3 快递送奶

菲尔和史蒂夫·胡克父子共同经营朗利有机农场。每隔 3 周，胡克父子（英国）通过全国性快递公司用保温硬纸盒配送牛奶（“农场直销，直送上门”）：晚上冷藏运输，24h 内送达。为此，他们只将早晨挤出的鲜奶冷却到2℃，用塑料瓶（1 L）罐装。虽然胡克父子的有机牛场位于英国首都伦敦南部的东苏塞克斯郡，但他们却把奶卖到了威尔士和苏格兰。食品标准局的检测程序只是每 3 个月进行一次检查（细菌总数和大肠菌群总数）。此外，农场每周还采集生乳、生奶油和生黄油样本，送到商业性实验室进行检测（细菌总数、大肠菌群、是否存在病原体）。每年都要对奶牛进行结核病检测，因为英国不同地区都存在受感染的奶罐。此外，农场执行 HACCP 计划（危害分析和关键控制点），这是一种个性化、系统的食品安全预防方法，是根据当地环境卫生官员的反馈制定出来的。所有人员都接受了食品安全方面的培训（www.hookandson.co.uk）。

4.4.4 生乳自动售货机

大多数欧洲国家允许销售直接从散装奶罐放出的冷藏生乳。生乳自动售货机是一个技术进步，可将牧场的奶送到城市，客户不用自己到牧场去取奶。目前这种自动售货机已经在欧洲几个国家出现，比如波兰、斯洛文尼亚、爱沙尼亚（Kalmus 等，2015）和意大利。由于生乳自动售货机远离牛场，这就切断了农场和牛奶之间的联系，所以并不是所有地方都允许这么做。这可从英国的一个检测案例出现之后看出来。胡克父子农场在塞尔福里奇食品大厅放置了一台自助售货机。3 个月后，英国食品标准局（Food Standards Agency）开始干预，销售被推迟，等待食品标准局的裁决。德国和荷兰也存

在类似的情况。如果直接销售散装牛奶，奶屋内必须有明确的标志，说明生乳在运输过程中应保持冷藏，食用前在家中煮熟。自2004年生乳合法化以来，意大利的生乳自动售货机已增加到接近1 200台（www.milkmaps.com，2016年7月1日访问）。通过自动售货机销售的意大利生饮牛奶必须符合特定的标准（Bianchia等，2013）："生产者的生物安全措施和自检，牛奶的微生物和化学标准，以及自动售货机的安装和管理规范。"每个自动售货机只能卖一个牧场的牛奶。从2008年开始，必须有标识说明这种牛奶必须煮熟才能食用。因此，意大利的法规将自动售货机销售的牛奶与直接从农场散装奶罐中出售的牛奶同等对待。在意大利的7个地区，对这些售货机销售的牛奶的人兽共患病质量进行了监测（Giacometti等，2013）。在4年的时间里，总共分析了61 000个样本，其中检出食源性致病菌阳性样本178份（检出率0.29%）（4种食源性致病菌的检出情况分别为空肠弯曲菌0.09%、沙门菌0.03%、单核细胞增多性李斯特菌0.14%、大肠杆菌O157:H7 0.04%）。在这段时间里，弯曲杆菌和李斯特菌都有上升的趋势。该论文提到，"之前意大利在地区层面进行的研究证实，与国际调查结果相比，意大利生乳受致病菌污染的概率较低。污染率之所以比较低，可能是由于打算销售生牛乳的奶农必须采取某些特定的措施，如对是否达到牛奶的微生物和化学标准进行自检，并执行符合良好奶牛生产规范的更高标准要求的管理体系，这是其与其他奶牛场不同之处。"Bianchia等（2013）测试了皮埃蒙特地区自动售货机出售的意大利牛奶。他们发现，曾经发现病原菌与污染复发之间存在显著的相关性，这表明病原菌的发现并不总是随机的，而是可能取决于农场的污染情况。Bianchia等（2013）得出的结论是，安全生鲜乳中的阳性样本数很少。只有当奶农愿意调整牛群管理并执行更严格的生物安全措施时，才能进一步减少阳性率。尽管生物安全措施已经达到很高的水平，但个别农场仍存在食源性致病菌检测阳性的情况，这一点可以在其他销售直接食用生乳的国家得到证实。如果我们将这些结果与爱沙尼亚的生乳市场进行比较，就会发现后者的致病菌阳性样本检出率要高得多，尽管这些牛奶也获批可直接销售。在这里，人兽共患病细菌的检测频率应该更高，阈值水平应该更低，以保护生乳消费者。虽然有些病原菌（沙门菌和弯曲杆菌）没有检测到，但检测到其他细菌（无乳链球菌、金黄色葡萄球菌、李斯特菌和大肠杆菌），加上体细胞数总体上非常高，所以需要加强对奶农和消费者的教育（Kalmus等，2015）。按照德国认证生乳法规的规定，如果发现这些数据，这些牛奶大多数是不允许出售的。

德国的兽医和卫生保健专业人员对生乳售货机的监管方式与认证生乳不同。从法律角度看，来自农场自动售货机的牛奶类似于散装奶罐的牛奶。这种牛奶应该煮熟，农场主必须张贴标志说明这一点。因此，除非这些农场被认证为生鲜奶生产商，否则自动售货机出售的生牛乳不应视为未加工即食鲜奶（如生乳协会和德国认证生乳协会正在推广的产品）。如果不进一步加强对牛奶的监控和对奶农的教育，自动售货机出售的牛奶的风险可能与从散装奶罐中放出的普通生牛乳处于同一水平。

4.4.5 奶牛或牛群共享

在美国，奶农对消费者法律保护基金（FCLDF）为奶农提供奶牛股份计划法律方面的支持。FCLDF 在其网站上写道："在美国一些州，销售生乳是非法的。奶农可能会因直接向消费者出售未经加工的牛奶被吊销 A 级奶执照，甚至入狱。在这些州，消费者一直是通过购买一头奶牛、山羊或整个牧场的股份，直接从奶农那里获得生乳。即使在销售生乳合法的州，许可证（或检查费）通常也非常昂贵。通过奶牛或山羊共享计划，奶农不用按州政府的规定去做复杂而昂贵的申报工作，即可直接向消费者提供生乳。"

关于美国的奶牛股份协议，Wightman 等（2015）写道："牧场股、奶牛股或代养人放牧协议（代养人是指在鲜奶牧场股协议中受雇为所有者的牛羊群提供寄宿和其他服务的人）是获得新鲜奶的合法方式。根据'美利坚合众国宪法'的保障，此类合同是合法有效的。消费者不是从农场主那里买奶。相反，农场主是由于提供了饲养奶畜、挤奶和储存奶的服务而获得报酬的。股东可获得的奶量取决于所持股份的数量，以及奶产量的季节性变化。"从病原菌传播的角度来看，奶牛股份制与奶农出售瓶装生牛乳或通过冷藏邮寄生牛乳的制度没有区别。在任何情况下，奶的安全性都必须放在首位，与卫生、乳腺炎和清洁相关的日常管理措施，应该符合最高标准的要求。

为了消除饮用生乳争论中提到的安全隐患，FCLDF 规定：

（1）必须对牛群进行结核病和布鲁氏菌病检测；

（2）挤奶前要用经批准的溶液清洗奶牛乳头；

（3）奶牛应在干净的牛舍或挤奶厅内挤奶；

（4）牛奶要冷藏；

（5）牛奶要定期检测，以确保没有病原菌。

4.5 全球有机生物动力奶生产系统

正如前面提到的，土壤协会的创始人伊芙·巴尔弗女士认为"巴氏杀菌是失败的自白"，她主要想要的是一种像现在德国认证生乳和加州生乳协会的做法，基于丰富知识的安全生乳的生产方法。虽然生乳销售和有机农业之间没有直接的必然关系，但当谈到生乳和生乳制品时，有机奶农往往会觉得这是一种不同的兴趣。根据他们的农业理念，生物动力农场主如果对奶进行巴氏杀菌的话，是不会先进行均质的。生物动力和有机农场主亲近自然（Verhoog 等，2007），尊重生命的和谐统一。因此，巴氏杀菌可能已经走得太远了，因为它破坏了产品的完整性和天然属性。生乳不是为巴氏杀菌生产的，有机奶农希望生产一种完整的产品，一种完整不受干扰的、自然的产品。关于自然的讨论的另一个层面是，有机奶农想要模仿自然，用自然的而不是人工的过程来发展健康的农业系统。因此，有机奶牛应该吃牧草，吃干草或青贮，而不是玉米和精料。牛是一种反刍动物，天生是吃粗饲料的，不是吃谷物的。奶牛具有复杂的消化系统，可以通过反刍来消化粗饲料。这种模仿自然过程的选择使得有机牛奶具有不同的脂肪酸类型，多不饱和脂肪酸含量更高，特别是当奶牛能吃到大量的牧草时（Kusche 等，2014）。有机农业系统方法的另一个方面是，奶农寻找的是预防性的解决方案，而不是末端解决方

案。如果有机奶农选择了生乳（产品），那是因为生乳与保健作用有关联，而这是以完整的产品为基础的。尽管科学家们现在正试图揭示生乳中哪些因素能抑制哮喘和特应性疾病，但有机奶农仍在生产生乳和生乳产品，这些产品应该是安全的。在他们关注的重点中，安全并不是从单独的成分抹去，而是从整个牛奶中抹去。自20世纪90年代肠出血性大肠杆菌危机以来，德国未加工即食鲜奶（VorzugsMilk）市场急剧下降。认证生乳几乎100%掌握在传统奶农手中。他们大多数放弃销售未加工生奶。尽管如此，有机和生物动力农场主还是转而销售合法化的生乳。他们认为生产安全未加工食品（如生乳）是一种复杂的管理挑战。从消费者的角度来看，农场主将奶中存在的几个潜在的保健功能结合起来，是一件很有意义的事情：奶应该是① 生的，未经加工的；② 奶牛生产以牧草为主，有宽广的草地；③ 不使用任何抗生素；④ 产自适应当地环境的本地兼用品种（实际上奶农也是这么做的）。

4.6 结论：主动控制未加工即食鲜奶

大多数关于食品安全和生乳危害情况的研究都提到所有生乳均存在潜在的危害（Oliver 等，2009；Claeys 等，2013；Bianchia 等，2013）。例如 Bianchia 等（2013）得出的结论是“未经巴氏杀菌的牛奶可能是各种微生物的载体，也可能是食源性疾病暴发的重要来源，特别是对婴幼儿、老年人或病人。”另一些人将生乳与俄罗斯轮盘赌相提并论，你永远不知道什么时候会有子弹射出（Gumpert，2015）。巴氏杀菌法是减少有害微生物最安全的方法这个结论总的来说可能是正确的结论，但在奶农自觉生产供直接食用的未加工鲜奶的情况下，就不是这样。在德国优惠牛奶奶农的案例中，在生乳协会研究所采用的方法中，奶农掌握了减少食源性病原菌传播机会的办法。因此，Bianchia 等（2013）的结论是：“重要的是销售生乳的奶农必须在食品安全方面得到良好的培训，不折不扣地抓好良好生产规范的执行落实”。重要的一点是奶农对生食生产抱有积极的态度。有了积极的态度，就意味着有良好的条件管理，有每日检查列表可以对生产进行控制和度量。由于有些食源性病原菌与动物粪便有关，正确的挤奶操作以及对奶牛和设备的适当清洁是降低污染风险的最重要的步骤（Ricci 等，2013）。另一个重要的主题是保持牛群中的低乳腺炎水平。可以根据 HACCP 程序和生乳生产者之间的经验交流，实施良好的实践。以 Organic Pastures 牧场为例，它是全球最大的生乳销售商之一，也是这方面的先行者，它有一个内部实验室来测试各种不同水平的牛奶收费。为了保护生乳销售商免于破产，制定一个检测和保持方案，在农场实验室对每次装瓶的卫生指示菌（大肠菌群和 APC/SPC）进行监测，检测成本低，对消费者起到的保护作用将远远超过每月一次的食用后病原菌检测。增加生乳的销售量需要得到目前可用的最新快速牧场牛奶检测技术的帮助。经过检验之后，生乳可能和巴氏杀菌奶一样安全。

根据法律，销售生乳的奶农要向客户的健康负责任。如果奶农的生乳是以单独包装销售的，则会有一个主动监管制度，通常是政府管理部门，来防止消费者食用生乳后生病。另外，必须明确，如果有问题发生，该如何组织召回牛奶，如何对问题进行跟踪追溯，并最终解决问题。

4.6.1 检测记录、记录保存和标识系统

安全未加工鲜奶的生产控制基于：

（1）冷藏和冷链控制。快速冷却，在加工和搬运过程中保持冷藏状态，在加工、储存和运输过程不中断冷链。

（2）控制乳腺炎，主要是金黄色葡萄球菌和无乳链球菌。

（3）控制每头奶牛的体细胞数。

（4）控制挤奶、清洁和接触牛奶设备时的卫生（主要是控制细菌总数、大肠杆菌或肠球菌）。

（5）不存在人兽共患病细菌（零检出），如肠出血性大肠杆菌、李斯特菌、弯曲杆菌、沙门菌，还有布鲁氏菌和结核杆菌。

4.6.2 场内跟踪追溯系统

为了安全生产生乳，必须建立这样一个机制，可对产品进行召回。这取决于农场内部控制系统的力度，如果发现有细菌方面的问题，奶农可以快速做出反应。可以从两个层面进行控制，一是对每一批生产和装瓶的生乳进行控制，二是对农场进行系统全面的定期控制，并保持在阈值范围内。

4.6.3 教育、培训和交流

也许最重要的是找到积极主动、技术熟练的奶农，他们之所以愿意生产安全、未加工生乳，是出于自己的信念而非出于市场目的。在生乳协会（美国）和认证生乳基金会（德国）等机构的环境中，奶农可以获得有关生产销售生乳的信息和培训。

参考文献

Australian Raw Milk Movement（ARMM）（2015）Freedom of Choice：The Case for Certified Raw Milk.

Atkins，P.，2000. The pasteurization of England：the science，culture and health implications of food processing，1900－1950. In：Smith，D. F.，Phillips，J.（Eds.），Food，Science，Policy，and Regulation in the Twentieth Century：International and Comparative Perspectives. Routledge：Psychology Press.

Atkins，P.，2010. Dirty milk and the ontology of clean. In：Atkins，P.（Ed.），Liquid Materialities，a History of Milk，Science and the Law. Routledge：Ashgate Publishing Limited，2010.

Baars，T.，2013. Milk consumption，raw and general，in thediscussion on health or hazard. J. Nutr. Ecol. Food Res. 1（2），91－107.

Bianchia，D. M.，Barbaroa，A.，Gallina，S.，Vitalea，N.，Chiavaccia，L.，Caramellia，M.，et

al., 2013. Monitoring of foodborne pathogenic bacteria in vending machine raw milk in Piedmont, Italy. Food Control 32 (2), 435-439. Aug.

Brand, H., 1925. Kritische und experimentelle Studien der Pasteurisierung der Milch-Kuhmilch und Frauenmilch. Dissertation Zü rich: Eidgenö ssischen Technischen Hochschule.

Barnett, L. M., 2000. The peoplés League of Healthand the campaign against bovine tuberculosis in the 1930s. In: Smith, D. F., Phillips, J. (Eds.), Food, Science, Policy and Regulation in the Twentieth Century: International and Comparative Perspectives. Routledge: Psychology Press.

Claeys, W. L., Cardoen, S., Daube, G., De Block, J., Dewettinck, K., Dierick, K., et al., 2013. Raw or heated cow milk consumption: review of risks and benefits. Food Control 31 (1), 251-262.

Coenen, C., 2000. Untersuchungen zum Vorkommen und zur Risikoeinschätzung pathogener Keime in Rohmilch und Rohmilchprodukten aus der Direktvermarktung. Fakultät Veterinärmedizin an der Freien Universität Berlin, Dissertation Berlin.

De Vries, J., 1974. The Dutch Rural Economy inthe Golden Age, 1500-1700. Yale University Press, New Haven and London.

Eberhart, R. J., Hutchinson, L. J., Spencer, S. B., 1982. Relationship of bulk tank somatic cell counts to prevalence of intramammary infection and to indices of herd production. J. Food Prot. 45, 1125-1128.

EU 2004. Regulation (EC) No 853/2004 of the European parliament and of the council of 29 April 2004 laying down specific hygiene rules for food of animal origin. Fink-Keßler, A. 2013. Milch. Vom Mythos zur Massenware. Reihe Stoffgeschichten, Band 8, München: Oekom-Verlag.

Giacometti, F., Bonilauri, P., Serraino, A., Peli, A., Amatiste, S., Arrigoni, N., et al., 2013. Four-year monitoring of foodborne pathogens in raw milk sold by vending machines in Italy. J. Food Prot. 76 (11), 1902-1907. Nov.

Gumpert, D. E., 2015. The Raw Milk Answer Book: What You REALLY Need to Know About Our Most Controversial Food. Lauson Publishing, Incorporated.

Hamann, J. 2002. Relationships between somatic cell count and milk composition. Proceedings of the IDF World Summit, Auckland/New Zealand, nr. 372, pp. 56-59.

Hartung, M. (Ed.), 2008. Erreger von Zoonosen in Deutschland im Jahr 2006. BfR Wissenschaft, Berlin.

Ijaz, N., 2014. Canadás Other Illegal White Substance: Evidence, Economics and Raw Milk Policy. Health Law Rev. 22 (1), 26-39.

Kalmus, P., Kramarenko, T., Roasto, M., Merem, K., Viltrop, A., 2015. Quality of raw milk intended for direct consumption in Estonia. Food Control 51, 135-139.

Kusche, D., Kuhnt, K., Ruebesam, K., Rohrer, C., Nierop, A. F., Jahreis, G., et al., 2014. Fatty acid profiles and antioxidants of organic and conventional milk from low-and high-input systems during outdoor period. J. Sci. Food Agric. 95 (3), 529-539. Feb.

Obladen, M., 2012. Bad milk, part 1: antique doctrines that impeded breastfeeding. Acta Paediatr. Nov 101 (11), 1102-1104.

Obladen, M., 2014. From swill milk to certified milk: progress in coẃs milk quality in the 19th century. Ann. Nutr. Metab. 64 (1), 80-87.

Oliver, S. P., Boor, K. J., Murphy, S. C., Murinda, S. E., 2009. Food safety hazards associated with consumption of raw milk. Foodborne Pathog. Dis. 6, 793-806.

Ricci, A., Capello, K., Cibin, V., Pozza, G., Ferrè, N., Barrucci, F., et al., 2013. Raw milk-associated foodborne infections: a scoring system for the risk - based categorization of raw dairy farms. Res. Vet. Sci. Aug 95 (1), 69-75.

Schmid, R., 2009. The Untold Story of Milk. New Trends Publishing Inc, Washington.

Schukken, Y. H., Weersink, A., Leslie, K. E., Martin, S. W., 1993. Dynamics and regulation of bulk milk somatic cell counts. Can. J. Vet. Res. Apr 57 (2), 131-135.

Verhoog, H., Lammerts van Bueren, E. T., Matze, E., Baars, T., 2007. The value of 'naturalness' in organic farming. NJAS 54 (4), 333-345.

Wightman, T., Wilson, S., Beals, T., Beals, P., Brown, R. (Eds.), 2015. Producing Fresh Milk -Cow Edition. Farm-to-Consumer Foundation, Cincinnati, Ohio.

延伸阅读

www. techniekinnederland. nl/nl/index. php? title5Boterwetten-in-internationaal-perspectief (accessed 22. 09. 16).

www. milkmaps. com (accessed 01. 07. 16).

www. hookandson. co. uk (accessed 01. 08. 16).

www. organicpastures. com (accessed 01. 08. 16).

www. rawmilkinstitute. net (accessed 01. 09. 16).

www. milch-und-mehr. de (accessed 01. 08. 16).

https://www. gesetze-im-internet. de/tier-lmhv/BJNR182800007. html.

5 传统和新兴的挤奶系统原位清洗方法

Xinmiao Wang[1], Ali Demirci[2], Robert E. Graves[2] and Virendra M. Puri[2]

[1]Department of Food Science and Biotechnology, Zhejiang Gongshang University, Hangzhou, China; [2]Department of Agricultural and Biological Engineering, Pennsylvania State University, University Park, PA, United States

5.1 引 言

联合国粮农组织 2013 年报告表明，全球牛奶总产量为 7.686 亿 t，与十年前的 6.318 亿 t 相比，牛奶产量大幅增长了 21.7%（FAOSTAT，2013）。鉴于奶制品所表现出来的营养价值及其对健康的益处，全世界奶制品的消费量一直在增长。由于全球 80%以上的液态奶为牛奶（美洲和欧洲>97%、大洋洲为 100%），故本章将以奶牛的挤奶系统清洗为例，类似的清洗方法也可以应用到其他产奶哺乳动物的挤奶系统中。

在传统的奶牛场，牛奶通常是通过手工或真空挤奶系统收集。健康奶牛所产的牛奶应该是无菌的。但在牛奶收集阶段（使用手工或真空系统）和/或运输阶段（牛奶保存在奶桶中或在管道中运输时），由于与清洁度不理想的表面接触，原料奶易被污染。因此，对挤奶系统与牛奶接触的表面进行适当清洗和消毒对于防止污染而言十分重要。

清洁的定义可以有多种。可以通过物理清洗来清除乳液接触面的污垢，也可以使用清洗剂进行化学清洗，或使用机械力进行清洗，或者通过将微生物数量减少到可接受的水平来实现（Walton，2008）。不同的清洗技术需要不同的工艺以及相应的“清洁”标准。对于挤奶系统，在输奶管的末端安装过滤器，可以很容易地去除乳液中的“污物”颗粒。如果生乳中无化学污染（即无化学溶液过度使用或泄漏造成的污染），那么生乳中的致病微生物污染风险就成为当今加工中关注的焦点。单核细胞增生性李斯特菌、鼠伤寒沙门菌、蜡样芽孢杆菌、空肠弯曲杆菌、小肠结肠炎耶尔森菌、金黄色葡萄球菌、大肠杆菌 O157: H7 是奶牛场和生乳中常见的污染微生物，而这些微生物会对生乳的质量和安全构成潜在的危害，因此需要去除。本章介绍了传统的和最新的挤奶系统及其清洗和消毒方法，并对挤奶系统的“清洁度”进行了评价和预测。

5.2 挤奶系统的常规清洗消毒方法

目前典型奶牛场的挤奶系统可分为真空系统（图 5.1）和卫生管道系统（图 5.2 和图 5.3）。真空为挤奶和清洗过程提供动力，真空泵型号、测试液位、排气管路设计和对真空泵的控制对挤奶和清洗都十分重要。输奶管与清洗管线及配件包括：① 从挤奶机组到集奶罐，如进气口、进奶口、牛奶计量仪、输奶管和低线；② 从集奶罐到存储冷却罐，如带有探头的集奶罐、奶泵、过滤器、热交换器和排放管道；③ 清洗组件，如分流阀、清洗管线、洗涤槽或大桶、进气口、喷射组件（如有需要）、空气喷射器、排水系统、升压加热器（如有需要）等（图 5.4）。在挤完奶后，需要对所有的牛奶接触面进行清洗和消毒（Walton，2008）。这些与牛奶接触的部件可以进一步分为输奶管、冷却罐和奶罐，后者包括挤奶装置、牛奶计量仪和集奶罐（Efficient Cleaning，2001）。

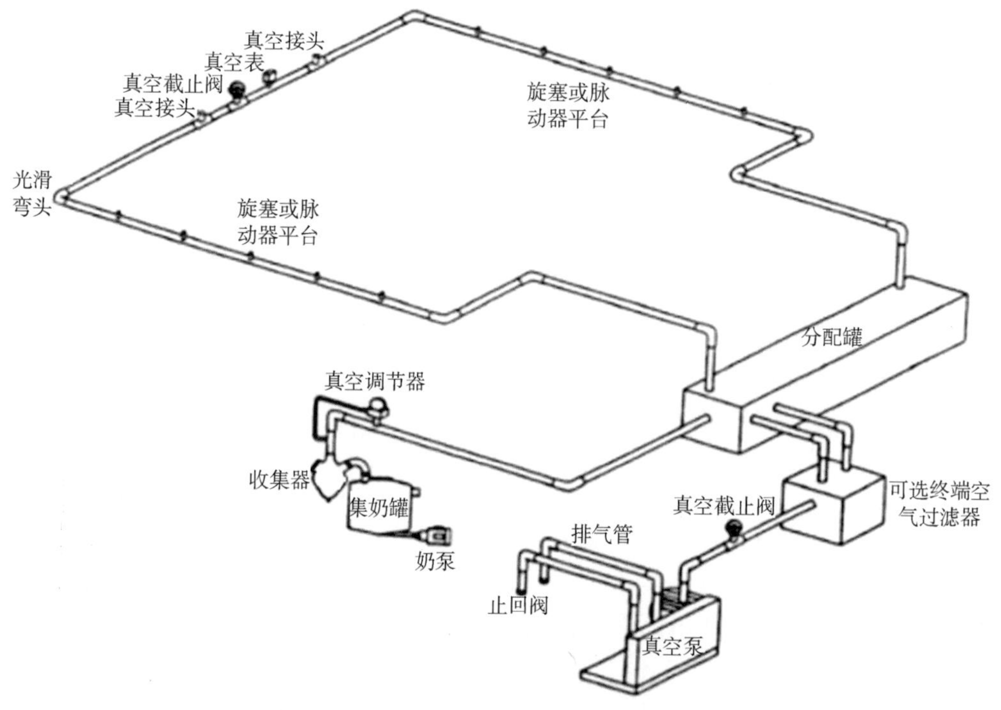

图 5.1 典型的挤奶系统真空系统布局（DPC，2000）

现在很少有奶牛场还在手工挤奶，手工挤奶费时费力，并且挤奶和清洗过程中的不恰当操作容易造成牛奶污染。对于手工挤奶的农场来说，生乳从奶牛乳头挤出后放在一个奶桶里并送到储奶罐中，然后对“挤奶系统”进行清洗和消毒。简言之，就是对奶桶、储奶罐及其阀门、阀盖、三通、垫圈等其他配件进行清洗和消毒，一般使用稀释的洗涤剂、清水和刷子进行手工清洗（DPC，2006b）。对于手工挤奶，其特点是装备简单、安装方便，然而人工成本却非常高。当对挤奶系统进行清洁时，工人可能已经经过

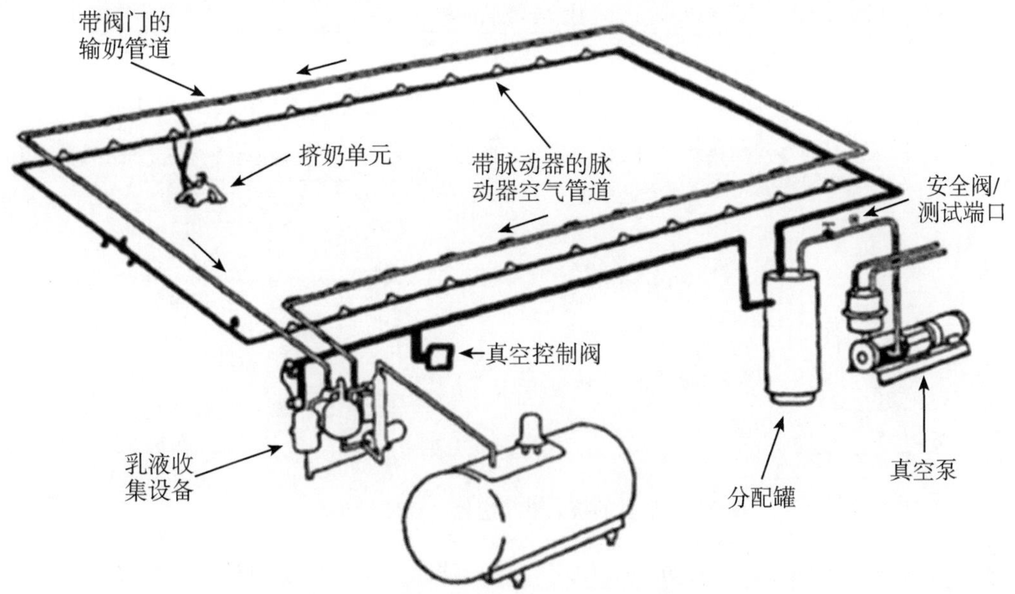

图 5.2　典型的挤奶管线系统布局（DPC，2006b）

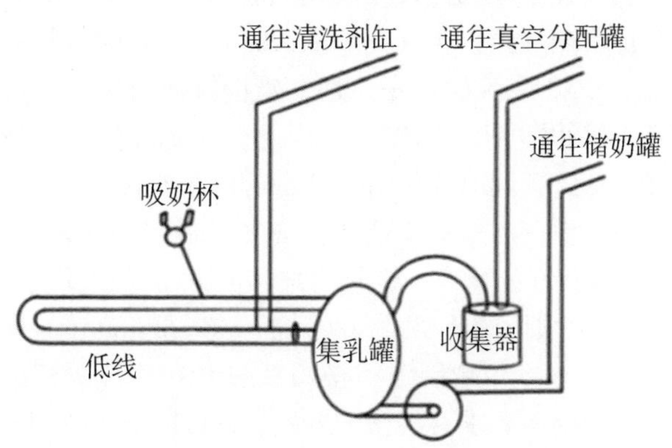

图 5.3　典型的挤奶管线系统布局（DPC，2000）

很长时间的挤奶操作，而存在潜在的操作不当和更高的污染风险。清洗过程中工人与危险的洗涤剂和热水直接接触，存在潜在的安全风险，必须要采取适当保护和预防措施。此外，从生理学角度来看，工人的清洗和消毒可能会存在不恰当、不充分的地方，同时人为失误也是需要重点关注的问题，特别是容易遗漏拐角、弯道、死角和其他无法触及的地方。

对于目前大多数的大中型奶牛场来说，挤奶过程以及随后的清洗和消毒过程都包含一定程度的自动化。采用桶式挤奶机或真空挤奶机代替人工挤奶，并通过控制系统实现一定程度的清洗消毒自动化。

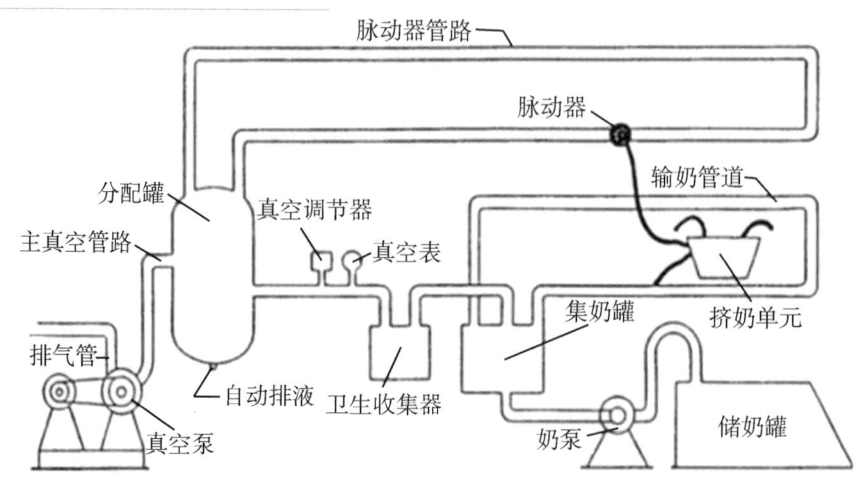

图 5.4 典型的挤奶系统组件（DPC，2006a）

位外清洗（clean-out-of-place，COP）是一种比人工挤奶、清洗和消毒更为先进的挤奶系统清洗方法，即在挤奶完成后将与牛奶接触的部件拆卸下来放入循环的清洗罐中进行清洗和消毒。罐体通常配备大容量循环泵和电动刷，以提高清洗和消毒性能。由于清洗罐表面积大，清洗过程中罐内温度下降的可能性大，每个 COP 系统都需要安装一个温度记录表和一个自动控温蒸汽阀（DPC，2001）。必要时可提高洗涤液温度，以保证清洗消毒性能。由于 COP 系统能耗高，且牛奶接触面相关零部件的拆装需要额外的工作，奶牛场对 COP 的使用正在不断减少。因此，为了降低人工清洗消毒的劳动成本和能源消耗（与 COP 相比），同时确保清洁消毒后的牛奶接触面的卫生，防止潜在的生物絮凝和生物膜的形成，现广泛采用原位清洗法（clean-in-place，CIP）。

CIP 是在挤奶设备组装好的状态下进行清洗和消毒的，在冲洗水、洗涤液和消毒液的循环/再循环过程中，无须拆卸挤奶设备/系统。CIP 通常高度自动化，劳动力需求少（Tamime，2009）。目前有多个组织制定了挤奶系统 CIP 清洗的标准或建议。尽管不同组织对每个清洗和消毒周期的要求有细微的差别，CIP 挤奶系统的基本操作一般包括三个主要功能，即：清除牛奶中包括碳水化合物、脂质和蛋白质（可能形成生物膜，用于隐藏和保护微生物）等有机物残留；去除各种矿物质（容易形成“乳石”）等无机物残留；在挤奶之间的空闲时间内灭活微生物，抑制微生物的生长。

CIP 清洗时，有机残留物需要使用碱性溶液去除，而矿物质则需要使用酸性溶液去除。美国自 1970 年以来，除了食品药品监督管理局外，乳制品管理局（DPC）也制定了有关牛奶质量、卫生和监管的相关准则，并根据技术发展进行了几次修订和改进，以使其跟上技术发展的步伐（DPC，2010）。DPC 建议，一套完整的 CIP 挤奶系统，无论系统大小，都应包括预冲洗、碱性洗涤、酸性洗涤和下次挤奶前的消毒等步骤（表 5.1）。预冲洗过程使用澄清的温水以冲洗掉松散的残留物（包括碳水化合物），该步骤为一次性冲洗，使残留物不能随再循环重新沉积回到挤奶系统中。对于预冲洗步骤，建

议使用温水，因为较高的水温可以更有效地去除固体残留物。但是，温水的温度不应超过 50℃，以防止乳蛋白变性。

接下来的碱洗步骤，需要使用高浓度碱性溶液（通常含氯）以去除有机残留物，包括乳脂、蛋白质以及剩余的碳水化合物。在碱洗过程中，一般要求较高的初始清洗温度，且持续较长时间，具体要求取决于挤奶系统的配置和安装情况。为了避免在之后的步骤中发生酸性溶液与碱性溶液的中和反应，建议在这两个步骤之间使用一次温水清洗（非强制性）。酸洗循环是使用酸性溶液去除矿物质的过程。这个步骤没有固定的建议，主要是因为这个步骤在很大程度上取决于碱洗的完成度以及挤奶系统的配置情况。酸性溶液的 pH 值通常在 3 左右，与碱洗相比，洗涤时间相对较短。

表 5.1　DPC 推荐的挤奶系统 CIP 步骤及清洗参数（DPC，2010）

CIP 步骤	温度（℃）	pH 值	循环时间（min）	备注
温水冲洗	43.3~48.9	NA	NA	冲洗时间取决于管路长度
碱洗	开始：71.1~76.7 结束：≥48.9	11.5~12	8~10	柱塞数≥20； 氯浓度≥120 mg/kg； 碱度≥1 100 mg/kg
净水冲洗	温水	NA	一次冲洗	NA
酸洗	NA	3.0~4.0	≥2~3	NA
消毒	NA	NA	NA	EPA 登记产品

NA：不适用。

循环洗涤剂的作用不仅是使脂肪皂化并渗透到牛奶残渣中，它们还充当乳化剂的作用以分解牛奶中的脂肪，并在洗涤液中形成更均匀的残渣悬浮液（碱洗）；螯合剂可以在硬水条件下保持矿物质，防止再沉淀（酸洗），降低洗涤液的表面张力，更好地与牛奶残渣接触（碱洗和酸洗）等（Watkinson，2008）。

最后，每次挤奶前，建议使用美国环境保护署（EPA）批准的消毒剂进行一次消毒，以确保挤奶系统的微生物状态（DPC，2010）。EPA 批准的消毒剂，包括含氯消毒剂、碘伏消毒剂、酸性消毒剂和过氧化氢溶液。DPC 特别强调，当消毒完成后，挤奶系统和设备不得再次用水冲洗，以保证消毒效果（表 5.1）。但是，对于一些具有潜在腐蚀性的消毒剂（如次氯酸盐），在挤奶前半小时不得让挤奶系统和设备接触消毒剂（DPC，2005）。

为了提高清洗性能、减少用水量，有时在挤奶系统 CIP 中使用空气“柱塞”，将溶液向前推进，增加对牛奶残留物的剪切力（以强化清洗效果）。在清洗过程中，可连续不断地将与清洗水等量的空气吸入挤奶系统中（称为“自发柱塞流”）或在水位低于吸入管的时候吸入（称为“自发脉动冲洗”），或者更常见的做法是控制定量的空气和水交替进入输奶管（称为“控制脉动冲洗”），其中柱塞速度由进气量和柱塞尺寸控制（Efficient Cleaning，2001）。DPC 推荐在每个 8~10 min 的循环中最少设置 20 个柱塞

(DPC, 2010), 加拿大、澳大利亚、新西兰和其他国家也提出过类似的推荐方法 (Canadian Quality Milk Program, 2015; Dairy Australia, 2016; Cleaning Systems, 2016)。

如前所述, 影响 CIP 性能的因素包括机械力 (流量和柱塞速度)、洗涤剂和消毒剂的选择、CIP 的持续时间以及 CIP 溶液的温度等。这里有必要特别强调温度的重要性 (如溶液温度)。适宜的冲洗水温 (43~49℃) 可确保牛奶中的脂肪不会结晶, 避免其重新沉积在牛奶的接触面上, 同时又不会因为温度过高而使牛奶中的蛋白质发生变性, 并使牛奶中的固体物质"煮熟", 而这些固体物质是很难去除的。另外, 碱性溶液应保持较高的初始清洗温度 (71~77℃) (DPC, 2010) 并要保证足够的洗涤液量, 以溶解和乳化牛奶残留物; 更重要的是, 最终的循环回液温度仍应保持在 49℃ 以上 (DPC, 2005, 2007); 此外, 在碱性洗涤完成后, 还应防止牛奶污染物在接触面上形成潜在的再沉积情况。对于酸溶液清洗循环阶段, DPC 并没有推荐特定的溶液温度。酸洗液温度维持在室温条件下就可以, 但与表面接触时间需要维持至少 2~3 min (DPC, 2010), 实际清洗过程中通常为 7~10 min (DPC, 2005)。但如果进行"冲击式清洗", 酸洗温度应与碱洗温度一样高。当环境温度随季节变化时, 必须注意洗涤剂浓度应根据水的硬度和其他理化性质进行适当调整。

DPC 关于奶制品的相关指南和建议在美国被广泛接受和认可, 世界其他国家和地区也有类似的指南和建议。例如, 加拿大奶牛协会提出的加拿大优质牛奶 (CQM) 项目指南 (2015)。在 CQM 项目中, 推荐的预冲洗初始温度在 35~60℃, 结束时温度为 35℃或者更高。建议碱洗初始温度为 71℃ (或更高), 结束温度高于 43℃。与 DPC 推荐方法相比, CQM 推荐的温度范围更广, 但是循环清洗时间更短, 仅需 5~10 min。另外, CQM 还规定了碱洗溶液的 pH 值 (11~12)、碱度 (总碱度为 400~800 mg/kg, 有效碱度为 225~350 mg/kg) 和氯浓度 (80~120 mg/kg) 等指标, 以保证碱洗效果。CQM 也推荐使用空气柱塞清洗, 碱洗时至少使用 20 段柱塞。与 DPC 推荐的酸洗循环相似, CQM 建议溶液 pH 值低于 3.5, 对酸洗溶液温度和时间长短没有具体要求; 5 min 的循环时间应该足够。加拿大不同省份的建议也各不相同。例如, 安大略省建议的预冲洗起始温度在 43~60℃, 最低结束温度为 38℃ (Milk Quality Infosheet, 2013)。另外, HACCP 还被用于制定 CQM 项目指南, 项目中每个关键控制点都有相应的操作, 并有记录本和工作簿供农民使用。当然, 国际上还有其他一些组织和机构, 制定和发布卫生设备设计、施工安装、设施和工厂布置、检测方法规定等方面的指南, 包括国际乳品联合会、国际标准化组织、欧洲卫生工程设计组等。

5.3 储奶罐的常规 CIP 清洗

对于储奶罐, 通常遵循与挤奶系统管道类似的 CIP 清洗过程, 包括温水预冲洗、热碱循环和冷冲洗循环 (Efficient Cleaning, 2001)。由于其内表面积大, 因此静态清洗球、旋转喷头和旋转射流头常用于储奶罐 CIP 清洗。清洗球的大小、溶液的体积和压力是根据储奶罐的大小来计算的 (Packman 等, 2008)。因为储奶罐表面积大、内表面温度低，因此温度是影响CIP清洗效果的重要因素。因此，在CIP过程中建议使用尽可能高的初始清洗温度以补偿洗涤液在流动过程中的热量损失以及洗涤液与储奶罐内表面的热交换损失（Efficient Cleaning，2001）。例如，在某些情况下，预冲洗起始温度可高达60℃，以确保CIP清洗效果。

还有其他一些不太常用的CIP清洗方法，如酸化沸水清洗，在清洗过程中，将加热的酸溶液一次性泵入奶罐中清洗2 min，然后用清水冲洗4 min，2 min的酸洗过程最低温度为77℃（Efficient Cleaning，2001）。另一种清洗方法正好相反，使用高度浓缩的氢氧化钠（NaOH）溶液进行冷清洗（常温清洗）并重复使用清洗溶液，以节省能源和化学试剂消耗，由于能源供应有限，这种重复使用的方法在20世纪70年代很流行，但现在已很少使用（Lloyd，2008）。在新西兰和澳大利亚的一些大型挤奶厅里，反流清除法曾经很流行（Cleaning Systems，2016；Dairy Australia，2016），在这种方法中，与典型的"簇—汇"（由挤奶器到奶罐）流向相反，洗涤液被泵入奶罐、流经输奶管、然后从挤奶杯中流出。不需要将奶杯与喷洗器分离（需要在下次挤奶前重新连接以便挤奶），因此，节省了一些时间和喷洗器的成本。然而，该方法的用水量通常比其他CIP方法更多。因此除了用冷水冲洗挤奶厅之外（Cleaning Systems，2016），目前新西兰及澳大利亚已不推荐使用该方法（Cleaning Systems，2016；Dairy Australia，2016）。

由于交叉污染是奶牛场普遍存在的问题，使用CoPulsation法（协同脉冲法）曾被用以防止奶牛乳腺炎（CoPulsation，2013）。CoPulsation是一种专利技术，有两个相互配合的螺线管，一个用于抽真空，另一个用于供应新鲜空气，提供水平方向的脉冲，而不是传统的斜向脉冲。

5.4 新兴的CIP方法

研究人员试图用替代品以取代目前CIP洗涤中的化学洗涤剂。为了减少使用含氯化学洗涤剂对环境的影响，有研究报道了在CIP过程中使用了不含氯的洗涤剂的清洗效果（Sandberg等，2011）。研究人员开发了一个具有可移动采样位置的挤奶系统模型，使用蜡样芽孢杆菌作为污染物，从乳管主回路伸出的不同长度的"T"形连接突起处采集不同的样本，以测试清洗效果。研究发现，与单独使用氢氧化钠相比，使用不含氯的洗涤剂可以减少更多的孢子（不显著），而在所有温度水平下（45℃、55℃、65℃）使用含氯洗涤剂清洗时，孢子的减少都明显高于不含氯的洗涤剂。更有趣的是，研究人员发现，无论是否含氯，在溶液温度从55℃到65℃的情况下，清洗效果都没有明显的变化；可能与使用的挤奶系统管道长度有限以及环境温度受控等因素有关，在此条件下环境温度对清洗剂清洗效果的影响被弱化了。

电解（EO）法是另一种环境友好型的方法 。在过去的几十年中，宾夕法尼亚州立大学开展了相关的实验室研究。电解水是通过电解稀释的氯化钠溶液（0.1%）产生的。电解槽阳极生成含有氯气和盐酸的酸性电解水，同时在阴极生成含有氢氧化钠的碱性电解水。电解水机进行相应的设置后，生成的酸性电解水的pH值约为2.6，游离氯浓度可达 80 mg/kg，氧化还原电位（ORP）约为 1 100 mV；碱性电解水的 pH 值在 11.0 左右，ORP 值在 2 800 mV 左右（Sharma 和 Demirci，2003）。碱性和酸性电解水的基本特性符合传统挤奶系统 CIP 过程中推荐使用的碱性和酸性洗涤剂特性，因此本课题组提出可采用碱性和酸性电解水作为挤奶系统 CIP 化学洗涤剂的替代品，并在过去的几十年里进行了大量的研究。

首先，Walker 等（2005a）对挤奶系统中经常使用的材料的取样片进行了预试验，研究了在挤奶系统 CIP 中使用电解水的可行性。用常见的微生物污染取样片，然后用碱性和酸性电解水浸泡，通过微生物富集法和三磷酸腺苷（ATP）荧光检测法分析样品表面的洁净情况。这些预试验取得了较好的结果。随后，课题组建立了一个具有挤奶系统必要部件的 27 m 长的模拟系统（图 5.5）。在挤奶系统中添加被微生物污染的生牛乳，然后用热的碱性和酸性电解水进行清洗。结果发现 60℃ 电解水清洗后，试验系统的清洁度非常高，经过 7.5~10 min 清洁度与常规清洗方法没有显著差异（Walker 等，2005b），在进行长期评估时，研究人员发现 7.5 min 的清洗时长不能可靠地清洗挤奶系统，说明可能需要增加清洗时间。然而，Walker 等（2005b）当时没有意识到在酸洗中加热酸性电解水（60℃）并非最优方案，因为升高溶液温度会加速有效氯成分的损耗，进而减少酸性电解水的清洁和消毒能力，同时氯气释放会对工作人员构成潜在威胁，并会导致能源的浪费。因此，为了寻找模拟挤奶系统的最佳碱性和酸性电解水 CIP 温度，Dev 等（2014）对清洗温度进行了优化研究。通过对不同温度组合的性能分析和数学建模，研究人员发现用于挤奶系统 CIP 的碱性和酸性电解水的最佳有效平均温度分别是 58.8℃ 和 39.3℃。据此，研究建议在进行挤奶系统 CIP 中试试验时，将碱性和酸性电解水的初始温度分别设为 70℃ 和 45℃。在此条件下，所有采样点 ATP 含量的去除率均为 100%，所有不锈钢管、弯管和进奶口采样点的杀菌率也均为 100%。为了在实际生产中验证优化结果，课题组在此基础上对某商业奶牛场进行了验证研究，Wang 等（2013）在经过宾夕法尼亚州农业局许可后，在商业奶牛场进行了 2 个月的电解水 CIP 和 2 个月的传统 CIP 试验。研究人员根据 ATP 荧光检测和微生物富集结果，比较了两种清洗方式的清洗效果。对于某些多孔材料，如内衬材料和牛奶软管，电解水 CIP 的性能优于传统 CIP，主要是由于酸性电解水的消毒作用。此外，还比较了两种 CIP 方法的运行成本，电解水 CIP 每个循环成本为 2.15 美元，而传统 CIP 为 2.84 美元，电解水 CIP 清洗降低了 25% 的成本（Wang 等，2013）。

目前，越来越多的奶牛场采用碱洗和酸洗合二为一的“一步式 CIP”清洗方法，以节省时间、能源和操作成本。同样，在我们的实验室中，进行了中试规模的碱性和酸性电解水混合的一步式清洗试验，以测试替代一步式 CIP 化学试剂的可行性（Wang 等，2016a）。在清洗试验中，设置了酸性电解水在混合电解水中的比例、一步式清洗时长和混合电解水初始温度等参数，通过一系列优化试验，得出混合电解水一步式 CIP 的优化参数为：酸性电解水的比例为 60%、一步式清洗时长为 17 min、电解水起始温度为 59℃；之后在一步式清洗中，比较了使用这组参数的电解水清洗与使用商业清洗剂的清洗效果，并验证了其一步式 CIP 性能。结果表明，优化后的电解水 CIP 的平均 ATP 去

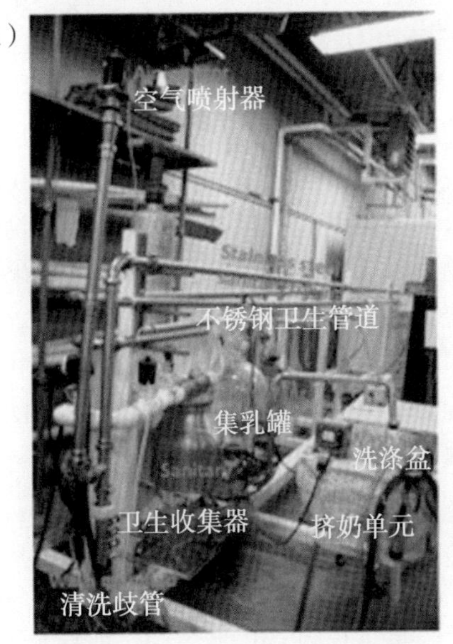

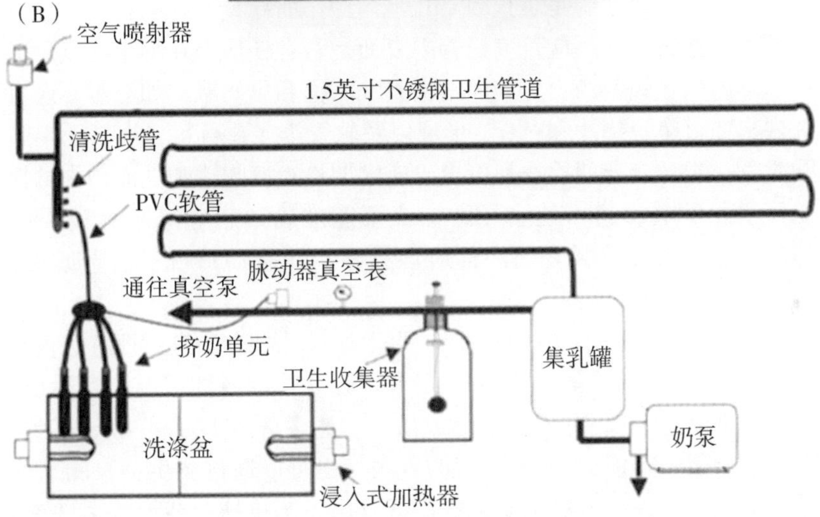

（A）实物图（Walker 等，2005a）；（B）非等比例的中试挤奶系统示意图（Dev 等，2014）

图 5.5　实验室规模的挤奶系统

除率比传统的一步式 CIP 高，且不锈钢管和弯管采样部位的微生物失活率更高。此外，在挤奶系统中试试验上使用优化后的电解水 CIP，成本降低了 80%（优化后的电解水一步式 CIP 每循环成本为 0.55 美元，传统清洗剂一步式 CIP 每循环成本为 2.82 美元）；然而，要确定优化的混合电解水在实际生产中的效果，还需要进一步在商业奶牛场中进行一步式 CIP 清洗研究。

类似地，Yun（2014）在宾夕法尼亚州立大学对奶罐的电解水 CIP 清洗进行了一系列研究，试验中使用的不锈钢奶罐容积为 15 L，顶部中心安装 360°静态喷球。分别用冷却（2~4℃）和加热（74℃）的牛奶污染奶罐，之后用电解水清洗和消毒，并测定牛奶接触面蛋白质残留水平（PRO-Clean，2015）以检验清洗效果。通过 ATP 荧光检测法和残留蛋白质测试法，验证了 Dev 等（2014）对制冷奶罐 CIP 碱性和酸性电解水效果的研究。针对加热后的奶罐 CIP 清洗，研究人员采用响应面法确定了最佳的时间和温度条件。研究发现只有碱洗和酸洗的清洗时间（碱洗 $P=0.047$，酸洗 $P=0.035$）会对 CIP 清洗效果产生显著影响，温度等其他参数和它们的相互作用对清洁和消毒效果均没有显著影响。ATP 荧光检测法和残留蛋白质测试法的结果显示，与传统 CIP 清除奶残留和乳垢的效果相比，前者不能达到 100%的“清洁度”。基于 Box-Behnken 响应面法优化参数，碱性电解水的清洗时间和温度优化为 54.6℃和 20.5 min，酸性电解水清洗参数为 25℃和 10 min；通过 ATP 荧光检测法和残留蛋白质测试法的检测结果表明，该电解水清洗后的生乳接触表面可认为是清洁的。

5.5 维护和评估 CIP 清洗性能

定期维护和检查挤奶系统是防止因 CIP 不当操作而导致潜在问题的最佳方法。除了终端配件、拐角和弯头外，还应目测奶管内表面是否有任何潜在的生物膜形成，特别是洗涤液难以达到的向上倾斜的位置。仔细检查洗涤槽和集奶罐，如有需要应进行人工清洗。橡胶部件，如衬垫、垫片和“O”形环以及软管等多孔材料，容易滋生微生物，形成生物膜和生物污染，应定期检查和更换。应定期检查接收罐和洗涤槽中的探头是否有任何潜在的附着沉积物，这可能会导致探头不能准确地感应溶液流量、温度和体积（DPC，2007）。如果需要，所有部件都应该移除，并手动清洗、消毒或更换（DPC，2001）。

牛奶接触面清洁度反映了 CIP 的性能，可以通过几种方法进行评价。视觉评价是最方便的方法。然而，由于周围的照明条件以及评价人员的身体状况、实际技能和经验，都会造成很大的偏差。在生物膜早期形成阶段，附着不牢固，不易观察到（Monroe，2007）。因此，视觉评价并不是一种理想的方法。也可以通过微生物检测来评价，目前有几种现成的方法。第一种方法是拭子法，可以用无菌涂抹器或海绵擦洗牛奶接触面，然后培养/平板培养目标微生物。与拭子法类似，使用可接触琼脂生物膜或胶带时，只需将薄膜/胶带压在牛奶接触面上，然后培养计数即可。另一种方法是冲洗牛奶的接触面并按标准平板计数收集冲洗后的溶液；与拭子法相比，该方法精度较高，但耗时较长，不适用于大型挤奶系统。与视觉检查相比，所有这些微生物学方法都更加准确和客观，但缺点是通常无法做到实时检测，而且培养时间长（24 h 或更长），有时会延误现场评价工作进度（Asteriadou 和 Fryer，2008）。

为了弥补这一不足，实现现场快速检测，ATP 生物发光技术得到了广泛的应用。ATP 可以存在于植物、动物和微生物的所有活细胞中（Leon 和 Albrecht，2007），其数量可以通过照度计测量荧光素和荧光素酶复合物的化学反应所发射的光量来测量，单位为相对光单位（RLU）读数（Wang 等，2013）。目前，ATP 荧光检测法作为一种现场

实时检测技术已广泛应用于奶牛养殖场和牛奶加工过程中，用于估算污染物的存在和数量（Wang 等，2014）。有机物和牛奶残留物的增加会使 ATP 水平提高并直接导致 RLU 读数的增加。在擦拭牛奶接触面后，ATP 荧光检测法可以在几秒钟内获得 RLU 读数，并且具有很高的灵敏度和准确性，使其成为一种理想的现场快速检测方法。根据制造商的不同建议，获取 CIP 性能的标准也有所不同。然而需要指出的是，RLU 读数与微生物种群没有直接关联，因为“污染物 ATP”既包含环境残留的 ATP，也包含微生物细胞（死的或活的）的 ATP，因此在分析和解释数据时必须注意。除 ATP 拭子外，还有其他类型的现场快速检测拭子可用，比如蛋白质拭子。取样和添加试剂后拭子会发生颜色变化，颜色变化的程度表示残留蛋白的数量范围（PRO-Clean，2015）。对于某些蛋白拭子产品，可能需要加热来加速化学反应，但仍然可以在半小时内得到结果，并可以迅速采取修正措施（Clean-Trace，2010）。

为了科学研究的目的，人们试图更准确地测量和监测接触表面的牛奶沉积残留物。Ellen 和 Tudos（2003）总结了挤奶和清洗过程中在线测量和检测的技术与参数。在挤奶过程中，可以使用多种传感器来测量牛奶的温度、密度、电导率、浑浊度、黏度和颜色。此外，还可以检测到压力、流速、挤奶装置和洗涤液的液位，以及 pH 值、脂肪和蛋白质含量、乳糖、风味成分和潜在污染物的测量值。为了达到这些目的，一些技术可以用在挤奶和清洗过程中，包括核磁共振和磁共振成像，拉曼光谱测定，质谱分析，电子鼻、舌等生物传感器，石英晶体微天平，气相色谱分析，傅立叶变换中红外光谱，傅立叶变换近红外光谱等。Van Asselt 等（2002）开发了奶制品蒸发器 CIP 在线监测系统，主要测量 CIP 过程中的 pH 值和电导率的变化，化学溶液比水的导电性高，因此可以区分不同的 CIP 循环。在线电导率测量的结果与离线测量的结果相类似，但无法与浊度测量结果进行比较。Lang 等（2011）利用红外显微镜在低浓度的条件下测量低浓度蛋白质和乳脂残留，并且成功实现了精度低至 0.01 $\mu g/cm^2$的可重复数据。这表明了微光谱技术在 CIP 在线监测和牛奶接触面清洁度评价中具有良好的应用潜力。另一项研究是利用超声波传感器，通过对热交换器不同温度和质量流量数据的超声信号进行分析，从而对其内部的牛奶污垢进行检测（Wallhäußer 等，2013）。在不同的决策分类方法下，人工神经网络方法的准确率可以达到 80%以上，支持向量机方法的准确率可以达到 94%以上。然而，这些研究仍处于实验室测试阶段，还没有在生产实际中进行评估和验证。

5.6　机器人挤奶系统

为了进一步减轻人工挤奶的负担，降低人工挤奶的成本，在过去的 20 年中，自动挤奶系统得到了快速发展和应用。自动挤奶系统也被称为机器人挤奶系统，因为手动奶杯的套杯过程是通过自动挤奶系统的关键部件（机械臂）来模拟实现的（Automatic Milking Systems，2016）。奶牛经过适度训练（通常在 7 天内），挤奶机器人能够做到：① 识别奶牛；② 确定奶牛的挤奶状态（有些机器人甚至能够确定奶牛隐性发情、检测流产和囊肿情况)；③ 在挤奶时进行精料补饲；④ 通过安装多个传感器对牛奶质量进行评估；⑤ 做好记录；⑥ 必要时进行报警。在自动挤奶系统环境中，奶牛可以按自己的意愿每周 7 天、每天 24 h 挤奶，而且不需要在白天强制挤奶。据报道，如果管理良好，机器人挤奶系统可比挤奶厅挤奶系统（2 次/天）的牛奶产量高 3%～5%（Robotic Milking Systems，2011）。在确定乳头位置后进行清洗，然后再套上奶杯，就可以挤奶了；根据每个乳区的奶流量，挤完奶之后，奶杯可以从乳房上自动脱杯。在机器人自动挤奶过程中，系统可以收集一系列数据，包括奶牛的身体状况（体重、每个乳区的产奶量和挤奶时间、劣质奶发生时间等）和牛奶的质量（温度、颜色、导电性、脂肪和蛋白质含量、体细胞数等）等。

机器人挤奶系统的清洗，根据不同机器人制造商的设置和型号而有所不同。有研究表明，机器人挤奶系统的水和化学成分的使用量低于挤奶厅挤奶系统 CIP（Robotic Milking Systems，2011）。例如，一台机器人每天需要自动清洗 3 次，包括 2 次碱洗和 1 次酸洗（Lely Dairy Equipment，2014），并特别要求挤奶机器人不能使用除磷酸和柠檬酸以外的氯溶液或其他酸溶液进行清洗。为了提高清洁性能，Lely 推荐使用他们生产的对机器人挤奶系统无损害的无氯碱性清洁剂来去除蛋白质和脂肪。另外一类挤奶机器人（Multi-Box Robotic Milking System）采用不锈钢线和双过滤器，以确保牛奶的流动和残留物的清除（MIone，2013）。每次挤完奶后，还会自动对每个奶杯用水进行“反冲洗”，以保持奶杯的清洁，防止奶牛之间可能造成的交叉污染。此外，还有一个温水冲洗循环，称为“短清洗”，可设置特定的冲洗间隔和持续时间。该类挤奶机器人主要的清洗过程是“系统清洗”，包括一次温水冲洗，一次加热洗涤液清洗和一次冷水冲洗，共需 25 min 左右。还有一类挤奶机器人使用三维“时间—光照”相机精确定位乳头，以帮助顺利套杯，并设定在每次挤奶之间对奶杯（内外）和相机玻璃进行水冲洗，使相机具有更好的精度（AMR Features，2015）。针对特定的化学要求，研究人员研制了一种针对特定挤奶机器人的特定碱性洗涤液，由底物和污染物悬浮剂混合而成，可去除乳脂和蛋白质残留物，在软硬水条件下均可应用（Robotic Milking，2014）。

5.7 CIP 计算与建模

多年来 CIP 不断改进，更有效的化学洗涤液也被研制出来，但为了进一步提高清洗效果，CIP 过程依然需要更多研究，数学模型可能为此做出重大贡献。计算流体力学（CFD）利用现有的计算机数值软件包和不断发展的计算机能力进行一些计算机模拟，节省了实验室工作。为了预测 CIP 的效果，Jensen 和 Fris（2004）研究了防混阀内的流动规律，并与激光片可视化进行了比较。更好地预测 CIP 清洁度需考虑壁面剪切应力、流体交换和流动规律（Jensen，2003）。另一项研究表明，通过研究 CIP 过程中的乳垢质量变化，湍流流动下，“T”形接头的清洁度是可以预测的（Asteriadou 等，2007）。在进行有限体积预测时，试验数据与预测结果匹配良好，证实了用 CFD 预测质量（即残留物）清除和 CIP 清洁度的可能性。在假设清洗是一个扩散控制的过程时，Föste 等

(2011) 建立了 CFD 清洗模型，用于预测和优化脉冲流清洗的污染物去除效率。这将 CFD 应用扩展到更复杂的具有快速流动条件的系统配置。

除了计算分析和预测外，研究人员还尝试通过试验来确定 CIP 各阶段在除垢过程中的作用，并建立相应的数学模型。Wang 等 (2016b) 根据输奶管中可拆卸的取样管的试验情况，构建了一种不锈钢表面评估模拟器，取样管接触表面的乳垢质量分别在输奶管污染后以及用碱性和酸性电解水清洗一定时间的 CIP 过程后进行测定。通过这种方式，记录并分析沉积物质量随 CIP 时间变化的情况。建立了一种基于剩余乳垢质量 n 次方的统一一阶乳垢去除率模型，并进行了试验验证。在温水预冲洗 10 s 内发现沉积物质量显著下降，并将沉积的去除过程假设为一个同时进行的快速和缓慢的去除过程。这一结果证实了安大略乳制品指南推荐的在温水冲洗的过程中会移除 90%~95%的沉积物 (Milk Quality Infosheet，2013)。在已建立的数学模型的基础上，将模拟装置的碱性和酸性电解水 CIP 清洗时间缩短了 55%，并通过 ATP 荧光检测法进行了验证。利用 Van Asselt 等 (2002) 的在线监测结果进行的案例研究还表明，奶制品蒸发器的 CIP 清洗时间可减少 50%，清洗效率也随之提高。因此，具有在线检测和监测技术的数学模型和计算模型有望应用于实际的加工设备中，并降低能耗。类似于碱性和酸性电解水 CIP 建模过程，通过使用表面模拟器，一组优化混合电解水一步式 CIP 两项指数衰减动力学模型也得以建立，模型包括清洗开始时沉积物的快速移除和整个一步式清洗过程中沉积物缓慢而稳定的移除 (Wang 等，2015)。研究人员发现，在混合电解水一步式清洗过程的温水预冲洗阶段后，不锈钢奶管表面有 4%的沉积物被移除。此外，在扫描电镜的帮助下了解了牛奶接触面的沉积形态，研究人员发现在温水冲洗和优化电解水一步式清洗循环后，表面沉积覆盖范围减少。间接 ATP 荧光检测结果显示，样品的平均 RLU 读数低于 100，比 ATP 制造商推荐的清洁界限读数低一个数量级，表明混合电解水一步式清洗的效果更好。

Wang 等 (2015，2016b) 最近的研究表明，在整个 CIP 过程中，沉积物质量下降了 3 个数量级；并且沉积物可在很短的时间内急剧减少 (温水预冲洗)，这使得多尺度模型 (质量尺度和时间尺度) 的发展成为一个潜在的研究课题，需要计算上可行的模型来精确描述和解释沉积物的去除过程。研究人员提出的快速去除松散结合沉积物和较慢地去除紧密结合颗粒和颗粒沉积物的方法也需要更精确的可视化和在线检测技术的验证。将实验结果与所建立的数学模型与 CFD 模型相结合进行预测并解释除垢机制，改进 CIP 工艺，是今后的工作重点。

5.8 建议及展望

这一章对几个挤奶系统 CIP 进行了总结，包括从非常传统的人工挤奶和洗涤方法到最先进的机器人挤奶及其 CIP 过程。如前所述，防止生乳污染的首要措施是在挤奶系统中保持牛奶接触表面的清洁并进行充分消毒。从这个角度来看，采用准确的在线监测和检测技术，研究不同挤奶系统更先进、更环保的 CIP 操作和除垢机制，是一个不断发展的研究课题。

如上所述，研究人员尝试使用无氯洗涤剂和电解水替代 CIP 过程中的化学洗涤剂，此举揭示了将环保的洗涤液用于挤奶系统 CIP 的可能性，同时可以节约成本和能源。为此，需对 CIP 程序的优化和挤奶系统配置的设计进行研究。

高度自动化一直是发展的方向，在过去的几十年里，挤奶系统的控制方法发生了很大的发展，然而在线和/或实时监测及检测技术还需要进一步研究。根据我们的经验，为用户设计专门的 CIP 过程需要综合考虑挤奶系统、环境条件（如温度、海拔、空气流动等）、当地供水情况以及系统配置等。例如，水的硬度会影响洗涤剂的选择和使用，环境温度决定了清洗过程的初始温度和清洗时间，原料奶成分（乳脂和蛋白质百分比）影响洗涤剂的使用效果，输奶管坡度和进奶口数量（如果存在）（可能会破坏柱塞导致清洁性能不足）影响洗涤液的机械清洗效果等。所有的因素都可能随季节而变化，或者变化得更频繁，因此为达到最佳的清洁和消毒性能，应针对性地进行 CIP 程序设置，基于我们团队首创的模拟挤奶系统和在线监测系统的研究，发现清洗时间可以缩短。因此，程序应根据环境温度、水的硬度、系统配置（管道长度、坡度和弯曲的程度和数量）等以及实时监控和检测需要，自动确定和控制洗涤剂的使用以及 CIP 每个阶段所需的时间。

目前大多数对在线/实时测量和检测技术的研究只针对一种或几种检测方法，没有将整个 CIP 过程作为一个整体进行评估。要解决这一问题，关键在于从洗涤液的化学反应、物理和机械等方面研究清洗过程中的沉积物去除机制。如本章所示，通过评估 CIP 过程中沉积物质量的变化来研究其去除机制，为了了解更准确、合理的除垢机制，最好在 CIP 过程中进行连续测量。此外，在 CIP 过程中如果对牛奶的主要成分（脂类、蛋白质、碳水化合物、矿物质）与洗涤液的机械作用（多物理化学与时间相关的建模）进行实时分析，将会更有利于分析沉积物清除原理。这样的话，化学清洗剂的选择和使用量就可以根据挤奶系统的配置、运输和加工的牛奶类型来进行设计。

本章介绍了电解水及其功效，作者认为它可以有更广泛的应用，研究重点应是各种类型的电解水在挤奶系统和其他奶制品加工设备中的实际应用。目前还没有关于混合电解水在挤奶系统一步式 CIP 或挤奶机器人实际应用的研究，实际应用电解水时可能需要解决的问题包括发电量、储存时间、潜在的腐蚀性等。解决上述这些问题，可以让 CIP 在包括生乳生产在内的各种生产活动中得以更广泛应用。

参考文献

AMR Features，2015. http：//www. delaval. com/en/-/Product - Information1/Milking/Systems/DeLaval-AMR/AMR-Features/（accessed 15. 06. 16）.

Asteriadou，K.，Fryer，P.，2008. Assessment of cleaning efficiency，Cleaning-in-Place：Dairy，Food and Beverage Operations，third ed. Blackwell Publishing，Oxford，UK，Chapter 8.

Asteriadou，K.，Hasting，T.，Bird，M.，Melrose，J.，2007. Predicting cleaning of equipment

using computational fluid dynamics. J. Food Process Eng. 30, 88-105.

Automatic Milking Systems, 2016. http://www. dairynz. co. nz/media/581332/automatic_-milking_systems_booklet. pdf (accessed 15. 06. 16).

Canadian Quality Milk Program, 2015. Reference manual for the CQM program. https://www. dairyfarmers. ca/what-we-do/programs/canadian-quality-milk (accessed 15. 06. 16).

Clean-Trace, 2010. 3M Clean-Trace surface protein plus test swab pro. http:// www. 3m. com/3M/en_US/company-us/all-3m-products/B/3M-Clean-Trace-Surface-Protein-Plus-Test-Swab-PRO100-100-per-case? N5500238518709314187093391871101718711106187114141871658418716596132947784 14&rt5rud (accessed 15. 06. 16).

Cleaning Systems, 2016. Milking plant cleaning. http://www. dairynz. co. nz/milking/themilking-plant/plant-cleaning-systems/ (accessed 15. 06. 16).

CoPulsation, 2013. CoPulsation data. http://www. copulsation. com (accessed 15. 06. 16).

Dairy Australia, 2016. Check plant wash regime. http://www. dairyaustralia. com. au/Environment-and-resources/Water/Saving-water/Washing-Vat-and-Milking-Machine/Check-Plant-Wash-Regime. aspx (accessed 15. 06. 16).

Dev, S. R. S., Demirci, A., Graves, R., 2014. Optimizationand modeling of an electrolyzed oxidizing water based clean-in-place technique for farm milking systems using a pilot-scale milking system. J. Food Eng. 135, 1-10.

DPC, 2000. Number 70, in Guidelines for the design, installation, and cleaning of small ruminant milking systems. Dairy Practices Council Publication.

DPC, 2001. Number 29, in Guidelines for cleaning and sanitizing in fluid milk processing plants. Dairy Practices Council Publication.

DPC, 2005. Number 9, in Guideline for fundamentalsof cleaning and sanitizing farm milk handling equipment. Dairy Practices Council Publication.

DPC, 2006a. Number 59, in Guidelines for the production and regulation of quality dairy goat milk. Dairy Practices Council Publication.

DPC, 2006b. Number 102, in Guideline for effective installation, cleaning and sanitizing of tie barn milking systems. Dairy Practices Council Publication.

DPC, 2007. Number 2, in Guidelines for effective installation, cleaning and sanitizing of basic parlor milking systems. Dairy Practices Council Publication.

DPC, 2010. Number 4, in Guidelines for installation, cleaning, and sanitizing of large and multiple receiver parlor milking systems. Dairy Practices Council Publication.

Efficient Cleaning, 2001. www. delaval. com/Global/PDF/Efficient-cleaning. pdf (accessed 15. 06. 16).

Ellen, G., Tudos, A. J., 2003. On-line measurement of product quality in dairy processing. Dairy Processing: Improving Quality. Woodhead Publishing Ltd, Cambridge, UK, Chapter 13.

FAOSTAT, 2013. Production of livestock, primary: milk in total. http://faostat3. fao. org/browse/Q/QL/E (accessed 15. 06. 16).

Fö ste, H., Schö ler, M., Augustin, W., Majschak, J. -P., Scholl, S., 2011. Optimization of the cleaning efficiency by pulsed flow using an experimentally validated CFD model. http://www. heatexchanger-fouling. com/papers/papers2011/45_Foeste_F. pdf (accessed 15. 06. 16).

Jensen, B. B. B., 2003. Hygienic Design of Closed Processing Equipment by Use of Computational Fluid Dynamics (Ph. D. thesis). Department of Biotechnology, Technical University of Denmark.

Jensen, B. B. B., Fris, A., 2004. Prediction of flow in mix-proof valveby use of CFD—validation by LDA. J. Food Process Eng. 27, 65-85.

Lang, M. P., Kocaoglu-Vurma, N. A., Harper, W. J., Rodriguez-Saona, L. E., 2011. Multicomponent cleaning verification of stainless steel surfaces for the removal of dairy residues using infrared microspectroscopy. J. Food Sci. 76, 303-308.

Lely Dairy Equipment, 2014. http: //www. lely. com/uploads/original/documents/Brochures/Dairy/Dairy_equipment_brochure_2014/Lely_Dairy_equipment_2014_-_EN. pdf (accessed 15. 06. 16).

Leon, M. B., Albrecht, J. A., 2007. Comparison of adenosine triphosphate (ATP) bioluminescence and aerobic plate counts (APC) on plastic cutting boards. J. Foodservice 18, 145-152.

Lloyd, D., 2008. Design and control of CIP systems, Cleaning-in-Place: Dairy, Food and Beverage Operations, third ed. Blackwell Publishing, Oxford, UK, Chapter 7.

Milk Quality Infosheet, 2013. Pipeline cleaning system guidelines. http: //www. omafra. gov. on. ca/english/livestock/goat/facts/info_pipecl. htm (accessed 15. 06. 16).

MIone, 2013. http: //www. gea. com/global/en/products/automatic - milking - robot - mione. jsp (accessed 15. 06. 16).

Monroe, D., 2007. Looking for chinks in the armor of bacterial biofilms. PLoS Biol. 5, 2458-2461.

Packman, R., Knudsen, B., Hansen, I., 2008. Perspectives in tank cleaning: hygiene requirements, device selection, risk evaluation and management responsibility, Cleaning - in - Place: Dairy, Food and Beverage Operations, third ed. Blackwell Publishing, Oxford, UK, Chapter 6.

PRO - Clean, 2015. Rapid protein residue test. http: //www. hygiena. com/pro - clean - foodand - beverage. html (accessed 15. 06. 16).

Robotic Milking, 2014. http: //www. fullwood. com/c/automation - robotic - milking (accessed 15. 06. 16).

Robotic Milking Systems, 2011. https: //www. extension. iastate. edu/dairyteam/sites/www. extension. iastate. edu/files/dairyteam/Robotic%20Milking%20Systems%2011%20Tranel. pdf (accessed 15. 06. 16).

Sandberg, M., Christiansson, A., Lindahl, C., Wahlund, L., Birgersson, C., 2011. Cleaning effectiveness of chlorine-free detergents for use on dairy farms. J. Dairy Res. 78, 105-110.

Sharma, R. R., Demirci, A., 2003. Treatment of Escherichia coliO157: H7 inoculated alfalfa seeds and sprouts with electrolyzed oxidizing water. Int. J. Food Microbiol. 86, 231-237.

Tamime, A. Y., 2009. Cleaning-in-Place: Dairy, Food and Beverage Operations, third ed. Blackwell Publishing Ltd, Oxford, UK.

Van Asselt, A. J., Van Houwelingen, G., the Eiffel, M. C., 2002. Monitoring system for improving cleaning efficiency of cleaning - in - place processes in dairy environments. Food Bioprod. Process. 80, 276-280.

Walker, S. P., Demirci, A., Graves, R. E., Spencer, S. B., Roberts, R. F., 2005a. Response surface modeling for cleaning and disinfecting materials used in milking systems with electrolyzed oxidizing water. Int. J. Dairy Technol. 58 (2), 65-73.

Walker, S. P., Demirci, A., Graves, R. E., Spencer, S. B., Roberts, R. F., 2005b. Cleaning milking systems using electrolyzed oxidizing water. Trans. ASAE 48 (5), 1827-1833.

Wallhäußer, E., Sayed, A., Nö bel, S., Hussein, M. A., Hinrichs, J., Becker, T., 2013. Determination of cleaning end of dairy protein fouling using an online system combining ultrasonic and classification methods. Food Bioprocess Technol. 7, 506-515.

Walton, M., 2008. Principles of cleaning-in-place (CIP), Cleaning-in-Place: Dairy, Food and Beverage Operations, third ed. Blackwell Publishing, Oxford, UK, Chapter 1.

Wang, X., Dev, S. R. S., Demirci, A., Graves, R. E., Puri, V. M., 2013. Electrolyzed oxidizing water for cleaning-in-place of on-farm milking systems performance evaluation and assessment. Appl. Eng. Agric. 29 (5), 717-726.

Wang, X., Demirci, A., Puri, V. M., 2014. Biofilms in dairy and dairy processing equipment and control strategies, Biofilms in the Food Environment, second ed. John Wiley & Sons, New York.

Wang X., Puri, V. M., Demirci, A., Graves, R. E., 2015. One-step cleaning-in-place for milking systems and mathematical modelling for deposit removal from stainless steel pipeline using blended electrolyzed oxidizing water. ASABE Paper No. 2189967. American Society of Agricultural and Biological Engineers. St. Joseph, MI. 10pp.

Wang, X., Demirci, A., Puri, V. M., Graves, R. E., 2016a. Evaluation of blended electrolyzed oxidizing water-based cleaning-in-place (CIP) technique using a laboratoryscale milking system. Trans. ASABE 59 (1), 359-370.

Wang, X., Puri, V. M., Demirci, A., Graves, R. E., 2016b. Mathematical modeling and cycle time reduction of deposit removal from stainless steel pipeline during cleaningin-place of milking system with electrolyzed oxidizing water. J. Food Eng. 170, 144-159.

Watkinson, W. J., 2008. Chemistry of detergents and disinfectants, Cleaning-in-Place: Dairy, Food and Beverage Operations, third ed. Blackwell Publishing, Oxford, UK, Chapter 4.

Yun, Y., 2014. Evaluation of Electrolyzed Water for Clean-in-Place of Dairy Processing Equipment (Master of Science thesis). Department of Food Science, College of Agricultural Sciences, The Pennsylvania State University, University Park, PA.

6　生乳的其他加工工艺及技术优势

Maura Pinheriro Alves[1], Italo Tuler Perrone[1], Rodrigo Stephani[2] and Antonio F. de Carvalho[1]

[1]Departamento de Tecnologia de Alimentos, Universidade Federal de Viçosa, Vi çosa, Brazil
[2]Departamento de Química, Universidade Federal de Juiz de Fora, Juiz de Fora, Brazil

6.1　引　言

乳汁对幼年哺乳动物来说，是一种营养成分非常丰富的食物。在未经杀菌的生乳中，不同种类微生物会快速生长繁殖，这就是为什么奶制品都是由经过热处理过的乳加工而来的原因，但是，某些地区的奶酪却依然是由生乳加工而成。用于乳的热处理技术，如巴氏杀菌、弱热抑菌、高温或超高温灭菌，都是旨在杀灭污染生乳的致病微生物和防止乳的品质变化。然而，在热处理过程中，乳成分会发生各种生化和理化变化。因此，经过热处理后的乳汁，营养价值和工艺特性会受到一定程度的影响（Fox 等，2015）。延长商业化加工得到的奶制品货架期的一个挑战是如何平衡生乳中污染的微生物灭活，同时又能限制终端产品的营养和颜色变化（García 和 Rodríguez，2014）。食品工业中所使用的热处理方法虽能有效确保奶及奶制品的安全，但会导致乳成分发生不可逆变化，其中包括乳钙盐理化性质的改变，在高温下不溶，从而引起盐分失衡、蛋白质修饰、维生素流失、蛋白质变性、液态奶和其他奶制品的感官品质改变，且对奶酪的生产造成一定影响。此外，经过热处理而失去活性的细菌细胞在加工后仍会残留在乳中，并保留了潜在的活性酶，而这些酶在耐热细菌繁殖时可产生一定的代谢活性，可能在产品贮藏过程中引起品质变化，并最终缩短货架期（Correia 等，2010）。

6.2　膜分离

现如今，有越来越多关于不杀菌生乳加工技术的研究，旨在替代传统的热处理方法。其中，膜分离技术受到广泛关注。膜分离技术是利用膜将具有不同摩尔质量和化学性质的混合物、溶液及悬浮液进行分离（Kumar 等，2013）。膜分离的目的是分离、浓缩和纯化液体，以获得两种不同组分的溶液。其操作原理是基于膜上对某些组分的选择

性渗透，小于膜孔的分子可通过，而较大的分子由于筛孔效应或膜表面的排斥力而截留下来（Kumar 等，2013；Saxena 等，2009）。在所有的食品工业中，奶制品行业对膜分离技术表现出了极大的兴趣，如微滤（MF）、超滤（UF）、纳滤和反渗透（Carvalho 和 Maubois，2010）。这些技术均具有节能的优点，因为大多数膜分离操作都是在无相变的情况下进行的。它们还具有高的操作选择性和运行简单性等优点。膜过滤可以覆盖很宽的孔径范围，在相对较低的温度下分离热不稳定的化合物，从而减少感官和营养成分变化（Saxena 等，2009；Goulas 和 Grandison，2008；Habert 等，2006）。

微滤（MF）使用平均孔径在 0.1~10 μm 范围内的多孔膜来截留悬浮和乳化成分。根据孔径不同，乳的 MF 技术可以阻滞体细胞、细菌、脂肪球和酪蛋白胶束。将超滤（UF）与微滤技术协同作用，利用孔径在 0.01~0.1 μm 范围内的膜可有效阻滞溶液中的大分子和胶体成分（Brans 等，2004）。

微滤技术可通过降低菌体浓度来改善原料奶的微生物指标，从而延长乳的货架期，并保持其良好感官特性。此外，微滤膜还可阻滞巴氏杀菌后残留的主要细菌孢子（Sarkar，2015；García 等，2013）。

非洲、亚洲和南美的一些国家会销售生乳，美国的部分州允许销售经认证的生乳。而法国是唯一一个由法律法规明确批准，可将经过微滤技术处理并延长货架期的生乳市场化的国家。将 50℃条件下经过微滤技术处理的脱脂乳与 95℃/20 s 热处理过的稀奶油混合来将脂肪标准化，然后将混合物均质并无菌包装，最终产品在 4~6℃下可保藏 3 周（Carvalho 和 Maubois，2010）。全球范围内的某些鲜乳加工中，会在包装前对经过均质的鲜乳进行短时快速巴氏杀菌（HTST-72℃/20 s），可将产品保质期延长 5 周（EINO，1997）。在这些国家中，牛奶微滤这项技术由于可明显降低“蒸煮”味、通过去除细菌及耐热酶、降低体细胞数使得乳可更好地贮藏而获得一定的商业价值。现如今已有大量的研究来证明膜分离技术作为乳的热处理的替代技术及其辅助用途，可明显提高乳的品质，并最大限度减少由热处理引起的感官和营养成分变化（García 和 Rodríguez，2014；Pinto 等，2014a；Lorenzen 等，2011；Elwell 和 Barbano，2006）。通过使用微滤膜（1.4 μm）筛除乳中的细菌，生产较长货架期的乳品，且仅检测到产品组分细微的变化（Hoffmann 等，2006）。

Silva 等（2012）在研究热处理（巴氏杀菌）和非热处理（MF）对牛奶中微生物和理化性质的影响中发现，微滤乳与巴氏杀菌奶相比，微生物数量、酸度、颜色变化程度保持在较低水平，表明不会导致因热处理而产生的美拉德反应。关于感官可接受性结果显示，大多数消费者（75%）对微滤乳接受度更高，表明其具有更好的潜在市场。微滤在减少乳中细菌和孢子数量方面的有效性也得到充分证明。当 Tomasula 等在对牛奶进行杀菌热处理之前，采用 MF（0.8 μm）对乳进行处理并对其去除炭疽芽孢杆菌的效果进行分析，发现其减少了约 6 个数量级。

Antunes 等（2014）对乳进行乳糖、微滤、巴氏杀菌及脱脂处理，以期生产出可提供给患有乳糖不耐症消费者群体的且具有较长货架期的产品。乳通过 MF（1.4 μm）膜可减少 4 个数量级以上的好氧微生物，有效延长产品货架期。在（5±1）℃条件下，滴定酸度水平在贮藏超过 50 天时，仍在巴氏杀菌奶的规定范围内，且在 28 天的贮藏期内，好氧微生物的数量始终保持在检测限以下。

膜分离技术也可应用于生乳制成奶酪的生产中，既可提高乳的质量，又可对乳汁进行预浓缩。Maubois 等提出预浓缩通过将乳清蛋白和乳中其他成分结合来显著提高其产量（Carvalho 和 Maubois，2010；Mistry 和 Maubois，2004，2017），并使得乳中主要成分脂类和蛋白质的浓度产生差异。该项技术的特点是将经过超滤后的乳直接用于奶酪生产。此技术不需要解吸操作，也不再需要大量的槽/缸/罐内作业，因而成为奶酪生产的替代技术。该工艺获得专利，并在世界范围内以创造者的姓氏（maubois、mocquot 和 vassal）而命名为 MMV。

该项技术可特异性富集生乳酪蛋白胶粒来生产奶酪（Mercier-Bouchard 等，2017；Maubois 等，2001），因此可广泛应用于奶酪工业中。根据配方不同，全球乳品工业都可使用超滤和微滤技术来生产各种不同工艺的奶酪（Mistry 和 Maubois，2004）。

Salvatore 等发现，在意大利乳清干酪生产中，超滤浓缩乳清提高了热凝固过程中蛋白质聚集的程度，这样可以提高产品中蛋白质的回收率，从而提高其产量。

膜分离技术取代了传统的方法而广泛应用于乳清的处理。浓缩乳清在食品工业中可作为食品配料来提高产品的蛋白质，改善食品的功能特性（溶解度、凝胶性、黏度、乳化性、起泡性）（Walzem 等，2002；Harper，1992）。

通过使用不同的多孔膜，可将生乳中的乳清营养浓缩、分离或纯化成更有价值的产品，如乳清蛋白、α-乳白蛋白、β-乳球蛋白、乳糖和乳矿物盐（Arunkumar 和 Etzel，2014；Kumar 等，2013）。通过超滤和透析过滤，浓缩乳清蛋白的蛋白质含量可从总固体的 35%提高到 85%。此外，通过 MF 可去除细菌和脂肪，分离的乳清蛋白的蛋白质含量可增加到总固体的 90%（Lipnizki，2010）。

乳清加工是膜技术在乳品工业中最早的应用之一，使用 MF 来处理用于奶酪生产的生乳，可产生“理想的乳清”（Fauquant 等，1988），其是一种具有商业利用价值、无脂肪和 κ-GMP 的无菌产品。在工业条件下不受加热处理的此类乳清，可保持生乳中水相蛋白质和乳矿物盐含量（Correia 等，2010），与传统的从干酪生产中获得的甜乳清相比，从“原生”乳清中浓缩、分离高功能特性、未变性乳清蛋白具有一定可能性（Maubois，2002）。

6.3 互补和其他可选择的工艺

其他工艺如脉冲电场（Giffel 和 van der Horst，2004；García 等，2013）已被用于研究乳加工及延长货架期。

Chugh 等（2014）研究高静水压力、MF 单独使用和协同使用对脱脂奶中挥发性物质的颜色和组成特征的影响，并将这些特性与经过巴氏杀菌奶特性进行比较。MF（1.2 μm 和 1.4 μm）和脉冲电场单独或协同使用（阻隔技术）对脱脂奶中挥发性成分的颜色和组成没有显著影响。然而，巴氏杀菌奶的成分发生了很大变化，包括酮、游离脂肪酸碳氢化合物和硫化物。

以微生物数据作为参考指标，此前的研究结果表明，脉冲电场和微滤协同处理脱脂奶的安全性与热处理相当（Rodríguez-González 等，2011；Walkling-Ribeiro 等，2011）。这表明此类非热处理技术作为巴氏杀菌的替代工艺具有巨大的潜力。

离心法除菌是减少乳中孢子的传统方法，在离心法除菌中，根据微生物的密度明显高于牛乳密度这一原理，利用离心机将其从乳中分离出来。这一过程降低了生乳中细菌和孢子的浓度，但离心除菌需要耗能，故其使孢子减少的效果也非常有限（García 等，2013）。

6.4 热处理对乳成分及乳制品特性的影响

在乳品加工过程中，原料经过不同积累热处理，其组分在最终产品中的特性和性能会发生不同程度的改变。在高温下发生的反应中，蛋白质通过与其他分子的相互作用而发生聚集和化学修饰（Li 等，2005；Liu 和 Zhong，2013）。Pinto 等（2014）研究葡萄糖对热处理（90℃处理 24 h）诱导的β-酪蛋白和β-乳球蛋白聚集及聚集物的相对消化率的影响。结果表明，还原糖的存在明显影响蛋白质的热诱导聚集，延缓β-乳球蛋白的动态聚集，有利于共价结合β-酪蛋白聚集体的形成。此外，在葡萄糖存在下，两种蛋白质形成的聚集体对酶消化的抵抗力更强。

热处理引起的乳成分变化也可能影响从 MF 中获得的乳成分和蛋白渗透量。此外，乳清蛋白的变性可能会进一步改变膜在使用过程中的性能。在这方面，Svanborg 等（2014）评价了热处理对脱脂乳（0.2 μm）部分化学组分的影响。结果表明，未经巴氏杀菌的牛乳经 MF 处理后的渗透液中含有更多的钙、磷和天然乳清蛋白，以及少量通过膜的酪蛋白碎片。

热处理过程中乳成分会发生各种变化，当生乳被用作原料加工时，处理方法会直接影响最终产品的功能特性。Alves 等（2014）对采用热处理和 MF 处理的乳清样品制备的乳清蛋白浓缩物（SPCs）的黏度谱进行了评价。作者认为，经过 0.8 μm 和 1.4 μm 膜处理的微滤乳中产生的 SPCs 比经过热处理组具有更高的黏度值。这是由于球状乳清蛋白占据主导地位，而球状使得水在其结构中受到更大程度的保留，从而导致黏度较大。根据此原理，当用于获得乳清粉的生乳经过较低强度的热处理时，在产品的优化加工过程中可使用 SCPs 来增加溶液黏度。

Stephani 等（2015）研究了不同蛋白浓度奶制品在温度为 65~95℃，保持 5~30 min 的不同热处理条件下的黏度变化。结果表明，乳清蛋白在热处理过程中会发生热变性及与酪蛋白胶束结合。从而使不同溶液的黏度增加。该结论强调了加工过程中温度对产品工艺特性的影响。

参考文献

Alves, M. P., Perrone, I. T., Souza, A. B., Stephani, R., Pinto, C. L. O., Carvalho, A. F., 2014. Estudo da viscosidade de soluçõ es proteicas através do analisador rápido de viscosidade (RVA). Revista do Instituto de Laticínios Cândido Tostes 69 (2), 77–88.

Antunes, A. E., Silva E Alves, A. T., Gallina, D. A., Trento, F. K., Zacarchenco, P. B., Van Dender, A. G., et al., 2014. Development and shelf-life determination of pasteurized, microfiltered, lactose hydrolyzed skim milk. J. Dairy Sci. 97 (9), 5337–5344.

Arunkumar, A., Etzel, M. R., 2014. Fractionation of α - lactalbumin and β - lactoglobulin from bovine milk serum using staged, positively charged, tangential flow ultrafiltration membranes. J. Membr. Sci. 454, 488–495.

Brans, G., Schroën, C. G. P. H., Van Der Sman, R. G. M., Boom, R. M., 2004. Membrane fractionation of milk: state of the art and challenges. J. Membr. Sci. 243 (2), 263–272.

Carvalho, A. F., Maubois, J. L., 2010. Applications of membrane technologies in the dairy industry. In: Coimbra, J. S. R., Teixeira, J. A. (Eds.), Engineering Aspects of Milk and Dairy Products. CRC Press, Boca Raton, FL, p. 256.

Chugh, A., Khanal, D., Walkling - Ribeiro, M., Corredig, M., Duizer, L., Griffiths, M. W., 2014. Change in color and volatile composition of skim milk processed with pulsed electric field and microfiltration treatments or heat pasteurization. Foods 3, 250–268.

Correia, L. F. M., Maubois, J., Carvalho, A. F., 2010. Aplicaçõ es de tecnologias de membranas na indústria de laticínios. Indústria de laticínios 74–78.

Eino, M. F., 1997. Lessons learned in commercialization of microfiltered milk. Bull. Int. Dairy Fed. 320, 32–36.

Elwell, M. W., Barbano, D. M., 2006. Use of microfiltration to improve fluid milk quality. J. Dairy Sci. 89, E20–E30.

Fauquant, J., Maubois, J. L., Pierre, A., 1988. Microfiltration du lait sur membrane minérale. Tech Lait 1028, 21–23.

Fox, P. F., Uniacke-Lowe, T., McSweeney, P. L. H., O'Mahony, J. A., 2015. Dairy Chemistry and Biochemistry, second ed. Springer, New York.

García, L. F., Rodríguez, F. A. R., 2014. Combination of microfiltration and heat treatment for ESL milk production: impact on shelf life. J. Food Eng. 128, 1–9.

García, L. F., Blanco, S. A., Rodríguez, F. A. R., 2013. Microfiltration applied to dairy streams: removal of bacteria. J. Sci. Food Agric. 93, 187–196.

Giffel, M. C., van der Horst, H. C., 2004. Comparison between bactofugation and microfiltration regarding efficiency of somatic cell and bacteria removal. Bull. Int. Dairy Fed. 389, 49–53.

Goulas, A., Grandison, A. S., 2008. Applications of membrane separation. In: Britz, T. J., Robinson, R. K. (Eds.), Advanced Dairy Science and Technology, first ed. Blackwell Publishing, p. 300.

Habert, A. C., Borges, C. P., Nobrega, R., 2006. Processos de separação por membranas. Série Es-

cola Piloto em Engenharia Química, COPPE/UFRJ. E-papers, Rio de Janeiro, p. 180. Harper, W. J., 1992. New Applications of Membrane Processes. International Dairy Federation, Brussels, Belgium, pp. 77-108.

Hoffmann, W., Kiesner, C., Clawinradecker, I., Martin, D., Einhoff, K., Lorenzen, P. C., et al., 2006. Processing of extended shelf life milk using microfiltration. Int. J. Dairy Technol. 59, 229-235.

Kumar, P., Sharma, N., Ranjan, R., Kumar, S., Bhat, Z. F., Jeong, D. K., 2013. Perspective of membrane technology in dairy industry: a review. Asian Australas. J. Anim. Sci. 26 (9), 1347-1358.

Li, C. P., Enomoto, H., Ohki, S., Ohtomo, H., Aoki, T., 2005. Improvement offunctional properties of whey protein isolate through glycation and phosphorylation by dry heating. J. Dairy Sci. 88, 4137-4145.

Lipnizki, F., 2010. Cross-flow membrane applications in the food industry. In: Peinemann, K. -V., Nunes, S. P., Giorno, L. (Eds.), Membrane Technology, Vol 3: Membranes for Food Applications. Wiley-VCH Verlag GmbH and Co. KGaA, Weinheim.

Liu, G., Zhong, Q., 2013. Thermal aggregation properties of whey protein glycated with various saccharides. Food Hydrocolloids 32, 87-96.

Lorenzen, P. C., Decker, I. C., Einhoff, K., Hammer, P., Hartmann, R., Hoffmann, W., et al., 2011. A survey of the quality of extended shelf life (ESL) milk in relation to HTST and UHT milk. Int. J. Dairy Technol. 64, 166-178.

Madec, M. N., Mejean, S., Maubois, J. L., 1992. Retention of Listeria and Salmonella cells contaminating skim milk by tangential membrane microfiltration (Bactocatch process). Lait 72, 327-332.

Maubois, J. L., 2002. Membrane microfiltration: a tool for a new approach in dairy technology. Aust. J. Dairy Technol. 57, 92-96.

Maubois, J. L., Mocquot, G., Vassal, L., 1969. Procédéde traitement du lait et de sous produits laitières. Patent Française, FR 2052121.

Maubois, J. L. ; Fauquant, J. ; Famelart, M. H. ; Caussin, F. Milk microfiltrate, a convenient starting material for fractionation of whey proteins and derivatives—the importance of whey and whey components in food and nutrition. In: 3rd International Whey Conference, Munich, Germany, p. 59-72, 2001.

Mercier-Bouchard, D., Benoit, S., Doyen, A., Britten, M., Pouliot, Y., 2017. Process efficiency of casein separation from milk using polymeric spiral-wound microfiltration membranes. J. Dairy Sci. 100, 8838-8848.

Mistry, V. V., Maubois, J. L., 2004. Application of membrane separation technology to cheese production. In: Fox, P. F., McSweeney, P. L. H., Cogan, T. M., Guinee, T. P. (Eds.), Cheese: Chemistry, Physics and Microbiology, vol. 1. third ed. Elsevier Academic Press, London, pp. 261-285.

Mistry, V. V., Maubois, J. L., 2017. Application of membrane separation technology to cheese production. In: McSweeney, P. L. H., Fox, P. F., Coter, P., Everett, D. (Eds.), Cheese: Chemistry, Physics and Microbiology, fourth ed. Elsevier Academic Press, London, pp. 677-697.

Pinto, M. S., Léonil, J., Henry, G., Cauty, C., Carvalho, A. F., Bouhallab, S., 2014a. Heating and glycation of β-lactoglobulin and β-casein: aggregation and in vitro digestion. Food Res. Int. 55, 70-76.

Pinto, M. S., Pires, A. C. S., Sant'Ana, H. M. P., Soares, N. F. F., Carvalho, A. F., 2014b. Influence of multilayer packaging and microfiltration process on milk shelf life. Food Packag. Shelf Life 1, 151-159.

Rodríguez-González, O., Walkling-Ribeiro, M., Jayaram, S., Griffiths, M. W., 2011. Factors affecting the inactivation of the natural microbiota of milk processed by pulsed electric fields and cross-flow microfiltration. J. Dairy Res. 78, 270-278.

Salvatore, E., Pes, M., Falchi, G., Pagnozzi, D., Furesi, S., Fiori, M., et al., 2014. Effect of whey concentration on protein recovery in fresh ovine ricotta cheese. J. Dairy Sci. 97, 4686-4694.

Sarkar, S., 2015. Microbiological considerations: pasteurized milk. Int. J. Dairy Sci. 10, 206-218.

Saxena, A., Tripathi, B. P., Kumar, M., Shahi, V. K., 2009. Membrane - based techniques for the separation and purification of proteins: an overview. Adv. Colloid Interface Sci. 145, 1-22.

Silva, R. C. S. N., Vasconcelos, C. M., Suda, J. Y., Minim, V. P. R., Pires, A. C. S., Carvalho, A. F., 2012. Acceptance of microfiltered milk by consumers aged from 7 to 70 years. Revista do Instituto Adolfo Lutz 71 (3), 481-487.

Stephani, R., de Almeida, M. R., de Oliveira, M. A. L., de Oliveira, L. F. C., Perrone, Í. T., da Silva, P. H. F., 2015. Study of thermal behaviour of milk protein products using a chemometric approach. Br. J. Appl. Sci. Technol. 7, 62-83.

Svanborg, S., Johansen, A., Abrahamsen, R. K., Skeie, S. B., 2014. Initial pasteurization effects on the protein fractionation of skimmed milk by microfiltration. Int. Dairy J. 37, 26-30.

Tomasula, P. M., Mukhopadhyay, S., Datta, N., Porto-Fett, A., Call, J. E., Luchansky, J. B., et al., 2011. Pilot-scale crossflow-microfiltration and pasteurization to remove spores of Bacillus anthracis (Sterne) from milk. J. Dairy Sci. 94 (9).

Walkling-Ribeiro, M., Rodríguez-González, O., Jayaram, S., Griffiths, M. W., 2011. Microbial inactivation and shelf life comparison of "cold" hurdle processing with pulsed electric fields and microfiltration, and conventional thermal pasteurisation in skim milk. Int. J. Food Microbiol. 144, 379-386.

Walzem, R. L., Dillard, C. J., German, J. B., 2002. Whey components: millennia of evolution create functionalities for mammalian nutrition: what we know and what we may be overlooking. Crit. Rev. Food Sci. Nutr. 42 (4), 353-375.

Zhang, S., Liu, L., Pang, X., Lu, J., Kong, F., Lv, J., 2016. Use of microfiltration to improve quality and shelf life of ultra-high temperature milk. J. Food Process. Preserv. 40, 707-714.

延伸阅读

Pinto, M. S., Bouhallab, S., Carvalho, A. F., Henry, G., Putaux, J., Leonil, J., 2012. Glucose slows down the heat - induced aggregation of β - lactoglobulin at neutral pH. J. Agric. Food Chem. 60, 214-219.

7　生乳的营养视角：有益或有害的食物选择

Tom F. O'Callaghan[1,2]，Ivan Sugrue[1,2]，Colin Hill[2,3]，
R. Paul Ross[2,3,4] and Catherine Stanton[1,3]

[1]Teagasc Food Research Centre，Moorepark，Fermoy，Cork，Ireland
[2]Department of Microbiology，University College Cork，Cork，Ireland
[3]APC Microbiome Institute，University College Cork，Cork，Ireland
[4]College of Science Engineering and Food Science，University College Cork，Cork，Ireland

7.1　前　言

牛乳是一种独特的生物液体，可促进机体的生长发育，是幼龄哺乳动物的最佳营养来源之一。牛乳是幼龄哺乳动物营养、免疫和发育等方面的基础营养，是膳食脂肪和蛋白质的极佳来源。牛乳主要由水（约87%），大量营养素［（包括蛋白质（约3.2%）、脂肪（约3.5%）、乳糖（约4.8%）］，以及盐和矿物质等微量营养素组成。牛乳的组成受品种、年龄、日粮、健康状况以及泌乳阶段等多种因素的影响。近年来，西方国家液态奶消费量有所下降，部分源于饱和脂肪酸对心脏病和体重增加等的负面影响（Haug等，2007），以爱尔兰为例，液态奶销量已从2000年5.301亿升下降到2015年5.078亿升（Central Statistics Office，2016）。饱和脂肪酸通常会与体重增加、心脏病、高胆固醇和肥胖相联系，牛乳往往因其高饱和脂肪酸含量受到质疑（Insel等，2004）。然而，最近关于这一主题的综述和荟萃分析认为液态奶的摄入对健康的影响至多是中性的。事实上，摄入牛乳对人类骨质疏松症、心血管疾病、中风、2型糖尿病和一些癌症的防治甚至可能是有益的（Armas等，2016；Lamarche等，2016）。

在20世纪巴氏杀菌法发明之前，人类饮用未经高温消毒的生乳已有数千年的历史。关于饮用生乳还是巴氏杀菌乳或加热乳的利弊之争已经持续了几十年。倡导饮用生乳的观点认为，生乳不仅营养价值高，还可以减少乳糖不耐症的发生，提供有益菌，然而这些观点并没有科学依据（Lucey，2015）。一些基于体外研究的证据表明，生乳热处理确实会显著改变其免疫调节作用，大量的流行病学研究也表明饮用生乳对健康有益。一项欧洲范围内名为“GABRIELA”的流行病学调研报道了生乳摄入量与哮喘发病率之间存在反比关系（Loss等，2011），而Waser等在欧洲范围内进行的另一项研究报道了饮

用农场乳/生乳可以预防哮喘和过敏。然而，饮用被病原菌污染的生乳会导致严重疾病，生乳中的致病菌包括大肠杆菌 *O*157、金黄色葡萄球菌、鸟分枝杆菌亚种、副结核杆菌和单核细胞增生李斯特菌（Rea，1992）。

巴氏杀菌法最早由路易斯·巴斯德（Louis Pasteur）于 19 世纪 60 年代提出，其核心原理是加热液体可提高其储存期间的质量。巴氏杀菌法现在的定义是在适宜的设备和条件下将牛奶或奶制品加热到指定的巴氏杀菌时间—温度组合的过程（Food and Drug Administration，2011）。最常见的巴氏杀菌条件是 72℃ 持续 15 s，在该条件下可有效消灭病原菌或将其减少到安全水平。爱尔兰农业部（Department of Agriculture，1957 年）1958 年针对境内出售牛奶的奶制品加工商和乳品厂颁布了巴氏杀菌法的法律要求，以期尽量减少奶制品相关的食源性疾病。美国食品药品监督管理局（FDA）1987 年禁止州际销售未经巴氏杀菌的牛奶和奶制品（Food and Drug Administration，1987），这一做法让美国的奶源性疾病发生率从 1938 年的 25%下降到 2011 年的不到 1%（Food and Drug Administration，2011）。

近年来，消费者对天然和有机食品的需求不断增加（Palupi 等，2012）。尽管食品安全问题受到普遍关注，至少部分受网络舆论的影响，生乳的消费越来越流行，这些讨论的科学价值值得怀疑（Claeys，2013）。考虑到这一点，本章将以液态奶为重点概述牛乳的营养成分及其影响因素，以及饮用生乳的好处和危害等。

7.2 牛乳的营养成分

任何食物的营养品质不仅取决于其成分，更取决于消费者每日摄入这些成分的生物利用率和生物利用度（Claeys，2013）。无论是未经加工的生乳还是加工后的奶制品都是营养丰富的食品。曾经生乳消费的倡导者提出了几个论点，其中一个主要论点是热加工可造成有益的不耐热成分发生变性，因此，从营养角度来看生乳比热加工的同类产品更好。如前所述，因为牛乳含有的饱和脂肪酸和反式脂肪酸与饮食相关疾病有关，不管是生乳还是加工后的奶制品消费一直受到质疑。然而，越来越多的研究结果表明，牛乳脂肪中饱和脂肪酸和不饱和脂肪酸拥有共同的有益特性，对牛乳和牛乳脂肪酸组成一概而论可能存在误导性（Lucey，2015；Lock 和 Bauman，2004）。事实上，流行病学调查结果表明，摄入大量奶制品与心血管疾病之间没有相关性（Astrup，2011）。Lamarche 等（2016）综合分析流行病学数据指出，摄入牛乳对冠心病、中风和 2 型糖尿病等多种疾病的作用是中性的。而 Armas（2016）报道指出饮用牛乳对健康有诸多益处，包括降低骨质疏松症、心血管疾病、2 型糖尿病、高血压、某些癌症和中风的风险，以及改善体重等。

7.3 乳脂肪

长期以来饮食指南建议限制饱和脂肪酸的摄入量（每日能量的 7%~10%），因为它

能够增加血液中总胆固醇及低密度脂蛋白（LDL）胆固醇的水平，而这些胆固醇是诱发冠心病的风险因素（Parodi，2016）。然而，越来越多的证据和数据综合分析显示，饮食中饱和脂肪酸与心血管疾病风险增加之间无显著关系或者呈负相关关系（Gillman 等，1997；Mozaffarian 等，2004；Chowdhury 等，2014；Siri-T arino 等，2010，2015）。

饱和脂肪酸占牛乳脂肪酸含量的一半以上，其中部分脂肪酸对健康既有积极影响也有消极影响（Haug 等，2007）。因此，不能仅以食品中饱和脂肪酸含量作为选择标准（Siri-Tarino 等，2015）。例如，丁酸（C4: 0）可能是基因功能的调节剂（Smith 等，1998），可能在预防癌症中起作用。辛酸（C8: 0）和癸酸（C10: 0）可能具有抗病毒活性，辛酸具有抑制肿瘤的作用。月桂酸（C12: 0）具有抗病毒和抗菌功能，且可用于抗龋齿剂和抗牙菌斑剂（Haug 等，2007）。此外，相对于其他长链脂肪酸，硬脂酸（C18: 0）似乎并不能增加血清胆固醇水平，也没有诱发心血管疾病风险（Grundy，1994；Legrand 和 Rioux，2015）。

牛乳是 Ω-3 脂肪酸、Ω-6 脂肪酸和共轭亚油酸（CLA）等单不饱和脂肪酸和多不饱和脂肪酸的来源之一，其中 CLA 是亚油酸（C18: 2 n_6）的一组具有共轭双键异构体的总称。CLA 因具有多种有益健康的特性和生物学功能而成为许多研究的热点，包括在动物研究和人类细胞系中具有的免疫功能，以及对癌症、肥胖、糖尿病和动脉粥样硬化等疾病的保护性作用（Yang 等，2015）。*c*9*t*11 异构体是牛乳和其他反刍动物衍生产品中最普遍的一种 CLA 形式，被命名为瘤胃酸，是溶纤维丁酸弧菌等瘤胃微生物将日粮亚油酸生物氢化成硬脂酸过程中产生的一种中间产物（Kepler 等，1966）。瘤胃酸还通过 Δ^9-脱氢酶作用于乳腺中的异油酸（C18: 1，*t*-11）而生成。不同牛乳中的 CLA 含量有很大差异，日粮组成对 CLA 浓度有显著影响（请参见 7.8 节）。一般认为多不饱和脂肪酸和单不饱和脂肪酸对人体健康有益，油酸（C18: 1 n_9）是牛乳中最主要的单不饱和脂肪酸，而亚油酸和 α-亚麻酸（C18: 3　*n*3）是乳脂中最主要的多不饱和脂肪酸（Dewhurst 等，2006）。油酸对健康有益，饮食中高浓度的油酸能够降低血浆胆固醇、LDL-胆固醇和甘油三酸酯的浓度（Kris-Etherton 等，1999）。先前研究认为工业生产的反式脂肪酸通过改变低密度脂蛋白（LDL）胆固醇与高密度脂蛋白（HDL）胆固醇的比例增加了心血管疾病发生的风险（Lichtenstein 等，2003）。那从瘤胃中提取的异油酸是否具有这些负面特性，瘤胃中的异油酸是一种已知的 *c*9*t*11 CLA 前体，数据表明摄入这种反式脂肪酸可能带来的益处超过了 CLA（Field 等，2009）。异油酸是牛乳中的主要反式 C18: 1 脂肪酸，通常由瘤胃细菌对亚油酸和亚麻酸的不完全生物加氢产生（Lock 和 Bauman，2004），其浓度在很大程度上取决于奶牛的日粮组成，通常饲喂新鲜牧草的奶牛所分泌的乳中反式脂肪酸浓度更高。Turpeinen 等证明异油酸可以被人类肝脏中的 Δ^9-脱氢酶还原为 *c*9*t*11 CLA。

根据第一个不饱和双键在碳链甲基端的位置，多不饱和脂肪酸可进一步分为 Ω3 脂肪酸和 Ω6 脂肪酸两大家族（Wall 等，2010）。亚油酸和 α-亚麻酸被称为必需脂肪酸，是因为它们无法由人体合成，并且这些脂肪酸也是 Ω6 和 Ω3 系列脂肪酸的前体（Patterson 等，2012）。Ω6 和 Ω3 脂肪酸家族均具有心脏保护特性（Harris，2015），两者都是类花生酸的前体，类花生酸是一类最有效的脂类信号分子，在炎症中起重要作用。通常，Ω3 衍生的类花生酸具有抗炎特性，而 Ω6 衍生的类花生酸具有促炎特性（Patterson 等，2012）。有研究报道饮食中 Ω3 与 Ω6 脂肪酸的理想比例为 1：(1～4)，但随着近年来饮食结构的变化，富含 Ω6 脂肪酸的脂肪和植物油的消费量增加，Ω3 与 Ω6 脂肪酸的比例升至 1：（10～20）（Molendi-Coste 等，2011）。Ω6 脂肪酸消费量的增加也伴随着慢性、炎性疾病发病率的升高，例如非酒精性脂肪肝、心血管疾病、肥胖、炎性肠病、类风湿性关节炎和阿尔茨海默病（Patterson 等，2012）。许多研究发现降低饮食中 Ω6：Ω3 脂肪酸的比例可以降低心血管疾病、代谢综合征、糖尿病和肥胖症等疾病的风险（Benbrook 等，2013）。与大多数其他非海产品相比，牛乳中 Ω6 和 Ω3 脂肪酸的比例是有益于健康，尤其是有机乳和放牧牧场乳（Haug 等，2007；Benbrook 等，2013）。牛乳有助于最终实现人类饮食中 Ω6 和 Ω3 脂肪酸更理想的比例。

7.4 乳脂球膜

乳中的脂肪球是由非极性脂质核心及其包被的脂质膜组成。由磷脂与蛋白质组成的这种膜结构被称为乳脂肪球膜（MFGM），成分包括胆固醇、磷脂酰胆碱和鞘磷脂、糖脂、神经节苷脂、膜糖蛋白类和蛋白质（Ward 等，2006）。奶制品中含有大量的 MFGM，尤其是牛乳分离生产奶油过程中，其在奶油中的浓度很高。脱脂乳是黄油制作过程的副产品，是 MFGM 丰富的商业来源。MFGM 具有许多潜在益处，特别是抑制致病细菌定植的能力，已通过体外和体内试验研究得到证实。体外试验证明人源性 MFGM 黏蛋白可防止大肠杆菌黏附于口腔上皮细胞，而牛源性黏蛋白可抑制 MA104 细胞中神经氨酸酶敏感性轮状病毒的感染（Kvistgaard 等，2004；Schroten 等，1992）。Muc1 是在 MFGM 中发现的高度糖基化的黏蛋白，牛源 Muc1 在体外已被证明可抑制革兰氏阴性菌与人肠道细胞的结合（Parker 等，2010）。其他体外研究表明，牛乳寡糖具有预防空肠弯曲菌侵袭的能力（Lane 等，2012）。最近的一项研究表明，MFGM 可以抑制大肠杆菌 *O157*：*H7* 与人 HT-29 细胞的结合（Ross 等，2016）。因此，添加 MFGM 作为功能性食品可能具有减少病原菌感染的作用。

7.5 牛乳蛋白和生物活性肽

牛乳是人类饮食中重要的蛋白质来源，牛乳中含有 3.2%的蛋白质，牛乳中的蛋白质可分为两大类：酪蛋白（不溶性）占牛乳蛋白的 80%，乳清蛋白（可溶）占总蛋白的 20%。与牛乳中其他受日粮组成显著影响的成分（如脂肪）不同，牛乳蛋白的成分是高度遗传的，因此，不同品种和不同奶牛个体的牛乳蛋白成分可能会有所不同。但是，牛乳蛋白含量也受到一些因素影响，包括泌乳阶段、产奶量、母牛的年龄和健康状况及能量摄入和脂质补充等。摄入足量蛋白质是人体健康饮食的基础，成年男性每日建议摄入量为 52～56 g/天，成年女性则为 46 g/天，怀孕妇女和老年人蛋白需求可能会增

加（Otten 等，2006）。牛乳蛋白对于老年人健康的重要性已引起广泛关注，尤其是防止肌肉减少症呈现的肌肉质量和功能的丧失（Wolfe，2015）。牛乳蛋白质具有很高的生物学价值，是饮食中必需氨基酸的良好来源。据此，乳蛋白分级分离的加工方法已为多种高价值功能性食品提供了基础。牛乳蛋白具有广泛的生物学活性，包括抗菌特性、改善营养物质吸收、生长因子、酶、抗体和免疫调节等（Haug 等，2007）。酪蛋白家族由（降序排列）α_{s1}-酪蛋白、α_{s2}-酪蛋白、β-酪蛋白和κ-酪蛋白组成；而乳清蛋白主要包括β-乳球蛋白、α-乳白蛋白、血清白蛋白、免疫球蛋白、球蛋白（IgG1、IgG2、IgA 和 IgM）和乳铁蛋白等（Farrell 等，2004）。乳清蛋白具有独特的生物学价值，可以被人体充分吸收利用。乳清蛋白是必需氨基酸和支链氨基酸的丰富来源（Smithers，2008）。支链氨基酸（缬氨酸、亮氨酸和异亮氨酸）在组织生长和修复中发挥重要作用，并在翻译起始通路中发挥调控蛋白质代谢的作用（Madureira 等，2007）。因此，乳清蛋白受到需要补充营养的运动员的广泛关注（Phillips，2011）。

牛乳酪蛋白和乳清蛋白已被证明是许多有益生物活性肽的前体。生物活性肽是在源蛋白序列内无活性/休眠的短链氨基酸序列，但是在胃肠消化过程中或通过蛋白酶在体外水解过程中，多肽序列会被释放出来。这些肽有多种益处，包括抗高血压、抗氧化和抗炎活性（Hsieh 等，2015）。Mills 等（2011）全面综述了降压肽、抗血栓肽、阿片肽、酪蛋白磷酸肽、免疫调节肽和抗菌肽等乳源性生物活性肽影响人类健康的多种生理作用。血管紧张素-Ⅰ转换酶（ACE）是血压调节的关键酶，如乳酸菌衍生蛋白酶可酶解乳蛋白（特别是酪蛋白），释放抑制 ACE 活性的抗高血压肽以产生血管紧张素-Ⅱ（Hayes 等，2006，2007a，b）。阿片肽具有与吗啡相似的生物学效应，酪蛋白和乳清蛋白是阿片衍生肽序列的潜在来源，β-酪蛋白水解能产生名为β-酪啡肽的强效阿片肽（Mills 等，2011），而κ-酪蛋白水解可产生阿片类拮抗剂肽序列 casoxins（Severin 和 Wenshui，2005）。在乳清蛋白组分β-乳球蛋白、乳铁蛋白和牛血清白蛋白的初级序列中也发现了阿片肽序列（Mills 等，2011）。几种被称为免疫调节肽的乳源性肽也显示出免疫刺激活性，特别是凝乳酶水解 α_{s1}-酪蛋白产生的“异丙酸”，该肽在绵羊和奶牛的乳房注射试验中表现出对乳腺炎的保护作用，并对金黄色葡萄球菌和白色念珠菌具有抗菌作用（Lahov 和 Regelson，1996）。牛乳也富含抗菌蛋白和多肽，例如乳铁蛋白是由乳清蛋白分离得到，它对革兰氏阳性和革兰氏阴性菌（包括单核细胞增生李斯特菌）具有抗菌作用（Clare 等，2003）。Hayes 等（2006）证明嗜酸乳杆菌 DPC 6026 发酵酪蛋白产生的抗菌肽对大肠杆菌和阪崎肠杆菌的致病菌株具有抗菌活性。

7.6　乳　糖

乳糖是一种二糖，由一分子半乳糖与一分子葡萄糖以糖苷键结合而成。在水溶液中，它以α和β两种异构体形式存在。乳糖是所有哺乳动物母乳的主要热量来源，但除鳍脚亚目（海豹、海狮和海象）以外，在这类哺乳动物中，仅存在微量或不存在乳糖（Reich 和 Arnould，2007）。已有研究表明，由于消化系统缺乏分解这种碳水化合物所需的酶（即β-半乳糖苷酶），全球70%~75%的人患有乳糖不耐症，表现出嗳气、抽筋、肿胀和腹泻等症状（Szilagyi，2004）。然而，随着过去20年中对肠道菌群和共生微生物领域的深入研究，人们发现乳糖和乳糖衍生物（即乳果糖）对肠道微生物群有益生作用。未消化的乳糖也被认为是膳食纤维，是人类小肠中未被消化的食物成分，根据其化学特性可分为碳水化合物、碳水化合物类似物、木质素和木质素类化合物（Schaafsma，2008）。根据对这些内容的深入研究，相关学者呼吁将乳糖重新定义为有条件的益生元（Szilagyi，2004）。Gibson等（2017）对益生元最初的定义是“一种不可消化的食品成分，它通过选择性地刺激结肠中一种或有限数量细菌的生长和/或活性对宿主产生有益影响，从而改善宿主健康。”乳糖的糖化能力和血糖指数相对较低，并能促进钙和镁的吸收（Schaafsma，2008）。乳果糖是乳糖的一种衍生物（通过牛乳的热处理而形成），具有多种益生元特性，包括刺激益生菌（包括双歧杆菌和乳杆菌）的生长和/或活性，以及在肠炎症、克罗恩病和溃疡性结肠炎中发挥抗炎作用，同时还具有通便作用（Ebringer等，2008）。

7.7 热处理对牛乳营养特性的影响

基于不经热处理牛乳的营养质量更高的假说，饮用未经加工的牛乳被认为有益于健康。然而，有研究表明牛乳经巴氏杀菌处理在杀死致病菌的同时对其营养品质没有显著影响（Lucey，2015；Food Safety，2013）。虽然巴氏杀菌造成了小部分乳清蛋白变性（7%），但这种变性对乳蛋白的营养品质没有影响。Lucey（2015）和Lacroix等（2006）利用动物进行研究，报道生乳蛋白和暴露于巴氏杀菌热处理的蛋白之间的蛋白消化率没有显著差异。Lacroix等（2008）通过评估餐后氮代谢，研究了热处理对人体吸收蛋白质的影响，生乳和巴氏杀菌乳的牛乳蛋白氮代谢利用率相同。据Claeys等（2013）研究表明，牛乳的商业热处理不会影响牛乳中的脂质，对矿物质和微量元素的含量特别是钙的生物利用度没有显著影响。热处理影响了牛乳中某些维生素含量，Macdonald等（2011）对40项研究进行了荟萃分析，发现巴氏杀菌造成牛乳中维生素B_1、B_2、C和叶酸浓度的降低，然而，牛乳并不是上述维生素的重要来源。

7.8 通过动物日粮组成改善牛乳营养成分

如前所述，牛乳成分和营养品质受诸多因素影响。日粮营养是影响牛乳营养品质最重要的因素之一，Dewhurst等（2006）综述了这方面的研究成果。奶牛饲喂模式受可用土地、气候和营养需要等多种因素影响。一般而言，奶牛饲喂模式会直接影响牛乳的成分，特别是牛乳脂肪酸组成（Chilliard等，2007；O'Callaghan等，2016a）。实际上，乳脂中饱和脂肪酸和不饱和脂肪酸含量与日粮营养特性密切相关（Chilliard等，2001）。鲜草饲喂模式的牛乳中不饱和脂肪酸含量高于传统圈养并全混合日粮（TMR）饲喂模

式的牛乳（Couvreur 等，2006）。奶牛饲喂技术模式还会对产品的自然颜色产生影响，基于青贮饲料和 TMR 饲喂的牛乳颜色白于鲜草放牧牧场牛乳，后者具有特征性的黄色，这归因于放牧牧场日粮增加了牛乳中 β－胡萝卜素的浓度（Hurtaud 等，2002；O'Callaghan 等，2016b）。鲜草饲喂与乳 *c*9*t*11CLA 含量增加有显著的相关性，Couvreur 等（2006）研究表明，随着日粮中鲜草含量从 0%增加到 100%，牛乳中 CLA 和异油酸含量也相应增加。添加不饱和脂肪酸的 TMR 喂养技术也有助于改变牛乳脂肪酸组成（Bell 等，2006）。O'Callaghan 等（2016a）研究表明，仅饲喂多年生黑麦草和含 20%白三叶草的多年生黑麦草的奶牛，在整个泌乳期牛乳脂肪、蛋白质和真蛋白含量高于饲喂玉米青贮、饲草饲料和精饲料的 TMR。O'Callaghan 等（2017）还证明了鲜牧草饲喂不仅对切达干酪的营养和流变特性有益，同时也增加了 CLA、核酸和 Ω－3 脂肪酸的含量。表 7.1 提供了饲喂技术影响牛乳成分的一些研究实例。

表 7.1 不同饲喂模式影响牛乳成分的研究实例

试验设计/处理（1~4）	结果	参考文献
1：玉米青贮+苜蓿干草 TMR 含钙盐和木质素磺酸盐处理的豆粕； 2、3 和 4：TMR + 115、130 或 145℃下烘烤大豆	添加烘烤大豆： ↑长链脂肪酸 ↑多不饱和脂肪酸 ↑CLA ↓C16:0	Rafiee-Y arandi 等，2016
1：全亚麻籽； 2：全林诺拉籽（亚麻酸含量小于 5%）； 3：棕榈油钙盐	补饲棕榈油钙盐： ↑产奶量 ↑C16:0 补充全林诺拉籽： ↑CLA +TVA	do Prado 等，2016
1：多年生黑麦草； 2：多年生黑麦草+20%白三叶草； 3：TMR（玉米青贮+青贮+精料）	多年生黑麦，多年生黑麦草+白三叶： ↑%蛋白质+%脂肪 ↑%真蛋白 ↑CLA ↑ω 3 脂肪酸	O'Callaghan 等，2016a
1：TMR（60%青贮饲料和 40%精料）无脂肪来源； 2：TMR + Megalac； 3：TMR+甲醛处理的全亚麻籽； 4：TMR+鱼油和甲醛处理的全亚麻籽	TMR： ↑C16:0 ↑ω 6 脂肪酸 饲喂鱼油： ↓脂肪和蛋白质含量 食用亚麻油： ↑C18:3 *n*3 ↓ω 6/ω 3	Petit 等，2002

（续表）

试验设计/处理（1~4）	结果	参考文献
TMR +不同含量全亚麻籽 1：0g/kg 干物质（DM）； 全亚麻籽（WF）； 2：50 g/kg DM WF； 3：100 g/kg DM WF； 4：150 g/kg DM WF	↑全亚麻籽= ↓脂肪、蛋白质和总固形物产量以及短链和中链脂肪酸的比例 ↑全亚麻籽=↑脂肪酸 C18: 0；*cis*9 C18: 1；*trans*9 C18: 1；*cis*9，*trans*11 C18: 2；*cis*9，12，15 C18: 3 C19: 0 和 C20: 0 ↑全亚麻籽= ↓*cis*9，12 C18: 2；*trans*9，12 C18: 2 和 C20: 4	Petit，2015
TMR（70：30 精料）补充： 1：玉米粉与蛋白质混合物，含有豆粕和葵花粕； 2：玉米粉加亚麻籽饼； 3：液体糖蜜加含有豆粕和葵花粕的蛋白质混合物； 4：液体糖蜜加亚麻籽饼	亚麻籽饼： ↓产奶量、乳脂肪和乳糖 液体糖蜜加亚麻籽粉： ↑饱和脂肪酸 ↑Δ9-脱氢酶指数 玉米粉与豆粕和葵花粕蛋白粉混合： ↑C4: 0 和 C18: 0	Brito 等，2015
TMR 日粮补充： 1：对照组无葵花籽油和莫能菌素； 2：日粮（以干物质为基础）42 g/kg 葵花籽油； 3：莫能菌素对照（16 mg / kg DM）； 4：日粮（以 DM 为基础）42g/kg 葵花籽油和 16 mg/kg 莫能菌素	莫能菌素补饲： ↓C18: 0 和 C22: 0↑ *cis*9 C17: 1 葵花籽油补饲： ↓短链（C8: 0~C 13: 0）和大多数中链（C14: 0；C15: 0；C16: 0；C17: 0；*cis*9 C17: 1）*cis* 9，12，15 C18: 3；*cis* 8，11，14 C20: 3 和 *cis*5，8，11，14 C20: 4 ↑C18: 0、总 *trans* C18: 1；*cis*9 C18: 1；C19: 0；*cis*9，12 C18: 2；*cis*9，*trans*11 C18: 2；*trans*10，*cis*12 C18: 2 和 C22: 0	do Prado 等，2015
1：对照组 TMR：9.5 kg 精料主要由玉米、大豆、大麦粉和麸皮组成，5 kg 玉米粒和 6.5kg 野豌豆和燕麦干草 2：亚麻籽组-对照日粮，1 kg 精料用等量全亚麻籽代替	亚麻籽补饲： ↑饱和脂肪酸、单不饱和脂肪酸和多不饱和脂肪酸 ↑C18: 3 *n*3 和 ω 3 脂肪酸 ↓致动脉粥样硬化和血栓形成指数	Santillo 等，2016
以青贮饲料为基础的饲料（粗饲料与精料比例为 58：42，以干物质计），补充： 1：0 g 鱼油 2：75 g 鱼油 3：150 g 鱼油 4：300 g 鱼油	鱼油补饲： ↓牛乳脂肪含量和产量 ↑鱼油= ↑C20: 5 *n*3 和 C22: 6 *n*3 脂肪酸 鱼油= ↑总 CLA、反式和多不饱和脂肪酸浓度	Kairenius 等，2015

（续表）

试验设计/处理（1~4）	结果	参考文献
1：CTL 组，瘤胃中注入无脂质的乳液； 2：RSO 组，瘤胃中注入豆油作为多不饱和脂肪酸的来源； 3：RSF 组，瘤胃中注入饱和脂肪酸（38% C16: 0，40% C18: 0）； 4：ASF 组，皱胃注入饱和脂肪酸。脂肪以 450 g/天的速度连续补充	RSF 组能量校正乳、脂肪和蛋白质含量高于 RSO 组 RSO 组奇数链脂肪酸含量降低，而偶数链脂肪酸无显著变化 RSF 组 C17: 0+ *cis*9 C17: 1 脂肪酸高于 RSO 组	Baumann 等，2016

7.9 生乳的替代品：低温加工牛乳

饮用生乳会带来不必要的健康风险，尤其是免疫系统较弱或受损的年轻人、老年人和孕妇。因此，目前已经研发了非高温杀死有害菌的替代技术。

此外，牛乳经过热处理后，溶解的细胞仍保留着潜在的活性酶，这可能导致牛乳在储存过程中变质，奶制品的稳定性降低和货架期缩短，因此，彻底杀灭细菌是最优的选择。

微滤和细菌糖化是减少牛乳中细菌的低温加工方法（Gesan-Guiziou，2012），然而牛乳中脂肪会干扰微滤，以平均孔径为 0. 8~1. 4 μm 的微滤均质牛乳可以去除细菌和孢子（Fauquant 等，2012）。Holm 等（1986）首次提出了微滤除去牛乳中细菌的方法，促进了工业化工厂的发展，采用利乐拉伐集团（Tetra Laval Group）的 1. 4 μm 孔径 Bactocatch 膜在 50℃下对牛乳进行微滤，致病菌减少了 3. 5~4. 0 $\log_{10}$和 >4. 5 $\log_{10}$（Saboyainsta 和 Maubois，2000），从而延长了牛乳的保质期。因此，可以认为微滤乳与巴氏杀菌乳一样安全（Gesan-Guiziou，2012）。

7.10 牛乳成分对人体健康的基因调控作用

MicroRNAs（miRNAs）是一种短链非编码 RNA 分子（成熟形式一般为 22 个核苷酸），通过与 mRNA 3′UTR 内特定序列结合影响基因的表达。miRNAs 通过直接阻止翻译或以 mRNA 为靶点降解而发挥作用（Jing 等，2005；Djuranovic 等，2012）。自发现以来，miRNAs 已被广泛研究，发现 miRNAs 在诸多生物过程具有调节作用（He 和 Hannon，2004）。除了调节正常基因表达外，miRNAs 还与多种疾病有关，包括癌症（He 等，2016；Sianou 等，2015；Yonemori 等，2016），自身免疫性疾病（Singh 等，2013；Huang 等，2016；Fenoglio 等，2012），以及胃肠道疾病（Pekow 和 Kwon，2012；Chapman 和 Pekow，2015；Actis 等，2011）。

最近一项研究发现，在人和动物血清中检测到源于 Oryza ativa 水稻植株的 miRNA（miR）-168a（Zhang 等，2012）。该研究结果表明，以大米为基础的日粮中外源性 miRNA 的活性可导致小鼠肝脏中低密度脂蛋白受体衔接蛋白 1 的表达降低（Zhang 等，2012）；然而，这项工作仍存在争议（Snow 等，2013；Dickinson 等，2013；Chen 等，2013；Melnik 等，2016）。哺乳期前 6 个月母乳中存在大量的免疫相关 miRNAs（Zhou 等，2011；Kosaka 等，2010），母乳 miRNAs 浓度在所有体液中最高（Weber 等，2010），由此推测，除了已知的免疫分子、生长因子和营养素的免疫调节作用，母体 miRNAs 可能会转移到新生儿直接调节基因的表达（Goldman，2007）。如前所述，miRNAs 对健康有积极作用，也有消极影响。已经证明，牛乳中与人类 miRNAs 同源的牛源性 miRNAs 影响了人类细胞的基因表达（Baier 等，2014）。Wolf 等（2015）还提出了饮用牛乳后 miRNA 进入肠道肠上皮细胞的可能机制。虽然这项工作存在争议（Bagcı 和 Allmer，2016），但它暗示了饮用牛乳可通过复杂的基因调控途径对健康造成潜在益处和潜在危害。研究表明，巴氏全乳、2% 牛乳和脱脂牛乳冷藏过程中 miRNA 水平无明显变化，而生乳经过巴氏杀菌后，miR-200C 和 miR-29b 的浓度分别下降了 63%（±28%）和 67%（±18%）（Howard 等，2015）。研究人员推测，超声处理乳外泌体的结果证明乳外泌体的破坏会导致牛乳中 miRNAs 的降解（Baier 等，2014）。在这个不断发展的研究领域中，检测其他牛乳处理方法和牛乳发酵过程中 miRNA 的水平可能有很大的研究价值。

7.11 结 论

奶及奶制品是营养丰富的食品，是蛋白质、矿物质和脂质的极佳来源，对婴儿的生长发育尤其重要。过去有关牛乳中脂肪含量和成分的负面报道未能从整体效果审视这种复杂成分，而是基于单个脂肪酸的研究。饮用牛乳有很多益处。多种因素会影响牛乳的营养成分，但是改进奶牛饲喂方案是实现更理想的营养指标的一个简单方法。饮用生乳可能会造成严重和不必要的健康风险，尤其是对青年和老年人等免疫力低下的人，而许多被人们提出的饮用生乳的益处还需要进一步寻找其科学依据。在 72℃ 下进行 15 s 的巴氏杀菌对牛乳营养质量没有任何明显的负面影响，但可以减轻摄入病原细菌的潜在风险。生乳中与免疫调节作用相关的特定乳成分需要进一步的研究阐明，这些成分可以被分离出来并运用于功能性食品中。应加大对公众的科普力度，以进一步减少与生乳消费相关的食源性疾病，以消除当今互联网和非科学界中普遍存在的误区。

参考文献

Actis，G. C.，Rosina，F.，Mackay，I. R.，2011. Inflammatory bowel disease：beyond the boundaries of the bowel. Expert Rev. Gastroenterol. Hepatol. 5（3），401-410.

Armas，L. A. G.，Frye，C. P.，Heaney，R. P.，2016. Effect of cow's milk on human health. Beverage

Impacts on Health and Nutrition, Cham. Springer.

Astrup, A., Dyerberg, J., Elwood, P., Hermansen, K., Hu, F. B., Jakobsen, M. U., et al., 2011. The Role of reducing intakes of saturated fat in the prevention of cardiovascular disease: where does the evidence stand in 2010? Am. J. Clin. Nutr. 93 (4), 684-688.

Baier, S. R., Nguyen, C., Xie, F., Wood, J. R., Zempleni, J., 2014. MicroRNAs are absorbed in biologically meaningful amounts from nutritionally relevant doses of cow milk and affect gene expression in peripheral blood mononuclear cells, HEK-293 kidney cell cultures, and mouse livers. J. Nutr. 144 (10), 1495-1500.

Baumann, E., Chouinard, P. Y., Lebeuf, Y., Rico, D. E., Gervais, R., 2016. Effect of lipid supplementation on milk odd-and branched-chain fatty acids in dairy cows. J. Dairy Sci. 99 (8), 6311-6323.

Bağcı, C., Allmer, J., 2016. One step forward, two steps back; xeno-microRNAs reported in breast milk are artifacts. PLoS One 11 (1), e0145065.

Bell, J. A., Griinari, J. M., Kennelly, J. J., 2006. Effect of safflower oil, flaxseed oil, monensin, and vitamin E on concentration of conjugated linoleic acid in bovine milk fat. J. Dairy Sci. 89 (2), 733-748.

Benbrook, C. M., Butler, G., Latif, M. A., Leifert, C., Davis, D. R., 2013. Organic production enhances milk nutritional quality by shifting fatty acid composition: a United States-wide, 18-month study. PLoS One 8 (12), e82429.

Brito, A. F., Petit, H. V., Pereira, A. B. D., Soder, K. J., Ross, S., 2015. Interactions of corn meal or molasses with a soybean-sunflower meal mix or flaxseed meal on production, milk fatty acid composition, and nutrient utilization in dairy cows fed grass hay-based diets. J. Dairy Sci. 98 (1), 443-457.

Central Statistics Office, 2016. Milk sales (dairy) for human consumption by type of milk and year. http://www.cso.ie/px/pxeirestat/Statire/SelectVarVal/Define.asp?maintable5AKA02&PLanguage50 (accessed 14.07.16).

Chapman, C. G., Pekow, J., 2015. The emerging role of miRNAs in inflammatory bowel disease: a review. Therap. Adv. Gastroenterol. 8 (1), 4-22.

Chen, X., Zen, K., Zhang, C.-Y., 2013. Reply to lack of detectable oral bioavailability of plant microRNAs after feeding in mice. Nat. Biotechnol. 31 (11), 967-969.

Chilliard, Y., Ferlay, A., Doreau, M., 2001. Effect of different types of forages, animal fat or marine oils in cow's diet on milk fat secretion and composition, especially conjugated linoleic acid (CLA) and polyunsaturated fatty acids. Livest. Prod. Sci. 70 (1), 31-48.

Chilliard, Y., Glasser, F., Ferlay, A., Bernard, L., Rouel, J., Doreau, M., 2007. Diet, rumen biohydrogenation and nutritional quality of cow and goat milk fat. Eur. J. Lipid Sci. Technol. 109 (8), 828-855.

Chowdhury, R., Warnakula, S., Kunutsor, S., Crowe, F., Ward, H. A., Johnson, L., et al., 2014. Association of dietary, circulating, and supplement fatty acids with coronary risk: a systematic review and meta-analysis. Ann. Intern. Med. 160 (6), 398-406.

Claeys, W. L., Cardoen, S., Georges, D., De Block, J., Dewettinck, K., Dierick, K., et al., 2013. Raw or heated cow milk consumption: review of risks and benefits. Food Control 31 (1),

251-262.

Clare, D. A., Catignani, G. L., Swaisgood, H. E., 2003. Biodefense properties of milk: the role of antimicrobial proteins and peptides. Curr. Pharm. Des. 9 (16), 1239-1255.

Couvreur, S., Hurtaud, C., Lopez, C., Delaby, L., Peyraud, J. -L., 2006. The linear relationship between the proportion of fresh grass in the cow diet, milk fatty acid composition, and butter properties. J. Dairy Sci. 89 (6), 1956-1969.

Department of Agriculture, 1957. Pasteurising (Separated Milk) Regulations, 1957. In S. I. No. 196/1957. Department of Agriculture, Ireland.

Dewhurst, R. J., Shingfield, K. J., Lee, M. R. F., Scollan, N. D., 2006. Increasing the concentrations of beneficial polyunsaturated fatty acids in milk produced by dairy cows in high - forage systems. Anim. Feed Sci. Technol. 131 (3), 168-206.

Dickinson, B., Zhang, Y., Petrick, J. S., Heck, G., Ivashuta, S., Marshall, W. S., 2013. Lack of detectable oral bioavailability of plant microRNAs after feeding in mice. Nat. Biotechnol. 31 (11), 965-967.

Djuranovic, S., Nahvi, A., Green, R., 2012. miRNA-mediatedgene silencing by translational repression followed by mRNA deadenylation and decay. Science (New York, N. Y.) 336 (6078), 237-240.

Ebringer, L., Ferenčík, M., Krajcovic, J., 2008. Beneficial health effects of milk and fermented dairy products—review. Folia Microbiol. 53 (5), 378-394.

Farrell, H. M., Jimenez-Flores, R., Bleck, G. T., Brown, E. M., Butler, J. E., Creamer, L. K., et al., 2004. Nomenclature of the proteins of cows' milk—sixth revision. J. Dairy Sci. 87 (6), 1641-1674.

Fauquant, J., B. Robert, C. Lopez, 2012. Procede Pour Reduire La Teneur Bacterienne D'un Milieu Alimentaire Et/Ou Biologique D'interet, Contenant Des Gouttelettes Lipidiques. Google Patents.

Fenoglio, C., Ridolfi, E., Galimberti, D., Scarpini, E., 2012. MicroRNAs as active players in the pathogenesis of multiple sclerosis. Int. J. Mol. Sci. 13 (10), 13227-13239.

Field, C. J., Blewett, H. H., Proctor, S., Vine, D., 2009. Human health benefits of vaccenic acid. Appl. Physiol. Nutr. Metab. 34 (5), 979-991.

Food and Drug Administration, 1987. FDA plans to ban raw milk. FDA Consumer. US Government, Printing Office, Washington, DC.

Food and Drug Administration, 2011. Grade "A" Pasteurised Milk Ordinance. In 2011 Revision. US Department of Health and Human Services, Food and Drug Administration, USA.

Food Safety, 2013. An Assessment of the Effects of Pasteurisation on Claimed Nutrition and Health Benefits of Raw Milk. MPINZ.

Gésan-Guiziou, G. (2012). Liquid milk processing. In: Membrane Processing, A. Y. Tamime (Ed.). https://doi.org/10.1002/9781118457009.ch6.

German, J. B., 1999. Butyric acid: a role in cancerprevention. Nutr. Bull. 24 (4), 203-209.

Gillman, M. W., Cupples, L. A., Millen, B. E., Ellison, R. C., Wolf, P. A., 1997. Inverse association of dietary fat with development of ischemic stroke in men. JAMA 278 (24), 2145-2150.

Gibson, G. R., Hutkins, R., Sanders, M. E., Prescott, S. L., Reimer, R. A., Salminen, S. J., et al., 2017. Expert consensus document: The International Scientific Association for Probiotics and

Prebiotics (ISAPP) consensus statement on the definition and scope of prebiotics. Nat. Rev. Gastroenterol. Hepatol 14, 491.

Goldman, A. S., 2007. The immune system in humanmilk and the developing infant. Breastfeed. Med. 2 (4),195–204.

Griinari, J. M., Corl, B. A., Lacy, S. H., Chouinard, P. Y., Nurmela, K. V. V., Bauman, D. E., 2000. Conjugated linoleic acid is synthesized endogenously in lactating dairy cows by Δ9–desaturase. J. Nutr. 130 (9), 2285–2291.

Grundy, S. M., 1994. Influence of stearic acid on cholesterol metabolism relative to other long–chain fatty acids. Am. J. Clin. Nutr. 60 (6), 986S–990S.

Harris, W. S., 2015. N–3 and N–6 fatty acids reduce risk for cardiovascular disease. Preventive Nutrition. Springer, Cham.

Haug, A., Høstmark, A. T., Harstad, O. M., 2007. Bovine milk in human nutrition—a review. Lipids Health Dis. 6 (1), 1.

Hayes, M., Ross, R. P., Fitzgerald, G. F., Hill, C., Stanton, C., 2006. Casein–derived antimicrobial peptides generated by Lactobacillus acidophilus Dpc6026. Appl. Environ. Microbiol. 72 (3), 2260–2264.

Hayes, M., Stanton, C., Slattery, H., O'Sullivan, O., Hill, C., Fitzgerald, G. F., et al., 2007a. Casein fermentate of Lactobacillus animalis Dpc6134 contains a range of novel propeptide angiotensin–converting enzyme inhibitors. Appl. Environ. Microbiol. 73 (14), 4658–4667.

Hayes, M., Stanton, C., Fitzgerald, G. F., Ross, R. P., 2007b. Putting microbes to work: dairy fermentation, cell factories and bioactive peptides. Part II: bioactive peptide functions. Biotechnol. J. 2 (4),435–449.

He, L., Hannon, G. J., 2004. MicroRNAs: small RNAs with a big role in gene regulation. Nat. Rev. Genet. 5 (7), 522–531.

He, Y., Lin, J., Ding, Y., Liu, G., Luo, Y., Huang, M., et al., 2016. A systematic study on dysregulated microRNAs in cervical cancer development. Int. J. Cancer 138 (6), 1312–1327.

Holm, S., Malmberg, R., Svensson, K., 1986. Method and plant for producing milk with a low bacterial content. World Patent WO 86, 01687.

Howard, K. M., Kusuma, R. J., Baier, S. R., Friemel, T., Markham, L., Vanamala, J., et al., 2015. Loss of miRNAs during processing and storage of cow's (Bos taurus) milk. J. Agric. Food Chem. 63 (2), 588–592.

Hsieh, C. –C., Hernández–Ledesma, B., Fernández–Tomé, S., Weinborn, V., Barile, D., de Moura Bell, J. M. L. N., 2015. Milk proteins, peptides, and oligosaccharides: effects against the 21st century disorders. BioMed Res. Int. 2015, 146840.

Huang, Q., Xiao, B., Ma, X., Qu, M., Li, Y., Nagarkatti, P., et al., 2016. MicroRNAs associated with the pathogenesis of multiple sclerosis. J. Neuroimmunol. 295–296, 148–161.

Hurtaud, C., L. Delaby, J. L. Peyraud, J. L. Durand, J. C. Emile, C. Huyghe, et al., 2002. Evolution of milk composition and butter properties during the transition between winter–feeding and pasture. Paper presented at the Multi–function Grasslands: Quality Forages, Animal Products and Landscapes. Proceedings of the 19th General Meeting of the European Grassland Federation. La Rochelle, France, 27–30 May 2002.

Insel, P., R. E. Turner, D. Ross, 2004. Nutrition. Second. American Dietetic Association. Jones and Bartlett, USA.

Jing, Q., Huang, S., Guth, S., Zarubin, T., Motoyama, A., Chen, J., 2005. Involvement of MicroRNA in Au-rich element-mediated mRNA instability. Cell 120 (5), 623-634.

Kairenius, P., ä rö lä, A., Leskinen, H., Toivonen, V., Ahvenjärvi, S., Vanhatalo, A., et al., 2015. Dietary fish oil supplements depress milk fat yield and alter milk fatty acid composition in lactating cows fed grass silage-based diets. J. Dairy Sci. 98 (8), 5653-5671.

Kepler, C. R., Hirons, K. P., McNeill, J. J., Tove, S. B., 1966. Intermediates and products of the biohydrogenation of linoleic acid by *Butyrivibrio fibrisolvens*. J. Biol. Chem. 241 (6), 1350-1354.

Kosaka, N., Izumi, H., Sekine, K., Ochiya, T., 2010. MicroRNA as a new immuneregulatory agent in breast milk. Silence 1 (1), 7.

Kris-Etherton, P. M., Thomas, A. P., Wan, Y., Hargrove, R. L., Moriarty, K., Fishell, V., et al., 1999. High-monounsaturated fatty acid diets lower both plasma cholesterol and triacylglycerol concentrations. Am. J. Clin. Nutr. 70 (6), 1009-1015.

Kvistgaard, A. S., Pallesen, L. T., Arias, C. F., Lopez, S., Petersen, T. E., Heegaard, C. W., et al., 2004. Inhibitory effects of human and bovine milk constituents on rotavirus infections. J. Dairy Sci. 87 (12), 4088-4096.

Lacroix, M., Léonil, J., Bos, C., Henry, G., Airinei, G., Fauquant, J., et al., 2006. Heat markers and quality indexes of industrially heat-treated [15n] milk protein measured in rats. J. Agric. Food Chem. 54 (4), 1508-1517.

Lacroix, M., Bon, C., Bos, C., Léonil, J., Benamouzig, R., Luengo, C., et al., 2008. Ultra high temperature treatment, but not pasteurization, affects the postprandial kinetics of milk proteins in humans. J. Nutr. 138 (12), 2342-2347.

Lahov, E., Regelson, W., 1996. Antibacterial and immunostimulating casein-derived substances from milk: casecidin, isracidin peptides. Food Chem. Toxicol. 34 (1), 131-145.

Lamarche, B., Givens, I., Soedamah-Muthu, S., Krauss, R. M., Jakobsen, M. U., Bischoff-Ferrari, H. A., et al., 2016. Does milk consumption contribute to cardiometabolic health and overall diet quality? Can. J. Cardiol. 32 (8), 1026-1032.

Lane, J. A., Mariño, K., Naughton, J., Kavanaugh, D., Clyne, M., Carrington, S. D., et al., 2012. Anti-infective bovine colostrum oligosaccharides: Campylobacter jejuni as a case study. Int. J. Food Microbiol. 157 (2), 182-188.

Legrand, P., Rioux, V., 2015. Specific roles of saturated fatty acids: beyond epidemiological data. Eur. J. Lipid Sci. Technol. 117 (10), 1489-1499.

Lichtenstein, A. H., Arja, T. E., Schwab, U. S., Jalbert, S. M., Ausman, L. M., 2003. Influence of hydrogenated fat and butter on CVD risk factors: remnant-like particles, glucose and insulin, blood pressure and C-reactive protein. Atherosclerosis 171 (1), 97-107.

Lock, A. L., Bauman, D. E., 2004. Modifying milk fat composition of dairy cows to enhance fatty acids beneficial to human health. Lipids 39 (12), 1197-1206.

Loss, G., Apprich, S., Waser, M., Kneifel, W., Genuneit, J., Büchele, G., et al., 2011. The protective effect of farm milk consumption on childhood asthma and atopy: the Gabriela study. J. Allergy Clin. Immunol. 128 (4), 766-773. e4.

Lucey, J. A., 2015. Raw milk consumption: risks and benefits. Nutr. Today 50 (4), 189-193.

MacDonald, L. E., Brett, J., Kelton, D., Majowicz, S. E., Snedeker, K., Sargeant, J. M., 2011. A systematic review and meta-analysis of the effects of pasteurization on milk vitamins, and evidence for raw milk consumption and other health-related outcomes. J. Food Prot. 74 (11), 1814-1832.

Madureira, A. R., Pereira, C. I., Gomes, A. M. P., Pintado, M. E., Malcata, F. X., 2007. Bovine whey proteins—overview on their main biological properties. Food Res. Int. 40 (10), 1197-1211.

McCarthy, R. J., Ross, R. P., Fitzgerald, G. F., Stanton, C., 2015. The immunological consequences of pasteurisation: comparison of the response of human intestinally-derived cells to raw versus pasteurised milk. Int. Dairy J. 40, 67-72.

Melnik, B. C., Kakulas, F., Geddes, D. T., Hartmann, P. E., John, S. M., Carrera-Bastos, P., et al., 2016. Milk miRNAs: simple nutrients or systemic functional regulators? Nutr. Metab. (Lond) 13, 42.

Mills, S., Ross, R. P., Hill, C., Fitzgerald, G. F., Stanton, C., 2011. Milk intelligence: mining milk for bioactive substances associated with human health. Int. Dairy J. 21 (6), 377-401.

Molendi-Coste, O., Legry, V., Leclercq, I. A., 2011. Why and how meet n-3 PUFA dietary recommendations?. Gastroenterol. Res. Pract. 2011, 364040.

Mozaffarian, D., Rimm, E. B., Herrington, D. M., 2004. Dietary fats, carbohydrate, and progression of coronary atherosclerosis in postmenopausal women. Am. J. Clin. Nutr. 80 (5), 1175-1184.

Otten, J. J., Hellwig, J. P., Meyers, L. D., 2006. Dietary Reference Intakes: The Essential Guide to Nutrient Requirements. National Academies Press, Washington D. C.

O'Callaghan, T. F., Hennessy, D., McAuliffe, S., Kilcawley, K. N., O'Donovan, M., Dillon, P., et al., 2016a. Effect of pasture versus indoor feeding systems on raw milk composition and quality over an entire lactation. J. Dairy Sci. 99 (12), 9424-9440.

O'Callaghan, T. F., Faulkner, H., McAuliffe, S., O'Sullivan, M. G., Hennessy, D., Dillon, P., et al., 2016b. Quality characteristics, chemical composition, and sensory properties of butter from cows on pasture versus indoor feeding systems. J. Dairy Sci. 99 (12), 9441-9460.

O'Callaghan, T. F., Mannion, D. T., Hennessy, D., McAuliffe, S., O'Sullivan, M. G., Leeuwendaal, N., et al., 2017. Effect of pasture versus indoor feeding systems onquality characteristics, nutritional composition, and sensory and volatile properties of full-fat cheddar cheese. J. Dairy Sci. 100 (8), 6053-6073.

Palupi, E., Jayanegara, A., Ploeger, A., Kahl, J., 2012. Comparison of nutritional quality between conventional and organic dairy products: a meta-analysis. J. Sci. Food Agric. 92 (14), 2774-2781.

Parker, P., Lillian, S., Pearson, R., Kongsuwan, K., Tellam, R. L., Smith, S., 2010. Bovine Muc1 inhibits binding of enteric bacteria to Caco-2 cells. Glycoconj. J. 27 (1), 89-97.

Parodi, P. W., 2016. Dietary guidelines for saturated fatty acids are not supported bythe evidence. Int. Dairy J. 52, 115-123.

Patterson, E., Wall, R., Fitzgerald, G. F., Ross, R. P., Stanton, C., 2012. Health implications of high dietary omega-6 polyunsaturated fatty acids. J. Nutr. Metab. 2012, 539426.

Pekow, J. R., Kwon, J. H., 2012. MicroRNAs in inflammatory bowel disease. Inflamm. Bowel Dis. 18 (1), 187-193.

Petit, H. V., 2015. Milk production and composition, milk fatty acid profile, and blood composition of dairy cows fed different proportions of whole flaxseed in the first half of lactation. Anim. Feed Sci. Technol. 205, 23-30.

Petit, H. V., Dewhurst, R. J., Scollan, N. D., Proulx, J. G., Khalid, M., Haresign, W., et al., 2002. Milk production and composition, ovarian function, and prostaglandin secretion of dairy cows fed omega-3 fats. J. Dairy Sci. 85 (4), 889-899.

Phillips, S. M., 2011. The science of muscle hypertrophy: making dietary protein count. Proc. Nutr. Soc. 70 (01), 100-103.

do Prado, R. M., Cô rtes, C., Benchaar, C., Petit, H. V., 2015. Interaction of sunflower oil with monensin on milk composition, milk fatty acid profile, digestion, and ruminal fermentation in dairy cows. Anim. Feed Sci. Technol. 207, 85-92.

do Prado, R. M., Palin, M. F., do Prado, I. N., dos Santos, G. T., Benchaar, C., Petit, H. V., 2016. Milk yield, milk composition, and hepatic lipid metabolism in transition dairy cows fed flaxseed or linola. J. Dairy Sci. 99, 8831-8846.

Rafiee-Yarandi, H., Ghorbani, G. R., Alikhani, M., Sadeghi-Sefidmazgi, A., Drackley, J. K., 2016. A comparison of the effect of soybeans roasted at different temperatures versus calcium salts of fatty acids on performance and milk fatty acid composition of mid-lactation Holstein cows. J. Dairy Sci. 99, 5422-5435.

Rea, M. C., Cogan, T. M., Tobin, S., 1992. Incidence of pathogenic bacteria in raw milk in Ireland. J. Appl. Bacteriol. 73 (4), 331-336.

Reich, C. M., Arnould, J. P. Y., 2007. Evolution of Pinnipedia lactation strategies: a potential role for alpha-lactalbumin? Biol. Lett. 3 (5), 546-549.

Ross, S. A., Jonathan, A. L., Kilcoyne, M., Joshi, L., Hickey, R. M., 2016. Defatted bovine milk fat globule membrane inhibits association of enterohaemorrhagic *Escherichia coli* O157: H7 with human HT-29 cells. Int. Dairy J. 59, 36-43.

Saboyainsta, L. V., Maubois, J. -L., 2000. Current developments of microfiltration technology in the dairy industry. Le Lait 80 (6), 541-553.

Santillo, A., Caroprese, M., Marino, R., d'Angelo, F., Sevi, A., Albenzio, M., 2016. Fatty acid profile of milk and Cacioricotta cheese from Italian Simmental cows as affected by dietary flaxseed supplementation. J. Dairy Sci. 99 (4), 2545-2551.

Schaafsma, G., 2008. Lactose and lactose derivatives as bioactive ingredients in human nutrition. Int. Dairy J. 18 (5), 458-465.

Schroten, H., Hanisch, F. G., Plogmann, R., Hacker, J., Uhlenbruck, G., Nobis-Bosch, R., et al., 1992. Inhibition of adhesion of S-fimbriated *Escherichia coli* to buccal epithelial cells by human milk fat globule membrane components: a novel aspect of the protective function of mucins in the nonimmunoglobulin fraction. Infect. Immun. 60 (7), 2893-2899.

Séverin, S., Wenshui, X., 2005. Milk biologically active components as nutraceuticals: review. Crit. Rev. Food Sci. Nutr. 45 (7-8), 645-656.

Sianou, A., Galyfos, G., Moragianni, D., Andromidas, P., Kaparos, G., Baka, S., et al., 2015. The role of microRNAs in the pathogenesis of endometrial cancer: a systematic review. Arch. Gynecol. Obstet. 292 (2), 271-282.

Singh, R. P., Massachi, I., Manickavel, S., Singh, S., Rao, N. P., Hasan, S., 2013. The role of miRNA in inflammation and autoimmunity. Autoimmun. Rev. 12 (12), 1160-1165.

Siri-Tarino, P. W., Sun, Q., Hu, F. B., Krauss, R. M., 2010. Meta-analysis of prospective cohort studies evaluating the association of saturated fat with cardiovascular disease. Am. J. Clin. Nutr. 91 (3), 535-546.

Siri-Tarino, P. W., Chiu, S., Bergeron, N., Krauss, R. M., 2015. Saturated fats versus polyunsaturated fats versus carbohydrates for cardiovascular disease prevention and treatment. Annu. Rev. Nutr. 35, 517.

Smith, J. G., Yokoyama, W. H., German, J. B., 1998. Butyric acid from the diet: actions at the level of gene expression. Crit. Rev. Food Sci. 38 (4), 259-297.

Smithers, G. W., 2008. Whey and whey proteins—from 'gutter-to-gold'. Int. Dairy J. 18 (7), 695-704.

Snow, J. W., Andrew, E. H., Isaacs, S. K., Baggish, A. L., Chan, S. Y., 2013. Ineffective delivery of diet-derived microRNAs to recipient animal organisms. RNA Biol. 10 (7), 1107-1116.

Szilagyi, A., 2004. Redefining lactose as a conditional prebiotic. Can. J. Gastroenterol. Hepatol. 18 (3), 163-167.

Turpeinen, A. M., Mutanen, M., Aro, A., Salminen, I., Basu, S., Palmquist, D. L., et al., 2002. Bioconversion of vaccenic acid to conjugated linoleic acid in humans. Am. J. Clin. Nutr. 76 (3), 504-510.

Wall, R., Ross, R. P., Fitzgerald, G. F., Stanton, C., 2010. Fatty acids from fish: the anti-inflammatory potential of long-chain omega-3 fatty acids. Nutr. Rev. 68 (5), 280-289.

Ward, R. E., Bruce German, J., Corredig, M., 2006. Composition, applications, fractionation, technological and nutritional significance of milk fat globule membrane material. Advanced Dairy Chemistry Volume 2 Lipids. Springer.

Waser, M., Michels, K. B., Bieli, C., Flö istrup, H., Pershagen, G., Von Mutius, E., et al., 2007. Inverse association of farm milk consumption with asthma and allergy in rural and suburban populations across Europe. Clin. Exp. Allergy 37 (5), 661-670.

Weber, J. A., David, H. B., Zhang, S., Huang, D. Y., Huang, K. H., Lee, M. J., et al., 2010. The microRNA spectrum in 12 body fluids. Clin. Chem. 56 (11), 1733-1741.

Wolf, T., Scott, R. B., Zempleni, J., 2015. The intestinal transport of bovine milk exosomes is mediated by endocytosis in human colon carcinoma Caco-2 cells and rat small intestinal Iec-6 cells. J. Nutr. 145 (10), 2201-2206.

Wolfe, R. R., 2015. Update on protein intake: importance of milk proteins for health status of the elderly. Nutr. Rev. 73 (1), 41-47.

Yang, B., Chen, H., Stanton, C., Ross, R. P., Zhang, H., Chen, Y. Q., et al., 2015. Review of the roles of conjugated linoleic acid in health and disease. J. Funct. Foods 15, 314-325.

Yonemori, K., Kurahara, H., Maemura, K., Natsugoe, S., 2016. MicroRNA in pancreatic cancer. J. Hum. Genet. 62, 33.

Zhang, L., Hou, D., Chen, X., Li, D., Zhu, L., Zhang, Y., et al., 2012. Exogenous plant MIR168a specifically targets mammalian LDLRAP1: evidence of cross - kingdom regulation by microRNA. Cell Res. 22 (1), 107-126.

Zhou, Q., Mingzhou, L., Wang, X., Li, Q., Wang, T., Zhu, Q., et al., 2011. Immunerelated microRNAs are abundant in breast milk exosomes. Int. J. Biol. Sci. 8 (1), 118-123.

8　乳中产细菌素的乳酸菌及其作用

Svetoslav D. Todorov[1,2]

[1]Departamento de Veterinária, Universidade Federal de Viçosa, Viçosa, Brazil

[2]Food Research Center (FoRC), Department of Food and Experimental Nutrition, Faculty of Pharmaceutical Sciences, University of São Paulo, São Paulo, Brazil

8.1　引　言

乳酸菌（LAB）在发酵过程中会产生一系列的抗菌物质，如有机酸、过氧化氢、二氧化碳、双乙酰、小分子抗菌物质和细菌素（Cotter 等，2005）。这些特定的抗菌物质作为食品生物保鲜剂，其应用历史至少可以追溯到公元前 6000 年（De Vuyst 和 Vandamme，1994）。

自从乳酸链球菌素（nisin）被发现后，该细菌素已在多个国家被许可用作食品工业的防腐剂，研究者及产业界对寻找新的细菌素产生了浓厚的兴趣。使用 Science Direct 科研搜索引擎（www.sciencedirect.com，统计截至 2016 年 9 月）搜索到，在过去 10 年中，关键词中含有细菌素（bacteriocin）的文献就超过了7 000篇。然而，当关键词为细菌素和奶（milk）或奶制品（dairy）后，就只能搜索到 600 篇。尽管该搜索结果已经大幅度缩水，但不得不承认细菌素尤其是 nisin 作为生物防腐剂在乳制品中的应用仍然是一个被广泛探讨的主题。nisin 是一种在全球范围内被使用的生物防腐剂（de Arauz 等，2009）。Wiedemann 等（2001）利用一种膜模型的研究结果表明，nisin 锚定于脂Ⅱ(一种主要的将肽聚糖亚基从细胞质运送到细胞壁的运载体)，当 nisin 浓度高的时候，即使脂Ⅱ缺失，细胞膜也会形成孔洞，导致细胞膜上带负电荷磷脂含量高于 50%(Wiedemann 等，2001)。

更准确地说，乳酸链球菌素被发现于 1933 年，最早于 1953 年在英国市场开始应用。到目前为止，已在 50 多个国家被批准使用（Favaro 等，2015）。乳酸链球菌素被许可作为食品防腐剂（E234），乳酸链球菌素在食品中的安全性在 1969 年获得联合国粮食及农业组织和世界卫生组织（FAO/WHO）食品添加剂联合专家委员会的认可。乳酸链球菌素作为一种天然的食品防腐剂被广泛应用，包括奶制品和再制干酪。在上述产品中应用时，这种细菌素尽管没有进行纯化，但是以采用食品级工艺制备的一种浓缩干粉的形式添加到产品中（Favaro 等，2015）。

根据 FAO/WHO 乳及乳制品法典委员会的规定，允许乳酸链球菌素作为一种食品添加剂在再制干酪中最大的使用剂量为 12.5 mg/kg（以 nisin 纯品计）（Reis 等，2012）。然而，目前尚缺乏乳酸链球菌素应用的国际标准。例如，在英国乳酸链球菌素在干酪中的应用不受限制，而在西班牙，乳酸链球菌素在食品中最大的允许用量为 12.5 mg/kg（Sobrino-López 和 Martín-Belloso，2008）。在巴西、阿根廷、意大利和墨西哥，乳酸链球菌素在干酪中应用的最大剂量为 12.5 mg/kg 或 500 IU/g（Cleveland 等，2001）。然而，在美国，乳酸链球菌素被允许使用的浓度则要高得多，最高可达 10 000 IU/g（Cleveland 等，2001）。乳酸链球菌素是无害的且对消化道中的蛋白酶敏感，应用后不影响食品的感官特性（Pongtharangkul 和 Demirci，2004）。因为上述理由，乳酸链球菌素被证实为一种有效的天然生物防腐剂。

在本章节中，将列举部分从奶或奶制品中分离获得的产细菌素的乳酸菌以及在乳酸菌和致病菌培养基中分类的部分纯化或完全纯化的细菌素的应用。考虑到目前相关领域发表的文献数量庞大，想要在 1 篇综述中将所有乳酸菌产生的细菌素及其产生菌悉数枚举几乎没有可能。因此，本文将重点关注那些具有代表性的研究及这些天然生物防腐剂中具有较好应用潜力的品类。

8.2 乳酸菌及其在乳中的作用

乳酸菌在乳中的作用尚不清楚。尽管从奶及奶制品中分离了大量的乳酸菌，但乳酸菌为何存在于乳中一直是个谜。不过，目前对乳酸菌在奶及各种奶制品中的生物防腐中作用及加工特性已有相对系统地了解。关于乳酸菌在制备各种奶制品时的加工特性已积累了大量的研究文献，不过，这是另一个话题。本章节重点关注部分产细菌素乳酸菌的应用及其产生的抗菌肽（细菌素）在奶制品生物防腐中的应用，包括延长产品保质期等。不过，本文中所列举的研究案例大多与奶制品相关，可以通过添加的发酵剂、凝乳剂以及采用的发酵条件和成熟过程等来解释乳酸菌的存在原因。在这些奶制品的生产过程中，多个环节都可能导致产品与环境接触，从而引入特定的乳酸菌。

然而乳酸菌怎样以及为何会出现在生乳中值得深思，乳自乳腺分泌的时候是无菌的，但它离开乳腺前就会被细菌所污染。除了乳腺炎所导致的污染之外，此时乳中的细菌是无害的，而且数量较少。生乳被进一步污染出现在挤乳、处理、贮藏和一些前加工过程中（http：//www.fao.org/docrep/004/t0218e/t0218e03.htm）。各种细菌，包括乳酸菌可以通过动物的粪便，动物被感染的乳房例如乳腺炎，动物疾病如牛结核病，生活在动物皮肤表面的细菌，环境例如粪便、灰尘、挤奶环境，昆虫啮齿类动物、其他动物媒介和人的因素如挤奶者的手等进入牛奶中。根据前面提及的种种状况，生乳中如此复杂的微生物种类带来的危害如世界末日一样不可想象。然而，如果我们比较生鲜乳和巴氏杀菌奶后会发现人类的消费史与生鲜乳密切相关。在 19 世纪路易·巴斯德发明巴氏杀菌工艺后，为了更安全起见，人类才开始食用经过巴氏杀菌的各种奶制品。虽然巴氏杀

菌是一种有效清除乳中致病菌的工艺，但同时也减少了乳中非常重要而且有益的乳酸菌数量。经过数百年的自然选择，作为发酵剂重要组成的乳酸菌通过产生各种抗菌物质对各种发酵奶制品的安全性发挥了巨大的作用。例如，在法国，以生乳直接制作的干酪接近干酪总产量的20%，并且品质远在以巴氏杀菌乳为原料制作的干酪之上。多种传统法国干酪只采用生乳直接进行制作，该传统已沿袭数百年。

8.3 细菌素

乳酸菌以产生抗菌性物质著称，包括细菌素和类细菌素肽（De Vuyst 和 Vandamme，1994）。乳酸菌产生的细菌素被定义为由核糖体合成的蛋白或蛋白复合物，通常对与产生菌亲缘关系近的细菌产生拮抗作用（De Vuyst 和 Vandamme，1994）。细菌素通常是一类低分子量蛋白质，通过结合细胞表面受体进入靶细胞内部。细菌素有多种抗菌作用机制，包括在细胞膜上形成孔洞、降解细胞内的 DNA，破坏通过特异性切割的 16S 核糖体 DNA 以及抑制肽聚糖的合成（De Vuyst 和 Vandamme，1994；Heu 等，2001）。最近有人对特定的环境因素、包括那些存在于食品中的因素对乳酸菌产生细菌素的影响进行了研究（Leroy 和 De Vuyst，2003；Motta 和 Brandelli，2003）。环境因素的变化会对乳酸菌产细菌素产生巨大的影响，只有在特定环境和参数组合下，细菌素的产量才会达到最高（Leal-Sanchez 等，2002）。至于这些因素相互之间对细菌素产生的影响，还知之甚少，尤其是在食品环境体系中。

尽管细菌素呈现出一定的抗生素特性，但与抗生素存在明显的差异，例如，细菌素是由核糖体合成的、抗菌谱较窄，产生菌对产生的细菌素有一定的免疫力（Cleveland 等，2001）。来自革兰氏阳性菌的细菌素大部分由乳酸菌产生（Nes 和 Tagg，1996；En-nahar 等，2000），此前有报道，部分乳酸菌产生的细菌素对革兰氏阴性菌也具有拮抗作用（Todorov 和 Dicks，2004，2006；Von Mollendorff 等，2006）。

因为细菌素在食品防腐和人类疾病治疗中的作用而对人类至关重要。细菌素可以作为多种抗生素的替代品或替代疗法（Richard 等，2006），从而减少抗生素的使用、降低抗药性产生的风险。部分细菌素可以和抗生素联用，并呈现良好的协同效应（Minahk 等，2004；Todorv 等，2010）。此外，与化学合成的防腐剂相比，细菌素是一种天然产物，因此更容易被那些健康理念比较强的消费者所接受。Deegan 等（2006）的研究结果表明，对现有细菌素研究的不断展开以及寻找新的细菌素的努力将进一步增强细菌素在食品工业的应用前景。

根据 Heng 等（2007）的研究结果，细菌素可以分成四个主要类群（图 8.1）：① 羊毛硫细菌素群，包括线性、球状和多组分细菌素，乳酸链球菌素是一种线性羊毛硫细菌素（Heng 等，2007）；② 分子量小于 10 kDa 细菌素群。片球菌素 PA-1（pediocin PA-1）是此群中研究最深入的一种细菌素（Heng 等，2007）；③ 分子量大于 10 kDa 细菌素群；④ 以肠球菌素（enterocin）AS48 为代表的环状细菌素类群（Martinez Viedma 等，2008）。其中，细菌素类群 Ⅰ 和类群 Ⅱ 因为具有潜在的商业应用价值，具有重要的地位。

从定义而言，细菌素是密切影响相关微生物的生物活性物质（Todorov，2009）。然而，让人更感兴趣的是这些细菌素是否能拮抗重要的食源性或人体致病菌，或者是其他乳酸菌包括特殊生态位的乳酸菌。一些细菌素对多种食源腐败或致病菌具有拮抗活性，其中部分属于革兰氏阴性菌（Todorov 和 dicks 2004，2005；Todorov 等，2006 Von Mollendorff 等，2006）。这部分细菌素除了拮抗革兰氏阴性菌之外，还对部分病毒、结核分枝杆菌（*Mycobacterium tuberculosis*）、酵母和其他真菌具有抑菌活性（Wachsman 等，1999，2003；Todorov 等，2010，2013）。

除细菌素外，乳酸菌还产生乳酸、过氧化氢、苯甲酸、脂肪酸、双乙酰和其他低分子量化合物。采用产细菌素的益生菌作为发酵剂具有良好的优势，因为不但可以延长产品的保质期，同时还能低价为消费者提供一种更健康的饮食成分。要作为一种合格的发酵剂，乳酸菌需要在发酵产品中有足够的数量。此外，还须具备在发酵产品贮存过程中不发生明显酸化的特性，此外不对产品的滋味和香味产生不良的影响（Heller，2001）。

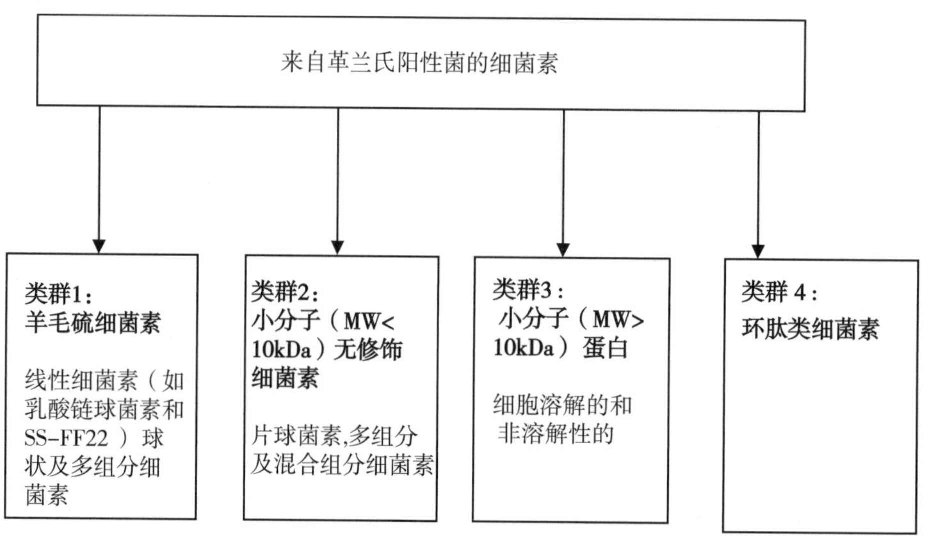

图 8.1　来自革兰氏阳性菌的细菌素

（资料来源：Heng，N. C.，Wescombe，P. A.，Burton，J. P.，Jack，R. W.，Tagg，J. R.，2007. The diversity of bacteriocins in Gram-positive bacteria. In：Bacteriocins. Springer，Berlin，Heidelberg，pp. 45-92.）

8.4　乳酸菌及其产生的细菌素

8.4.1　*Lactobacillus plantarum* 在发酵食品中的应用及其产生的细菌素

Lactobacillus plantarum（植物乳杆菌）是一种异型发酵、微好氧的革兰氏阳性细菌，

细胞通常以单个或短链的形式出现，该菌被公认具有良好的安全性（GRAS），从不同的生态位包括肉制品、鱼、水果、蔬菜、乳和谷物中分离出数量众多的植物乳杆菌。*Lactobacillus plantarum* 作为发酵菌种被用于多种食品的发酵，以改善产品的口感、风味及质构。因为在发酵过程中可以产生乳酸及其他抗菌物质，*Lb. plantarum* 还可以提高成品的安全性（Todorov 和 Franco，2010）。

奶制品是乳酸菌最古老和经典的应用领域，*Lactobacillus acidophilus*（嗜酸乳杆菌）、*Lactobacillus delbrueckii* subsp. *bulgaricus*（德氏乳杆菌保加利亚亚种）、*Streptococcus thermophilus*（嗜热链球菌）、*Lactococcus lactis* subsp. *lactis*（乳酸乳球菌乳酸亚种）、*Lc. lactis* subsp. *cremoris*（乳酸乳球菌乳脂亚种）、*Lactobacillus rhamnosus*（鼠李糖乳杆菌）和 *Lb. plantarum* 在酸奶、发酵奶制品和各种奶酪的生产中已经有数个世纪的应用历史（Fernandes 等，1992；Powell 等，2007；Danova 等，2005）。在这些产品的发酵过程中，乳酸菌通过分解乳糖、酸化和产生芳香性物质赋予产品独特的风味。

在过去 20 年内，从包括生乳及其制品在内的不同生态位中分离到多株可以产细菌素的 *Lb. plantarum* 菌株。这些植物乳杆菌素的几种已经被表征并确定了氨基酸序列。在此期间，研究者发表了大量关于植物乳杆菌素的作用方式、发酵条件优化和负责细菌素合成的操纵子的研究。然而，有相当多的来自不同 *Lb. plantarum* 菌株的细菌素结果并未被完全表征（Todorov，2009）。

开菲乳是一种略带酸味、富有酵母气味以及均匀黏性质构的发酵奶制品（Powell 等，2007）。参与发酵的微生物主要由乳酸菌、丙酸菌和酵母组成，这些微生物通过多糖被包裹在一起，形成通常所称的开菲粒（Kwak 等，1996；Saloff-Coste，1996），开菲乳的抗菌活性具有众多的文献支持，其可以抑制多种腐败微生物和食源性致病菌，包括 *Bacillus cereus*（蜡样芽孢杆菌）、*Clostridium tyrobutyricum*（酪丁酸梭菌）、*Escherichia coli*（大肠杆菌），*Listeria monocytogenes*（单增李斯特菌）和 *Staphylococcus aureus*（金黄色葡萄球菌）（Saloff-Coste，1986；Van Wyk 等，2002）。开菲乳的抑菌活性来自发酵过程中产生的乳酸、挥发性有机酸、过氧化氢、二氧化碳、双乙酰、乙醛和细菌素（Powell 等，2006）。其中，有机酸对开菲乳抑菌活性的贡献可以通过将开菲乳调节到中性而予以排除（Morgan 等，2000）。

Powell 等（2006）在分离自开菲乳的 *Lb. plantarum* ST8KF 中发现一种分子量为 3.5 kDa的细菌素（bacST8KF），该细菌素抑制 *Enterococcus mundtii* ST（蒙特肠球菌）。*Lb. plantarum* ST8KF 至少含有 6 个质粒（Powell 等，2006）。在含有 80 μL/mL 新霉素（novobiocin）的条件下进行培养时，*Lb. plantarum* ST8KF 会丢失一个 3.9 kb 的质粒，并丧失产细菌素 bacST8KF 的能力。根据这一结果，编码 bacST8KF 表达的基因位于该质粒上（Powell 等，2006），这一点也与大多数已发表的关于植物乳杆菌细菌素的研究结果一致。编码植物乳杆菌细菌素（plantaricin）423 和 C11 的基因则位于另一个较大的质粒上，该质粒大小约 9kb（Olasupo，1996；Van Reenen 等，2003）。目前仅发现少数几种植物杆菌细菌素如 UG1（Enan 等，1996）和 ST31（Todorov 等，1999）的编码基因位于基因组序列上。

采用含有 *Lb. plantarum* ST8KF 的开菲粒用于制备开菲乳的时候，可以抑制 *E. mundtii* ST 的原位生长，而使用无质粒和不产细菌素的 *Lb. plantarum* 突变株（ST8KF2）的开菲粒时则不能抑制 *E. mundtii* ST 生长。*E. mundtii* ST 通过荧光原位杂交测定。这是最早一例将产细菌素菌株作为发酵剂组合到开菲粒中，用于原位控制微生物生长的报道（Powell 等，2006）。

Amasi 是一种在南部非洲包括赞比亚、南非和莱索托具有一定消费市场的传统发酵乳。该产品是一种比酸奶略厚、不加甜味剂且质地均一的凝乳，pH 值介于 3.6 至 4.2。尽管 Amasi 通常会与比较稠厚的玉米-麦片粥混在一起吃，也可以在两餐之间与压片的高粱一起吃，后者有点类似穆兹利（由麦片、水果和坚果组成）（Todorov 等，2007）。传统上，Amasi 是采用未经巴氏杀菌的牛乳（奶牛乳）、在陶罐或葫芦（“calabash”）中于室温下经过 2~3 天自然发酵而成，参与发酵的微生物主要来自空气、生乳以及容器内壁。凝乳后，乳清通过容器底部曾被堵上的孔排出（Todorov 等，2007）。

此前的研究对 *Lb. plantarum* AMA-K 产生的细菌素进行了表征（Todorov 等，2007），含有细菌素 AMA-K 的无细胞上清液可以抑制 *Listeria innocua*（无害李斯特菌）和 *Enterococcus faecalis*（粪肠球菌）的生长。经过 tricine［（三羟甲基）甲基甘氨酸］-SDS-PAGE 测定，细菌素 AMA-K 分子量为 2.9 kDa，在 30℃ 或 37℃ 发酵培养的 MRS 肉汤培养基中其活力单位为 12 800 AU/mL。细菌素 AMA-K 在 pH 值 2.0~12.0 或 100℃ 处理 2 h，其活性保持稳定，该细菌素不黏附于产生菌细胞表面，通过裂解敏感菌细胞发挥作用。在有 *L. innocua* 存在时，才会刺激产生菌表达该细菌素。尽管 *Lb. plantarum* AMA-K 能在乳中生长，但经过 24 h 培养后，细菌素的活力仅为 800 AU/mL（Todorov 等，2007）。

在 Todorov（2008）发表的文献中，研究者对 *Lb. plantarum* AMA-K 产生的细菌素的作用机制进行了探索。吸附到被测试菌株细胞表面是该细菌素发挥抗菌作用的必要条件，多个因素会影响该吸附过程（Todorov，2008）。因此，当打算将某种细菌素用作食品生物防腐剂时，需要考虑多种因素对其活性的潜在影响，包括温度、pH 值、食品中的脂肪、蛋白、食品添加剂，NaCl 及其他防腐剂可能对细菌素生物可利用性、稳定性及对食品污染菌吸附性的干扰。细菌素 AMA-K（75%）在 pH 值 7.0 时对李斯特菌具有较佳的吸附效果，然而当温度为 4℃ 及 15℃ 时，细菌素 AMA-K 对 *L. innocua* LMG13568 及 *Listeria ivanovii* spp. *ivanovii* ATCC19119（伊万诺维李斯特菌伊万诺维亚种）的吸附作用降低了 50%。当 Tween 20，Tween 80 及不同浓度 NaCl 存在时，细菌素 AMA-K 对多种李斯特菌的吸附会出现不同程度的减弱。抗坏血酸及山梨酸钾不影响细菌素 AMA-K 对 *L. innocua* LMG1568 细胞的吸附，但会减少其对 *L. monocytogenes* Scott A 及 *L. ivanovii* spp. *ivanovii* ATCC19119 细胞的吸附。1%的硝酸钠可以增强细菌素 AMA-K 对 *L. monocytogenes* Scott A 及 *L. ivanovii* spp. *ivanovii* ATCC19119 细胞的吸附。同时，该研究表明，细菌素 AMA-K 和片球菌素（pediocin）PA-1 具有高度的同源性（Todorov，2008）。

从驴乳中分离到7个菌株具有抑菌活性，这些菌株经过生理生化试验和16S rDNA测序被鉴定为*Lb. plantarum*（Murua等，2013）。其中，*Lb. plantarum* LP08AD产生的细菌素可以抑制多种食品腐败菌和食源性致病菌的生长，包括*Enterococcus faecium*（屎肠球菌）、*Lactobacillus curvatus*（弯曲乳杆菌）、*Lactobacillus fermentum*（发酵乳杆菌）、*Pediococcus acidilactici*（乳酸片球菌）和*L. monocytogenes*（Murua等，2013）。研究者对该菌产生的细菌素进行了表征，包括产生菌基因组序列上可能存在的负责编码植物乳杆菌细菌素W的基因（Murua等，2013）。此外，研究者对*Lb. plantarum* LP08AD潜在的益生特性也进行了探索。根据已报道的研究结果，包括其细菌素LP08AD活性及作用机制，*Lb. plantarum* LP08AD有望用于开发具有潜在益生功能及生物防腐特点的新型功能性食品（Murua等，2013）。

8.4.2 其他产生细菌素的乳杆菌

Miao等（2014）从西藏开菲乳中分离到株产细菌素的*Lactobacillus paracasei* subsp. *tolerans*（副干酪乳杆菌耐受亚种），该菌产生的细菌素特性被表征，经过纯化和分子量测试，该细菌素的分子量为2113.842 Da。该细菌素呈现广谱抑菌活性，包括部分真菌［Aspergillus flavus（黄曲霉）、*Aspergillus niger*（黑曲霉）、*Rhizopus nigricans*（黑根霉）和*Penicillium glaucum*（灰绿青霉）］，部分革兰氏阴性菌［*E. coli*和*Salmonella enterica*（肠沙门氏菌）］和革兰氏阳性菌［*S. aureus*和*Bacillus thuringiensis*（苏云金杆菌）］（Miao等，2014）。到目前为止，有关乳酸菌产生的细菌素对革兰氏阴性菌、革兰氏阳性菌和真菌同时具有广谱抑菌活性的研究报道仍然较少。

从发酵的骆驼乳中分离到1株*Lactobacillus casei*（干酪乳杆菌）（Lü等，2014），该菌产生的细菌素经过硫酸铵沉淀、凝胶过滤、离子交换色谱和反相HPLC分离等步骤得以纯化。根据质谱分析的结果，该细菌素的分子量为6352 Da，该细菌素的分子量较以往从*Lb. casei*菌株中分离到的细菌素存在显著的差异（Lü等，2014）。该细菌素也呈现出对革兰氏阴性及革兰氏阳性食源性致病菌的广谱抑菌活性，包括部分具有抗生素耐药性的致病菌如*L. monocytogenes*（单增李斯特菌）、*E. coli*（大肠杆菌）和*S. aureus*（金黄色葡萄球菌）。通过扫描电镜和透射电镜观察，对该细菌素的作用机制进行了研究，证实该细菌素参与敏感细菌细胞膜上孔洞的形成（Lü等，2014）。

Avaiyarasi等（2016）对1株分离自山羊乳的*Lactobacillus sakei*（清酒乳杆菌）GM3产细菌素特性进行了研究。*Lb. sakei* GM3具有耐酸、耐胆盐能力（是一种作为潜在益生菌应用的正向特征），其产生的细菌素对多种食源性致病菌具有拮抗作用，包括*Pseudomonas aeruginosa*（铜绿假单胞菌）、*S. aureus*（金黄色葡萄球菌）、*L. monocytogenes*（单增李斯特菌）、*Salmonella typhi*（伤寒沙门氏菌）、*S. enterica*（肠道沙门氏菌）、*Klebsiella pneumonia*（肺炎克雷伯菌）、*E. coli*（大肠杆菌）、*Candida albicans*（白色假丝酵母）和*Candida tropicalis*（热带假丝酵母）。该菌产生的细菌素经过盐析、分子排阻层析、C18反相HPLC和MALDI-TOF-MS（时间飞行质谱）等纯化步骤后，确定其分子量为4.8 kDa。此外，在细胞毒性方面，细菌素GM3对人结肠癌细胞系HT29有最大的存活抑制作用，因此，Avaiyarasi 等（2016）认为 *Lb. sakei* GM3 可以作为生物防腐剂在食品中应用。

Ahmadova 等（2013）从阿塞拜疆以乳牛奶为原料、采用传统手工方式制作的干酪 Brinza 中分离到 1 株 *Lactobacillus curvatus*（弯曲乳杆菌）（Ahmadova 等，2013），除了对其产生的细菌素进行表征外，对该菌株的安全性也进行了考查，以全面评估该菌株在干酪生产中既可以产生抗菌肽、还可以作为发酵剂的应用潜力。该菌产生的细菌素除了可以抑制 *E. faecium*（屎肠球菌）、*L. innocua*（无害李斯特菌）、*L. ivanovii*（伊氏李斯特菌）、*L. monocytogenes*（单增李斯特菌）和 *B. cereus*（蜡样芽孢杆菌）外，研究者还测试了产生菌自身对部分真菌的抑制作用。采用双琼脂条培养的方法，将 *Lb. curvatus* 与部分真菌进行共培养，*Lb. curvatus*（弯曲乳杆菌）对部分霉菌如 *Cladosporium* spp.（枝孢属）和 *Fusarium* spp.（镰孢菌属）有抑制生长的作用，但未观察到对 *Penicillium roqueforti*（娄地青霉）的抗菌作用（Ahmadova 等，2013）。

8.4.3 *Lactococcus lactis* 产生的细菌素

Lactococcus lactis（乳酸乳球菌）是乳品行业用于干酪制作、成熟及发酵乳生产所用商业化发酵剂中最主要的乳酸菌成员（Limsowtin 等，1995）。由不同乳球菌菌株产生的细菌素可能是目前研究最多的抗菌肽，包括由不同来源 *Lc. lactis*（乳酸乳球菌）产生的羊毛硫细菌素（lanthibiotic）和非羊毛硫细菌素（Venema 等，1995）。此外，第一个从 *Lc. lactis* 分离到的细菌素是乳酸链球菌肽（Mattick 和 Hirsch，1947），是一种由 34 个氨基酸残基组成的羊毛硫细菌素。乳酸链球菌肽目前已在全球 50 多个国家被批准作为食品添加剂使用，其商业代码为“E234”（Delves-Broughton 等，1996）。

Alegría 等（2010）从 5 种以生乳为原料、采用传统方式、无发酵剂制作的干酪制作和成熟过程中采集到 60 个细菌菌株，经鉴定为 *Lc. Lactis*（乳酸乳球菌）（*Lc. lactis* subsp. *Lactis*（乳酸乳球菌乳酸亚种）和 *Lc. lactis* subsp. *cremoris*）（乳酸乳球菌乳脂亚种），并采用 RAPD-PCR 和 rep-PCR 将其进行分型。在这 60 株乳酸乳球菌中，17 株具有产细菌素的能力，产生的细菌素种类包括乳酸链球菌肽 A，乳酸链球菌肽 Z，乳球菌素 972 和类乳球菌素 G（lactococcin G）。

Ferchichi 等（2001）报道了另一种细菌素，乳球菌素 MMFⅡ，其产生菌为分离自从突尼斯乳制品的 *Lc. lactis* MMFⅡ（乳酸乳球菌 NMFⅡ）。对该细菌素进行了进一步的研究，包括通过硫酸铵沉淀、阳离子交换层析、Sep-Pack 色谱和两步反相色谱获得纯化物，采用 Edman 降解的方式确定了其氨基酸序列，该细菌素由 37 个氨基酸残基组成，计算分子量为4 144.6 Da，采用激光解附质谱获得的分子量为4 142.6 Da，证明在纯化后的细菌素中存在 1 个二硫键。Lactococcin（乳酸乳球菌素）MMFⅡ，属于Ⅱa 类细菌素，呈现良好的抗李斯特菌作用，含有高度保守的 N-末端 YGNGV。

Lc. lactis MMFⅡ（乳酸乳球菌 NMFⅡ）可以凝乳，表明该菌株具有加工优势，是一株能与乳品发酵剂共同作用防止加工制备的发酵乳被李斯特菌污染的优秀候选者（Ferchichi 等，2001）。研究者也指出，该菌株产生的细菌素对其他用于测试的乳球菌

菌株无抑制作用。

Lc. lactis subsp. *lactis*（乳酸乳球菌乳酸亚种）分离自圣保罗都市圈农场的山羊乳中（Furtado 等，2014a），研究者对该菌产生的细菌素活性进行了表征。该细菌素对 *L. monocytogenes*（单增李斯特菌）中不同血清型的菌株都呈现显著的抑制作用。在细菌素特性研究的基础上，研究者进一步考察了相关菌株作为益生菌的潜力（Furtado 等，2014b），并分析了 *Lc. lactis* subsp. *lactis* 作为发酵剂成员在制作新鲜奶酪时对 *L. monocytogenes* 的控制作用（Furtado 等，2015）。不过，尽管 *Lc. lactis* subsp. *lactis* 表达的细菌素能通过直接与 *L. monocytogenes* 细胞作用而抑制该致病菌的不同菌株，但该菌株作为发酵剂的共同成员，在制作干酪时，与含有 *Lc. lactis* 但不具备产细菌能力的组合发酵剂相比，其对 *L. monocytogenes* 的控制作用并不明显（Furtado 等，2015）。这可能是将产细菌素菌株在食品中应用时，食品体系中诸多因素可能影响产生菌对细菌素的表达及其抑制活性的一个例子。然而，在将乳酸链球菌肽作为参照时，研究者注意到，食品的复杂体系并未影响其对 *L. monocytogenes* 的控制作用（Furtado 等，2015）。

8.4.4 *Leuconostoc mesenteroides* 产生的细菌素

从乳样品中，可以分离到不同类型的乳酸菌，包括 *Leuconostoc. mesenteroides*（肠膜明串珠菌）的各种菌株（Paula 等，2015；Alrakawa 等，2016）。此前，从马奶酒（airag 或 koumiss）中分离到多种具有抗菌活性的乳酸菌（Batdorj 等，2006；Wulijideligen 和 Miyamoto，2011；Wulijideligen 等，2012；Xie 等，2011；Wang 等，2012；Belguesmia 等，2013）。肠膜明串珠菌因为具有产细菌素能力和益生菌潜力，以及/或改变奶制品尤其是干酪的理化特性，具有良好的应用前景。

Paula 等（2015）考察了巴西水牛乳制作的干酪中 *Leu. mesenteroides* 产细菌素的潜力，包括对相关菌株产生菌表达的抗菌肽的表征，研究者发现这些细菌素具有更广的抑菌谱，包括多种李斯特菌（*Listeria*）和肠球菌（*Enterococcus*），因而具有作为生物防腐剂在奶制品中应用的潜力。*Leu. mesenteroides* SJRP55 产生的细菌素经过硫酸铵沉淀、亲和柱层析、反相色谱、质谱和氨基酸序列分析后，发现其与明串珠菌素（mesenterocin）Y105 和 B105 类似（Paula 等，2015）。除了产生细菌素这一有利的特征外，研究者还通过分子生物学手段对产生菌潜在的毒力基因进行了研究，以确定产生菌的安全性（Paula 等，2015）。

Alrakawa 等（2016）对一种蒙古式发酵奶制品“Airag（马奶酒）”中产细菌素的菌株进行了分离，从“Airag”中共分离到 235 个菌株，研究者对其中的 *Leu. mesenteroides* subsp. *dextranicum*（strain 213M0）进行了更深入的探索，并表征了该菌产生的细菌素。根据已发表的结果，*Leu. mesenteroides* subsp. *dextranicum* 213M0 产生的细菌素对所有经过测试的李斯特菌和测试的 53 株乳酸菌中的 7 株菌有抑制活性。该菌产生的细菌素经 SDS-PAGE 得出的分子量与同种内其他菌株产生的细菌素存在差异（Alrakawa 等，2016）。

8.4.5 *Streptococcus gallolyticus* subsp. *macedonicus* 产生的细菌素

从保加利亚式酸奶中分离到的 1 株乳酸菌能够产细菌素 ST91KM，该产生菌经鉴定为 *Streptococcus gallolyticus* subsp. *macedonicu*（解没食子酸链球菌马其顿亚种）。细菌素 ST91KM 仅对革兰氏阳性菌具有较窄的抑菌谱，包括导致乳腺炎的致病菌如 *Streptococcus agalactiae*（无乳链球菌）、*Streptococcus dysgalactiae*（停乳链球菌）和 *Staphylococcus epidermidis*（表皮葡萄球菌）。这种马其顿菌素（macedocin）ST91KM 的分子量经过 tricine SDS-PAGE 测定其大小为 2.02.5 kDa。在 pH 值 2.0~10.0 孵育 2 h，抑菌活性保持稳定，100℃ 处理 100 min 活性不降低，但在 121℃ 处理 20 min 后失活。马其顿菌素（macedocin）ST91KM 经过蛋白质子酶（pronase）、胃蛋白酶（pepsin）和胰蛋白酶（trypsin）处理后失活，表明其具有蛋白结构。经过 α-amylase（α-淀粉酶）处理后，活性不发生改变，表明马其顿菌素（macedocin）ST91KM 未经过糖基化。在 30℃、pH 值 6.4 的 MRS 培养基中经过 12~15 h 培养后，发酵液中 Macedocin ST91KM 的活力达到最高值为 800 AU/mL。在 MRS 中额外添加营养物质，可以影响 *Strep. gallolyticus* subsp. *macedonicus* ST91KM 对细菌素的表达，表明该细菌素的产生不仅与细胞生物量有关，还受到营养因子的影响。经过 60%饱和度硫酸铵沉淀和 Sep-Pak C18 采用 40%异丙醇洗脱等两步纯化处理，发酵液中马其顿菌素（macedocin）ST91KM 的回收率为 43.2%（Pieterse 等，2008）。

S. gallolyticus subsp. *macedonicus* 产生的 Macedocin ST91KM 似乎是一种新型的细菌素类物质，具有非常窄的抑菌谱，由于体外研究的结果表明该细菌素可以抑制引起乳腺炎的致病性链球菌，具有一定的应用潜力，因此其特性值得进一步深入的研究。马其顿细菌素（macedocin）ST91KM 在生理条件的 pH 值及宽泛的温度范围内都能保持活性稳定，因此，有望用于生产药物或局部处理制剂。目前处理奶牛乳腺炎的常规方法包括使用消炎化合物如碘伏（iodophors）（Sears 等，1992）和抗生素。奶制品及牛肉制品主要是用于人类消费，因此需要采取严格的控制措施以减少产品中化学制剂及药物残留。即使在上述动物性产品中残留有马其顿菌素（macedocin）ST91KM 也不会产生安全性的风险，因为该细菌素可以被多种酶如胃蛋白酶和胰蛋白酶所钝化，进入消化道后可以轻易被降解。根据目前的研究进展，马其顿菌素（macedocin）ST91KM 对引发乳腺炎的致病菌的作用机制还需要进一步深入，以确定该细菌素作为抗生素替代物的功效及应用潜力（Pieterse 等，2008）。

当作用于敏感菌细胞时，马其顿菌素（macedocin）ST91KM 会导致细胞成分外漏。该细菌素既可以吸附到敏感菌细胞，也可以吸附到非敏感细胞，表明其活性不具有种特异性（species-specific），而是取决于细胞表面特定的受体。该细菌素在细胞表面吸附位点在本质上可能是脂类，理由是加入溶剂后细菌素的吸附减少。各种盐可以阻碍马其顿菌素（macedocin）ST91KM 对敏感菌细胞的吸附，原因可能是盐离子竞争性吸附到细胞表面。在生理环境 pH 值和温度下，马其顿菌素（macedocin）ST91KM 的吸附效果最佳，表明该细菌素可以放入乳头贴中使用。该细菌素具有热稳定性，经过 100℃处理后

仍保持活性（Pieterse 等，2008）。这一特点非常重要，可以确保将马其顿菌素（macedocin）ST91KM 加入最终的乳头贴产品中经过长时间存放后仍可以保持活力。马其顿菌素（macedocin）ST91KM 具有抗菌剂潜力、用于治疗与乳腺炎相关致病菌的原理是该细菌素对引发乳腺炎的致病菌 *S. agalactiae* RPSAG2 具有快速杀菌作用（Pieterse 和 Todorov，2010）。需要谨记的是，与乳腺炎相关的污染菌有可能通过酸奶或干酪生产转移给消费者。将含有产生细菌素能力的 *S. gallolyticus* subsp. *macedonicus* 和乳腺炎致病菌混合培养后的 DNA 抽提，进行 DGGE（变性梯度凝胶电泳）分析，在 8 种被测试的与乳腺炎相关的致病菌中有 6 种可以被抑制，表明 *S. gallolyticus* subsp. *macedonicus* 产生的细菌素可以抑制与乳腺炎相关的致病菌。

8.4.6 *Enterococcus* spp. 产生的细菌素

Enterococcus（肠球菌属）是乳酸菌中的一个属，肠球菌是一类革兰氏阳性球菌，通常以双球或短链的方式出现。仅仅依赖形态学观察，很难将其与 *Lactococcus*（乳球菌）分开，或依据生理学特性将其与 *Streptococcus*（链球菌）进行区分。人粪便中常见的共生肠球菌有 2 种：*E. faecalis*（粪肠球菌，丰度占肠球菌的 90%~95%）和*E. faecium*（屎肠球菌，占肠球菌的 5%~10%）。肠球菌是一类兼性厌养微生物，既能在富氧，也能在缺氧环境中进行细胞呼吸。尽管肠球菌不形成芽孢，但对各种环境具有较高的耐受性，例如耐受对其他乳酸菌而言作为一种极端环境的温度（10~45℃）、pH 值（4.5~10.0）和高盐环境。在羊血琼脂平板上，肠球菌通常呈现 γ-溶血。

对多株分离自不同微生态位包括乳样品的 *Enterococcus* spp.（肠球菌属），研究了其产生对食源性致病菌如 *L. monocytogenes* 甚至致病性梭状芽孢杆菌（*Clostridium* spp.）具有抑制活性的蛋白类物质（enterococcins，肠球菌素）的能力。此外，测试了多种 enterococcins（肠球菌素）对乳品中李斯特菌的抑制作用，从这些乳环境中分离到肠球菌是意料之中的事。尽管将肠球菌素应用于食品体系目前仍存在争议，且还需要更多的遗传和生化研究的证据来确保肠球菌这类乳酸菌的安全性，产肠球菌素的这种微生物对乳品工业而言，仍具有巨大的潜力（Giraffa，1995）。

在 Tarelli 等（1994）早期的研究中（团队负责人为 Giraffa），研究者从不同的乳环境中分离到 116 株不同的肠球菌，其中有多株属于 *E. faecium* 或 *E. faecalis* 的菌株可以产生抑制 *L. monocytogenes* 和 *C. tyrobutyricum* 的细菌素。尽管有多个研究关注产细菌素的乳酸菌和其在奶或奶制品中的应用，这些细菌素的作用仍未得到充分的阐明。早在 25 年前，Piard 等（1990）就提出，在新鲜干酪制作过程中，乳是一种适合乳酸菌产细菌素的营养介质，可能与产细菌素的菌株和其他乳酸菌竞争有关。

从传统的乳发酵过程而言，可以推断肠球菌在食品生产中具有悠久的历史，对食品预期风味的形成（如脂肪分解、酯化、柠檬酸利用）产生了积极的影响（Centeno 等，1996；Manolopoulou 等，2003）。当然，也要正视故事的另一面，部分肠球菌（*Enterococcus*）属于人和动物致病菌。最近几年，对食品中肠球菌控制的重视达到一个前所未有的程度，随着肠球菌涉嫌与鼻腔感染的案例不断增加，对肠球菌无害的印象发生了部分转变。部分肠球菌还涉及近期报道的严重医疗事件，包括内心肌炎、细菌性坏血症、急性腹腔内感染和腹膜炎、尿路和中枢神经感染等（Foulquié Moreno 等，2006）。

反对将肠球菌应用于食品的另一些争议是其抗生素耐药性，焦点在于编码这些细菌耐药性的遗传因子通常位于接合质粒或转座子上，容易与其他细菌发生遗传交换而转移（Zanella 等，2006）。在 *E. faecalis* 中，由于其获得及转移耐药性基因的能力而恶名远播，在该菌中经常容易分离到具有多重抗生素抗性的菌株（McBride 等，2007）。在一种更坏的情况下，生乳中这些带有抗药性的菌株可能转移到以生乳直接制作的干酪，并最终转移到消费者体内。

具有产细菌素能力的肠球菌很容易从各种发酵食品中分离到，包括干酪和奶制品（Ennahar 等，2001；Sarantinopoulos 等，2002；Leroy 和 De Vuyst，2002；Cocolin 等，2007；Ghrairi 等，2008；Izquierdo 等，2009；Farias 等，1996）（表 8.1）。

表 8.1　从各种原料奶及奶制品中分离到的产细菌素的乳酸菌

乳酸菌的类型	分离来源	参考文献
Enterococcus faecalis	原料奶	Tarelli 等，1994
Enterococcus faecium	原料奶	Tarelli 等，1994
Enterococcus faecium	山羊奶	Cocolin 等，2007
Enterococcus faecium	奶制品	*Ghrairi* 等，2008
Enterococcus faecium	白盐干酪	*Favaro* 等，2014
Enterococcus faecium	Coalho cheese	dos Santos 等，2014
Enterococcus faecium	山羊奶	Schirru 等，2012
Enterococcus faecium	黄波干酪（Yellow cheese）	Furtado 等，2009
Enterococcus mundtii	黄波干酪（Yellow cheese）	Farias 等，1996
Lactobacillus casei	骆驼奶	Lü 等，2014
Lactobacillus curvatus	Brinza 干酪	Ahmadova 等，2013
Lactobacillus paracasei subsp. *tolerans*	开菲乳	Miao 等，2014
Lactobacillus plantarum	开菲乳	Powell 等，2007
Lactobacillus plantarum	Amasi	Todorov 等，2007
Lactobacillus plantarum	驴奶	Murua 等，2013
Lactobacillus sakei	山羊奶	Avaiyarasi 等，2016
Lactococcus lactis	奶制品	Ferchichi 等，2001
Lactococcus lactis subsp. *cremoris*	干酪	Alegría 等，2010

（续表）

乳酸菌的类型	分离来源	参考文献
Lactococcus lactis subsp. *lactis*	干酪	Alegría 等，2010
Lactococcus lactis subsp. *lactis*	山羊奶	Furtado 等，2014a
Leuconostoc mesenteroides	水牛奶干酪	Paula 等，2015
Leuconostoc mesenteroides subsp. *dextranicum*	马奶酒（airag）	Alrakawa 等，2016
Staphylococcus equorum	加盐干酪	Bockelmann 等 2017
Streptococcus gallolyticus subsp. *macedonicus*	酸奶	Pieterse 等，2008

Cocolin 等（2007）从山羊乳中分离到 2 株产细菌素的 *E. faecium*（M241 和 M249）菌株，可以抑制 *L. monocytogenes* 和 *Clostridium butyricum*（丁酸梭菌），但未测出对其他乳酸菌的抑制活性。采用 PCR 方法，这两株菌都携带编码肠球菌素 A 和 B 的基因。研究者通过将产细菌素的菌株与 *L. monocytogenes* 在脱脂奶中共培养，显示出上述菌株具有在奶制品中应用的潜力（Cocolin 等，2007）。当 *E. faecium* 菌株存在时，与对照组相比，*L. monocytogenes* 的生长显著被滞后。在该共培养实验中值得一提的是，这两株肠球菌在脱脂奶中产生的细菌素的量比在 MRS 中高（Cocolin 等，2007）。这一现象可以归结为在脱脂奶中存在某些刺激物质，从而促进肠球菌表达更多的细菌素。这一结果再次支持肠球菌作为具有生物防腐剂功能的发酵剂，根据其产酸能力，可以单独或与其他乳酸菌混合直接用于奶制品的发酵（Cocolin 等，2007）。

Ghrairi 等（2008）在筛查突尼斯奶制品中产细菌素的乳酸菌时，分离到 *E. faecium* 及其产细菌素的菌株。研究者对产生的细菌素进行了表征，获得的细菌素对亲缘关系较近的乳酸菌及 *L. monocytogenes* 和 *S. aureus* 具有抑制作用。研究者进一步通过反相 HPLC 纯化和质谱分析，表明 *E. faecium* MMT21 产生两种肠球菌素（enterocin），其中 enterocin A 分子量为4 828.67 Da，enterocin B 分子量为5 463.8 Da。通过 PCR 方法扩增到编码 enterocin A 和 B 的基因，进一步证实了该结论（Ghrairi 等，2008）。此外，该细菌素产生菌株 *E. faecium* MMT21 不具有溶血性，对万古霉素（vancomycin）及其他临床相关的抗生素敏感，并且可以抗李斯特菌。因此，该菌株有利于改善发酵奶制品的安全性（Ghrairi 等，2008）。在部分奶制品研制过程中，肠球菌素或发酵剂中含有可以产细菌素的 *Enterococcus* 菌株，其可以改善部分传统干酪品种的风味和安全性（Sarantinopoulos 等，2002；Sulzer 和 Busse，1991）。不过，这种改善效果在不同品种中存在一定的差异，可能与在相应品种中添加量或可以产生的细菌素的量有关。由于 *E. faecium* MMT21 具有抗 *L. monocytogenes* 的作用、无溶血作用及对万古霉素敏感，该菌株是 1 株优良的备选菌株，用于控制这些致病菌在发酵乳中的繁殖。此外，该菌株具有较高的肽酶活性，该特点可用于改善这些食品的风味特征（Ghrairi 等，2008）。

从保加利亚家庭制作的白盐干酪中分离到 4 株 *E. faecium*，对相关菌株抑制 *L. monocytogenes* 的作用进行了研究（*Favaro* 等，2014）。这些菌株被认为具有产细菌素的能力，在其基因组序列上存在编码多种细菌素的基因（*entA*，*entB*，*entP*，*entL50B*）。同时，研究者通过基因扩增的方式，对上述菌株可能存在的毒力基因 *gelE*，*hyl*，*asa*1，*esp*，*cylA*，*efaA*，*ace*，*vanA*，*vanB*，*hdc*1，*hdc*2，*tdc* 和 *odc* 进行了扩增，结合抗生素抗药性、胶原蛋白酶、脂酶、DNAase，α-和 β-溶血等表型特征评估了其安全性。由于这 4 株 *E. faecium* 具有强烈的抗 *L. monocytogenes* 作用，有望作为具有生物防腐作用的发酵剂应用于发酵奶制品生产。进一步而言，根据这 4 株菌的安全性特征和加工性能，研究者建议其作为附属乳酸菌发酵剂 NSLAB（非发酵剂乳酸菌）而非发酵剂使用（Favaro 等，2014）。

从巴西塞阿拉省捷豹谷和塞尔特地区手工制作的 Coalho 干酪中分离到 2 株 *E. faecium*，研究者对其产生的细菌素及产生菌的特点进行了表征和分析（Dos Santos 等，2014，2015）。其产生的细菌素为肠球菌素，并可以检测到编码肠球菌素 A 和 B 的基因（Dos Santos 等，2014）。除了其产生的抗菌肽（肠球菌素），研究者还考查了这两株菌潜在的加工特点和有益作用，以探索这两株菌作为混合发酵剂在制作 Coalho 干酪中应用的可能性（Dos Santos 等，2015）。

Schirru 等（2012）对意大利撒丁岛山羊乳中产生细菌素的乳酸菌进行了分离。山羊养殖是当地农业及牧羊人重要的收入来源，在上述研究中，从撒丁岛山羊乳中分离到 170 株乳酸菌，测试了这些乳酸菌对食源性致病菌的抑制作用。根据筛选标准，4 株 *E. faecium*（SD1，SD2，SD3，and SD4）被挑选出来，对其产生的抗 *L. monocytogenes* 细菌素进行了表征。这些菌株对 21 株被测试的 *L. monocytogenes* 和 6 株 *Salmonella* 具有强烈的抑制作用，因而具有作为生物防腐发酵剂用于发酵食品生产的潜力。此外，根据其加工特性，这 4 株菌可以作为附属发酵剂而非主发酵剂使用（Schirru 等，2012）。

Enterococcus mundtii CRL35 分离自阿根廷地区生产的黄波干酪（Farias 等，1996），而 *E. faecium* ST88Ch 则分离自巴西圣保罗 Butanta 地区集市上出售的黄波干酪（Furtado 等，2009）。研究者对这两株菌株在新鲜干酪中的生物防腐性能测试，观察其对 *L. monocytogenes* 污染的控制作用。有趣的是，在初期的筛选试验中，这两株菌都呈现出对 *L. monocytogenes* 的抑制作用，然而应用到新鲜的 Minas 干酪制作时，仅有 *E. mundtii* CRL35 表现出抑制活性。研究者认为，在食品体系中对 *L. monocytogenes* 的抑制作用通常与乳酸菌产生的多种抗菌成分相关，并不仅仅是细菌素作用的结果（Pingitore 等，2012）。不过，对比分别采用含有 *E. mundtii* CRL35、*E. faecium* ST88Ch 或对照（添加不产细菌素的 *E. faecalis* ATCC 19443）发酵剂制作的干酪中的 *L. monocytogenes* 的活动可以发现，这种抑制作用可以清晰地与 *E. mundtii* CRL35 产生的细菌素建立联系（Pingitore 等，2012）。

8.4.7 *Staphylococcus equorum* 产生的细菌素

除了对分离自加盐干酪的马胃葡萄球菌（*S. equorum*）所产生的细菌素进行纯化和

特性表征外，Bockelmann 等（2017）在两种干酪制作体系中测试了该菌产生的细菌素的效果，以确定该菌株作为一种具有保护作用的发酵剂在干酪成熟过程的潜力。将 *L. monocytogenes* 与具有抗李斯特菌作用的 *S. equorum* 在干酪表面进行共培养，在 24 h 之内，*Staphylococcus equorum* 可以完全抑制所接种的 *L. monocytogenes* 的生长。

8.5　细菌素作为生物防腐剂应用的局限性

在前面对细菌素或产细菌素菌株应用潜力进行了比较乐观的评价，但要实际应用仍然存在诸多困难。首先需要清楚地认识到，将产细菌素的菌株作为发酵剂用于控制发酵食品中的腐败微生物，不可能一了百了地解决发酵食品保存过程中所有可能遇到的问题。确实，将这些菌株作为发酵剂或不参与主发酵过程的附属发酵剂有助于改善终成品的安全性，也必须意识到这些抗菌物质有其局限性。最理想的方案是在传统的防腐方法和新的生物防腐方法中找到一种较合理的组合。

Favaro 等（2015）对产细菌素的乳酸菌在乳品加工中的应用进行了综述，指出将这些菌株应用于乳品加工时，可能存在多种局限性/因素影响细菌素的应用效果，在作者提出的关键点中，部分比较重要的环节包括① 产生菌自身对细菌素的表达水平不够高；② 其他细菌对产生菌的拮抗作用；③ 细菌素产生菌作为发酵剂的能力较弱；④ 细菌素产生菌在食品体系中产细菌素的能力不强；⑤ 细菌素产生菌自身的安全性；⑥ 与其他菌株产生的细菌素或食品基质的相互作用；⑦ 理化环境对细菌素活力的影响。细菌素由核糖体负责合成，需要通过复杂的遗传机制进行调控。在表达细菌素的同时，产生菌细胞会产生相应的免疫蛋白和各种诱导因子，编码这些物质的基因处在同一阅读框上。通过这种方式，产生菌可以提升自身细胞的安全性，避免被其产生的细菌素所杀伤（Cotter 等，2005）。细菌素的表达可以因致病菌的存在被诱导，同样也会因细菌素表达过量或结构类似蛋白的存在而受到反馈抑制。然而，乳酸菌的生理生化机制决定了其在合成细菌素时需要充足的营养（Favaro 等，2015）。因此，值得注意的是，奶制品对于乳酸菌而言，并不是特别合适其生长和表达细菌素的环境。比如，部分奶制品中含有高盐（NaCl）以及低温环境（成熟过程及贮存）对于乳酸菌产细菌素可能就是一种比较严苛的条件。特别值得一提的是，低温和各种理化环境，会限制乳酸菌在干酪基质中对细菌素的表达及细菌素与其目标腐败菌之间的相互作用。Favaro 等（2015）还提到乳基料作为生长介质时另一种与细菌素表达具有高度关联性的环节，即乳脂肪的存在。请注意，如果以干基料计算，在不同干酪中脂肪的占比在 10% 到 60% 不等（Mistry，2001），这些脂肪的存在同样会影响细菌素的作用效果。

的确，细菌素作为生物防腐剂在奶制品中具有强大的应用潜力，而且 nisin 应用所取得的巨大成功鼓舞研究者在该应用微生物领域进行更多的探索。然而，在开展类似的研究项目时，需要统筹考虑奶制品的多样性、营养构成、特定的加工过程和复杂形态可能产生的影响。

参考文献

Ahmadova, A., Todorov, S. D., Hadji-Sfaxi, I., Choiset, I., Rabesona, H., Messaoudi, S., et al., 2013. Antimicrobial and antifungal activities of *Lactobacillus curvatus* strain isolated from Azerbaijani cheese. Anaerobe 20, 42-49.

Alegría, A., Delgado, S., Roces, C., López, B., Mayo, B., 2010. Bacteriocins produced by wild *Lactococcus lactis* strains isolated from traditional, starter-free cheeses made of raw milk. Int. J. Food Microbiol. 143, 61-66.

Alrakawa, K., Yoshid, S., Aikawa, H., Hano, C., Bolormaa, T., Burenjarg, S., et al., 2016. Production of a bacteriocin-like inhibitory substance by *Leuconostoc mesenteroides* subsp. *dextranicum* 213M0 isolated from Mongolian fermented mare milk, airag. Anim. Sci. J. 87, 449-456.

Avaiyarasi, N. D., Ravindran, A. D., Venkatesh, P., Arul, V., 2016. In vitro selection, characterization and cytotoxic effect of bacteriocin of *Lactobacillus sakei* GM3 isolated from goat milk. Food Control 69, 124-133.

Batdorj, B., Dalgalarrondo, M., Choiset, Y., Pedroche, J., Metro, F., Prevost, H., et al., 2006. Purification and characterization of two bacteriocins produced by lactic acid bacteria isolated from Mongolian airag. J. Appl. Microbiol. 101, 837-848.

Belguesmia, Y., Choiset, Y., Rabesona, H., Baudy-Floch, M., LeBlay, G., Haertlé, T., et al., 2013. Antifungal properties of durancins isolated from *Enterococcus durans* A5-11and of its synthetic fragments. Lett. Appl. Microbiol. 56, 237-244.

Bockelmann, W., Koslowsky, M., Goerges, S., Scherer, S., Franz, C. M. A. P., Heller, K. J., 2017. Growth inhibition of *Listeria monocytogenes* by bacteriocin-producing *Staphylococcus equorum* SE3 in cheese models. Food Control 71, 50-56.

Centeno, J. A., Menendez, S., Rodriguez-Otero, J. L., 1996. Main microbial flora present in natural starters in Cebreiro raw cow's milk cheese, Northwest Spain. Int. J. Food Microbiol. 33, 307-313.

Cleveland, J., Montville, T. J., Nes, I. F., Chikindas, M. L., 2001. Bacteriocins: safe, natural antimicrobials for food preservation. Int. J. Food Microbiol. 71, 1-20.

Cocolin, L., Foschino, R., Comi, G., Fortina, M. G., 2007. Description of the bacteriocins produced by two strains of *Enterococcus faecium* isolated from Italian goat milk. Food Microbiol. 24, 752-758.

Cotter, P. D., Hill, C., Ross, R. P., 2005. Bacteriocins: developing innate immunity for food. Nat. Rev. Microbiol. 3, 777-788.

Danova, S., Petrov, K., Pavlov, P., Petrova, P., 2005. Isolation and characterization of *Lactobacillus* strains involved in koumiss fermentation. Int. J. Dairy Technol. 58, 100-105.

de Arauz, L. J., Jozala, A. F., Mazzola, P. G., Vessoni Penna, T. C., 2009. Nisin biotechnological production and application: a review. Trends Food Sci. Technol. 20, 146-154.

De Vuyst, L. D., Vandamme, E. J., 1994. Bacteriocins of Lactic Acid Bacteria: Microbiology, Genetics and Applications. Blackie Academic & Professional, London.

Deegan, L. H., Cotter, P. D., Hill, C., Ross, P., 2006. Bacteriocins: biological tools for biopr-

eservation and shelf-life extension. Int. Dairy J. 16, 1058-1071.

Delves-Broughton, J., Blackburn, P., Evans, R. J., Hugenholtz, J., 1996. Applications of the bacteriocin, nisin. Antonie van Leeuwenhoek 69, 193-202.

Dos Santos, K. M. O., Vieira, A. D. S., Rocha, C. R. C., do Nascimento, J. C. F., Lopes, A. C. S., Bruno, L. M., et al., 2014. Brazilian artisanal cheeses as a source of beneficial *Enterococcus faecium* strains: characterization of the bacteriocinogenic potential. Ann. Microbiol. 64, 1463-1471.

Dos Santos, K. M. O., Vieira, A. D. S., Salles, H. O., Oliveira, J. S., Rocha, C. R. C., Borges, M. F., et al., 2015. Safety, beneficial and technological properties of *Enterococcus faecium* isolated from Brazilian cheeses. Braz. J. Microbiol. 46, 237-249.

Enan, G., El-Essawy, A. A., Uyttendaele, M., Debevere, J., 1996. Antibacterial activity of *Lactobacillus plantarum* UG1 isolated from dry sausages: characterization production and bactericidal action of plantaricin UG1. Int. J. Food Microbiol. 30, 189-215.

Ennahar, S., Deschamps, N., Richard, J., 2000. Natural variation in susceptibility of *Listeria* strains to class IIa bacteriocins. Curr. Microbiol. 41, 1-4.

Ennahar, S., Asou, Y., Zendo, T., Sanomoto, K., Ishizaki, A., 2001. Biochemical and genetic evidence for production of enterocins A and B by *Enterococcus faecium* WHE 81. Int. J. Food Microbiol. 70, 291-301.

Farias, M. E., Farias, R. N., de Ruiz Holgado, A. P., Sesma, F., 1996. Purification and Nterminal amino acid sequence of enterocin CRL35, a "pediocin-like" bacteriocin produced by *Enterococcus faecium* CRL35. Lett. Appl. Microbiol. 22, 417-419.

Favaro, L., Basaglia, M., Casella, S., Hue, I., Dousset, X., Franco, B. D. G. M., et al., 2014. Bacteriocinogenic potential and safety evaluation of non starter *Enterococcus faecium* strains isolated from home made white brine cheese. Food Microbiol. 38, 228-239.

Favaro, L., Penna, A. L. B., Todorov, S. D., 2015. Bacteriocinogenic LAB from cheeses—application in biopreservation? Trends Food Sci. Technol. 41, 37-48.

Ferchichi, M., Frere, J., Mabrouk, K., Manai, M., 2001. Lactococcin MMFII, a novel class IIa bacteriocin produced by *Lactococcus lactis* MMFII, isolated from a Tunisian dairy product. FEMS Microbiol. Lett. 205, 49-55.

Fernandes, C. F., Chandanm, R. C., Shahani, K. M., 1992. Fermented dairy products and health. In: Brian, J. B. W. (Ed.), The Lactic Acid Bacteria in Health and Disease. Elsevier Applied Science, London, pp. 297-339.

FoulquiéMoreno, M. R., Sarantinopoulos, P., Tsakalidou, E., De Vuyst, L., 2006. The role and application of enterococci in food and health. Int. J. Food Microbiol. 106, 1-24.

Furtado, D. N., Todorov, S. D., Chiarini, E., Destro, M. T., Landgraf, M., Franco, B. D. G. M., 2009. Goat milk and cheeses may be a good source for antilisterial bacteriocinproducing lactic acid bacteria. Biotechnol. Biotechnol. Equip. 23, 775-778.

Furtado, D. N., Todorov, S. D., Landgraf, M., Destro, M. T., Franco, B. D. G. M., 2014a. Bacteriocinogenic *Lactococcus lactis* subsp *lactis* DF04Mi isolated from goat milk: characterization of the bacteriocin. Braz. J. Microbiol. 45, 1541-1550.

Furtado, D. N., Todorov, S. D., Landgraf, M., Destro, M. T., Franco, B. D. G. M., 2014b. Bacteriocinogenic *Lacococcus lactis* isolated from goat milk: evaluation of the probiotic potential. Braz.

J. Microbiol. 45, 1047-1054.

Furtado, D. N., Todorov, S. D., Landgraf, M., Destro, M. T., Franco, B. D. G. M., 2015. Bacteriocinogenic *Lactococcus lactis* subsp *lactis* DF04Mi isolated from goat milk: application in the control of *Listeria monocytogenes* in fresh Minas-type goat cheese. Braz. J. Microbiol. 46, 201-206.

Ghrairi, T., Frere, J., Berjeaud, J. M., Manai, M., 2008. Purification and characterisation of bacteriocins produced by *Enterococcus faecium* from Tunisian rigouta cheese. Food Control 19, 162-169.

Giraffa, G., 1995. Enterococcal bacteriocins: their potential use as anti-Listeria factors in dairy technology. Food Microbiol. 12, 291-299.

Heller, K. J., 2001. Probiotic bacteria in fermented foods: product characteristics and starter organisms. Am. J. Clin. Nutr. 73, 374-375.

Heng, N. C., Wescombe, P. A., Burton, J. P., Jack, R. W., Tagg, J. R., 2007. The diversity of bacteriocins in Gram-positive bacteria. Bacteriocins. Springer, Berlin, Heidelberg, pp. 45-92.

Heu, S., Oh, J., Kang, Y., Ryu, S., Cho, S. K., Cho, Y., et al., 2001. gly gene cloning and expression and purification of glycinecin A, a bacteriocin produced by *Xanthomonas campestrris* subsp. *glycines* 8ra. Appl. Environ. Microbiol. 67, 4105-4110.

Izquierdo, E., Marchioni, E., Aoude-Werner, D., Hasselmann, C., Ennahar, S., 2009. Smearing of soft cheese with *Enterococcus faecium* WHE 81, a multi-bacteriocin producer, against *Listeria monocytogenes*. Food Microbiol. 26, 16-20.

Kwak, H. S., Park, S. K., Kim, D. S., 1996. Biostabilization of kefir with a non lactosefermenting yeast. J. Dairy Sci. 79, 937-942.

Leal-Sánchez, M. V., Jimenez-Diaz, R., Maldonado-Barragan, A., Garrido-Fernandez, A., Ruiz-Barba, J. L., 2002. Optimization of bacteriocin production by batch fermentation of *Lactobacillus plantarum* LPCO10. Appl. Environ. Microbiol. 68, 4465-4471.

Leroy, F., De Vuyst, L., 2002. Bacteriocin production by *Enterococcus faecium* RZS C5 is cell density limited and occurs in the very early growth phase. Int. J. Food Microbiol. 72, 155-164.

Leroy, F., De Vuyst, L., 2003. A combined model to predict the functionality of the bacteriocin-producing *Lactobacillus sakei* strain CTC 494. Appl. Environ. Microbiol. 69, 1093-1099.

Limsowtin, G. K. Y., Powell, I. B., Parente, E., 1995. In: Cogan, T. M., Accolas, J. -P. (Eds.), Dairy Starter Cultures. VCH Publishers, New York, pp. 101-130.

Lü, X., Hu, P., Dang, Y., Liu, B., 2014. Purification and partial characterization of a novel bacteriocin produced by *Lactobacillus casei* TN-2 isolated from fermented camel milk (Shubat) of Xinjiang Uygur Autonomous region, China. Food Control 43, 276-283.

Manolopoulou, E., Sarantinopoulos, P., Zoidou, E., Aktypis, A., Moschopoulou, E., Kandarakis, I. G., et al., 2003. Evolution of microbial population during traditional Feta cheese manufacture and ripening. Int. J. Food Microbiol. 82, 153-161.

Martínez Viedma, P., Sobrino López, A., Ben Omar, N., Abriouel, H., Lucas López, R., Valdivia, E., et al., 2008. Enhanced bactericidal effect of enterocin AS-48 in combination with high-intensity pulsed-electric field treatment against *Salmonella enterica* in apple juice. Int. J. Food Microbiol. 128, 244-249.

Mattick, A. T. R., Hirsch, A., 1947. Further observation of an inhibitory substance (nisin) from lactic streptococci. Lancet 2, 5-12.

McBride, S. M., Fischetti, V. A., LeBlanc, D. J., Moellering Jr., R. C., Gilmore, M. S., 2007. Genetic diversity among *Enterococcus faecalis*. PLoS One 2, e582.

Miao, J., Guo, H., Ou, Y., Liu, G., Fang, X., Liao, Z., et al., 2014. Purification and characterization of bacteriocin F1, a novel bacteriocin produced by *Lactobacillus paracasei* subsp. *tolerans* FX-6 from Tibetan kefir, a traditional fermented milk from Tibet, China. Food Control 42, 48-53.

Minahk, C. J., Dupuy, F., Morero, R. D., 2004. Enhancement of antibiotic activity by sublethal concentrations of enterocin CRL35. J. Antimicrob. Chemother. 53, 240-246.

Mistry, V. V., 2001. Low fat cheese technology. Int. Dairy J. 11 (4), 413-422. Morgan, S. M., Hickey, R., Ross, R. P., 2000. Efficient method for the detection of microbially produced antibacterial substances from food systems. J. Appl. Microbiol. 89, 56-62.

Motta, A. S., Brandelli, A., 2003. Influence of growth conditions on bacteriocin production by *Brevibacterium lineus*. Appl. Microbiol. Biotechnol. 62, 163-167.

Murua, A., Todorov, S. D., Vieira, A. D. S., Martinez, R. C. R., Cencic, A., Franco, B. D. G. M., 2013. Isolation and identification of bacteriocinogenic strain of *Lactobacillus plantarum* with potential beneficial properties from donkey milk. J. Appl. Microbiol. 114, 1793-1809.

Nes, I. F., Tagg, J. R., 1996. Novel lantibiotics and their pre-peptides. Antonie Van Leeuwenhoek 69, 89-97.

Olasupo, N. A., 1996. Bacteriocins of *Lactobacillus plantarum* strains from fermented foods. Folia Microbiol. 41, 130-136.

Paula, A. T., Jeronymo-Ceneviva, A. B., Silva, L. F., Todorov, S. D., Franco, B. D. G. M., Penna, A. L. B., 2015. *Leuconostoc mesenteroides* SJRP55: a potential probiotic strain isolated from Brazilian water buffalo mozzarella cheese. Ann. Microbiol. 65, 899-910.

Piard, J. C., Delorme, F., Giraffa, G., Commissaire, J., Desmazeaud, M., 1990. Evidence for a bacteriocin produced by *Lactococcus lactis* CNRZ 481. Neth. Milk Dairy J. 44, 143-158.

Pieterse, R., Todorov, S. D., 2010. Bacteriocins—exploring alternatives to antibiotics in mastitis treatment. A review. Braz. J. Microbiol. 41, 542-562.

Pieterse, R., Todorov, S. D., Dicks, L. M. T., 2008. Bacteriocin ST91KM, produced by *Streptococcus gallolyticus* subsp. *macedonicus* ST91KM, is a narrow-spectrum peptide active against bacteria associated with mastitis in dairy cattle. Can. J. Microbiol. 54, 525-531.

Pingitore, E. V., Todorov, S. D., Sesma, F., Franco, B. D. G. M., 2012. Application of bacteriocinogenic*Enterococcus mundtii* CRL35 and *Enterococcus faecium* ST88Ch in the control of *Listeria monocytogenes* in fresh Minas cheese. Food Microbiol. 32, 38-47.

Pongtharangkul, T., Demirci, A., 2004. Evaluation of agar diffusion bioassay for nisin quantification. Appl. Microbiol. Biotechnol. 65, 268-272.

Powell, J. E., Todorov, S. D., van Reenen, C. A., Dicks, L. N. T., Witthuhn, R. C., 2006. Growth inhibition of *Enterococcus mundtii* in Kefir by in situ production of bacteriocin ST8KF. Le Lait 86, 401-405.

9 以生牛乳为原料的手工奶制品

Giuseppe Licitra[1]，Margherita Caccamo[2]，Sylvie Lortal[3]

[1]Department of Agriculture，Nutrition and Environment，University of Catania，Catania，Italy；[2]CoRFiLaC，Ragusa，Italy；[3]INRA，Agrocampus Ouest，UMR1253 Science et Technologie du lait et de l'oeuf，Rennes，France

9.1 生乳奶酪在生产中的问题

近几十年来，生乳奶酪一直被认为是“高风险”的食品。尽管欧洲经济共同体 92/46 号文件第 8 条有所更改，但生乳奶酪在发达国家甚至在欧洲的生产和销售基本是被禁止的（European Commission，1992）。

1998 年，一个代表美国奶酪商的贸易组织开始积极游说美国食品药品监督管理局（U. S. FDA，1998）要求所有在美国生产和销售的奶酪必须进行巴氏杀菌（Halweil，2000；Kummer，2000）。一些生产规模较大的奶酪商还建议欧盟禁止生乳奶酪生产和销售（Lichfield，1999）。

巴氏杀菌和表面热处理可以帮助企业在生产过程中减少外部风险因素的影响，将注意力集中到可控因素上。此外，巴氏杀菌牛奶在生产过程中具有可预测性和可控性，这样奶酪企业可以减少浪费，产量最大化并确保价格竞争力。这些可以解释为什么工业生产者要使用巴氏杀菌的牛奶，但不能解释他们为什么要让所有奶酪的生产都必须使用巴氏杀菌的牛奶（West，2008）。

此外，我们需要考虑的是小型或家庭生奶奶酪生产者，即使他们很需要巴氏杀菌设备，但他们中很少有人能买得起（Kummer，2000；Lichfield，1999）。奶酪商要收回这些投资成本，必须扩大生产和销售规模，将原料高效地转化为产品（Lichfield，1999）。

强制使用巴氏杀菌奶可以消除任何地域的限制。生乳奶酪在制作过程中存在许多时间和空间上的限制，生乳奶酪生产的时间表有着严格的要求：从牧场饲养、挤奶到奶酪制作都需在距离较近的地方并在几个小时内完成。

巴氏杀菌的应用使乳品加工厂能够从距离较远的牧场和/或公司购买牛奶，甚至可以从其他国家购买牛奶。更重要的是，对牛奶进行热处理和质量标准化可以减少上述外部因素的影响。乳品行业需要合理地简化管理流程，优化生产工艺，提高产量。

需要注意的是，全球传统奶酪的重要性并不意味着缺乏对工业化奶酪产品的支持。我们有必要让消费者、媒体和舆论领袖了解二者之间的差异。工业奶酪的生产已经达到了非常好的水平，当我们谈论传统奶酪或工业奶酪时，必须从不同的角度来理解“质量”一词的含义。工业食品以经济的价格为大多数消费者提供营养物质（如蛋白质、钙等）。工业奶酪是标准化生产的，质量稳定，大多是口味温和的新鲜奶酪。大型奶酪制造商可以在任意地点大规模生产工业奶酪，生产商也能够获得质量稳定的产品。相反，传统生乳奶酪是小众产品，通常在农场或村庄通过手工制作，是人力资源、农村社区文化和自然之间互利共生的独特产物。

综上所述，传统生产企业和工业化生产企业是完全不同的生产体系，而且通常是两极分化的。尽管它们共同目标都是为消费者生产健康的产品，但我们认为，这两个如此不同的体系应该遵循不同的规则。

还需要重视一点，不管牛奶经过怎样的热处理，管理牛奶生产系统时必须符合牛奶安全和动物健康（即没有任何影响人类的疾病如人兽共患病）的相关管理规定（例如，欧盟第 852/2004 号和欧洲第 853/2004 号法规中对卫生包装的规定）。另外需要强调的是，无论是用生乳还是巴氏杀菌乳，用于生产生乳奶酪的牛奶必须符合标准卫生参数以保证消费者的食用健康。

有充足的研究证据表明，食用传统的生乳奶酪是安全的，而且在任何情况下都不会比食用巴氏杀菌奶酪的安全性低。正如本章后一部分所介绍的，科学证明生乳奶酪中的生物多样性赋予了其独特的香味、质地、颜色和风味，而强制巴氏杀菌后这些独特的感官品质都会随之消失（West，2008）。

许多国际政府机构、工业奶酪制造商、传统奶酪生产者、记者、舆论领袖以及国际科学界对使用生乳还是巴氏杀菌乳生产安全奶酪的问题一直存在争论。

关于生乳和巴氏杀菌乳在奶酪制作工艺方面的争论并不是问题的关键所在。“生乳 VS 巴氏杀菌乳”是一个错误的问题，或者这根本不是一个“问题”。确定“食品安全”的真正问题需要考虑到整个生产系统，包括食品的后生产阶段、分销阶段、在商店销售甚至在家用冰箱（后包装）期间存在的问题，而不仅是生乳的使用与否。一些人认为，尽管进行了巴氏杀菌，但由于巴氏杀菌不当或二次污染的问题，仍然会暴发一些因食用牛奶而导致疾病的食品安全事故（Altekruse 等，1998；Delgado-Dasilva 等，1998；Hartman，1997）。

使用巴氏杀菌法（法国科学家路易斯·巴斯德于 1865 年发明的方法）来保证液态奶的安全性也许是过去几个世纪以来最重要的公共卫生成就。在牛奶巴氏杀菌法出现之前，伤寒、猩红热、白喉、结核病和布鲁氏菌病等一些严重的疾病都与消费生乳有关（Donnelly，2005）。

然而，饮用生鲜乳与食用生乳奶酪不同，因为在传统的生乳奶酪生产系统中，在巴氏杀菌或热处理后还进行了一系列工艺（Johnson 等，1990），这些工艺对奶酪的微生物安全性有显著的改善。

在生乳奶酪加工和熟化过程中影响微生物活性的因素很多（如成熟期间病原微生

物的不亲和性、微生物细胞的损伤、抑菌或杀菌等产生一系列协同效应)。其中主要的因素包括时间、pH 值和酸度、温度、氧气、整个过程中氧化还原电位、生鲜乳抗菌活性、乳过氧化物酶、溶菌酶、乳铁蛋白、抗坏血酸氧化酶等关键酶的含量、活性,以及巯基化合物和二氧化碳的含量);生乳中不同微生物数量增加引起的营养素竞争;原位细菌素或类细菌素物质的生物合成(Abee 等,1995;Elotmani 等,2002;Genigeorgis 等,1991;Johnson 等,1990);凝乳酸化速度(凝乳快速酸化到 pH 值 5~5.5 可以对病原微生物生长产生一定的抑制作用);凝乳在烹调、成型和拉伸阶段的时间和温度;整个过程中的奶酪成分:渗透压、水分、成分浓度(盐、糖和香料)、游离脂肪酸、单甘酯,水溶性提取物中释放的 α-酪蛋白和 β-酪蛋白衍生肽。

基于这些原因,根据欧洲经济共同体第 92/46 号文件第 8 条规定(European Commission,1992),在欧洲,成员国可部分废除一些关于成熟超过 60 天的奶酪的相关规定,并对生产和销售生乳制品、热处理奶制品制定卫生规范。成员国应明确该文件的哪些规定可能影响传统奶制品的生产,平衡天然奶制品微生物区系所赋予奶酪的典型风味和芳香气味。在传统的奶酪制作和成熟过程中最重要的是传统工具和熟化地点。FDA 最近还引入了"巴氏杀菌等效性"的概念,探索其他可能确保奶酪安全的手段。

在任何生产系统中,原料奶的筛选、良好的生产规范及后期生产控制系统是避免奶酪环境污染的有效措施,也是提高和控制产品安全最有效的策略。

9.2 传统生乳奶酪生产系统的复杂性

世界各地都在生产传统奶酪,它与自然有着直接的关系,甚至在不知不觉中它们也成为一个可持续农业的案例。农村现实情况如农产品和食品的生产、加工和销售在其中占有重要的地位,欧盟对其成员国的农村现实情况一直十分关注和重视。它为各成员国在农业生产的多样化方面制定了一项共同的农业政策并鼓励他们在市场供需间实现更好的平衡;推广特色农产品对于促进农村经济发展(特别是贫困地区或边远地区的农村经济),提高农民收入以及维持农村人口也具有积极的作用[Council Regulation (EEC),1992]。

消费者往往更重视食品的质量而不是数量。市场上销售的产品种类繁多,提供给消费者的产品信息也十分丰富,而对于消费者而言,他们更需要清晰、简洁的产品信息如原产地信息等,以便其能够做出最佳的选择。消费者对于具有明确地理标识的农产品或食品的需求日益增长[Council Regulation (EEC),1992]。为了保护具有明确地理标示的农产品或食品,某些成员国引入了"注册原产地名称"的政策。事实证明,这些举措在生产者和消费者的实践中都取得了比较成功的效果,生产者提高了产品质量,也因此获得了更高的收入;对于消费者而言,他们可以在保证生产方法和原产地的情况下购买到高质量的产品[Council Regulation (EEC),1992]。

考虑到这些成功的案例,欧盟理事会已决定通过理事会条例(EEC,1992),该条列定义了与农产品或食品原产地保护有关的两个最重要的保护,命名为:原产地保护标

识（PDO）和地理保护标识（PGI），规范如下。

（1）PDO。用一个地区、一个特定的地方或一个国家的名称（在特殊情况下）来描述一种农产品或食品。

a. 原产于该地区、特定的地点或国家。

b. 其质量或者特性，基本上或者完全是由于其特定的地理环境及固有的自然和人为因素带来的，其生产、加工和制备都是在规定的地理区域内进行的。

（2）PGI。用一个地区、一个特定的地方或一个国家的名称（在特殊情况下）来描述一种农产品或食品。

a. 原产于该地区、特定的地方或国家。

b. 具有特定的质量、或因其地理来源的其他特征而具有一定的声誉，并且其生产、加工或制备在规定的地理区域内进行。

简而言之，这两种标识之间的差异在于 PDO 产品必须在规定的地理区域内进行生产、加工，并且特别重视“自然和人为因素”。PGI 更通用一些，不需要所有工艺阶段“生产、加工或制备”都必须在规定的地理区域内进行。迄今为止，欧洲共有 186 种奶酪获得 PDO 标识，按国家划分如下：意大利 49 种，法国 45 种，西班牙 26 种，希腊 21 种，葡萄牙 11 种，英国 10 种，奥地利 6 种，德国 6 种，斯洛文尼亚 4 种，荷兰 4 种，波兰 3 种，比利时 1 种，爱尔兰 1 种，罗马尼亚 1 种，还有 14 个国家没有获得 PDO 标识的奶酪。其中，只有 8%的 PDO 奶酪法规要求对牛奶进行巴氏杀菌以生产 PDO 奶酪；39%的法规要求只使用生牛乳；53%的法规允许使用生牛乳或巴氏杀菌牛奶，许多小型手工生产商都选择使用生牛乳制作 PDO 奶酪。

迄今为止，欧洲共有 42 种奶酪获得 PGI 标识，按国家划分如下：斯洛伐克 8 种、法国 7 种、英国 6 种、荷兰 3 种、捷克 3 种、德国 3 种、西班牙 2 种、波兰 2 种、丹麦 2 种、立陶宛 2 种、葡萄牙 2 种、意大利 1 种、瑞典 1 种，还有 15 个国家没有 PGI 奶酪。2015 年，欧盟 28 国的奶酪总产量约为 920 万吨，其中比较大的奶酪生产国是德国（230 万 t，占欧盟奶酪总产量的 25%）、法国（180 万 t，占欧盟奶酪总产量的 20%）和意大利（120 万 t，占欧盟奶酪总产量的 13%）。

值得我们关注的是，在意大利，PDO 奶酪的生产约占总奶酪产量的 42%（50 万 t），在法国，PDO 奶酪（25 万 t）只有总奶酪产量的 14%，而在德国则不到总产量的 5%。在意大利，PDO 和 PGI 奶酪消耗的牛奶占全国牛奶产量的 70%。这说明在意大利优质食品与原产地联系的文化根深蒂固，意大利奶酪平均年产量约 680t，按产量排序，前 10 个 PDO 奶酪约占全国总产量的 95%，其余 39 种 PDO 奶酪仅占全国 PDO 产量的 5%。尽管生产数量有限，但这些奶酪的社会和文化影响远远超出了产品的商业价值。即使从人均奶酪消费量来看，意大利人购买和消费 PDO 奶酪的比例最高（约 10 kg/人）。意大利是欧盟 28 国中第七大奶酪消费国，人均消费量为 21. 8 kg。其他人均消费奶酪比较多的国家分别是法国 26. 3 kg，德国、卢森堡和冰岛 24. 2 kg，希腊 23. 4 kg。

在欧洲以外，没有通用的政策来保护原产地和传统产品，虽然一些国家制定了具体政策，但并不具有国际意义。世界各地有数百种传统奶酪正在生产，它们与自然环境有着直接的关系，甚至在不知不觉地成为可持续农业的典范。几个世纪以来，这些产品已经成为数十亿人饮食的一部分。在世界各地，每一种传统奶酪都是各种“生物多样性因素”有关的复杂系统相互作用的结果，这些因素包括环境、宏观和微观气候、天然牧场、动物品种（通常是本地品种）、生乳及其固有微生物的使用、天然凝固剂的使用、天然成分（如藏红花、胡椒、草药、糖、面粉、香料）的使用、传统设备的使用、自然成熟条件（包括祖传的晒干操作）以及负责奶酪生产专长以及催熟剂（熟化剂）（Licitra，2010a）。

生产商基于经验使用传统工艺进行生产，为了降低生产风险，传统生产系统比在大型工业生产中使用的标准简化生产系统要复杂得多。每一个传统的生产系统都由无数的生物和自然过程组成，每一个过程都有自己的自然特征和规律。奶酪生产和熟化人员必须了解、支持、协调好原料特性、工艺顺序、奶酪制作时间和成熟之间微妙的关系，才能生产出最令人兴奋的“奶酪”。

下面这些例子可能有助于解释前一段的内容：

（1）在有几十种牧草的牧场为饲养的动物准备一份营养均衡的饲料比准备一份混合饲料（TMR）要困难的多。因此，放牧动物乳汁中拥有的芳香和感官成分要更复杂，这对最终产品（包括奶酪、肉类）的质量有许多积极影响。

（2）与巴氏杀菌奶相比，使用含有天然酶系的多重微生物的生牛乳制作奶酪时，需要接种的微生物发酵剂的数量减少，与巴氏杀菌奶相比，其产品的感官和芳香气味都完全不同。这是因为巴氏杀菌法中对牛奶进行加热处理，使大多数原料乳本身所含有的一系列酶变性，一些风味物质挥发散失，杀死了牛奶中大多数的天然微生物菌群。

（3）传统木制设备生产的奶酪与用钢或塑料制成的相对无菌设备生产的奶酪产品质量有所不同，因为传统木制设备上黏附有无数产乳酸微生物的生物膜。

（4）在地窖（有微生物区系、水分、温度和自然通风条件）中奶酪的成熟过程比在有控制的标准化冷藏室中的奶酪成熟过程要复杂得多。

总之，标准化的动物饲养（不放牧）、巴氏杀菌奶、无菌设备使用以及冷藏室熟化都是通过实验室确定的易操作、可控和标准化操作工艺，使产品与产地没有任何联系，因此这使得奶酪被大量标准化生产，而无特殊风味特点。它们可以在世界任何地方生产，而对数百代人流传至今的当地历史、文化和人文经验的传承被予以忽视。

传统生产系统中涉及的每一个生物多样性因素都会协同作用共同影响终产品的质量，即使是同一奶酪品种，也会因为产品的来源不同，产生不同强度和多样化的风味（Licitra，2010a）。我们可以合理地推定，历史上的奶酪生产商凭借日益丰富的经验选择了生产最优质产品的方法、工具和地点。简而言之，在“边干边学”的实践中，牛奶储存、制作激情和创造力的需求让他们建立了延续数千年的生产工艺。因此，传统工艺需要得到更多的关注和尊重，不能因为食品安全的假想风险而被法律禁止，更不能不进行深入科学的论证而一味支持大型企业的利益（Licitra，2010a）。近几十年里，科学家才开始研究传统奶酪生产和成熟系统的复杂性和真实意义。

9.3 影响传统奶酪制作和成熟的主要生物多样性因素

9.3.1 天然牧场对奶制品香气、感官和安全性的影响

传统奶酪通常在小工厂或农场生产，使用牧场的新鲜牧草和保存的饲料来饲养动物。以这种方式生产的奶酪其感官特性通常反映了新鲜牧场植物的特性（Dumont 和 Adda，1978；Mariaca 等，1997；Viallon 等，2000；Bugaud 等，2001b）以及动物和奶酪加工环境中天然微生物菌群的贡献。

一些科研人员研究了几个奶酪品种中动物食用新鲜牧草或不同类型牧草对奶酪中挥发性化合物组成的影响（Dumont 和 Adda，1978；de Frutos 等，1991；Mariaca 等，1997；Bugaud 等，2001a,b,c）。

用天然牧场植物喂养的奶牛与用混合饲料（TMR）喂养的奶牛生产的牛奶分别制做 Ragusano 奶酪，二者相比，用天然牧场植物喂养的奶牛所产牛奶制作的奶酪具有更多的香味活性化合物，这说明了产品与地域之间具有十分紧密的联系（Carpino 等，2004b）。在成熟 4 个月的牧场干酪中，鉴定出 27 种香味活性物质，而 TMR 奶酪只有 13 种风味物质，且牧场奶酪富含醛、酯和萜类等风味化合物。在用当地西西里牧场植物喂养的奶牛所产牛奶制成的 Ragusano 奶酪中共检测到 8 种独特的芳香活性化合物（即通过气相色谱-嗅闻联用技术检测到的化合物在其他奶酪中未见报道）。这些化合物包括两种醛（［E,E］-2,4-辛二烯醛和十二醛）、两种酯（乙酸香叶酯和［E］-茉莉酸甲酯）、一种硫化合物（甲硫醇）和三种萜类化合物（1-香芹酮、左旋香芹酮和香茅醇）。

在之后的研究中，Carpino 等（2004a）在相同样本（Carpino 等，2004b）上通过感官分析（由训练有素的小组成员进行）证实了两种试验处理（天然牧草与 TMR）之间的差异。由新鲜天然牧草喂养的奶牛所产牛奶制作的 Ragusano 奶酪（由日粮中 β-胡萝卜素和相关化合物的转移而导致）的颜色比 TMR 饲养的奶牛所产牛奶制作的 Ragusano 奶酪更黄。与 TMR 干酪相比，以牧草喂养的奶牛所产牛奶制作且成熟 4 个月的 Ragusano 奶酪，其花香、绿/草香气味特征强度较高（$P<0.05$）。这些研究结果清楚地证明了牧场植物中发现的一些独特香味活性化合物可以转移到奶酪中并被人类证实。

Horne 等对西西里地区传统的母羊奶酪（Piacentinu Ennese 奶酪）进行了研究（Horne et al，2005）。该研究比较了由传统方法（包括动物天然放牧）制作的生乳奶酪和添加发酵剂的巴氏杀菌牛奶使用非传统方法制作的奶酪的区别。研究发现由生牛乳制成的奶酪含有较高水平的萜烯。Belitz 和 Grosch（1986）指出，奶酪中的萜烯是来源于植物而不是微生物。减少当地牧场的影响可能会反过来降低或消除追踪奶酪到特定地点或农场的可能性（Bugaud 等，2001b），从而导致奶酪失去一些独特的身份特征。而这些与生产地域联系十分紧密，消费者可能是因为奶酪从当地牧场获得的某些特定风味而被吸引（Licitra 等，2000；Bellesia 等，2003）。

研究表明，放牧奶牛所产牛奶中共轭亚油酸（CLA）浓度比饲喂（保存的干草和谷物比例为 50：50）的奶牛所产牛奶高 5.7 倍（Dhiman 等，2000）。

根据国家研究委员会的数据（NRC 7th edn，2001），新鲜牧草中的 α-生育酚浓度是典型 TMR 日粮的 4~5 倍。然而牧草在增加多不饱和脂肪酸和脂溶性抗氧化剂方面是独一无二的。此外，放牧奶牛生产的牛奶中含有更多的共轭亚油酸（Kay 等，2003）。

与上述研究结果类似，当牧场新鲜牧草在奶牛饮食中所占比例增大时，研究人员发现奶牛血液和牛奶中的共轭亚油酸（CLA）、十八烯酸、二十碳五烯酸（EPA）和二十二碳六烯酸（DHA）显著增加（$P<0.05$）（La T erra 等，2006）。脂肪酸组成变化的同时，奶牛血液和牛奶中 α-生育酚和 β-胡萝卜素浓度也增加。而维生素 A 在奶牛血液和牛奶中没有显著变化。奶牛血液中的 EPA、DHA、CLA、β-胡萝卜素、α-生育酚不仅有利于提高牛奶和肉的质量，而且对动物和人类健康都有益。如果奶酪由放牧动物生产的生乳制作，其共轭亚油酸（CLA）含量也会增加。

9.3.2 牛奶热处理对奶酪生产的影响

9.3.2.1 与牛奶热处理相关的物理、化学和微生物特性（生乳/巴氏杀菌乳）

直到今天，关于使用生牛奶生产奶酪的争论仍然十分激烈，而不同的国际法规和工业团体更倾向于对牛奶进行巴氏杀菌，原因正如前文所提到的。在过去的十年里，大量科学研究已经对牛奶热处理对其物理、化学和微生物特性的影响进行了分析。

巴氏杀菌的目标是彻底消灭病原体。然而，牛奶的热处理对其他因素产生的影响，例如牛奶中存在的各种微生物［消除或减少生牛乳中的内源微生物的种类和数量、发酵型乳酸菌（SLAB）和非发酵型乳酸菌（NSLAB）］、牛奶的物理化学特性、酶的改性，这些因素对于奶酪的制作和成熟非常重要。

研究人员忽略了一个重要问题是新鲜牛奶的抗菌活性及其含有的酶系，包括乳铁蛋白、溶菌酶和乳过氧化物酶。这些酶对某些病原体的生长有抑制作用。它们对热不稳定，在牛奶经过巴氏杀菌后会不同程度地失去活性。

为了了解巴氏杀菌对奶酪成熟和最终产品质量的影响，Grappin 等（1997）在一篇文献综述中阐述了牛奶巴氏杀菌的结果：纤溶酶/纤溶酶原复合物（纤溶酶活性增强）、组织蛋白酶 D、脂蛋白脂酶（LPL）和碱性磷酸酶部分或全部被激活或抑制。在经历巴氏杀菌后，奶酪成熟过程中活性较强且可能是来自嗜冷细菌的酶、酸性磷酸酶、黄嘌呤氧化酶及血清蛋白轻微（7%）变性，几乎没有改变与奶酪工艺相关的活性（乳酸菌酸化作用，凝血时间略有增加，凝乳硬度和脱水收缩有一定降低，但脂肪球膜可能被破坏。

Delores 等（2010）也证实牛奶巴氏杀菌降低了脂肪和蛋白质水解的程度，而脂肪和蛋白质水解都会产生多种含碘化合物，包括酸、醇、酮、酯和氨基酸。Beuvier 等（1997）指出，用生乳微生物群制成的瑞士型奶酪，其蛋白质水解更广泛，丙酸发酵活性更强，从而产生更明显的风味。研究证明一些非发酵型乳酸菌具有脂肪水解（El-Soda 等，1986）或酯化（Piakietwiecz，1987）活性。Williams 和 Banks（1997）发现，

从切达干酪中分离出来的非发酵型乳酸菌具有酯酶活性，其对含有短链脂肪酸的甘油三酯的活性最强，这表明非发酵型乳酸菌切达干酪对于成熟过程中脂肪酸的释放可能有促进作用。

一些研究者证明了牛奶内源微生物菌群的重要性以及巴氏杀菌法使内源微生物数量减少甚至消除的结果：Andrews 等（1987）发现，牛奶内源脂肪酶在巴氏杀菌后几乎完全灭活（72℃，15 s）。McSweeney 等（1993）发现在生产切达干酪时，生乳中非发酵型乳酸菌产生的水解酶更加多样化，这对于切达干酪十分重要。在瑞士奶酪中，Demarginy 等（1997）强调了“根据牛奶的来源确定其具体的内源微生物菌群”，Beuvier 等（1997）指出，“生乳奶酪中存在更多的兼性异源发酵乳酸杆菌、丙酸杆菌和肠球菌。”

Genigeorgis 等（1991）对抗菌性问题进行了研究。从他们的数据可以看出，一些乳酸菌，特别是那些产生细菌素或类细菌素物质的乳酸菌，在培养基和发酵乳中能抑制单核细胞增生李斯特菌的生长。Messens 等（2003）认为细菌素的灭活率会随着温度的升高而增加，这可能是由于蛋白酶活性提高或是一种更显著的细胞——细菌素或是细菌素—细菌素相互作用结果。Suma 等（1998）指出，热稳定性细菌素具有抑制多种细菌（包括革兰氏阳性和阴性食物中毒细菌和腐败细菌）的能力，是食品生态系统中的生物防腐剂。

9.3.2.2　生奶酪和巴氏杀菌奶酪的风味

味道和香气是奶酪的重要特征，它们是消费者购买时选择奶酪的重要标准。奶酪典型的风味是由脂肪水解、蛋白质水解以及发酵剂菌种和非发酵菌种进一步降解氨基酸引起的。低分子量肽和游离氨基酸的浓度对奶酪风味有很大影响（Lowrie 和 Lawrence，1972）。这些蛋白质水解产物或是直接风味物质（Visser，1993），或是作为风味化合物合成的前体。此外，游离脂肪酸的浓度，特别是短链游离脂肪酸的浓度，决定了奶酪的风味特征（Kanawjia 等，1995）。

研究发现，巴氏杀菌奶酪的游离脂肪酸水平始终低于生乳奶酪：巴氏杀菌后，切达奶酪的脂肪水解率降低了 50%（McSweeney 等，1993）；Manchego 奶酪的脂肪水解率降低了 38%（Gaya 等，1990）。

一项研究探究了由生乳、巴氏杀菌乳（Pa）和添加 1%（PR1）、5%（PR5）和 10%（PR10）生乳的巴氏杀菌乳分别制成的切达奶酪成熟期的变化差异，Rehman 等（2000）的结果表明，生奶酪、PR10、PR5 和 PR1 奶酪的脂肪分解率明显高于 Pa 奶酪。生牛乳中的脂蛋白酶（LPL）和非发酵菌种产生的脂肪酶可能是导致 PR1、PR5、PR10 和生乳奶酪中的游离脂肪酸（FFAs）水平高于 Pa 奶酪的原因。而值得注意的是，在该试验条件下，只有添加 1%的生乳组生产的切达奶酪与纯巴氏杀菌乳生产的切达奶酪的结果有显著差异。

Delores（2010）等研究了巴氏杀菌对 7 种法国干酪（Brie，Coulommier，Camembert，San Nectair，Muenster，Chevre，Blue）风味特性的影响，他们发现巴氏杀菌奶酪的风味特征与生奶酪具有一定的差异。进一步证明，无论哪种奶酪更好，生乳奶酪都不同于巴氏杀菌奶酪。

Goméz-Ruiz 等（2002）观察发现，手工 Manchego 奶酪和工业 Manchego 奶酪成熟过程中游离脂肪酸含量存在差异。成熟末期，手工 Manchego 奶酪样品中的游离脂肪酸含量远高于工业 Manchego 奶酪样品。

作者进一步研究发现，手工 Manchego 干酪和工业 Manchego 干酪（成熟 2 个月时）的风味具有显著差异，手工样品的“刺激性气味、盐味、酸味、辛辣味和干草气味”强度较高而工业奶酪的“牛奶和黄油”的气味强度较高。成熟 12 个月时，两种类型的 Manchego 奶酪上的挥发性化合物显示出更显著的差异，其中手工 Manchego 奶酪的挥发性物质含量更高。

Horne 等（2005）对比了由生牛乳和巴氏杀菌乳制成的两种 Piacentinu Ennese 干酪的挥发性化合物，发现生乳 Piacentinu Ennese 奶酪含有的挥发性有机化合物种类更多，尤其是萜类化合物，并且除了水果香味，其他类香味强度都显著高于巴氏杀菌奶酪：包括青草味、花香味、丁酸、蘑菇味、烘烤味、干草味，辛辣味和腐败味。

Hayaloglu 等（2007a）研究发现，生牛乳制成的 Malatya 奶酪（一种农家 Halloumi 干酪）与巴氏杀菌乳制成的 Malatya 奶酪相比，含有较高水平的酸、酯、内酯和较低水平的醛类和硫化合物。他们还研究了凝乳的热烫温度（60℃、70℃、80℃或 90℃）对奶酪挥发性成分的影响。结果表明，与凝乳的热烫温度相比，巴氏杀菌对奶酪挥发性成分的影响更大。

生乳奶酪通常比相应的巴氏杀菌奶酪具有更强烈的风味（Lau 等，1991），并且能够更快地成熟到最佳风味。这些结果也在 Awad（2006）对埃及 Ras 奶酪研究中得到证实，该奶酪是用牛乳和水牛乳（80：20）混合制作的，分别采用生乳或巴氏杀菌乳（63℃/30 min）进行生产。作者观察到，在整个成熟过程中，生乳奶酪中水溶性氮的增加率、游离氨基酸和游离脂肪酸的含量都高于巴氏杀菌奶酪。在成熟期为 60 天、120 天和 180 天时，生乳奶酪在风味强度、风味和质地可接受性方面都比巴氏杀菌奶酪的得分更高，但这两种成熟奶酪都被认为是可接受的，他们的风味强度随成熟期的延长而增加。用巴氏杀菌乳制成的成熟奶酪中，没有发现典型的 Ras 奶酪风味。这可能是它的游离氨基酸、游离脂肪酸和短链游离脂肪酸含量都相对较低的原因（Kanawjia 等，1995）。

9.3.3 传统生产设备

从史前时代起，农民和奶酪制造商就开始使用天然材料制作的工具收集、转移牛乳及使干酪成熟。大多数手工奶酪都是由农户家庭生产的，他们避开了资源有限和不太受欢迎的地区。那时的奶酪制造商也不得不适应自然提供给他们的设备和场地。木材作为工具与食物直接接触已经安全使用了几个世纪，在奶酪和葡萄酒的传统生产中木板和木桶是必不可少的。

木材表面不规则（裂缝、裂纹等）且具有较高的孔隙率，在不同国家实施的卫生标准的要求之下清洁木制工具是相对困难的。但是一些科学研究表明，木材在另一方面提供了更大的清洁保证，至少是不低于塑料和不锈钢的清洁度。然而，也有人反对木制工具直接接触食品，因为木材通常被认为不如其他工具材料光滑或合成材料卫生。但到

目前为止，基于生产、储存和应用的卫生标准考虑，没有证据表明木材的正确使用引起了任何食源性疾病（Lortal 等，2014；Aviat 等，2016）。

木制工具的使用是蕴含着大量的科学知识。木材的表面存在着一个复杂的生物膜系统，它是由数百个物种、克隆生物和菌株组成，是生物多样性极好的例子（LigITRA 等，2007；Mariani 等，2007；Lulal 等，2009）。因此，如果没有明显的风险或法律强制规定，只要在巴氏杀菌乳中加入适当的发酵剂（微生物很少）就可以解决问题，不需要用金属或塑料材料来代替木制工具。

人们不能单纯地认为传统设备（来自木材或其他天然材料）是简单的容器或不重要的机械工具而轻易地替换他们，因为它们是生产传统奶酪所需生物多样性因子的最重要来源之一。用聚丙烯、高密度聚乙烯或不锈钢等其他材料替换木制或天然器皿，会改变奶酪的特性，影响其传统的风味和质地（Galinari 等，2014）。

木制工具通过其表面覆盖的微生物膜将生牛乳和奶酪联系起来。在过去的十年里，人们主要研究凝乳使用的木桶和奶酪成熟用的木架。研究证明了木桶和牛奶（固体和液体）以及木架和干酪（固体和固体或半固体）之间存在有效的相互作用，在稳定的 pH 值和环境湿度下，这种相互作用可以持续数周甚至数月。

Licitra 等人对意大利 Ragusano PDO 奶酪（Licitra 等，2007；Licitra 等，2009）、Vastella della Valle dl Belice PDO 奶酪（Scatassa 等，2015）、Caciocavalo Palermitano 奶酪（Settanni 等，2012；Di Grigoli 等，2015；Scatassa 等，2015）以及法国 Cantal 和 Salers 奶酪（Richard，1997；Didienne 等，2012）所用木桶上的生物膜进行了研究。在所有这些研究中，研究人员从木制工具上的生物膜能快速高效地将理想的乳酸菌和熟化细菌接种到牛奶中（几分钟内），有助于提高牛奶的酸化效果和最终奶酪特性，且对于奶酪成熟也是安全的（Lortal 等，2014）。此外，研究结果还发现不同干酪之间、同种干酪之间以及不同木制容器生物膜上的微生物多样性程度都很高，这些生物多样性也印证了产品原产地的显著特征。

奶酪生产者从锯木厂挑选木架子时非常谨慎。木材本身具有一定的吸湿性，会因温度和环境湿度的变化而保持或失去水分。木材必须正确地干燥（含水量 15%~18%），不应该对木材进行化学处理，在自然环境条件下干燥可能需要 3~5 个月。如果木架太潮湿，奶酪表面容易被霉菌（有时也可能是荧光假单胞菌）污染。如果架子太干，会使得奶酪的外皮又厚又硬，还可能出现红色的污染（沙雷菌的污染）。

木架有两种不同的作用：一种是与奶酪表面的微生物生态有关，另一种是与奶酪表皮之间的氢化物交换及窖内空气湿度有关。这两个因素都会影响奶酪正常外皮的形成及其表面的微生物生态（Lortal 等，2014）。一些研究者对比了用于成熟 Reblochon de Savoie PDO（Mariani 等，2007）、瑞士奶酪（Schuler，1994）、土耳其 Kulek 奶酪（Dervisoglu 和 Yazici，2001）的木架，并对木架生物膜的微生物特点进行了研究。此外，从奶酪流到货架的水也携带营养物质、微生物和抗菌成分（Miller 等，1996；Schulz，1395；Lortal 等，2014）。

有几类化合物被研究最多：酚类、木脂素、单宁、二苯乙烯、类黄酮和萜类

(Pearce, 1996)。Dumont 等 (1974) 和 Bosset 等 (1997) 证明了牛奶与木材接触后，奶酪中会产生特定的挥发性化合物，特别是萜类物质。萜类物质对细菌有抗菌作用，但这些作用是抑菌作用还是杀菌作用尚不清楚 (Mourey 和 Canillac, 2002)，这通常取决于抗菌成分和微生物菌株的浓度。

从西西里岛生产 Ragusano PDO 干酪的不同农场里找到 15 个以上的木桶并对木桶上存在的病原菌（李斯特菌、沙门菌、大肠杆菌 O157 和金黄色葡萄球菌）进行了分析。除了金黄色葡萄球菌存在非常低水平的污染（只有在通过 BAX 系统富集后才能看到），其他病原菌在木桶生物膜上都没有检测到 (Lortal 等, 2009)。很多假说都能解释木材对病原体的抵抗力，首先是这一结果与许多其他阳性生物膜的研究结果一致：木桶的 pH 值低于 5.0；制作 Ragusano 干酪的温度循环包括的加热步骤（即使温度不超过 45℃）；与阳性微生物群存在的营养竞争；优势物种嗜热链球菌也能产生细菌素 (Fontaine 和 Hols, 2007)。最后，刷洗也可以减少牛奶病原体在木桶生物膜表面的潜在黏附。所有这些因素结合在一起可以对病原体形成有效的屏障。

在制作 Cantal 奶酪的 10 个格尔木桶中完全没有检测到病原体。当木桶与被高浓度李斯特菌和葡萄球菌污染的生乳接触后 (Didienne 等, 2012)，木桶生物膜上仍然没有检测到病原体。

Mariani 等 (2011) 研究了干酪成熟所用木架上单核细胞增生李斯特菌的变化特征。比较了自然木样和高压灭菌处理木样在清洗干燥后的菌数，以及自然木样在经过两次干酪成熟清洗前的菌含量。根据单核细胞增生李斯特菌在木架子上接种后的表现，筛选出抗性最强和最弱的两株李斯特菌。在货架上内源微生物菌群存在的情况下，在所有测试条件下，15℃培养 12 天后，单核细胞增生李斯特菌数量保持稳定，甚至减少到 2 $\log_{10}$ CFU/cm^2。相反，当木桶生物膜被加热灭活（高压灭菌）后，单核细胞增生李斯特菌的数量增加到 4 $\log_{10}$ CFU/cm^2，这表明木架上的生物膜对单核细胞增生李斯特菌具有抑制作用。Mariani 等 (2011) 发现，在成熟的试验条件下，木质成熟架上的微生物生物膜显示出稳定的抗李斯特菌性能。以上研究结果表明，木架子上生物膜对病原菌增殖的生物控制作用保证了传统成熟干酪的微生物安全性。

最近 Scatassa 等 (2015) 在对西西里岛 Caciocavalo Palermitano 和 Vastedda della Valle del Belıce PDO 两种奶酪的研究中得出结论，木桶微生物群通过乳酸菌的生物竞争活性和对病原菌尤其是单核细胞增生李斯特菌的抑制活性，为实现食品安全方面发挥了积极作用。

20 世纪 90 年代以来，人们对木材及其微生物状况进行了大量的科学研究，主要研究了清洁、消毒、含水率和木材特性对微生物存活和转移的影响。Aviat 等 (2016) 根据 86 份国际参考文献发表了一篇有趣的综述，证明了木材的多孔性，尤其是与具有光滑表面的材料相比，对食品工业中所用材料的卫生安全无关，但微生物菌群状态是其优势。

世界各地传统木质器的使用后清洁程序是用热水或热脱蛋白乳清（由乳清干酪生产而来）刷洗，之后进行充分的干燥 (12~24 h, ACTIA, 2000; Lortal 等, 2009)。西

西里干酪制造者将装满脱蛋白乳清的木桶放置过夜，第二天早上再用于干酪加工（scatasa 等，2015）。木桶清洗后表面呈酸性，pH 值为 4.5~5.0，底部 pH 值最低。木桶表面的低 pH 值可能与其表面乳酸菌的乳酸产生有关。Aviat 等（2016）认为，木材代表了对消费者具有吸引力的生态理念（Gigon，Martin，2006；FEDEMCO 和 Partner Espana S. A. 2002），这些都使人们对用于食品包装的木材产生了新的兴趣。显然，木质包装和木质工具对许多食品最终的质量、安全和加工特性具有积极的贡献。

从调查的文献来看，木桶和木架作为微生物多样性的贮存器对奶制品的最终质量、安全性和加工特性起着重要作用。此外，木材表面形成的天然生物膜是安全的，能够抑制和限制病原菌的植入，其机制还需进一步研究。研究证明木材作为一种调节奶酪和酒窖湿度的工具，很难被任何其他合成材料所取代。它在奶酪的氢化物平衡和干燥过程中起着重要的作用，对奶酪外皮上的微生物生态系统的发展也至关重要，就这种能力而言任何其他类型的货架材料都不能与之相比。

木材并不是手工奶酪生产所用容器的唯一材料。在伊朗阿尔达比勒省，传统的全羊皮容器（Motal）被用来生产 Motal Paniri 奶酪。它在伊朗霍拉桑被称为 Khik，用于生产伊朗北部的 Panire Khiki、Panire Assalem 和 Tavalesh 奶酪。Tulum 也是由山羊皮制成的一种传统的容器，用于生产土耳其的 Tulum Peyniri 奶酪。另一种传统的容器是一种类似于陶罐的特殊陶器叫 Kupa，它有一个很大的嘴，用于制造一些特殊的奶酪，如 Kupa Paniri、Jjikhli Panir、Penjarli Panir、Zirali Panir 和 Panire Koozei 奶酪。一个相似的陶罐被用来生产土耳其的 Testi Peynir 或 Carra Peynir（Jarra Peynir）奶酪。还有一些工具也被用来收集凝乳，如碗、上面放置一层布的弹性金属架子等。

9.3.4 地窖和其他成熟环境

尽管在世界各地传统的奶酪成熟工艺中使用地窖是非常普遍的做法，但与工业生产使用的制冷系统相比，却没有大量的科学文献予以证明不同自然环境的特殊性以及在其中发生的经验过程。传统奶酪生产的这一重要工艺步骤还需要进一步研究。

在少数的科学著作中，我们报告了一些关于“Formaggio di Fossa di Sogliano PDO”奶酪成熟所用地窖的研究结果。Avellini 等（1999）通过试验比较了制作 Formaggio di Fossa 奶酪不同的成熟模式：工厂成熟和地窖成熟。地窖成熟的奶酪与工厂成熟的奶酪具有显著差异。与工厂成熟的奶酪相比，地窖成熟的奶酪质地相对较软，但比工厂成熟的奶酪湿度大、更咸、味道更酸、更刺激，香味更浓。化学分析表明，地窖成熟的奶酪含水量、非酪蛋白、非蛋白氮、游离氨基酸含量、游离氨基酸组分和游离脂肪酸组分与工厂成熟奶酪都存在显著差异。微生物分析表明，不同成熟方式的干酪中乳酸菌和非乳酸菌的数量和分布没有显著差异。地窖的环境条件加上地窖成熟奶酪表面存在的霉菌，可能是形成 Fossa 奶酪独特的化学和感官特征的原因。

Gobbetti 等（1999）对 Fossa 干酪进行了微生物和生物化学分析，结果十分有趣，所有的 Fossa 奶酪似乎都有几个共同的特点：没有卫生风险；在成熟期选择非发酵型乳酸菌（NSLAB），发酵型乳酸菌（LAB）存活率很低；蛋白质分解程度非常高；游离氨基酸浓度非常高而使得风味物质增加；中等程度的脂肪水解；在牛或牛和羊的混合奶生产的奶酪中这些特征更加明显。

Massa 等（1988）对 Fossa 奶酪卫生质量研究时认为 Fossa 奶酪的安全性是令人满意的。Barbieri 等（2012）也证实消费者食用 Fossa 奶酪不存在卫生风险。Barbieri 等还发现 Fossa 干酪中存在的植物乳杆菌、干酪乳杆菌、副干酪乳杆菌、鼠李糖乳杆菌、发酵型乳酸菌以及所有的非发酵型乳酸菌（NSLAB）共同构成了 Fossa 干酪的微生物多样性。尽管地窖环境的微生物多样性很高，但传统的成熟 Fossa 干酪的真菌菌群主要是青霉和曲霉，这表明这些菌株更能适应地窖中特定的环境。

Hayaloglu 等（2007b）对比了山羊皮袋和塑料容器等熟化容器对 150 天成熟期内的 Tulum 奶酪的化学成分、生物化学变化、微生物和挥发性成分的影响。与其他成熟容器材料相比，山羊皮袋中成熟的 Tulum 奶酪具有独特的化学、微生物和感官特性。有研究者认为，与塑料容器相比，羊皮袋的多孔结构和较低的微生物数量使奶酪的含水量下降更多。Hayaloglu 等发现，在皮袋或塑料袋中成熟的奶酪具有相似的香气物质组成，但某些成分的浓度有所不同，有几种挥发性成分的含量存在显著差异。此外，山羊皮袋比绵羊皮袋更适合作为奶酪的包装材料，因为它的结构更坚固。

9.4 消费者视角

Kupiec 等（1998）在他们的研究中回答了“消费者为什么选择手工奶酪?”他们指出奶酪的总体“质量”和“风味”是影响消费者购买奶酪最重要的原因，其次是手工奶酪的“优势”以及“与工业奶酪的区别”。特别是与稳定、缺乏想象力的工业批量生产的奶酪形象对比时，奶酪的“手工艺”“手工制作”和“农家”特点可能会对消费者的选择产生越来越大的影响。

Almli 等（2011）在关于“六个欧洲国家（比利时、法国、意大利、挪威、波兰和西班牙）对传统食品的总体形象和属性认知”的研究中发现，传统食品（包括奶酪）在整个欧洲具有一致的正面总体形象，其中西班牙和波兰得分最高。作者认为，传统食品拥有正面形象是因为它既能提供感官体验，又能满足生产系统的伦理关怀。作者还发现感官特性与便利性和购买特性（外在特性）呈负相关。该结果与下述两个研究结果一致，Chambers 等（2007）发现消费者对于购买方便食品持有消极的态度，表明本地食品消费量较低；Pieniak 等（2009）指出方便食品会阻碍传统食品的消费。所有研究都指明传统食品具有令人满意的感官、健康和道德特性，但购买欲望和便利性较弱。与所有国家一样，传统食品的正面总体形象与高质量、耗时和昂贵的成本显著相关。当欧洲样本作为一个整体进行研究时，额外的属性可以显著提升传统食品的正面总体形象：特殊的味道、良好的外观、稳定的质量、健康、安全、高营养价值、不易生产和购买。此外，Almli 等（2011）的研究结果证明，欧洲消费者在生产和购买传统食品的过程中，为了享受其特定的口味、质量、外观、营养价值、健康和安全，在一定程度上可以接受一些不便利。进一步研究结果表明，这些不一定是传统食品的最典型属性，

但却是最有价值的属性，且有助于形成传统食品的正面总体形象。最后，他们的研究结果还表明，传统食品的节日消费最有力地塑造了传统食品在欧洲消费者心目中的总体形象。

Reed 和 Bruhn（2003）开展了一项研究，收集了有关特色奶酪消费者购物习惯和意见的信息，这将有助于奶酪制造商针对其消费市场制定成功的市场战略。他们通过电话调查、集体访谈和店内消费者对销售点商品评价的方式进行研究。集体访谈要求参与者在表格上对与食品生产和购买有关的若干社会政治因素的重要性进行排序，例如潜在的健康效益、可持续和有机农业、当地生产的食品以及直接来自农场的食品。结果表明所有的社会政治因素都在影响特色奶酪的购买。所有被关注的参与者对这些因素的平均反应都是“非常重要和重要”：94%的人选择“潜在的健康益处”，79%的人选择“直接来自农场”，71%的人选择“有机农业”，68%的人选择“本地生产的食品”，65%的人选择“可持续生产”。2007 年，西西里岛的消费者调查（933 次访谈）也发现了类似的结果，结果表明消费者购买奶酪排名前七的标准是食品安全、天然成分的使用、产品的健康特性、当地产品、PDO 命名、手工生产和典型风味（Pasta 和 Licitra，2007）。

加利福尼亚关注人群访谈中（Reed 和 Bruhn，2003），94%的参与者认为“购买对健康有潜在益处的食品”是他们选择购买奶酪的标准，53%的人认为这非常重要，41%的人认为这是重要的，但他们主要关心的是奶酪是否含抗生素和激素；同时也表示他们更喜欢在牧场上饲养的动物。被关注的人群对食品安全的调查结果与电话调查一致。大多数特殊奶酪消费者并不担心与食用生乳奶酪相关的潜在健康问题，那些选择购买生乳奶酪的人通常认为巴氏杀菌奶酪没有丰富的味道，或许他们认为生乳奶酪的制作过程更为自然或传统。

此外，在 Reed 和 Bruhn（2003）的研究中，提供给参与者的社会政治问题清单中没有包括产品质量或新鲜度的问题。然而，所有小组对其对社会政治因素的评论都认为产品实际的质量和新鲜度比有机、可持续、本地生产等因素更重要。特殊奶酪消费者可能会尝试支持有机或当地生产，但不会以牺牲质量、新鲜度或风味为代价。

在法国，民意测验调查所 Sofres 在都市中对 3 000人做了关于“les Français et le fromage”的调查，调查结果表明，36 岁以上的成年人（代表 36%的样本）对奶酪的偏好基于以下标准：质量、PDO 认证、可持续性和自然性，年轻人寻找功能性产品，更注重价格和便利性。

West 认为：“近年来生乳奶酪市场的不断扩大是因为消费者希望食品行业具有更好的可追溯性和产品责任感。其必然结果是生乳奶酪制造商的生存需要依靠良好的声誉”（West，2008）。

Guerrero 等（2009）为了确定传统食品特点的重要性，研究了传统产品在包装、便利性、营养和感官特性方面的创新接受程度。研究发现，消费者对包装和方便为导向的创新是接受的，但前提是他们不改变产品的基本内在特征。此外，他们不接受对传统食品感官品质的改变，如改变口味（Guerrero 等，2009）。这也与 Vanhonacker 等（2010）的研究结果一致，他们发现欧洲传统食品消费者更喜欢保持传统食品真实性和可追溯性并提高其保质期的创新，但拒绝可能影响产品感官特性和真实性的创新（Almli 等，2011）。

Guerrero 等（2009）在一项跨文化定性研究中强调，传统食品是欧洲文化、特性和遗产的一个重要组成部分（Committee of the Regions，1996；Ilbery 和 Kneafsey，1999），传统食品的存在有助于农村地区的可持续发展，保护它们不受人口减少的影响，为生产商和加工商带来巨大的产品差异化潜力（Avermaite 等，2004），同时也为消费者提供丰富的食品选择。

9.5 手工生乳奶酪在社会、文化和经济中的重要性

世界上有数百种传统奶酪。2011 年世界家庭农业大会（World Conference of 2011）表示，"家庭农业因其经济、社会、文化、环境和领土方面的特征功能而具有战略价值。妇女和从事家庭农业的男子生产了世界上 70%的食物。家庭农业是实现以食品安全和食品主权为目标的可持续食品生产、土地环境管理、生物多样性以及保护农村和国家重要社会文化遗产的基础。"

传统产品与其原产地有很强的联系，它是对其原产地历史、文化和生活方式的见证，世代相传，大多是口口相传。传统奶酪是人力资源、农村社区文化和自然共生互动的独特表现（Licitra，2010a）。即使在 21 世纪的欧洲，大多数传统奶酪都是在不太受欢迎的地区（包括大部分 PDO 奶酪）生产的，而在这样的环境下，牲畜和农业往往是土地唯一的利用方式。如果在全球化时代下"全世界治理"无法阻止农村人口的外流，也无法满足他们的工作和住宿的需求，就会使地球自然资源的保护受到损害。因为处于不利地位的农村地区（如山区、高山、发展中国家）的农民发挥着保护环境的作用，包括保护自然资源、减少水土流失、减少森林砍伐和荒漠化以及保护动植物多样性。

在全球化时代，发达国家里数以百计的手工产品必须与工业产品共存和竞争。生产这些产品的大型股份公司通过大规模生产，为在全球化压力下没有时间准备食物而依赖于快餐的消费者提供营养，他们一般选择即食和 IV-V 的产品，50%以上的餐食消费都不在家里，并利用这些时间进行许多日常活动（如快餐）。

手工产品是在小农场（家庭农场）小批量生产的；它们的生产者在与拥有强大分销和产品推广能力的跨国公司的竞争中存在巨大的困难，因为大公司的产量背后有传统制造商无可比拟的财力作为支撑。事实上，手工产品更适用于在家庭、当地市场、专卖店等一些短期分销渠道进行销售。手工产品的存在与其卓越的质量、其代表的生产经验、其蕴含的古老文明以及与自然之间强大而直接的联系密切相关，而这种关系也使得发达国家中一些意识到自己有可能失去价值观和最初需求的消费者追求一种更有品质的生活方式。

在自然系统中诞生的手工生产是一种可持续的农业，也有助于尊重和保护地球的自然和环境资源。因此，它不仅需要消费者的支持，还需要媒体、舆论引导者和政治家的支持。传统产品的保护不仅是一种经济上的"食物挑战"，而且是一种社会、文化、环

境的“食物挑战”。试想，目前在世界上大约50%的人口仍生活在农村地区（特雷卡尼百科全书的地理地图集），食物是在没有特殊设备和冷链的工艺条件下利用当地资源和人类创造力生产出来的，几个世纪以来，这些食物养活了数十亿人。

9.6　世界上发酵牛奶和传统奶酪的案例

下面列出了一些与原产地和人类创造力紧密联系的发酵牛奶和传统奶酪的案例，它们的发现具有一定的随意性，有些不仅因为它们的经济相关性，还因为它们确定了原产国，如 Parmigiano Reggiano PDO、the Beaufort PDO 和 the Queso de la Serena PDO。

这数百种传统产品生产过程的特殊性，使得这些产品很难甚至不可能在工业水平上进行生产。其关键因素在于生产者的经验、控制自然成熟过程中的经验方法以及其与环境条件的关系的不断变化，甚至在单个奶酪制作过程或成熟过程中也是如此。

9.6.1　天然发酵奶制品

如今，全世界约有 5 000 多种发酵食品，他们是人类创造力和本土文化的珍宝（如面包、奶酪、腌肉、发酵蔬菜、葡萄酒、啤酒）（Tamang 和 Kailasapathy，2010；Salque 等，2012；Yang 等，2014）。

所有供人、动物或植物食用的原材料在环境微生物的影响下都会变质。人类一直在与微生物作斗争，以保护收获或猎杀得到的新鲜食物原材料，但是随着保存时间的延长这种保护会变得很艰难。它们不仅可能被破坏、损失，而且内部还可能隐藏着危险的细菌。人类利用他们的五官和天赋，通过观察和简单工艺能够在其演变中选择和引导食品中存在的微生物用于保持食品的稳定性。发展出的发酵相关经验知识不仅延长了新鲜原料的保质期，而且使其免受（至少部分免受）不期望细菌之害，还可以使最终产品的风味和外观多样化。这些都发生在10 000年之前，那时还没有任何关于微生物存在和使用其改善风味的意识，这远远早于巴斯德在 1865 年确认微生物的存在和作用。

在发展中国家，高地地区的日平均气温较低，为 15～17℃，而在半干旱和干旱地区平均温度较高，为 35～40℃。高环境温度加上普遍缺乏冷藏设施，意味着原料奶往往含有很高的细菌数，原料奶会在 12～24 h 变酸。发展中国家用于牛奶生产的卫生标准很低，牛奶质量也很差。因此发酵乳是在制作传统奶制品中控制腐败菌和一些致病菌生长最常用的方法。

采用牛奶自然发酵作为储存系统，是在可食用发酵乳品的制备和产品制备的中间酸化阶段最重要的手段。乳酸发酵的品质不仅会影响产品的保质期，而且会影响最终产品的质量和相关特性。

Licitra（2010b）研究了来自东非（占 26.4%）、非洲中西部（占 23.3%）、中东（占 19.4%）、北非（占 14%）和南亚（占 13.2%）的 129 种奶制品，并介绍了其加工牛奶的主要生产系统。在本次调查中，发酵奶制品是发现最多的一类，占产品的 30%，其次是黄油和澄清黄油（20.9%）、软奶酪（20.2%）、半硬奶酪和硬奶酪（20.1%，其中6.7%是晒干的）和甜乳制品（6.7%，主要发生在印度向乳中添加糖）。有趣的是，有些产品是用最古老和自然的方法（在阳光下干燥）储存的，如Lakila奶酪（Marocco）、Gapal奶酪（Burkina Faso）、Gashi奶酪（Mali）、Takumart奶酪（Niger）、Wagashi奶酪（Benin）。

总的来说，在发展中国家，酸凝乳（酸醇凝乳和酸热凝乳）是迄今为止应用最广泛的工艺（44.4%），在研究的129种奶制品中有58种应用了这种工艺。除液态奶制品外，酸乳是当地农村家庭生产不含盐黄油、酥油和凝乳的基础。在被研究的这些奶制品中有31种奶酪（23.3%）用动物凝乳酶生产，而只有3种奶酪利用植物凝乳酶生产（占2.3%）。

天然发酵乳在世界范围内被广泛接受，普及范围甚至超过了高加索各国最著名的开菲尔酒和中亚各国最著名的马奶酒，一些发展中国家也开始进行仿制，许多国家的家庭也在日常饮食中有更多的选择。Licitra（2010b）报道了一份发酵牛奶清单：Akile、Nukadwarak、Ambere、Iria Imata、Mariwa，肯尼亚的Mazia Maivu和Kamabele；坦桑尼亚的Maziwa和Mgando、Amacunda、Sawa；刚果（金）的Ikuvugoto和Mabisi；津巴布韦的Amasi和Umlaza；印度的Dahi和Lassi；马里的Kadam；布基纳法索的Nono Koumou；喀麦隆的Pindidaam；乍得的Raib和Rouaba；苏丹的Roab；索马里的Fadhi和Suusac；叙利亚的Shenglish。所有这些发酵食品都是在没有特殊设备和冷链的家庭中生产的。将其制成一种健康和清爽的饮料，也包括凝乳分离后制成可饮用的乳清，有利于在高温下（尤其是在干旱地区）保持牛奶的质量。

全球化正迫使很多产品走向工业化，酵母的添加将很快成为必不可少的选择。然而，在世界的大部分地区，非洲、印度和亚洲的部分地区，传统手工产品仍然存在。即使在发达国家，向世界各地出口高度标准化的工业发酵食品，同时也存在许多各种各样的小规模的天然（传统）发酵产品，通过一些较短的销售渠道进行销售。

9.6.2 传统奶酪

9.6.2.1 Roquefort PDO

Roquefort是法国蓝纹奶酪中最著名的一个，它以Roquefort的小村庄命名，Roquefort位于法国阿维隆地区奥弗涅和朗格多克之间的一座白垩山上，名叫库巴洛。

这座山的部分坍塌是由史前时期一系列地震和山体滑坡（水土流失）造成的。这些地质灾害发生了三次，第三次灾害发生后在废墟中打开了一系列洞穴。这些洞穴中的垂直断层和裂缝可以提供自然通风，被称为“Fleurines”。这些裂缝或风孔可能高达100 m，将洞穴与外界相连。这些洞穴内部就形成了一个环境稳定在9℃和95%相对湿度的巨大储存区域（Aussibal，1985）。

Fleurines全年的温湿度保持恒定，因为当洞外温度较高时，洞穴向里、向下吸入空气，当洞内温度升高时，洞穴向上和向外吸入空气（http：//www. paxtonand whitfield. co. uk/roquefort. html）。

关于Roquefort干酪有一个传说。某天黄昏时，一个牧羊人发现远处有一个美丽的

女孩。他下定决心要找到她，就留下狗看守羊群，匆匆地把午餐（面包和羊奶酪）放在附近的 Combalou 山洞里冷藏。牧羊人离开了好几天去寻找那位少女，但不幸的是，他没有找到她。之后他垂头丧气地回到羊群前，又累又饿。当他去山洞里吃午饭时，发现面包和羊奶酪都发霉了。但由于饥饿感越来越强烈，经过短暂的犹豫后，他有些惶恐地咬了一口，却惊喜地发现，发霉的午餐味道相当鲜美！这都是 Roquefort 青霉菌的功劳，Roquefort 干酪也由此诞生。这种蓝纹奶酪被称为“奶酪之王”，被认为是法国最著名的奶酪。

Roquefort 只能由拉卡恩羊的生乳制成，拉卡恩羊除冬季外以草、饲料和谷类为食，而且必须放牧。霉菌可以添加到凝乳中，也可以在干酪成型 8 天后用针穿刺接种到白色奶酪中，排出发酵中产生的二氧化碳，引入充满孢子的空气。传统提取霉菌工艺是把面包放在洞穴里 6~8 周直到面包完全被霉菌消耗，将该面包干燥后制成粉末作为霉菌发酵剂。在现代，这种霉菌可以在实验室里培养，这样可以使产品的一致性更好。Roquefort 以其刺鼻的气味、独特的蓝色纹路以及其独特的生产工艺而闻名，这是一种白色、易碎、质地略湿润的奶酪。

在欧洲，Roquefort 奶酪是法国的第一个受益于 1925 年原产地认证保护的奶酪，1979 年它得到 AOC（Appellation d’Origine Contrôleé）注册认证，1996 年得到 PDO 认证保护。

9.6.2.2 Formaggio di Fossa di Sogliano PDO 奶酪

Formaggio di Fossa di Sogliano 奶酪在意大利的埃米利娅·罗曼尼亚和马尔凯地区生产，在亚平宁山脉的山脊和山丘，有一种叫作“Fossa”的深坑。2009 年，Formaggio di Fossa di Sogliano 奶酪因为这种传统深坑中独特的奶酪成熟工艺而获得了欧洲的 PDO 认可。

这种深坑的传统是从中世纪开始引入的，很快它就成为鲁比肯和马雷基亚山谷之间的地区一直到埃西诺河、罗马格纳和马尔凯地区乡村文化的一部分。深坑的使用是为了保存物品不受到其他部落和军队的袭击，几个世纪以来这些部落和军队一直试图占领这片地区。

据传说，这种特殊的奶酪成熟的深坑完全是偶然发现的。大约在 1486 年，法国人打败了阿拉贡国王阿方索，他带着军队来到福尔利地区，并且得到了的其首领吉罗拉莫·利拉奥的款待。但是福尔利的资源不能长期保证军队的供应，他们很快就开始掠夺周围居民区的食物。这些居民为了自卫，就养成了在坑里藏食物的习惯。等到 11 月，军队离开，掠夺行动结束，农民们就挖出藏起来的食物，但是偶然发现奶酪的感官特性已经发生了改变，并且比原本的感官品质更好。

人们挖掘这些“Fossa”坑时，在岩石上留下了一些粗糙的痕迹，从地质学上讲，深坑里的物质由砂岩烃源岩、含黏土的沉积物、沙子组成或由它们交替组成，这属于上新世和第四纪洋流的沉积物。它们有一个很高的入口，宽度在 70~120 cm。

Fossa 奶酪的生产必须是由全脂牛奶（最多 80%）和全脂羊奶（最少 20%）混合而成。在传统工艺中，Fossa 奶酪是由生牛乳制造而成。但是，最近有人也开始使用杀菌奶进行 Fossa 奶酪的生产。动物是由当地天然牧草（富含多种植物如草本植物、灌木和乔木）喂养或者使用从 PDO 奶酪起源地草地收集的主要含有草和豆类的植物作为饲料喂养。

简而言之，它是一种半硬奶酪，没有外皮，表面呈稻草的黄橙色或象牙色。随着时间的流逝，奶酪会变得富有浓郁的味道和强烈的气味，类似灌木、木头、松露、麝香和香草的味道，还包括蘑菇、煮过的栗子、矿井和奶酪布的味道。它的风味独一无二，并且味道开始有甜味之后有些微辣。

奶酪成熟的过程可以分为两个阶段。在第一阶段，在奶制品厂附近温度为 10~15℃，湿度为 70%~85%的地方，成熟 60~70 天。第二阶段，索格里亚诺地区 Fossa 奶酪独特风味形成的真正原因与使用深约 3 m 的古坑（烧瓶状）用于奶酪的厌氧成熟有关。用不同数量的密封布袋收集奶酪并储存在坑中，专家称之为“infossatori”（国际乳品中专业词汇）。将这些布袋堆满深坑的入口，并用帆布覆盖以最大程度避免蒸腾作用。利用木盖和灰泥将入口密封，这一阶段持续 80 天到 100 天不等。

这些坑传统开坑时间是 11 月 25 日，也就是亚历山大的圣凯瑟琳在 4 世纪初殉难的日子。

Massa 等（1998）、Gobbetti 等（1999）和 Baibieri 等（2012）研究了 Fossa（坑）奶酪的安全性，确定这种奶酪对于消费者已不存在卫生危险。

9.6.2.3　Tuma Persa 奶酪

Tuma Persa 奶酪有着独特的历史和独一无二的奶酪制作工艺。它是由西西里岛（西西里岛的卡斯特罗诺沃，一个位于巴勒莫和阿格里真托之间的小镇）生产，并于 1998 年被西西里岛地区政府确定为西西里岛的历史性产物。

这种奶酪的起源纯属偶然。众所周知的几个传说故事中，最为耳熟能详的是生产者在生产传统的 Tuma 奶酪后（一种经过压制得到的 canestrato 奶酪）将一到几个奶酪遗忘（丢失）在成熟室一个黑暗的角落（历史记录是一个有厚墙壁、潮湿、有时是地下的类似法国地窖的地方）。在意大利，“persa”一词的意思是丢失，因此当前命名为“Tuma Persa”奶酪。

几周后，奶酪生产者回到成熟室时注意到这些“丢失”的覆盖着霉菌的 Tuma 奶酪，去除了奶酪表面的灰尘后，要尽快敲打去除霉菌。

在接下来的几周内，生产者去除了表面的霉菌后发现这些奶酪仍然被霉菌包裹着。在扔掉这些奶酪之前，他们决定切开这些奶酪去看其变化。但是他惊讶地发现奶酪内部质地极好并且具有良好的风味，因此他觉得有必要品尝一块。他发现这种奶酪十分美味，以至于他决定公布这个偶然的发现。

基于之前的经验，他开始使用这个“幸运的”技术用于其他奶酪的生产，并且在消费者中取得了巨大成功。

1990 年初，一位西西里的制造商从文献中学习了这种特殊的古奶酪生产方法，并开始尝试生产这种奶酪，并且成功制作出了现在的“Tuma Persa”奶酪。它的独特性与双重自然发酵有关，在成熟的第一阶段，如传说中所说，定型后放置一周（外部霉菌

逐渐形成)，然后清洗并且再放置10天进行发酵（第二次发酵）。三周后，就可以将奶酪从模具中拿出清洗并且加盐。Tuma Persa是压制型的半硬质奶酪。Licitra于2006年使用全脂牛奶加热制成了这种奶酪。其味道由甜到辣，没有咸味和苦味，有非常特殊且持久的芳香味，双重自然发酵风味和霉菌的存在带来了这种极好的风味组合。

9.6.2.4 Vastedda della valle del Belice PDO奶酪

Vastedda della valle del Belice在2010年10月29日被欧洲协会授予了PDO认证。

Vastedda della valle del Belice是一种独特的奶酪，或者至少在国际奶制品行业中很少见，因为它是一种羊奶中很少见的拉伸奶酪。

年老的奶酪商回忆这种奶酪的独特起源谈到，在一个特别炎热的夏季，一个牧羊人发现成熟Pecorino奶酪存在一些缺陷。奶酪的外皮明显的裂纹影响了奶酪的正常成熟，在商业上这样的缺陷一定会使奶酪贬值。

在当地方言中，当一件产品出现被磨损的迹象时，说明它即将损坏，已经变质，就称之为“sivastau”，因此现在的名字叫“vastedda”。老牧羊人告诉他们，他们中有人发现有许多外皮有缺陷的Pecorino奶酪后，开始想办法尝试对这些被破坏的奶酪进行修复。他准备尝一块成熟20~30天且外皮有裂缝的奶酪，但他打开奶酪的外壳后发现奶酪内部品质很好，没有进一步的缺陷。为了改造这种压榨奶酪，奶酪生产者把这种奶酪切成片，放入刚生产完ricotta奶酪的热乳清（85~90℃）中，在等待乳清冷却的过程中，他把手伸进容器里控制奶酪制作，然而他惊奇地发现奶酪团开始伸展，奶酪片开始融化。

这是一个应用拉伸凝乳技术的自发尝试，他开始揉奶酪团以促进凝乳片的融合，使其形成一个紧凑的奶酪块，随后分成小块的奶酪。在接下来的几天里，他邀请其他牧羊人尝试他“发现”的奶酪，但是并没有告诉他们背后的故事。他得到了他们所有人的赞赏，因为这种奶酪不同于经典Pecorino奶酪典型的风味，它有一种令人愉悦且细腻的甜味，人们认为它是牛奶、山羊奶或二者混合的产品。从技术上讲，这些变化是有道理的，因为奶酪经过30天的发酵，pH值从6.3左右降低到适合拉伸的pH值，再加上热乳清和奶酪商的直觉，最终生产出一种新的奶酪。

因此，“vastedda”作为一种为了修复外皮缺陷奶酪而诞生的副产品，变得比Pecorino奶酪更加珍贵。从生产商到零售商的销售情况来看，“vastedda”得到了消费者的高度认同，它的价值有时是经典Pecorino奶酪的两倍。“Vastedda della Valle del Belice”奶酪的名称源自产品的发源地“Belice Valley”（位于西西里阿格里根托省、特拉帕尼省和巴勒莫省之间）。

Vastedda della Valle del Belice PDO奶酪是一种用全脂原料奶制作的拉伸奶酪，仅由来自本地Valle del Belice且以天然牧场植物为食的绵羊生乳制成，经过自然发酵，具有典型新鲜羊奶酪的风味，有一点浓厚，但不会太刺鼻（Licitra，2006）。

9.6.2.5 Wagashi奶酪

Wagashi奶酪是一种传统的奶制品，产于非洲撒哈拉以南的贝宁。Wagashi奶酪的制作工艺是一种佩尔赫妇女拥有的独特技艺，为生活在贫困条件下的农村地区提供营养。Wagashi 奶酪的生产工艺的独特性与两个特征有关：使用从白花牛角瓜（当地的野生有毒植物，但在较高的剂量下有毒，再加上奶酪加工过程中的高温处理，每两天煮沸一次干酪，持续 20~30 天，这种高温处理可以使所有有毒物质变性）的叶子和/或茎中提取的植物凝乳剂。

西非农村妇女在整个社区的日常生活中起着至关重要的作用。她们负责整个家庭的食品的生产、制备和分销；在市场时代，女性才是小食品销售、调味品等的管理者。通常，超过日常消费量的牛奶会被销售出去。在这种情况下，一个流传的说法是佩尔赫妇女发现了白花牛角瓜植物的凝乳特性，因为在古代，为了将牛奶从村庄运到市场，她们用 calebasse（一种南瓜容器）装满牛奶，上面覆盖着白花牛角瓜的叶子，以防止（沙子、昆虫等）污染。传说中，在干燥炎热的日子里，一些妇女来到市场，发现牛奶已经凝固，凝乳与乳清分离。对妇女们来说，这是一个非常重要的发现，因为这一发现可以减少她们对市场的依赖，她们不仅可以用不同的形式储存牛奶即奶酪，还可以获得一种令人耳目一新的可饮用乳清，在沙漠中尤其有用。随后妇女们根据日常的实践经验开发她们的奶酪生产技术。

Wagashi 奶酪由佩尔赫族的妇女在贝宁生产，使用来自 Zebù 的全脂原料奶。它的特点是使用从白花牛角瓜的乳胶中提取的植物凝乳剂。佩尔赫族的妇女确定了在牛奶中加入从白花牛角瓜的叶子和/或茎中提取的乳胶的确切时间。根据经验她们还发现，当牛奶温度达到 65~70℃时凝乳活性可以达到最强，要获得最高的凝乳分离度，必须将温度升高到 95℃以上持续约 5 min。

这种古老的工艺使 Wagashi 干酪的蛋白水解活性非常低（Licitra，数据未发表），这可能是多种因素综合作用的结果，如在促钙酶作用下酪蛋白的特定位点分解，其位置与其他凝乳酶不同（aa 105~106）以及蛋白热变性。还需要进一步的研究来揭示来自白花牛角瓜的凝乳酶在干酪加工中的凝乳特性。

妇女们还有另一个发现，从奶酪生产之后的 20~30 天，每两天把奶酪煮一次，每次大约 20 min，可能是奶酪被一次又一次的煮，其蛋白水解程度很低，奶酪结构未发生任何明显变化。

这一经验实践不仅保证了 Wagashi 干酪加工的安全性，而且保证了其生产后不被污染。特别是长途运输到遥远的市场后，妇女有时在煮沸阶段，用高粱的叶子、茎和花序给奶酪上色，使奶酪呈现红色。这种着色工艺可以代替其他奶酪表面有污染的美学着色。

9.6.2.6 Queso de la Serena PDO 奶酪

有一种用植物性粗制凝乳酶生产的特殊传统奶酪，其中最著名的是西班牙巴达霍兹省拉塞雷纳区生产的 Queso de la Serena PDO 奶酪。La Serena 奶酪是一种由软质到半硬质的奶酪，由美利奴羊的全脂原料奶制成，使用来自刺棘蓟的干花的天然植物凝乳酶，刺棘蓟在当地称为 Yerbacuajo。这些蓟的雌蕊在阴凉的地方浸泡 12 h 用来提取凝乳酶。凝乳酶的添加量取决于时间和乳脂的含量。

奶酪放置在酒窖的木架子上，在恒定的湿度和温度条件下成熟。每天翻转奶酪，扣

紧盖子，直到奶酪达到乳脂水平和风味的特征要求。在成型后的第 20 天，奶酪通常会达到糊状物变为液体的阶段，此时必须非常小心地处理，以避免弄破外皮。

这种奶酪具有羊奶特有的很浓的香味，但略带苦味，没有咸味，黄油味口感持久，成熟久的奶酪中略带辛辣。质地呈可涂抹的乳脂状，可以用勺子食用。类似的奶酪有葡萄牙的 Queijo Serra da Estrela PDO 奶酪和 Queijo Azeitao 奶酪、法国的 acherin du Haut Doubs、Mont dor AOC 和 Cabri Ariégeois 奶酪。

9.6.3 Pot 奶酪

Pot 奶酪是指由母羊奶、山羊奶或牛奶制成的一系列发酵成熟奶酪。它们制作工艺中最突出的一点是奶酪在埋在地下 4 年的特定陶罐中成熟 4~6 个月。这种陶罐，在伊朗被称为 Kupa 或 Koozeh，在土耳其被称为 Carra（Jarra）或 Testi，与传统陶罐相比有更大的开口。Pot 奶酪在不同国家和地区的制作工艺不同。有时陶罐上涂一层漆。使用上釉的罐子是最好的，因为它们能更好地保持奶酪的水分。它们的容量从 1~5 L（0.26~1.32 加仑）不等。罐口可以用葡萄藤叶子和一张纸或干净的布或者两者都用来封闭。将准备好的罐子用黏土密封，放入深坑中（地下 5~6 m）。它们被倒置在含有清洗过的湿沙子的洞里，这样它们的底部就可以被粗略地清洗了。封罐通常从 6 月底到 7 月初开始，那时奶源充足，白奶酪价格便宜。著名的传统 Pot 奶酪来自伊朗（Kupa Paniri 奶酪、Jajikhli Panir 奶酪、Ziraly Panir 奶酪）和土耳其（Carra 奶酪或 Testi Peynir 奶酪）。

9.6.4 绵羊和山羊皮奶酪

绵羊和山羊皮奶酪是指一系列在绵羊或山羊皮制成的传统特殊全皮袋中成熟的奶酪。这一类型的奶酪无疑是世界上最古老的奶酪，它们第一次制作的历史可以与奶酪首次发现的历史联系在一起，偶然发生在4 000多年前，一个人用羊胃制成的袋子盛装了牛奶不小心发现了奶酪。这类奶酪包括伊朗的 Motal Paniri、Panire Khiki 或 Panire Pousti、Panire Tavalesh 和 Assalem 奶酪，以及土耳其的 Tulum Peynir 奶酪和阿尔及利亚的 Bouhezza 奶酪。

新鲜奶酪制备好后，用盐腌制并转移到成熟室 10~30 天，然后把成熟的奶酪切成 10~15 cm（3.9~5.9 英寸）的片状，装在绵羊或山羊皮袋中，在寒冷潮湿的地下室和仓库等地方放置 2~3 个月成熟。山羊皮袋结构坚固，作为奶酪的包装材料比羊皮袋更受人们的喜爱。

9.6.5 Skorup 奶制品

新鲜牛奶过滤后倒入锅中，逐渐加热至沸腾。当牛奶开始沸腾后，保持 30 min 以增加牛奶中的固形物含量。较高的固形物含量有助于制作更优质的 Skorup 奶制品。随后，牛奶被倒入又宽又浅的木制容器中，逐渐冷却，因此 Skorup 的形成首先是在牛奶表面将脂肪球和其他成分分离，制成 Skorup 需要 1~3 天。收集后，将 Skorup 一层一层地摆放至木盆中，每一层都用干盐腌制。木盆的底部有一个孔，多余的牛奶通过这个孔排出。当盆被装满且排出 Skorup 的水分后，将其转移到特制的厌氧绵羊皮中。收集的牛奶（young Skorup），在木盆中成熟 1 个月（mature Skorup），然后在绵羊皮中成熟 6~12 个月后（old Skorup），Skorup 即可食用。黑山的一些奶牛场以工业化的方式生产 young Skorup。而 old Skorup 只能采用传统的方式，不能工业化生产。

9.6.6 West Country Farmhouse Cheddar PDO 奶酪

这种奶酪的名字来源于切达村庄及其最初储存的切达峡谷。West Country Farmhouse Cheddar PDO 干酪是用传统的方法制作而成，它的味道和质地都是纯正的切达干酪。它只能在英国的多塞特郡、萨默塞特郡、康沃尔郡和德文郡的农场里生产，由当地农场的牛奶制成，必要时还需要添加当地养殖场的牛奶。奶酪可以用生乳制成圆柱形或块状，最近也使用巴氏杀菌奶制作而成。切达奶酪制作过程中最著名的部分是“堆酿”（Cheddaring），需要堆放凝乳并翻转凝乳板，以方便排水，这个步骤只能人工操作不能机械完成。凝乳经过切割、腌制、放入模具压制等多个工艺。奶酪进入商店后定期分级，在出售前至少需要保存 9 个月。这是一种质地坚硬的奶酪，具有奶油风味，根据成熟度和农场的不同有着不同的复杂程度。与传统生产工艺相比，如今，英语国家的大型奶酪工厂可以生产这种奶酪的不同产品，它们都被称为切达奶酪。切达奶酪是世界上消费最多的奶酪之一（Dozet，1996）。

9.6.7 Beaufort—PDO 奶酪

Beaufort 奶酪是一种著名的奶酪，是一种珍贵的阿尔卑斯奶酪。Beaufort 奶酪全年生产三种不同的品种：标准 Beaufort、夏季 Beaufort 和 Beaufort Chalet d’Alpage。标准 Beaufort 奶酪是在 11 月至翌年 5 月间制作的，那时奶牛饲养在山谷里。那些奶牛基本是用去年夏天收获的干草喂养的，第一批可供消费的奶酪可以在 4 月初上市。夏季 Beaufort 奶酪和 Beaufort Chalet d’Alpage 奶酪是在同一时期（6 月至 11 月）采用不同工艺制作而成。生产夏季 Beaufort 奶酪原料奶的奶牛饲养在山上的牧场。然而，Beaufort Chalet d’Alpage 奶酪的原料奶来自饲养在1 500多米高山牧场的奶牛，在那里按照传统方法每天可以制作两次奶酪。夏季 Beaufort 奶酪和 Beaufort Chalet d’Alpag 奶酪都比标准 Beaufort 奶酪具有更加浓郁的水果味以及更深的黄色（http：//frenchfoodintheus. org/534）。

Beaufort 奶酪于 1968 年获得 AOC 认证，并于 2009 年获得欧盟 PDO 认证。它是专门由法国阿尔卑斯山上的塔林和阿邦丹斯奶牛的牛奶制成的，按照 PDO 的标准，生产能力不能超过 5 000 L/（年·头牛）。在欧洲 PDO 的所有生产规定中，对奶牛生产水平的限制是一个罕见的现象，它反映了农业系统中自然和环境之间的广泛相对和谐。Beaufort 是一个巨大的车轮形奶酪（4. 5~6. 5 英寸厚，直径 13. 5~29. 5 英寸，1 英寸≈2. 54 cm，全书同），重达 60 kg，它的凹底是由木箍制成的，被称为“Beaufort 箍”，用来使凝乳成型，这对于过去使用骡子的运输方式来说是很实用的（Baboin-Jaubert，2002）。

Beaufort 奶酪是介于半硬质和硬质奶酪之间的一种压制全脂奶酪，需要在木架上至少存放 5 个月。它是一种具有独特的草香味和花香味且口感香醇的奶酪，这与其生产牛奶的动物在可持续生产的山区牧场放牧有关。此外，它质地坚硬但有黄油的风味，入口即化。类似的法国奶酪有 ComtéPDO、Salers PDO 奶酪和 Cantal PDO 奶酪，它们在规格和重量上是类似的，但每种奶酪都有自己的地理特征和地位。

9.6.8　Comtè PDO 奶酪

1958 年，Comtè 奶酪获得了法国 AOC 认证，并在 1996 年获得了欧盟 PDO 认证。Comtè 是一种古老的奶酪。它从查理曼大帝时代就开始生产了。在法国东部的汝拉山区，190 多家被称为“水果”（fruitiéres）的奶酪场仍然按照传统工艺制作 Comtè 奶酪。

Comtè 奶酪呈扁平的轮状，直径可达 28 英寸，高 3.5～5 英寸，重达 32～50 kg。它是一种压制型奶酪，由伯爵地区牧场上的 Montbéliard 及 Pie Rougede l'Est 品种的奶牛产的全脂原料奶制成。奶酪在木制的红杉板（架子）上成熟，成熟时间 4 个月到 2～3 年（ComtèExtra Vieux）不等，平均耗时 8 个月。

Comtè 奶酪质地光滑，呈象牙色，糊状，上面散布着榛子大小的孔洞。它的口味复杂，有坚果味、奶油味和焦糖味。

9.6.9　Salers Haute Montagne PDO 奶酪

Salers 在 1961 年获得了法国 AOC 认证，并在 2009 年获得了欧盟的 PDO 认证。Salers 奶酪只能用单一品种的牛奶制成，Salers 奶牛（Salers 奶牛的名字赋予了该奶酪的名称）饲养在奥弗涅山脉的夏季牧场上。Salers 是 Cantal 奶酪的 fermier 版本。奶酪生产者只能在 4 月 15 日至 11 月 15 日的夏季生产 Salers 奶酪，而 Cantal 奶酪可以用其他季节的牛奶制成。奶酪制造商遵循传统的方法，这些制作方法从一开始就基本保持不变。挤奶后立即开始生产，每天 2 次，不加热的生牛奶在传统的格尔木桶中凝乳。

Salers 奶酪呈圆柱形（高 12～15.5 英寸），重达 55 kg。这是一种压制的生奶酪，在木制架子上成熟 3 个月到 1 年。它有一个金色的外壳，上面有红色和橙色的斑点，内部奶酪是黄色的，质地均匀。Salers 奶酪味道芳香而微酸，带有草本（草、干草和大蒜），水果（坚果、榛子和柑橘），奶制品（黄油和发酵奶油），以及泥土的味道。

9.6.10　Cantal PDO 奶酪

Cantal 奶酪是法国最古老的奶酪之一，1956 年获得法国 AOC 认证，并在 2007 年获得欧盟 PDO 认证。这种奶酪的名字来源于它的原产地——法国中南部的坎塔尔地区。这种奶酪产自奥弗涅山脉，但不在夏季生产，因为夏季生产的主要是 Saler 奶酪。

Cantal 奶酪呈圆柱形，正常尺寸高为 17～18 英寸，重 40～45 kg。它可以生产较小的尺寸，约 20 kg 和约 10 kg 的 Cantalet 奶酪。它是一种压制的生奶酪，由生牛乳制成（最近也用巴氏杀菌乳制备）。它是在木架上成熟的，呈现三个阶段的熟化：Cantal Jeune 阶段成熟 30～60 天，其特点是呈白色，质地柔软，具有甜牛奶的香味；Cantal Entre-Deux 或者-Doré 阶段成熟 90~120 天，呈金黄色泽，经过中等强度平衡试验；Cantal Vieux 阶段成熟超过 6 个月，颜色发黄，经过强烈辣度测试。

9.6.11 Parmigiano Reggiano PDO 奶酪

Parmigiano Reggiano PDO 奶酪的原产地是意大利北部的波河流域，包括帕尔马省、雷焦埃米利亚省、摩德纳省、曼图亚省和博洛尼亚省的部分地区，位于波河和里诺河之间的平原、丘陵和山脉上。原产地的牛奶经过富有激情的奶酪大师工匠般的加工工艺而制得。奶酪大师们的技艺是帕马森奶酪生产的基础，是千年专业知识和文化的结晶，因而精工细作的手工工艺是帕尔马干酪的显著特征之一。事实上，每一位奶酪大师都必须每天“诠释”牛奶，并将其转化为奶酪，以利于保持并增强其内源微生物菌群的独特性。

奶酪生产者是牛奶加工工艺秘密的真正保管者和诠释者，尽管有数百家（约 350 家）奶酪加工厂都以同样的方式手工制作奶酪，但他们的工作成果与他们的个人经验和他们对多种味道和香气的敏感性有着千丝万缕的联系。

生牛奶（晚上的脱脂牛奶加到早上的新鲜牛奶中）加上发酵乳清（发酵乳清中含有前一天加工过程中获得的大量天然乳酸发酵物），将用于生产 Parmigiano Reggiano PDO 奶酪。这是一种半脂的硬奶酪，今天的奶酪仍然和 8 个世纪前一模一样，有着同样的外观和同样非凡的香味，制作方法和地点也是一样的，用同样专业的手法。每一块奶酪都必须经过 Parmigiano Reggiano 干酪协会专家的检验，以获得 PDO（火牌标志）完全批准出售。

奶酪检测方法在全世界范围内都是非常独特的。它是通过熟练的专家使用传统的工具，如锤子、螺旋针和探针进行的。锤子是一种小型的不锈钢工具，但对于专家来说，它是一种不可替代的工具，它可以在不同的地方敲打奶酪，同时仔细聆听奶酪外壳在承受不同敲击方式后发出的声音。根据其发出的声音，专家们能够探测到奶酪中不规则的孔洞的形成，或者发现奶酪内部的裂缝，以及异常发酵造成的缺陷。就像听诊器一样，这些声音可以告诉他奶酪内部发生了什么变化。

通常情况下，可以用螺旋针（一种螺旋形长工具）钻穿奶酪来提取微小样本，从而测试硬奶酪的感官特征。专家通过这些样本可以判断奶酪的香气、成熟程度和味道（从而判断与这些特征相关的缺陷是否存在）。该探针可以检测奶酪质地的均匀性和一致性，以及奶酪的感官特征。

Parmigiano Reggiano 奶酪是在木架子上成熟的，需要最少 12 个月的成熟时间，也可能需要几年。当奶酪成熟 18 个月后，就可以加上“上等产品”或“出口”的标志。有一套彩色封条系统可以帮助消费者识别零售商提供的预包装奶酪的成熟程度：18 个月为红色；22 个月为银色；30 个月为金色。

最近，欧盟（EU）第 1151/2012 号法规引入了可以对在山区生产产品进行更具体的质量标识的规定，根据该法规，Parmigiano Reggiano 奶酪可以被标记为“Parmigiano Reggiano prodotto di montagna”。另一个重要命名与 autochthone“Reggiana ”奶牛（也称为 Red Cow）的相关产品有关。当奶酪成熟 24 个月后，Red Cow 联盟可能会使用“Parmigiano Reggiano delle Vacche Rosse（Red Cow）”这个名称命名奶酪。这些奶酪经过额外的质量控制，才能收到名贵品牌——Red Cow：在奶酪盘子上压印一个明显的火焰烙印。

9.7 结 论

生牛奶和巴氏杀菌之间的争论是一个错误的问题，或者至少不是需要解决的主要问题。传统的生乳奶酪在世界各地通过手工生产制作。自千年以来，生乳奶酪一直在为发达国家和发展中国家的人们提供营养。它是人类经过几个世纪优化积累的经验知识宝库，代表了一种可持续的、可靠的、安全的、美味的当地牛奶增值的杰出形式。手工奶酪制造商使生乳与所有生物多样性相互作用通过手工制作奶酪予以体现其价值，这是非常复杂的与领土相关的过程。幸运的是，至少在一些国家，一部分奶酪因为注册所在地而受益甚至世界闻名。然而，尽管全世界大约有 180 种奶酪被指定为产地保护，但还有很多手工制作的生乳奶酪的珍贵资料没有被记录和保护，尤其是在发展中国家。

自巴斯德以来，奶酪开始采用巴氏杀菌牛奶进行生产，19 世纪标准化奶酪工业生产开始发展，之后其规模急剧扩大。它们可以在任何地方以非常有规律的方式进行生产，与地域没有任何联系。然而，在安全性方面，科学界经常强调巴氏杀菌法并不是绝对安全的，精心制作的生乳奶酪不存在安全风险。

这两种生产系统不应该是对立的，但是消费者必须更清楚地意识到两者的区别。此外，如果它们的目标是一致的，如为了生产安全、健康的奶酪，我们有理由认为，差异如此之大的两种体系适用相同的法规是不现实的。如果目标并非如此，要完全消除手工生乳奶酪生产中的安全风险将成为一个巨大的错误，我们会失去几个世纪以来当地人民创造力的结晶，并给社会和偏远地区带来严重后果，因为这些奶酪一般是在偏远地区生产的。只有消费者更好地了解他们吃的是哪种奶酪以及这些奶酪背后所蕴含的内容，才能决定这些奶酪的未来。此外，科学家有责任进一步阐述生乳奶酪手工生产系统的意义和技术针对性。最后，政策制定者是有判断力的，希望这一章内容能够帮助他们做出正确的选择。

参考文献

Abee, T., Krockel, L., Hill, C., 1995. Bacteriocins: modes of action and potentials in food preservation and control of food poisoning. Int. J. Food Microbiol. 28, 169-185.

ACTIA, 2000. Evaluation et maî trise du risque microbiologique dans l'utilisation du bois pour l'affinage des fromages. ACTIA, Paris, France.

Almli, V. L., V erbeke, W., V anhonacker, F., Næs, T., Hersleth, M., 2011. General image and attribute perceptions of traditional food in six European countries. Food Qual. Prefer 22, 129-138.

Altekruse, S. F., Timbo, B. B., Mowbray, J. C., Bean, N. H., Potter, M. E., 1998. Cheese-associated outbreaks of human illness in the United States, 1973 to 1992: sanitary manufacturing practices protect consumers. J. Food Prot. 61, 1405-1407.

Andrews, A. T., Anderson, M., Goodenough, P. W., 1987. A study of the heat stabilities of a number of indigenous milk enzymes. J. Dairy Res. 54, 237-246.

Aussibal, R., 1985. Roccailleux Royaume De Rowuefort. In: Masui, K., Y amada, T. (Eds.), French Cheeses. Dorling Kindersley Limited, London, 0-7513-0346-1pp. 178-181.

Avellini, P., Clementi, F., Marinucci, M. T., Goga, B. C., Rea, S., Brancari, E., et al., 1999. Formaggio difossa: Caratteristiche compositive, microbiologiche e sensoriali | ["Pit" cheese: compositional, microbiological and sensory characteristics]. Ital. J. Food Sci. 11 (4), 317-333.

Avermaete, T., Viaene, J., Morgan, E. J., Pitts, E., Crawford, N., Mahon, D., 2004. Determinants of product and process innovation in small food manufacturing firms. Trends Food Sci. Technol. 15, 474-483.

Aviat, F., Gerhards, C., Rodriguez-Jerez, J. J., Michel, V., Le Bayon, I., Ismail, R., et al., 2016. Microbial Safety of Wood in Contact with Food: A Review. Institute of Food Technologists. Comprehensive Reviews in Food Science and Food Safety, Vol. 00, 2016.

Awad, S., 2006. Texture and flavour development in Ras cheese made from raw and pasteurised milk. Food Chem. 97 (3), 394-400.

Baboin-Jaubert, A., 2002. Cheese. Selecting, Tasting, and Serving the World's Finest. Laurel Glen, San Diego, California1-57145-890-5.

Barbieri, E., Schiavano, G. F., De Santi, M., Valloni, L., Casadei, L., Guescini, M., et al., 2012. Bacterial diversity of traditional Fossa (pit) cheese and its ripening environment. Int. Dairy J. 23, 62-67.

Belitz, H. D., Grosch, W., 1986. Food chemistry. In: Hadziye, D. (Ed.), Aromasubstances. Springer, New York, NY, pp. 257-303. Chapter 5.

Bellesia, F., Pinetti, A., Pagnoni, U. M., Rinaldi, R., Zucchi, C., Caglioti, L., et al., 2003. Volatile components of Grana Parmigiano-Reggiano type hard cheese. Food Chem. 83, 55-61.

Beuvier, E., Berthaud, K., Cegarra, S., Dasen, A., Pochet, S., Solange Buchin, S., et al., 1997. Ripening and quality of Swiss-type cheese made from raw, pasteurized or microfiltered milk. Int. Dairy J. 7, 311-323.

Bosset, J. O., Butikofer, U., Berger, T., Gauch, R., 1997. Etude des composes volatils du Vacherin fribourgeois et du Vacherin Mont-d'Or. Mitt Gebiete Lebensmitteluntersuch Hyg 88, 233-258.

Bugaud, C., Buchin, S., Coulon, J. B., Hauwuy, A., Dupont, D., 2001a. Influence of the nature of alpine pastures on plasmin activity, fatty acid and volatile compound composition of milk. Lait 81, 401-414.

Bugaud, C., Buchin, S., Hauwuy, A., Coulon, J. B., 2001b. Relationships betweenflavor and chemical composition of Abundance cheese derived from different types of pastures. Lait 81, 757-773.

Bugaud, C., Buchin, S., Noel, Y., T essier, L., Pochet, S., Martin, B., et al., 2001c. Relationships between Abundance cheese texture, its composition and that of milk-produced by cows grazing different types of pastures. Lait 81, 593-607.

Carpino, S., Horne, J., Melilli, C., Licitra, G., Barbano, D. M., Van Soest, P. J., 2004a. Contribution of native pasture to the sensory properties of Ragusano cheese. J. Dairy Sci. 87, 308-315.

Carpino, S., Mallia, S., La T erra, S., Melilli, C., Licitra, G., Acree, T. E., et al., 2004b. Composition and aroma compounds of Ragusano cheese: native pasture and total mixed rations. J. Dairy Sci. 87, 816-830.

Chambers, S., Lobb, A., Butler, L., Harvey, K., Traill, B., 2007. Local, national and imported foods: a qualitative study. Appetite 49, 208-213.

Chambers, D. H., Esteve, E., Retiveau, A., 2010. Effect of milk pasteurization on flavor properties of seven commercially available French cheese types. J. Sensory Stud 25, 494-511.

Committee of the Regions, 1996. Promoting and Protecting Local Products: A Trumpcard for the Regions. Committee of the Regions, Brussels.

Council Regulation (EEC), 1992. Council Regulation (EEC) No 2081/92 of 14 July 1992 on the protection of geographical indications and designations of origin for agricultural products and foodstuffs. WIPO Database of Intellectual Property Legislative Texts.

de Frutos, M., Sanz, J., Martinez-Castro, I., 1991. Characterization of artisanal cheeses by GC and GC/MS analysis of their medium volatility (SDE) fraction. J. Agric. Food Chem. 39, 524-530.

Delgado da Silva, M. C., Hofer, E., Tibana, A., 1998. Incidence of Listeria monocytogenes in cheese produced in Rio de Janeiro, Brazil. J. Food Prot. 61, 354-356.

Demarigny, Y., Beuvier, E., Buchin, S., Pochet, S., Grappin, R., 1997. Influence of raw milk Microflora on the characteristics on Swiss-type cheeses: II Biochemical and sensory characteristics. Lait 77, 151-167.

Dervisoglu, M., Y azici, F., 2001. Ripening changes of Kulek cheese in wooden and plastic containers. J. Food Eng. 48 (3), 243-249.

Didienne, R., Defargues, C., Callon, C., Meylheuc, T., Hulin, S., Montel, M. C., 2012. Characteristics of microbial biofilm on wooden vats ('gerles') in PDO Salers cheese. Int. J. Food Microbiol. 156 (2), 91-101.

Di Grigoli, A., Francesca, N., Gaglio, R., Guarrasi, V., Moschetti, M., Scatassa, M. L., et al., 2015. The influence of the wooden equipment employed for cheese manufacture on the characteristics of a traditional stretched cheese during ripening. Food Microbiol. 46, 81-91.

Dhiman, T. R., Satter, L. D., Patriza, M. W., Galli, M. P., Albright, K., Tolosa, M. X., 2000. Conjugated linoleic acid (CLA) content of milk from cows offered diets rich in linoleic and linolenic acid. J. Dairy Sci. 83, 1016-1027.

Donnelly, C. W., 2005. The pasteurization dilemma. In: Kindstedt, P. (Ed.), American Farmstead Cheese: The Complete Guide to Making and Selling Artisan Cheeses, White River Junction, 2005. Chelsea Green Publishing Company, USA, pp. 173-195.

Dozet, N., 1996. Autohtoni mlijě cni proizvodi. [Autochtonous Dairy Products]. Poljoprivredni Institut, Podgorica, Montenegro, p. 1996.

Dumont, J. P., Roger, S., Cerf, P., Adda, J., 1974. Etude de composes volatils neutres presents dans le Vacherin. Lait 54, 243-251.

Dumont, J. P., Adda, J., 1978. Occurrence of sesqiterpenes in mountain cheese volatiles. J. Agric. Food Chem. 26, 364-367.

Elotmani, F., Revol-Junelles, A. M., Assobhei, O., Milliere, J. B., 2002. Characterization of anti-Listeria monocytogenes bacteriocins from *Enterococcus faecalis*, *Enterococcus faecium* and *Lactococcus lactis* strains isolated from Raib, a Moroccan traditional fermented milk. Curr. Microbiol. 44, 10-17.

El-Soda, M., Desmazeaud, M. J., Le Bars, D., Zevaco, C., 1986. Cell wall-associated proteinases of Lactobacillus casei and Lactobacillus plantarum. J. Food Prot. 49, 361-365.

European Commission, 1992. Directive 92/46/EEC of the European Commission of 16 June 1992. OJEC L. 268, 14. 09. 1992.

FEDEMCO and Partner España S. A. 2002. Computed assisted telephone consumer interviewing omnibus on W ood Packing, La limpieza de los envases hortofrutícolas preocupaa más del 80% de los consumidores. Agroenvase 26.

Fontaine, L., Hols, P., 2007. The inhibitory spectrum of thermophilin 9 from *Streptococcus thermophilus* LMD-9 depends on the production of multiple peptides and the activity of BlpGSt, a thiol-disulfide oxidase. Appl. Environ. Microbiol. 74, 1102-1110.

Fox, P. F., Guinee, T. P., Cogan, T. M., McSweeney, P. L. H., 2004. Fundamentals of Cheese Science. Aspen Publishers, Inc, Gaithersburg, USA.

Galinari, E., Escarião d a N óbrega, J., de Andrade, N. J., de Luces Fortes Ferreira, C. L., 2014. Microbiological aspects of the biofilm on wooden utensils used to make a Brazilian artisanal cheese. Braz. J. Microbiol. 45 (2), 713-720.

Gaya, P., Medina, M., Rodriguez - Marin, M. A., Nunez, M., 1990. Accelerated ripening of ewes'milk Manchego cheese: the effect of elevated ripening temperatures. J. Dairy Sci. 73, 26-32.

Genigeorgis, C., Carniciu, M., Dutulescu, D., Farver, T. B., 1991. Growth and survival of *L. monocytogenes* in market cheeses stored at 4 to 30℃. J. Food Prot. 54, 662-668.

Gigon, J., Martin, B., 2006. Le bois au contact alimentaire: peut-on s'en servir comme outil de communication. Report Univ. of Polytech'Lille, France.

Gobbetti, M., Folkertsma, B., Fox, P. F., Corsetti, A., Smacchi, E., De Angelis, M., et al., 1999. Microbiology and biochemistry of Fossa (pit) cheese. Int. Dairy J. 9, 763-773.

Gomez-Ruiz, J. A., Ballesteros, C., Gonzalez Vinas, M. A., Cabezas, L., Martinez-Castro, I., 2002. Relationships between volatile compounds and odour in Manchego cheese: comparison between artisanal and industrial cheeses at different ripening times. Lait82, 613-628.

Grappin, R., et al., 1997. Possible implications of milk pasteurization on the manufacture and sensory quality of ripened cheese. Int. Dairy J. 7, 751-761.

Guerrero, L., Guardia, M. D., Xicola, J., V erbeke, W., V anhonacker, F., Zakowska-Biemans, S., 2009. Consumer-driven definition of traditional food products and innovation in traditional foods. A qualitative cross-cultural study. Appetite 52 (2), 345-354.

Halweil, B., 2000. Setting the cheez whiz standard. World Watch 13, 2.

Hartman, P. A., 1997. The evolution of food micro-biology. In: Doyle, M. P., Beuchat, L. R., Montville, T. J. (Eds.), Food Microbiology: Fundamentals and Frontiers. ASM Press, W ashington, USA, pp. 3-13.

Hayaloglu, A. A., Brechan, E. Y., 2007a. Influence of milk pasteurization and scalding temperature (heated at 60, 70, 80, or 90℃) on the volatile compounds of Malatya, a farmhouse Halloumi-type cheese. Lait 87 (2007), 39-57.

Hayaloglu, A. A., Cakmakci, S., Brechany, E. Y., Deegan, K. C., McSweeney, P. L. H., 2007b. Microbiology, biochemistry, and volatile composition of tulum cheese ripened in goat's skin or plastic bags. J. Dairy Sci. 90 (2007), 1102–1121.

Horne, J., Carpino, S., T uminello, L., Rapisarda, T., Corallo, L., Licitra, G., 2005. Differences in volatiles, and chemical, microbial and sensory characteristics between artisanal and industrial Piacentinu Ennese cheeses. Int. Dairy J. 15, 605–617.

Ilbery, B., Kneafsey, M., 1999. Niche markets and regional speciality food products in Europe: towards a research agenda. Environ. Plann. A 31, 2207–2222.

Johnson, E. A., Nelson, J. H., Johnson, M., 1990. Microbiological safety of cheese made from heat treated milk. Part II. Microbiology. J. Food Prot. 53, 519–540.

Kay, J. K., Mackle, T. R., Auldist, M. J., Thomson, N. A., Bauman, D. E., 2003. Endogenous synthesis of cis-9, trans-11 conjugated linoleic acid in dairy cows fed fresh pasture. J. Dairy Sci. 87, 369–378.

Kanawjia, S. K., Rajesh, P., Latha, S., Singh, S., 1995. Flavour, chemical and texture profile changes in accelerated ripened Gouda cheese. Lebensm. Wiss. T echnol. 28, 577–583.

Kummer, C., 2000. Craftsman cheese. Atl. Mon. 286, 109–112.

Kupiec, B., Revell, B., 1998. Speciality and artisanal cheeses today: the product and the consumer. Br. Food J. 100, 236–243.

La Terra, S., Carpino, S., Banni, S., Manenti, M., Caccamo, M., Licitra, G., 2006. Effect of mountain and sea level pasture on conjugated linoleic acid content in plasma and milk. J. Anim. Sci. 84 (1), 277–278.

Lau, K. Y., Barbano, D. M., Rasmussen, R. R., 1991. Influence of pasteurization of milk on protein breakdown in Cheddar cheese during aging. J. Dairy Sci. 74, 727–740.

Lichfield, J., 1999. Liberté! fraternité! Fromage!: a new crisis is dividing France [Freedom! Brotherhood! Cheese!], Cheese, The Independent.

Licitra, G., Leone, G., Amata, F., Mormorio, D., 2000. In: Motta, F. (Ed.), Heritage and Landscape: The Art of Traditional Ragusano Cheese-Making. Consorzio Ricerca Filiera Lattiero-Casearia, Ragusa, Italy, pp. 163–166.

Licitra, G., 2006. Historical Sicilian Cheeses. CoRFiLaC Press, Ragusa. Licitra, G., Ogier, J. C., Parayre, S., Pediliggieri, C., Carnemolla, T. M., Falentin, H., et al., 2007. Variability of bacterial biofilms of the "tina" wood vats used in the Ragusano cheese-making process. Appl. Environ. Microbiol. 73, 6980–6987.

Licitra, G., 2010a. W orld wide traditional cheeses: banned for business. Dairy Sci. Technol. 90 (4), 357–374.

Licitra, G., 2010b. Femmes et fromages traditionnels dans les pays en voie de développem, ent [Traditional women cheesemakers in developing countries: the challenge of food safety].

Les Cahiers de l'Ocha 15, 273–289. Available from: www. lemangeur-ocha. com.

Lortal, S., Di Blasi, A., Madec, M. -N., Pediliggieri, C., T uminello, L., Tanguy, G., et al., 2009. Tina wooden vat biofilm: a safe and highly efficient lactic acid bacteria delivering system in PDO Ragusano cheese making. Int. J. Food Microbiol. 132 (1), 1–8.

Lortal, S., Licitra, G., V alence, F., 2014. W ooden tools: reservoirs of microbial biodiversity in traditional cheesemaking. Microbiol. Spectr. 2, 420.

Lowrie, R. J., Lawrence, R. C., 1972. Cheddar cheese flavour. IV. A new hypothesis to account for the development of bitterness. N. Z. J. Dairy Sci. T echnol. 7, 51-53.

Mariaca, R. G., Berger, T. F. H., Gauch, R., Imhof, M. I., Jeangros, B., Bosset, J. O., 1997. Occurrence of volatile mono-and sesquiter-penoids in highland and lowland plant species as possible precur - sors for flavor compounds in milk and dairy products. J. Agric. Food Chem. 45, 4423-4434.

Mariani, C., Briandet, R., Chamba, J. -F., Notz, E., Carnet - Pantiez, A., Eyoug, R. N., et al., 2007. Biofilm ecology of wooden shelves used in ripening the French raw milk smear cheese Reblochon de Savoie. J. Dairy Sci. 90, 1653-1661.

Mariani, C., Oulahal, N., Chamba, J. -F., Dubois - Brissonnet, F., Notz, E., Briandet, R., 2011. Inhibition of Listeria monocytogenes by resident biofilms present on wooden shelves used for cheese ripening. Food Control 22, 1357-1362.

Massa, S., Turtura, G., Trovatelli, L. D., 1988. Qualite 'hygie' nique du fromage de "fosse" de Sogliano al Rubicone (Italie). Lait 68, 323-326.

Miller, A., Brown, T., Call, J., 1996. Comparison of wooden and polyethylene cutting boards: potential for the attachment and removal of bacteria from ground beef. J. Food Prot. 59, 854-858.

Mourey, A., Canillac, N., 2002. Anti - Listeria monocytogenes activity of essential oils components of conifers. Food Control 13 (4), 289-292.

Mc Sweeney, P. L. H., Fox, P. F., Lucey, J. A., Jordan, K. N., Cogan, T. M., 1993. Contribuition of the indigenous microflora to the maturation of Cheddar cheese. Int. Dairy J. 5, 321-336.

Messens, W., V erluyten, J., Leroy, F., De Vuyst, L., 2003. Modelling growth and bacteriocin production by *Lactobacillus curvatus* LTH 1174 in response to temperature and pH values used for European sausage fermentation processes. Int. J. Food Microbiol. 81 (1), 41-52.

Nationa Research Council, Nutrient Requirements of Dairy Cattle, 2001. seventh ed. Revised National Academy of Science, Washington, DC.

Pasta, C., Licitra, G., 2007. Tradition or technology Consumer criteria for choosing cheese. In: Seventh Pangborn Sensory Science Symposium. 12-16th August, Minneapolis, MN, USA.

Pieniak, Z., V erbeke, W., V anhonacker, F., Guerrero, L., Hersleth, M., 2009. Association between traditional food consumption and motives for food choice in six European countries. Appetite 53 (1), 101-108.

Pearce, R., 1996. Antimicrobial defences in the wood of living trees. New Phytol. 132 (2), 203-233.

Piakietwiecz, A. C., 1987. Lipase and esterase formation by mutants of *lactic streptococci* and *lactobacilli.* Milchwissenschaft 42, 561-564.

Reed, B. A., Bruhn, C. M., 2003. Sampling and farm stories prompt consumers to buy specialty cheeses. Calif. Agric. 57, 76-80.

Rehman, S. U., McSweeney, P. L. H., Banks, J. M., Brechany, E. Y., Muir, D. D., Fox, P. F., 2000. Ripening of Cheddar cheese made from blends of raw and pasteurised milk. Int. Dairy J. 10, 33-44.

Richard, J., 1997. Utilisation du bois comme matériau au contact des produits laitiers. Comptes rendus de l'Académie d'agriculture de France 83 (5), 27-34.

Rizzello, C. G., Losito, I., Gobbetti, M., Carbonara, T., De Bari, M. D., Zambonin, P. G., 2005. Antibacterial activities of peptides from the water-soluble extracts of Italian cheese varieties. J. Dairy Sci. 88, 2348-2360.

Schulz H., Holz im Kontakt mit Lebensmitteln. Hat Holz antibakterielle Eigenschaften Holz. Zentralbl. 84, 1395.

Settanni, L., Di Grigoli, A., T ornambè, G., Bellina, V., Francesca, N., Moschetti, G., et al., 2012. Persistence of wild *Streptococcus thermophilus* strains on wooden vat and during the manufacture of a traditional Caciocavallo type cheese. Int. J. Food Microbiol. 155, 73-81.

Scatassa, M. L., Cardamone, C., Miraglia, V., Lazzara, F., Fiorenza, G., Macaluso, G., et al., 2015. Characterisation of the microflora contaminating the wooden vats used for traditional Sicilian cheese production. Ital. J. Food Saf. 4 (4509), 36-39.

Schuler, S., 1994. Einfluss der Käseunterlage auf die Schmierebildung und die Qualitätvon Halbhartkäse. Switzerland. Milchwirtsch. Forsch. 23, 73-77.

Salque, et al., 2012. Earliest evidence for cheese making in the sixth millennium BC in Northern Europe. Nature. Available from: https: //doi. org/10. 1038/nature11698.

Suma, K., Misra, M. C., V aradaraj, M. C., 1998. Plantaricin LP84, a broad-spectrum heat-stable bacteriocin of Lactobacillus plantarum NCIM 2084 produced in a simple glucose broth medium. Int. J. Food Microbiol. 40, 17-25.

Sun, C. Q., O'Connor, C. J., Roberton, A. M., 2002. The antimicrobial properties of milk-fat after partial hydrolysis by calf pregastric lipase. Chem. Biol. Interact. 140, 185-198.

Tamang, J. P., Kailasapathy, K., 2010. Fermented food and beverages of the world. CRC Press, Boca Raton, Florida, United States.

U. S. FDA, 1998. Food Compliance Program. Domestic and Imported Cheese and Cheese Products. hhttp: //vm. cfsan. fda. gov/-comm/cp03037. htlmi.

Vanhonacker, F., Lengard, V., Hersleth, M., V erbeke, W., 2010. Profiling European traditional food consumers. Br. Food J. 112 (8), 871-886.

Viallon, C., Martin, B., V erdier-Metz, I., Pradel, P., Garel, J. P., Coulon, J. B., et al., 2000. Transfer of monoterpenes and sesquiterpenes from forages into milk fat. Lait 80, 635-641.

Visser, S., 1993. Proteolytic enzymes and their relation to cheese ripening and flavour: an - overview. J. Dairy Sci. 76, 329-350.

Wang, L. L., Johnson, E. A., 1992. Inhibition of Listeria monocytogenes by fatty acids and monoglycerides. Appl. Environ. Microbiol. 58, 624-629.

Williams, A. G., Banks, J. M., 1997. Proteolytic and other hydrolytic enzyme activities in non-starter lactic acid bacteria isolated from Cheddar cheese manufactured in the United Kingdom. Int. Dairy J. 7, 763-774.

West, H. G., 2008. Food fears and raw-milk cheese. Appetite 51, 25-29.

Yang, Y., Shevchenko, A., Knaust, A., Abuduresule, I., Li, W., Hu, X., et al., 2014. Proteomics evidence for kefir dairy in Early Bronze Age China. J. Arch. Sci 45, 178-186.

延伸阅读

Alix, B. -J., 2002. Cheese: selecting, tasting, and serving the world's finest. Lauren Glen Publiscing,

San Diego, CA, hwww. laurenglenbooks. comi. 1-57145-890-5.

Chambers, D. H., Esteve, E., Retiveau, A., 2010. Effect of milk pasteurization on flavor properties of seven commercially available French cheese types. J. Sens. Stud. 25, 494-511.

European Union, 2004a. Regulation (EC) No 852/2004 of the European Parliament and of the Council of 29 April 2004 on the hygiene of foodstuffs. Off. J. Eur. Union L139, 1-54.

European Union. 2004b. Regulation (EC) No. 853/2004 of the European Parliament and of the Council of 29 April 2004 laying down specific hygiene rules for the hygiene of foodstuffs. Off. J. Eur. Union L 139, 55-205.

Family Farming World Conference: IYFF Final Declaration: Feeding the Word, Caring for the Earth; http: //www. asiadhrra. org/wordpress/2011/11/20/iyff-final-declara-tion-feeding... ; http: //www. agriculturesnetwork. org/resources/extra/news/familyfarming-world-conference.

http: //frenchfoodintheus. org/534. .

http: //www. fromages-de-terroirs. com/marche-fromage1. php3? id-article5652, 2005. .

http: //www. clal. it/index. php. .

http: //iledefrancecheese. com/index. php/roquefort/roquefort. html. .

http: //www. Formaggio-di-Fossadi-Sogliano-DOP. Formaggio. it. .

http: //www. Agrarian. it/il-fossa/Conosrzio-di-T utela-Formaggio-di-Fossa-di-Sogliano-DOP. .

http: //www. paxtonandwhitfield. co. uk/roquefort. html. .

http: //www. treccani. it/enciclopedia/sviluppo-urbano-e-aumento-della-popolazione. (Atlante-Geopolitico) /. . Masui, K., Yamada, T., 1996. French Cheeses. Dorling Kindersley Limited, London, 0-7513-0346-1pp. 178-181.

Schultz, T. P., Nicholas, J. J., 2000. Naturally durable heartwood: evidence for a proposed dual defensive function extractives. Phytochemistry 54, 47-52.

Yvon, M., Rijnen, L., 2001. Cheese flavor formation by amino acid catabolism. Int. Dairy J. 11, 185-201.

10 生牛乳制作的替代奶制品

Tânia Tavares[1,2] and Francisco Xavier Malcata[1,3]

[1]LEPABE, Faculdade de Engenharia da Universidade do Porto, Porto, Portugal

[2]LAQV/REQUIMTE, Departamento de Ciências Químicas, Laboratório de Bromatologia e Hidrologia, Faculdade de Farmácia da Universidade do Porto, Porto, Portugal

[3]Departamento de Engenharia Química, Faculdade de Engenharia da Universidade do Porto, Porto, Portugal

10.1 引 言

有机食品和手工食品在全世界范围内越来越受欢迎，比如生鲜奶制品和生鲜乳本身，也经历了一场复兴时期。越来越多的人认识到，食品体系的产业化大大降低了食品的内在质量。生鲜奶作为“健康食品”的宣传一直在上升，但是食用鲜奶可能带来的好处一直存在争论点。鲜奶倡导者最常引用的论据是，鲜奶与巴氏杀菌奶相比，过敏发生率更低，营养质量更高，口感更好。

消费者是食品和食品安全的最终决定者，所以他们需要获得值得信赖和可靠的信息。这些信息通常的来源往往是家人、朋友、制造商、科学家和消费者协会。然而，数据有时候是矛盾的，有时甚至被信仰、价值观、科学和公共利益所扭曲。

全世界获取食品安全信息的方式一直在改变。其中互联网已经成为越来越重要的传播方式（Sillence 等，2016），消费者会被告知由此方式传达信息的有效性。网络上关于生鲜乳与生鲜奶制品研究是一种分阶段的方法来处理这些概念，消费者更容易相信来自网络的信息。只有当他们怀疑信息的可信度时，才会对现有信息进行更深入的评估（Sillence 等，2016）。消费者越来越多在农场之外的非正式渠道购买鲜牛奶。

一方面，是对生鲜乳和生鲜奶制品的需求与生鲜乳中微生物污染而增加的患病风险相平衡，另一方面，与食用生鲜乳所带来的好处相平衡。因此，本章将对传统的生鲜乳产品（奶酪和发酵乳）进行简要概述，重点是概述生鲜乳替代奶制品。

10.2 生牛乳

生鲜乳是具有生物和丰富营养特性的食物。它通常来自奶牛、山羊、绵羊或其他驯化的食草反刍动物，来自同一物种不同个体的生鲜乳也存在差异（Aspri 等，2015；Bailone 等，2017；Claeys 等，2014）。原料奶包括未经高温消毒和未均质化的牛乳，通常被认为是“完整的食物”——因为它含有天然酶、脂肪酸、维生素和矿物质。生鲜乳被认为具有独特的营养成分，是营养最丰富的食物之一。常见的描述包括“新鲜的”“纯真的”“活的”“奶油味的”“口味丰富的”“独特的”“令人满意的”“更美味的”和“美味的”；与巴氏杀菌奶和均质奶相比，它确实是一种风味和质地都更好的食品（Headrick 等，1997；Jayarao 等，2006）。消费者研究表明，在可以合法购买生乳的国家，口味是消费者选择生鲜乳的首要原因之一（Jayarao 等，2006；Headrick 等，1997）。有些人靠其为生（Headrick 等，1997），在 20 世纪，生鲜牛奶被当作药物使用。声称直接从乳房中吸出的生牛乳可以治愈慢性疾病（Crewe，1929）。

10.3 巴氏杀菌奶和非巴氏杀菌奶

生鲜乳是拥有难以置信的复杂成分的天然食品，是因为它含有消化酶、抗病毒、抗菌和抗寄生虫物质，以及脂肪、水溶性维生素、多种矿物质、微量元素、八种必需氨基酸和共轭亚油酸。然而，一些研究者、美国食品和药品监督管理局（FDA）以及疾病控制和预防中心等监管和公共卫生组织提出担忧，强调了消费者会面临微生物致病的风险（Cisak 等，2017；Fratini 等，2016）导致人类病原体存在（Lucey，2015）。研究表明，1/3的生鲜乳中含有至少一种病原体，即使是从健康的动物或质量标准很严格的生鲜乳（检测数据含有低的菌落总数）中获得的（Desmasures 等，1997；Griffiths，2010a；Lucey，2015；Soboleva，2014）。这些病原体可能来自动物，也可能来自生鲜乳收集和储存过程中环境造成的污染。对不同国家原料生鲜乳中存在的各种病原体进行了监测（弯曲杆菌，李斯特菌，沙门菌，以及产生人类致病病原毒素的大肠杆菌），这些病原菌是常被报道的奶源性感染的致病病原体（Cisak 等，2017；Claeys 等，2013；Hudopisk 等，2012；O'Mahony 等，2009；Robinson 等，2013；Van den Brom 等，2015）。病原菌可以通过动物血液直接进入生鲜乳、乳腺炎、粪便污染或与人类皮肤接触污染生鲜乳（Labropoulos 等，1981），这些病原体被感染程度受农场规模、动物数量、卫生、农场管理实践、挤奶设施和季节等因素的影响（Goff）。

巴氏杀菌法是确保生鲜乳保存时间更长，消除病原体风险的一种有效方法。然而，作为一种有生命的食物，生鲜乳中富含对健康至关重要的有益菌，是人体中不能缺少的。如上所述，有益菌会刺激和训练免疫系统，并与之协同工作，以防止致病菌感染。事实上，它们可以有效地预防和治疗某些致病菌感染。另外，一些自然存在的，或后来添加（乳酸菌、明串珠菌和片球菌）菌株，并通过发酵，可以把生鲜乳变为更容易消化的食物。蛋白质和脂质等营养物质，在巴氏杀菌和超高温处理的生鲜乳会消失，同时也会破坏有益菌的存在。

生鲜乳的支持者声称，生鲜乳中保留了在巴氏杀菌过程中失去的促进人类健康的天然成分，而在巴氏杀菌或 UHT 牛奶中不存在；其中包括有益菌、食物酶、天然维生素

和免疫球蛋白等天然成分。所有这些都是热敏性的，可以防止乳糖不耐症，同时为“好”细菌提供更好的营养，这些说法已被广泛核实。

与此同时，消费者对生鲜奶酪的兴趣也在不断增长，换句话说消费者对生鲜奶酪产生了更强烈的兴趣，有更多的口味需求。与巴氏杀菌或微滤法相比，生鲜奶酪具有更浓香的风味（Casalta 等，2009；Masoud 等，2012）。奶酪的多样性和强烈的感官属性与牛乳本身和动态的微生物群落有关（Montel 等，2014）。生鲜奶酪的微生物安全是一个备受争议的话题。巴氏杀菌法能有效去除原料生鲜乳中的致病菌，但同时也能去除有益的、独特的微生物。然而，巴氏杀菌干奶酪可能仍然含有可导致食源性疾病暴发的致病菌，甚至比生鲜乳干酪的发病率更高（Koch 等，2010）。可能是巴氏杀菌破坏了原有的微生物平衡（Little 等，2008；Ryser，2007）。由于生鲜乳中含有潜在的微生物风险，最重要的是，奶酪制作要经过足够长的成熟期，进一步加强当地奶牛场的卫生管理，并需要严格监测生产后可能含的代表性微生物（Yoon 等，2016）。

欧洲在 20 世纪 90 年代开始颁布了一般行为规范，旨在既可以保障消费者安全的同时又能支持生鲜奶酪生产。地中海盆地周围，各种各样的传统奶酪仍在大量生产。自 1992 年起，欧盟成员国奶酪生产商在遵循严格的原料质量规定，就允许生产生鲜奶酪，换句话说，牛奶中微生物含量、陈化时间（最少 60 天）、加工设施的卫生都符合严格的质量规定时，可生产生鲜奶酪。但是，一些加工设备和原料也有例外，当这些加工设备和材料制作的产品贴有特定的标签时，例如受保护的原产地名称、地理标志的保护、或者被 prodotti agroalimentari tradizionali 指定。事实上，如果周边环境有助于上述奶酪的独特特性的发展，所使用的设施和材料可以不同于常规建立的设施和材料（Slow Food Foundation for Biodiversity，2010）。

美国各州对生鲜乳销售的规定各不相同。然而，生鲜奶酪法律适用于全国。FDA 声明，手工生鲜奶酪生产将受到生鲜奶酪生产法的约束，在州际贸易中出售的，用生鲜乳制成的奶酪，需经过不少于 60 天的陈化过程。加拿大允许销售陈化 60 天以上的生鲜奶酪。2009 年，加拿大魁北克省修改了相关法规，规定在严格的安全保障条件下，生鲜奶酪的陈化时间可以不足 60 天（Slow Food Foundation for Biodiversity，2010）。在澳大利亚，标准 4. 2. 4A 目前允许根据瑞士法规和法国部长级命令生产特定的生鲜奶酪。澳大利亚及新西兰食品标准局现正评估《生乳产品销售的食物标准守则》的规定，评估内容仅限于对非常坚硬的陈化奶酪（不少于 6 个月）的生产及销售的规定（Slow Food Foundation for Biodiversity，2010）

Akio（2010）报道了一种新的奶酪生产方法和设备，能够混凝和适当的乳酸发酵，从而大大减少生鲜乳的腐败。生鲜乳菌群因地区和牲畜品种的不同而不同。然而，总的来说，它含有乳酸菌（LAB），能够产生抑制病原体的物质，能够对抗许多污染的致病菌增殖，从而使奶酪的生产具有最低的微生物质量（Montel 等，2014；Yoon 等，2016），这使得生奶酪成为微生物安全食品（Masoud 等，2012）。为了保持奶酪之间微生物群的丰富和多样性，遵守传统的做法是非常重要的。

生奶酪的生物学功能也备受关注，已有部分研究表明生鲜乳的摄入与其生理功效存在一定的联系；然而，需要进一步确定的是，能否将这两者间的联系延伸到传统的生鲜奶酪中（Montel 等，2014）。

从 20 世纪初，用巴氏杀菌乳生产奶酪工业化生产已经开始，直到今天，只有被认为是安全的微生物物种在使用（Bourdichon 等，2012），欧洲是个例外，传统奶酪受原产地保护标识（PDO）保护。然而，允许被使用的微生物种类远远落后于传统奶酪的实际微生物种类（Montel 等，2014）。为了保证奶酪的感官特性，保存生鲜奶酪中微生物多样性是至关重要的，我们尝试利用它的好处，同时保证传统做法一代又一代的改进。

10.4 替代产品

为了增强奶制品的益生菌和益生菌特性，改善其相关的感官指标，已开发出获得奶制品的新方法并申请了专利。Chen 等（2010）发明了一种共生山羊奶粉的制备方法，通过结合冷冻干燥益生菌粉与生鲜羊奶中的益生元相结合，这样可以使益生菌存活率和山羊奶粉的功能性增强。

另一个例子是在生鲜乳中添加 2%~3%（生鲜牛乳重量）的南瓜粉、甜菜粉、菊芋粉、甚至是胡萝卜粉，再经过温和的加热和均质化，最后加入“Bifilact-Pro”益生菌促进发酵（Anatolevich 等，2017）。Liping 等（2016）研发一种益生菌发酵乳，添加鼠李糖乳杆菌和嗜热链球菌到生鲜牛乳中，对于质量稳定、口感良好的产品，不需要食品添加剂，乳酸菌活菌可达到固定阈值。还有类似的以益生元菊粉为主要原料，经发酵生产乳饮料（Viktorovna 等，2017），首先生鲜牛乳或是脱脂牛乳（液态和粉状）和菊粉混合，均质化，经温和热处理后，添加由嗜热链球菌和保加利亚乳杆菌组合的发酵剂，使其发酵。这项发明产出的发酵型乳酸饮料，不仅具有较高营养和生物附加值，还能够克服液体浓度过高、乳清分离等缺陷，改善产品的感官特性，使最终产品的结构稳定。

Sato 和 Yoshikawa（2017）获得了一项生产发酵奶制品方法的专利，第一步是将乳酸菌加入生鲜乳中发酵，第二步是加入类芽孢杆菌来源的蛋白酶。这两个步骤保证了发酵奶制品的丝滑度，而发酵奶制品的硬度随后调整。另一项研究（Mingna 和 Xiaojing，2016）重点关注乳酸乳球菌乳脂亚种、明串珠菌、丙交酯亚丁二乙酰、乳酸乳球菌乳酸亚种等促进发酵的奶制品。利用柠檬酸钠控制发酵、产出二氧化碳和特殊的风味，生产出的产品口感清爽独特。Li 和 De（2016）报道了一款用樱桃和覆盆子果酱调味的发酵牛乳，樱桃和覆盆子果酱影响凝固作用，从而产生另一种获取传统产品的方法。果酱促进乳酸发酵，带来清新细腻的果味口感。这种产品具有市场潜力。Wei 等（2006）发现了一株具有抗高血压作用的植物乳杆菌（CW006），由于它的蛋白水解活性在生鲜乳的发酵中能产生血管紧张素转换酶抑制剂。显然，它可以作为开创乳业行业文化，并应用于不同的保健和医疗产品中。

西百色壮牛牧业股份有限公司拥有五项专利，包括来自水牛乳生产的新产品（Zhangzhi，2015a，b，c，d，e）。具有新颖独特口味的生鲜乳产品是将水牛乳与番茄、

毛叶枣、葡萄、南瓜和西番莲风味相结合。它们的营养价值高于传统的水牛乳，不仅有利于人体健康，且口感甘甜，带有淡淡的清香，味道更加浓郁。与现有产品相比，产生强的市场竞争，预期利润率也会更高。这类产品更适合少儿和老年人食用。

Yali 等（2011）研制出一种以酸奶为主要原料的新型奶制品，其主要原料是 90%左右的生鲜乳，还会含有 1%~2% 的乳清蛋白和 8%的糖等干物质，不使用添加剂。酸奶凝乳率高，凝块稳定，质地色泽坚硬光滑，酸甜适中，口感厚实，无乳清分离。Yang 等（2016）提出了一种生产棕色饮用酸奶的新技术，将含有 90%的生鲜牛乳和丹尼斯克菌株结合得到发酵食品，通过美拉德反应得到了棕色和独特的风味，添加乳清蛋白粉作为凝胶蛋白，使营养成分浓缩，提高了酸奶的蛋白质含量和稳定性。Jiahua 等（2016）研制出一款含有生鲜乳的菠萝蜜冰淇淋，口感清爽。Sheng（2015）发明公开了一种低温浓缩原料奶配方，生鲜乳含量高达 80%，加糖炼乳、乳清蛋白粉和特定精华调味。这种混合物经过喷雾干燥，产生独特的焦糖风味。该产品携带方便，贮存时间长，适用于奶茶、烘焙食品、冷饮、糖果、巧克力等产品的生产。

另一种新产品是涉及食品或饮料的增味剂（Washizu 等，2008），其中包括通过生鲜乳蛋白质进行乳酸发酵和蛋白酶而获得的，具有鲜奶香味的产品。西安振源育洋乳品有限公司申请了 omega-3 脂肪酸羊奶粉生产专利。这个产品以生鲜乳为基础，在肠道健康、血糖平衡、心血管保护等领域具有功能作用（Hua 等，2015）。Yong 等（2015）推出玛咖保健乳。生鲜乳与玛咖相结合，能促进身体对营养物质的吸收和利用，帮助抵抗疲劳，增加能量，调节内分泌系统，增强免疫力，利肺益胃，润肠通便。

一个 Kasha 新产品，是一种含有 20%~27%的生鲜乳、53.5%~63.5%的面粉、9%~11%的蔗糖和 3%~14%的水果添加剂的即溶干谷物乳，它可作为膳食纤维、常量元素、微量元素的来源。Dmitrievich 等（2017）提出维生素矿物质预混作为维生素的补充来源。

Yanzi（2015a）获得了一种有关糕点创新产品的专利，是用生鲜乳粉等原料制作太阳形状饼干的配方。其糕点产品形状新颖，口感酥软，具有奶香口味，能满足市场的需求。还有一些相关研发产品是用生鲜乳粉结合其他配料如花生酱、坚果奶酪、核桃奶苏打、黑芝麻等制成的饼干，以及开心果脆皮小蛋糕（（Pengfei，2015a,b,c,d,e），虽然市场上的饼干产品种类繁多，但这五种产品具有新颖、营养、美味、精致等特点。小脆皮产品咸度适中，口感极佳；花生酱黄油饼干和核桃奶苏打能调整产品的甜度使其获得较好口感。从开始利用生鲜乳粉（Xiaopeng，2015a,b,c,d）作为糕点原料开始，到 Yanzi（2015b）研发不同面包产品。第一个人评价他的产品形状新颖，味道香甜，口感细腻、滑润、醇厚，还有奶香、香蕉香、其他，果香或香草的味道，第二个人形容他的产品口感细腻、醇厚，有茶香，略带奶香味。

生鲜乳作为化学杀菌剂可防治黄瓜白粉病。使用 40%的原料乳可以当作肥料运用在蔬菜作物病害防控上，它可以显著增加受感染黄瓜中叶绿素含量、生长参数及总产量（Kamel 等，2017）。

10.5 结 论

经济与技术的飞速发展会提高人们的生活品质，其中包括对营养问题的认识，对食物需求从数量到质量的演变趋势。

因此，在不久的将来，美味可口、多样化的营养将成为食品工业的战略目标。超市货架上的新鲜（安全）鲜奶制品数量不断增加——反映了研究和开发所做的努力。这些产品能够保持鲜奶独特的营养和功能特点，包括纯牛奶、冰淇淋、酸奶、奶酪、奶粉、乳酸菌饮料和糕点产品等。

参考文献

Akio, O., 2010. Method for Producing Cheese, and Apparatus for the Same. 2010148473.

Anatolevich, D. R., Aleksandrovna, K. M., Viktorovna, B. T., Aleksandrovna, K. I., Mikhajlovna, M. A., Aleksandrovna, D. T., 2017. Method for Obtaining Dairy Functional Product. 0002626536.

Anonymous, 2014. An assessment of the effects of pasteurization on claimed nutrition and health benefits of raw milk. MPI Technical Paper No. 13.

Aspri, M., Bozoudi, D., Tsaltas, D., Hill, C., Papademas, P., 2015. Raw donkey milk as a source of Enterococcus diversity: assessment of their technological properties and safety characteristics. Food Control. 73, 81-90.

Bailone, R. L., Borra, R. C., Roça, R. O., Aguiar, L., Harris, M., 2017. Quality of refrigerated raw milk from buffalo cows (Bubalus bubalis bubalis) in different farms and seasons in Brazil. Ciênc. Anim. Bras. 18, 1-12.

Bourdichon, F., Casaregola, S., Farrokh, C., Frisvad, J. C., Gerds, M. L., Hammes, W. P., et al., 2012. Food fermentations: microorganisms with technological beneficial use. Int. J. Food Microbiol. 154 (3), 87-97.

Casalta, E., Sorba, J. -M., Aigle, M., Ogier, J. -C., 2009. Diversity and dynamics of the microbial community during the manufacture of Calenzana, an artisanal Corsican cheese. Int. J. Food Microbiol. 133, 243-251.

Chen, H. C., Qi, M., Tao, Q., Guowei, S., Juanna, S., Zhangfeng, W., et al., 2010. Preparation Method of Synbiotic Goat Milk Powder. 101810220.

Cisak, E., Zajaç, V., Sroka, J., Sawczyn, A., Kloc, A., Dutkiewicz, J., et al., 2017. Presence of pathogenic rickettsiae and protozoan in samples of raw milk from cows, goats, and sheep. Foodborne Pathog. Dis. 14 (4), 189-194.

Claeys, W. L., Cardoen, S., Daube, G., Block, J., Dewettinck, K., Dierick, K., et al., 2013. Raw or heated cow milk consumption: review of risks and benefits. Food Control. 31 (1), 251-262.

Claeys, W. L., Verraes, C., Cardoen, S., Block, J., Huyghebaert, A., Raes, K., et al., 2014. Consumption of raw or heated milk from different species: An evaluation of the nutritional and potential health benefits. Food Control. 42, 188-201.

Crewe, J., 1929. Raw milk cures many diseases. Certified Milk Magazine. Davis, B. J., Li, C. X., Nachman, K. E., 2014. A literature review of the risks and benefits of consuming raw and pasteurized cow's milk: a response to the request from The Maryland House of Delegates' Health and Government Operations Committee 2014.

Desmasures, N. F., Bazin, F., Gueguen, M., 1997. Microbiological composition of raw milk from selected farms in the Camembert region of Normandy. J. Appl. Microbiol. 83, 53-58.

Dmitrievich, L. A., Vladimirovna, B. A., Alekseevich, E. I., 2017. Instant Dry Grain Milk Kasha. 0002626534.

Fratini, F., Turchi, B., Ferrone, M., Galiero, A., Nuvoloni, R., Torracca, B., et al., 2016. Is Leptospira able to survive in raw milk? Study on the inactivation at different storage times and temperatures. Folia Microbiol. (Praha). 61 (5), 413-416.

French, N., Benschop, J., Marshall, J., 2013. Raw milk: isit good for you? Proceedings of the food safety. Anim. Welfare Biosecur. Branch NZVA. 327, 11-20.

Griffiths, M. W., 2010a. Improving the safety and quality of milk. Volume 1: Milk production and processing. Woodhead Publishing Limited, Guelph, p. 520.

Headrick, M. L., Timbo, B., Klontz, K. C., Werner, S. B., 1997. Profile of raw milk consumers in California. Public Health Rep. 112 (5), 418-422.

Hua, W., Xiaoju, S., 2015. Sheep Milk Powder Containing Omega 3 and Preparation Method for Sheep Milk Powder. 104904858.

Hudopisk, N., Korva, M., Janet, E., Simetinger, M., Grgic-Vitek, M., Gubensek, J., et al., 2012. Tick-borne encephalitis associated with consumption of raw goat milk. Slov. Emerg. Infect. Dis. 19, 806-808.

Jayarao, B. M., Donaldson, S. C., Straley, B. A., Sawant, A. A., Hegde, N. V., Brown, J. L., 2006. A survey of foodborne pathogens in bulk tank milk and raw milk consumption among farm families in Pennsylvania. J. Dairy Sci. 89 (7), 2451-2458.

Jiahua, W., Jun, W., Xiaowei Z., 2016. Jackfruit Ice Cream and Manufacture Method Thereof. 106107009.

Kamel, S. M., Ketta, H. A., Emeran, A. A., 2017. Efficacy of raw cow milk and whey against cucumber powdery mildew disease caused by *Sphaerotheca fuliginea* (Schlecht.) Pollacci under Plastic House Conditions. Egypt. J. Biol. Pest Control. 27 (1), 135-142.

Knoll, L., 2005. Origins of the Regulation of Raw Milk Cheeses in the United States. http://nrs.harvard.edu/urn-3: HUL. InstRepos: 8852188.

Koch, J., Dworak, R., Prager, R., Becker, B., Brockmann, S., Wicke, A., et al., 2010. Large listeriosis outbreak linked to cheese made from pasteurized milk, Germany, 2006-2007. Foodborne Pathog. Dis. 7, 1581-1584.

Labropoulos, A. E., Palmer, J. K., Lopez, A., 1981. Wheyprotein denaturation of UHT processed milk and its effect on rheology of yogurt. J. Texture Stud. 12 (3), 365-374.

Li, Z., De Z., 2016. Coagulation Type Flavored Fermented Milk Containing Cherry and Raspberry Jam and Preparation Method Thereof. 106070627.

Liping, Z., Yuanyang, N., Xinlu, W., Haiyan, L., Qiming, L., 2016. Probiotic *Lactobacillus* Rhamnosus Fermented Milk and Preparation Method Thereof. 105961588.

Little, C. L., Rhoades, J. R., Sagoo, S. K., Harris, J., Greenwood, M., Mithani, V., et al., 2008. Microbiological quality of retail cheeses made from raw, thermized or pasteurized milk in the UK. Food Microbiol. 25, 304-312.

Lucey, J., 2015. Raw milk consumption—risks and benefits. Nutr. Food Sci. 50 (4), 189-193.

MacDonald, L., Brett, J., Kelton, D., Majowicz, S. E., Snedekerr, K., Sargeant, K. M., 2011. A systematic review and meta-analysis of the effects of pasteurization on milk vitamins, and evidence for raw milk consumption and other health - related outcomes. J. Food Prot. 74 (11), 1814-1832.

Masoud, W., Vogensen, F. K., Lillevang, S., Abu Al - Soud, W., Sorensen, S. J., Jakobsen, M., 2012. The fate of indigenous microbiota, starter cultures, *Escherichia coli*, *Listeria innocua* and *Staphylococcus aureus* in Danish raw milk and cheeses determined by pyrosequencing and quantitative real time (qRT) -PCR. Int. J. Food Microbiol. 153, 192-202.

Mingna, W., Xiaojing, Y., 2016. Aerogenesis Fermentation Dairy Product and Production Method Thereof. 105613732.

Montel, M. -C., Buchin, S., Mallet, A., Delbes-Paus, C., Vuitton, D. A., Desmasures, N., et al., 2014. Review Traditional cheeses: Rich and diverse microbiota with associated benefits. Int. J. Food Microbiol. 177, 136-154.

O'Mahony, M., Fanning, S., Whyte, P., 2009. Chapter 6: the safety of raw liquid milk. In: Tamine, A. Y. (Ed.), Milk Processing and Quality Management. Blackwell Publishing Ltd. /John Wiley and Sons Ltd, West Sussex, UK, pp. 139-167.

Ontario Agency for Health Protection and Promotion, 2013. PHO Technical Report: Update on Raw Milk Consumption and Public Health: A Scientific Review for Ontario Public Health Professionals. Public Health Ontario, Toronto, ON.

Pengfei, C., 2015a. Black Sesame Biscuit. 104542850.

Pengfei, C., 2015b. Nut Cheese Biscuit. 104542855.

Pengfei, C., 2015c. Peanut Butter Biscuit. 104542848.

Pengfei, C., 2015d. Pistachio Nut Small Crispy Cake. 104542847.

Pengfei, C., 2015e. Walnut Milk Soda Biscuit. 104542851.

Robinson, T. J., Scheftel, J. M., Smith, K. E., 2013. Rawmilk consumption among patients with non-outbreak-related enteric infections, Minnesota, USA, 2001 e 2010. Emerg. Infect. Dis. 20, 38-44.

Ryser, E. T., 2007. Incidence and behavior of Listeria monocytogenes in cheese and other fermented dairy products. In: Ryser, E. T., Marth, E. H. (Eds.), Listeria, Listeriosis and Food Safety, 3rd ed CRC Press, Boca Raton, FL, pp. 405-502.

Sato, T., Yoshikawa, J., 2017. Fermented dairy product and method for manufacturing same. WO/2017/104729. Slow Food Foundation for Biodiversity, 2010. Slow Cheeses. http://slowfood.com/slowcheese/eng/85/legislation.

Sheng, X. (2015). A Formula of a Condensed Milk Flavored Milk Powder. 104904856.

Sillence, E., Hardy, C., Medeiros, L. C., LeJeune, J. T., 2016. Examining trust factors in online food risk information: the case of unpasteurized or 'raw' milk. Appetite. 99, 200-210.

Soboleva, T., 2014. Assessment of the Microbiological Risks Associated with the Consumption of Raw Milk. MPI Technical Paper No. 2014/12.

Van den Brom, R., Santman-Berends, I., Luttikholt, S., Moll, L., Van Engelen, E., Vellema, P., 2015. Bulk tank milk surveillance as a measure to detect Coxiella burnetii shedding dairy goat herds in the Netherlands between 2009 and 2014. J. Dairy Sci. 98, 3814-3825.

Viktorovna, B. E., Vladimirovna, L. K., Yurevna, S. Y., Vladimirovna, Z. O., 2017. Method of Producing Cultured Milk Beverage with Inulin. 0002622080.

Washizu, Y., Eiji Emoto, E., Kono, M., 2008. Flavor Enhancer for Food or Drink, Production Method Thereof, and Food or Drink Comprising Flavor Enhancer. 20100112129.

Wei, C., Hao, Z., Fengwei, T., Jianxin, Z., Liangliang, S., Wenli, H., et al., 2006. Lactobacillus Plantarum CW006 with Antihypertensive Function. 1844363.

Xiaopeng, L., 2015a. Banana Bread. 104621209.

Xiaopeng, L., 2015b. Corn Bread. 104621206.

Xiaopeng, L., 2015c. Strawberry Bread. 104621207.

Xiaopeng, L., 2015d. Vanilla Bread. 104621208.

Yali, Z., Bangwei, O., Fuhai, Z., Hongwei, W. (2011). Preparation Method for Set Yoghurt and Prepared Set Yoghurt. 102283285.

Yang Xu, Y., Shengqu, W., Yana, Y., 2016. Brown Drinking Yoghurt and Production Method Thereof. 105901136.

Yanzi, L., 2015a. Sun-Shaped Biscuit. 104509567.

Yanzi, L., 2015b. Green Tea Bread. 104509561.

Yong, L., Ning, H., Yanke, M., Liyang, C., Abuduaini, M., 2015. Production Process of Maca Nutritional Health Care Milk. 105638903.

Yoon, Y., Lee, S., Choi, K. -H., 2016. Review: microbial benefits and risks of raw milk cheese. Food Control. 63, 201-215.

Zhangzhi, W., 2015a. Method for Preparing Grape-Flavor Buffalo Milk Product. 104782776.

Zhangzhi, W., 2015b. Tomato Buffalo Milk Product. 104782774.

Zhangzhi, W., 2015c. Ziziphus Mauritiana Buffalo Milkand Preparation Method Thereof. 104782771.

Zhangzhi, W., 2015d. Pumpkin Buffalo Milk Product. 104782772.

Zhangzhi, W., 2015e. Passiflora Edulis-Flavor Buffalo Milk Product. 104782775.

延伸阅读

Griffiths, M. W., 2010b. The microbiological safety of raw milk. In: Griffiths, M. W. (Ed.), Improving the Safety and Quality of Milk, Volume 1: Milk Production and Processing. CRC Press, Boca Raton, FL, pp. 27-63.

11　奶牛的传染病

Maria A. S. Moreira, Abelardo Silva Júnior,
Magna C. Lima and Sanely L. da Costa

Departamento de Veterinária, Universidade Federal de Viçosa, Viçosa, Brazil

11.1　引　言

奶牛乳腺炎是一个世界性的难题，对动物福利和奶业有很大影响（Keefe，2012；Peton 和 Le Loir，2014）。乳腺炎是奶业最重要的疾病，该病会造成直接和间接的经济损失。直接损失包括治疗费用（药物和劳动力）、废弃的牛奶、时间、死亡以及复发性乳腺炎相关的损失。间接成本包括奶牛产奶量下降、乳品质下降、淘汰数量增加、比预期更早地停止哺乳、动物福利以及继发的其他相关健康问题（Petrovski 等，2006）。

由于食品安全问题的增加，引发乳腺炎的病原体作为潜在的人兽共患病病原体正逐渐被人们重视。乳腺炎牛乳中金黄色葡萄球菌肠毒素对人类健康的影响有待进一步研究，据报道，大多数食源性疾病的暴发来自人类食品加工人员的污染。因为大量的医院感染及在牛乳中也存在的耐甲氧西林金黄色葡萄球菌（Moon 等，2007），对于金黄色葡萄球菌的研究也越发重要。

防范乳源性的人兽共患病很重要，特别是在未经适当热处理的牛乳消费量很高的发展中国家（Shaheen 等，2015）。牛分枝杆菌是结核性乳腺炎的病原体，全球部分地区艾滋病的大流行对于与牛分枝杆菌相关的免疫抑制的流行病学的影响提出了新的问题（De La Rua-Domenech，2006）。

11.2　乳腺炎

11.2.1　概念和分类

乳房内细菌感染是奶牛普遍存在的问题，它可能导致表现为过度炎症反应的临床性乳腺炎或表现为持续性感染的亚临床性乳腺炎（Schukken 等，2011）。随着新微生物种类的发现，乳腺炎的病原学也在发生变化。从患有乳腺炎的奶牛身上分离出的细菌大约

有 150 种。根据病因，本病可分为细菌性、真菌性、病毒性以及藻类引起的乳腺炎四种类型。病毒性乳腺炎临床意义有限，引起乳腺炎的主要病毒性病原是牛疱疹病毒 2 型、痘苗病毒和一种伪天花病毒。通常情况下，病毒会到达乳房的真皮和表皮，而不像其他病原体那样到达分泌腺泡附近。除非继发影响乳房内（IMM）组织的细菌侵染，否则病毒引起的乳腺炎临床意义不大（Shaheen 等，2015）。引起乳腺炎的病原体很多，但大多数感染是由葡萄球菌属、链球菌属和肠杆菌科的细菌引起的。

乳腺炎有两种类型：临床型和亚临床型，传播方式可以是传染性的，也可以是环境性的。主要的传染微生物是金黄色葡萄球菌和无乳链球菌，主要感染源是受感染奶牛的乳腺。另外，引起环境性乳腺炎的病原体主要来源于动物的饲养环境，例如乳房链球菌、大肠杆菌、克雷伯氏菌属（*Klebsiella* spp.）都是可以在环境中传播的微生物（表 11.1）（Bogni 等，2011）。该病的不同临床症状往往与病原体的种类有关，由大肠杆菌引起的乳房内感染通常会引起急性临床性乳腺炎，相关症状包括乳汁明显变化、肿胀、乳房疼痛等，严重的还可能会引起全身性炎症综合征（Burvenich 等，2003）。

凝固酶阴性葡萄球菌（CNS）传统上被认为是乳腺炎的次要病原体，特别是与金黄色葡萄球菌、链球菌和大肠菌群等主要病原体相比。从乳腺炎中已分离出 10 多种不同的凝固酶阴性葡萄球菌，其中最常见的是产色葡萄球菌、模仿葡萄球菌、猪葡萄球菌和表皮葡萄球菌。凝固酶阴性葡萄球菌引起的乳腺炎症状非常轻微，通常持续亚临床状态，很难确定凝固酶阴性葡萄球种属是传染性还是环境性病原体。控制传染性乳腺炎病原体的措施，包括挤奶后乳头消毒，减少牛群凝固酶阴性葡萄球菌感染等（Pyöräla 和 Taponen，2009）。

表 11.1　乳腺炎的主要病原体和次要病原体

传染性乳腺炎	环境性乳腺炎
金黄色葡萄球菌	**大肠菌群**
无乳链球菌	大肠杆菌
停乳链球菌	克雷伯氏菌属
	催产克雷伯氏菌
	肠杆菌属
	柠檬酸杆菌属
牛棒状杆菌	**革兰氏阳性球菌**
	葡萄球菌和肠球菌
	革兰氏阴性菌
支原体属	假单胞菌属
丝状真菌或酵母菌	原膜菌

凝固酶阴性葡萄球菌（CNS）：产色葡萄球菌、模仿葡萄球菌、猪葡萄球菌和表皮葡萄球菌。

相比之下，金黄色葡萄球菌与亚临床型乳腺炎有关，乳房没有明显炎症，然而由于体细胞计数（SCC）增加、牛乳质量和产量下降以及病原体在牛群中传播的风险增加，它会带来长期性的损失（Halasa，2012）。金黄色葡萄球菌通常是牛乳中分离到最多的病原体，因为它是乳房皮肤和乳头正常微生物区系的一部分，偶尔可能会进入乳头管并在乳腺内部定植，引起临床或亚临床乳腺炎。金黄色葡萄球菌的乳房内感染主要引起亚临床型乳腺炎，导致持续性慢性感染（Benić 等，2012），在感染的早期阶段损害轻微，可以逆转。金黄色葡萄球菌感染病例也可能表现为超急性乳腺炎（Wall 等，2005）。牛乳腺炎也可由分枝杆菌感染引起，在这种情况下，它通常与其他器官的结核病有关。乳房疾病也可单独发生，这体现了人兽共患病的可能性。结核性乳腺炎是由牛分枝杆菌和结核分枝杆菌引起的，牛分枝杆菌主要在牛中传播，结核分枝杆菌主要感染人类，也可以感染牛（Pardo 等，2001）。流产布鲁氏菌引起的乳腺炎是慢性的，临床上常不明显，受感染的奶牛在几个月或几年的时间里会排泄大量活菌到牛乳中。在这种情况下，正常的腺体可能不仅是其他牛犊也是人类的重要传染源（Halling 等，2005）。真菌性乳腺炎的发病率很低（占所有乳腺炎病例的1%~12%），但有时会大肆流行。乳腺真菌感染主要由念珠菌属的酵母菌引起，由真菌引起的牛乳腺炎通常与抗生素污染有关（Krukowski 和 Saba，2003），常因细菌性乳腺炎防控过程中不合理的抗生素治疗导致。乳腺炎主要由白色念珠菌、烟曲霉和黑曲霉等真菌病原体引起（Pachauri 等，2013），然而，新生隐球菌、毛孢子菌、球拟酵母菌和酵母菌等其他真菌都可引起奶牛乳腺炎，牛乳腺组织中真菌的入侵通常表现为混合感染（Krukowski 和 Saba，2003）。藻类污染是乳腺炎的另一种病因，小型原藻（Prototheca Zopfii）污染食物、饲料和水会引起奶牛乳腺炎，该病在以公园、湖泊和旅游场所附近为放牧场地的地区更为普遍（Marques 等，2008）。

11.2.2 乳腺炎防控与乳腺炎病理生理学

在感染初期首先产生先天免疫，主要为解剖或物理防御机制、非特异性抗体和细胞免疫。一旦病原体进入乳腺，会被先天免疫系统清除，但如果病原体没有被清除，获得性免疫系统就会被触发（Rainard 和 Riollet，2006）。大多数乳腺感染是通过上升途径发生的，病原体需要通过乳头管进入，由于乳头孔中的肌肉环和角蛋白的存在，乳头管通常是闭合的，在不挤奶时，这个环是一道物理和化学屏障。管壁复层上皮的鳞状细胞形成角蛋白屏障，与角蛋白屏障相关的阳离子蛋白可能通过与病原体静电结合改变细胞壁，使它们更容易受到渗透压力的影响而促进细菌失活（Rainard 和 Riollet，2006；Viguier 等，2009）。固有细胞和募集来的细胞在抵御局部感染的即时防御中共同起着关键作用，从循环中广泛募集中性粒细胞进入乳腺腔是早期乳房感染免疫反应的重要环节（Klimiene 等，2011）。

乳腺中存在多种非特异性抗菌因子，如乳过氧化物酶、硫氰酸盐、过氧化氢、溶菌酶、乳铁蛋白和补体系统。乳过氧化物酶是牛乳中含量最丰富的酶，它与过氧化氢产生离子反应有关，产生次硫氰酸和次硫氰酸根离子，这些产物具有抗菌活性，被称为乳过

氧化物酶-硫氰酸盐-过氧化氢系统（Atasever 等，2013；Sordillo 等，1997）。该系统对革兰氏阴性菌和过氧化氢酶阳性菌如假单胞菌、沙门氏菌、志贺氏菌等有抑制或灭活作用，而对革兰氏阳性菌和过氧化氢酶阴性菌如链球菌和乳杆菌属等仅具有抑制作用（Kussendrager 和 Van Hooijdonk，2000）。

溶菌酶是由上皮细胞和白细胞产生的一种酶，具有杀菌活性，能水解革兰氏阳性和革兰氏阴性菌的胞壁肽聚糖，导致细胞溶解。革兰氏阳性菌的细胞壁含有 90%的肽聚糖，因而更敏感（Rainard 和 Riollet，2006）。

乳铁蛋白是一种糖蛋白，由上皮细胞、巨噬细胞和中性粒细胞产生，具有抑菌作用，与铁离子结合，使它们不能用于细菌生长，它的浓度在干乳期初期和感染期间会增加（Oviedo-Boyso 等，2007）。

图 11.1 总结了牛乳腺先天免疫的主要机制，展示了起防御屏障作用的最重要的解剖学因素。

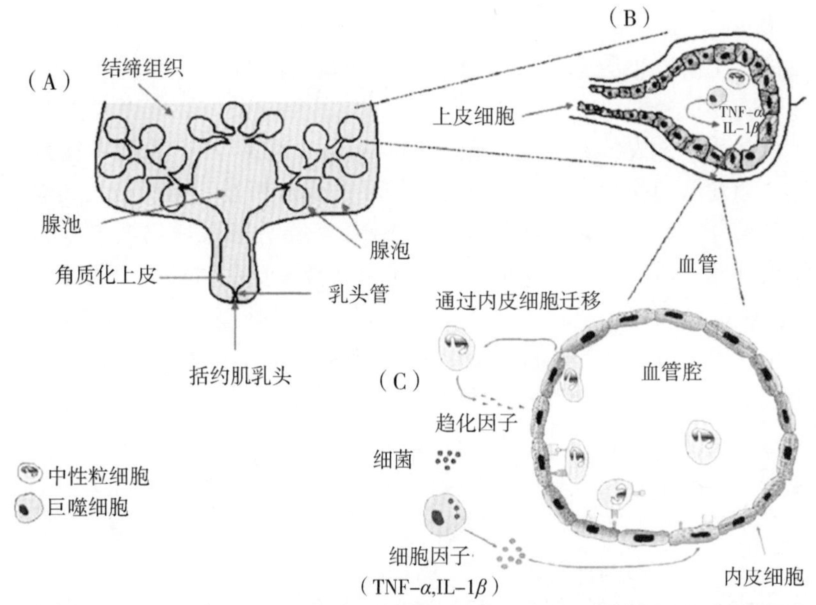

图 11.1 （A）牛乳腺示意图展示起防御屏障作用过程中最重要的解剖学因素。乳头括约肌是第 1 道防线，乳头池角化上皮是第 2 道防线。（B）参与乳腺先天免疫反应的细胞因子和可溶性因子。乳腺泡内的巨噬细胞吞噬进入乳腺池的细菌。激活的巨噬细胞释放 TNF-α 和 IL-1b 等细胞因子。（C）作为对促炎细胞因子的反应，肺泡附近的血管内皮细胞产生黏附分子；这反过来又促进中性粒细胞从血液中被募集到感染部位，以清除入侵的细菌（Oviedo-Boyso 等，2007）。

补体系统由一组血浆蛋白组成，它们对微生物具有调理作用，并且可以在感染或病原体死亡的位点募集吞噬细胞。补体激活通过三条途径发生：经典途径、替代途径和卵磷脂途径，每条途径都由不同的因素触发，但从 C3b 的形成开始进入共同途径（Abbas

等，2011)。经典的补体激活途径在乳腺中作用不明显，替代途径被激活，导致调理成分在细菌中沉积，并产生促炎介质 C4a、C3a 和 C5a（Barrio 等，2003)。

在乳腺分泌的免疫调节剂中，细胞因子在乳腺防御中起着重要作用，尤其是 IL-1、IL-6、IL-8、IL-12 和 TNF-α。由于细胞因子在正常和患有乳腺炎的乳腺中的变化，其在乳腺炎的诊断和预后中的应用研究已展开（Alluwaimi，2004)。

获得性免疫的主要特征是再次接触同一微生物时最直接的反应能力，机体有两种获得性反应：体液免疫和细胞免疫（Abbas 等，2011)。

获得性体液免疫反应由血液分子和黏膜分泌物等 B 淋巴细胞产生的抗体介导。牛乳腺的免疫防御包括四种抗体同型：IgM、IgG1、IgG2 和 IgA。这些抗体的功能不同，在牛乳中的浓度也根据乳房的健康状况和哺乳期阶段而变化。IgG1 是健康动物的乳腺分泌物中主要的抗体同型。IgG2 在乳腺炎症过程中升高，IgA 对细菌没有调理作用，但能够促进细菌的凝集。血清 IgM 能有效中和某些类型的毒素，调理血液与牛乳中的病原体，预防中毒性休克的效果比减少局部炎症症状的效果更显著（Kehrli 和 Harp，2001；Mallard 等，1998)。

细胞免疫由 T 淋巴细胞介导，通过促进巨噬细胞内微生物或感染细胞的破坏消除感染。巨噬细胞在特异性免疫反应加工呈递 MHC Ⅱ类相关抗原（主要为Ⅱ类组织相容性复合体）的过程中也发挥着重要作用（Abbas 等，2011)。产后奶牛乳腺中的巨噬细胞数量增加，触发前列腺素、白三烯和细胞因子的释放机制，从而极大地促进局部炎症过程。然而乳腺分泌物的调理活性降低以及 MHC Ⅱ类分子表达的减少可能导致巨噬细胞的吞噬能力降低，造成抗原呈递减少，这可能解释了这一时期奶牛乳腺炎高发的原因（Mallard 等，1998)。

健康奶牛乳腺中以 $CD8^+$ T 淋巴细胞为主，乳腺炎时则以 $CD4^+$ T 淋巴细胞为主。这些细胞在识别 B 淋巴细胞或巨噬细胞等抗原呈递细胞的抗原-MHCⅡ类复合物时被激活。在细菌感染期间，$CD8^+$淋巴细胞可以通过免疫反应清除宿主细胞，也可以清除乳腺中陈旧或受损的细胞（Park 等，2004)。

11.2.3 诊断

乳腺炎的检测通常基于局部或全身性微生物感染期间乳腺内的炎症指标，当发生感染时，白细胞聚集在一起杀死细菌，防止感染的扩散，因此牛乳中的白细胞数量高很可能说明乳腺内存在引起乳腺炎的细菌，这些过程包括白细胞浸润增加，导致牛乳的化学成分和物理性质发生变化（Viguier 等，2009)。

“牛奶试样杯”测试是检测临床型乳腺炎最简单、最有效的方法，适用于所有奶牛和整个挤奶过程。此外，对于疑似乳腺炎的病例，可以用马克杯测试进行乳房触诊；乳房僵硬、发热和发红可能是乳腺炎的迹象。

每个乳头都在一个“脱牛奶试样杯”上，在移除前三个乳头上的杯子后开始进行测试。牛乳的大体变化如片状、凝块或浆状牛乳可在挤奶时被观察到，这是临床乳腺炎最常见的检测手段。在刚开始挤奶时将每夸脱（1 夸脱 = 1. 136 L）牛乳中最先挤出来

的小部分牛乳抽取到试样杯中，是检测牛乳中薄片或凝块的首选方法。

受感染奶牛的乳房可能会肿胀，且触觉敏感度更高。亚临床型乳腺炎可以通过直接或间接检测乳汁中的SCC来判断，这些细胞主要由分泌上皮脱落细胞和白细胞两种细胞组成，在乳腺炎病例中的浓度很高。加州乳腺炎试验（CMT）是诊断亚临床型乳腺炎最常见的检测方法之一，也是牛乳中检测SCC的间接指标。SCC是目前用于检测亚临床型乳腺炎的标准，并且是牛乳质量的重要指标。然而，这个参数会因哺乳期（哺乳的开始和结束）、动物年龄、营养失衡、虚弱、伴发疾病、恢复期、寄生虫以及缺乏对IMM抵抗力等情况而不同（Shaheen等，2015）。

传统的检测方法包括SCCs评估、炎症迹象、与疾病发病相关的生物标志物的测量（例如N-乙酰-b-D-氨基葡萄糖苷酶和乳酸脱氢酶）以及致病微生物的培养鉴定。这些方法都有其局限性，目前需要一种新的快速、灵敏和可靠的分析方法（Viguier等，2009）。

持续监测乳腺炎及精心管理，对奶牛群的福利至关重要。然而，结合了酶分析、免疫分析、生物传感器和核酸测试的新型分析平台的发展正在逐步取代更传统的方法。此外，随着蛋白质组学和基因组学的进步，新的生物标记物正在被发现，从而使疾病能够在早期阶段被发现（Viguier等，2009）。

另一种最近用于诊断乳腺炎的检测方法是红外热像仪，它测量奶牛乳头皮肤和括约肌的表面温度，与CMT结果精度相似。红外线热像仪的功效不依赖于环境条件，并且可以很容易地检测到炎症，是检测亚临床型乳腺炎或用于亚临床型乳腺炎筛查和后续检测的一种非侵入性的、高灵敏度、快速以及便携的方法（Pampariene等，2016）。

11.2.4 治疗

最常见的乳腺炎治疗方法是抗生素治疗，然而，这种方法存在一些缺点，包括耐药性导致的治愈率低，牛乳中抗生素残留，以及复发病例增加。因此，研究人员对抗生素的多种替代品进行了研究调查，如噬菌体、疫苗、纳米粒子、细胞因子和生物活性分子等（Gomes和Henriques，2015）。

所有抗生素疗法的基础都是病原体对治疗期间使用的药物的敏感性强（Barlow，2011）。然而，抗生素图谱和MIC（最小抑菌浓度）的应用存在局限性，不能作为治愈的预测因子，因为有多种因素影响药物的效率，例如抗菌药物在感染部位的分布、药动学、药效学以及临床试验的数据（Eskine等，2003a）。

治疗乳腺炎最常见的途径是IMM（Ruegg，2010），由于药物在乳腺中的分布得到了改善，乳腺炎的非肠道治疗已经被认为比IMM治疗更有效。乳腺炎的非肠道治疗特别适用于治疗侵袭性感染，例如金黄色葡萄球菌引起的乳腺炎（Intorre等，2013），与肠外给药相比，IMM途径的优点包括牛乳中的药物浓度低、抗生素药物的用量较低，因为直接应用于乳腺所需的药物剂量与肠外治疗相比较小。IMM治疗的缺点是抗生素药物在乳房上部的分布不均匀，并且当通过乳头导管使用时有污染的风险（Eskine等，2003b）。

硫酸头孢喹肟对多种革兰氏阳性菌和革兰氏阴性菌具有抗菌活性，从牛乳腺炎中分离的大多数金黄色葡萄球菌对头孢喹肟敏感（Intorre 等，2013；Kirkan 等，2005）。抗生素药物治疗大肠杆菌引起的乳腺炎的功效有限，氟喹诺酮类和头孢菌素类药物表现出一些积极作用。对于大肠杆菌引起的临床症状轻微到中度的乳腺炎，抗感染治疗、频繁挤奶和液体治疗是比抗菌药物治疗更好的选择。对于由大肠杆菌引起的严重乳腺炎，由于菌血症的风险，推荐使用氟喹诺酮类药物和第三代或第四代头孢菌素。然而，不推荐通过 IMM 途径对大肠杆菌乳腺炎进行抗生素治疗（Suojala 等，2013）。

大多数细菌在乳房中持续存在的可能原因是生物膜的形成，生物膜以细菌的形式结合于由多糖组成的基质表面。生物膜的形成可以解释为细菌对抗宿主免疫系统和抗生素的保护机制，生物膜产生和牛源性金黄色葡萄球菌持久存在之间的关系已经有过阐述（Barkema 等，2006；Costerton，1999）。

研究表明，低浓度的某些抗菌药物能够诱导特定菌种形成生物膜。牛乳腺中存在的生物膜促使机体产生抗菌药物耐药性。亚抑制剂量的恩诺沙星诱导大肠杆菌产生生物膜，同样的致病微生物在乳腺中持续存在可能引起乳腺炎复发（Costa 等，2014）。

使用抗生素药物治疗养殖场动物有可能影响人类健康，抗生素药物残留可能产生耐药的食源性病原体。尽管抗生素药物残留的风险众所周知，并有着相应的调节机制，但是，控制手段并不总是能有效地执行（Aarestrup 等，2008）。

为了降低传统抗菌药物的浓度和/或恢复病原体对它们的敏感性，不同的药物组合正处于研究中。奥斯皮纳等人于 2014 年进行的一项研究从有临床乳腺炎的牛乳中获得了 27 个大肠杆菌分离物，当存在苯丙氨酸-精氨酸 β-萘酰胺和 1-（1-萘甲基）哌嗪多药外排系统抑制剂时，最低抑菌浓度降低。其他研究表明，在对抗细菌引起的乳腺炎时，植物中提取的经过和不经化学修饰的生物活性物质与传统抗生素药物显示出协同作用（Kinde 等，2015；De Barros 等，2017；Pasca 等，2017）。

11.3 其他奶牛疾病

11.3.1 沙门氏菌病

沙门氏菌病是一种以发热、腹泻、脱水和虚弱为特征的传染病，还可导致妊娠晚期流产和新生犊牛败血症等生殖损失。除了细菌的血清型外，牛群的健康状况和生产水平让临床症状和感染的严重程度有很大的差异（Cardoso 和 Carvalho，2006）。这种疾病不仅表现在出生 15~90 天的小牛身上，在成年动物中也会发生。在成年奶牛中，临床症状通常出现在围产期等免疫功能下降的时期。菌血症或内毒素血症可引起流产。严重的临床病例中最常见的血清型是伤寒沙门菌、都柏林沙门菌和纽波特沙门菌。

动物可能会出现临床症状，通过粪便排出细菌，或者不表现临床症状，淋巴结中存在细菌，但不通过粪便排出细菌。沙门菌可污染食物和水，在合适的温度和湿度下细菌可存活很长时间（Fica 等，2001）。

诊断基于临床检查、暴发史和实验室检查。应及时使用抗生素治疗，并进行支持治疗，以挽救生命和减缓疾病的传播。当前已经有针对最主要的沙门菌的疫苗。处理方案应根据每种奶制品的具体管理制度制定（Fica 等，2001）。

所有沙门氏菌病为活动性或地方性疾病的畜群都应组织一项识别、治疗和分离该疑似病例和确诊病例的行动计划。患有严重沙门氏菌病的奶牛和犊牛将很快恶化。粪便、初乳和受影响的产奶动物是传播源。据推测广泛接触环境中的沙门菌和亚临床肠道感染可能会影响牛群的产奶质量，需要对该课题进行更多研究（Shinohara 等，2008）。沙门氏菌属（*Salmonella* spp.）100 多年前已被公认为食源性病原体，是引起人类胃肠炎的重要原因之一，大多数病例是由于食用了受污染的食物。

11.3.2 钩端螺旋体病

钩端螺旋体病是一种全球分布的传染病，由钩端螺旋体属细菌的 200 多种血清学变种引起，影响牛、马、猪和狗等家畜，也可在野生动物中发生（Sarkar 等，2002）。

奶牛群中的钩端螺旋体病除了引起人兽共患病外，还会导致大量的生产力损失，临床症状包括流产（通常发生在妊娠前半段）和胎盘滞留、死胎、先天畸形、牛犊虚弱等生殖障碍。此外，钩端螺旋体病可能导致产奶量减少，产犊间隔延长，以及生育能力低下，这些症状直接影响动物的繁殖效率。临床表现的严重程度取决于细菌的血清型和宿主种类（Adler 和 de la Penã Moctezuma，2010）。

钩端螺旋体病的流行病学控制直接取决于维持和偶然宿主。鼠类是钩端螺旋体在城市和农村地区的重要天然宿主和媒介。牛群内细菌的主要来源是被感染的动物，细菌通过奶制品传播。在这些动物中，钩端螺旋体可以在肾脏中停留很长一段时间，在数周或数月中由尿液排出。钩端螺旋体通过皮肤、口腔黏膜和结膜黏膜与动物的尿液或器官的直接接触传播。在受感染的牛群中应该确定的一个重要流行病学特征是导致疾病的血清型，以便进行疫苗接种，因为没有交叉保护（Arduino 等，2009）。

钩端螺旋体病的诊断依据包括待实验室检查确认的基于疫苗接种记录，以及与该疾病相适应的临床症状史的流行病学特征。常规操作中最常见的实验室检测是快速显微镜凝集试验。这项检测的原理是疑似血清稀释后与可能作为病原体的钩端螺旋体样本接触，看是否产生抗体。

其他在钩端螺旋体病诊断中较少使用的间接方法是补体结合、间接免疫荧光和酶联免疫吸附试验（ELISA）（Blanco 和 Romero，2014）。

牛群疾病的控制应从对当前牛群中的血清型的实验室诊断开始，然后对患病动物进行治疗，以控制尿液中细菌的清除，还包括牛群的免疫接种。治疗过程应包括复诊，因为动物可能表现出临床痊愈，但并未得到细菌学痊愈。减少畜群在沼泽、潮湿处、湿地和啮齿动物的接触有助于控制牛钩端螺旋体病发生。

11.3.3 副结核病

副结核病或约翰氏病是由禽分枝杆菌亚种（MAP）引起的一种慢性肠道疾病。这种疾病的临床特点是慢性腹泻，气味难闻，难治愈。肠道慢性炎症过程引发一系列变化，导致吸收不良综合征的发生，可表现为腹泻、脱水、体重减轻、酸中毒、不发烧、产奶量突然下降、乳腺炎病例增加、不孕症、全身恶病质和死亡（Gonda 等，2007）。

MAP 特别危害乳用反刍动物。MAP 是克罗恩病的一种致病因素，克罗恩病影响人类，症状类似在患病牛中观察到的增生性回结肠炎症。这两种疾病在临床上有相似之处，无论是放射学层面还是肉眼或微观层面。许多研究人员认为副结核是一种潜在的人兽共患病（Grant，2005），牛奶和肉类等食物可能成为传染源，因此该疾病已引起食品安全方面的担忧（Faria 等，2014）。

该疾病于 1895 年在德国由 Johne 和 Frothingham 首次描述，并在世界范围内流行，特别是在奶牛群中（Stabel，1998）。它会给奶牛和肉牛造成直接和间接的经济损失，包括受感染动物淘汰，患牛死亡，产奶量下降（15%~16%），乳腺炎发病率增加，以及造成产犊间隔延长的生殖变化（Ayele 等，2005；Bush 等，2006）。

诊断的金标准是在加入生长因子和特定抗生素药物的不同培养基（固体和液体）中分离出 MAP。组织样本、牛奶和粪便的处理非常费力和耗时，培养过程在 37℃下大约需要 8 周或 16 周，也可应用 ELISA。由于培养的困难，诊断基于临床病史、病理表现或分子检测（Giese 和 Ahrens，2000）。处理阳性动物，改变管理措施，阻断母体向子代的粪口传播是控制牛群中该病的根本措施（Juste 和 Perez，2011）。

用抗生素药物治疗动物副结核既不经济也无效果，对粪便排菌无阻断作用。疫苗接种是矛盾的，因为接种疫苗的动物对检测感染的血清学测试有反应，对其他分枝杆菌也可发生交叉反应。有些国家禁止接种疫苗，例如巴西（Ayele 等，2005；Juste 和 Perez，2011）。

11.3.4 结核病

结核病是一种由分枝杆菌属细菌引起的慢性疾病，影响反刍动物、猪、鸟、野生动物和人类。牛结核病是由牛分枝杆菌引起的，除了是危害公共卫生——尤其是老年人、儿童和免疫功能低下者——的重要人兽共患病外，还会造成重大的经济损失（Grange 和 Yates，1994）。

这种疾病在世界各地广泛传播，是许多国家根除计划的目标。传播的主要媒介是空气，通过吸入气溶胶传播。直接接触鼻分泌物和摄入受感染动物的生乳也是可能的传播途径，后者是人类的主要感染途径，可能导致人兽共患病（Pollock 和 Neill，2002）。结核分枝杆菌活体诊断最常用的方法是检测结核菌素，基本上有三种方法：流率法、单纯宫颈法、宫颈比较法。屠宰后的检查对于识别阳性动物也是至关重要的（Waters 等，2003）。

除了检测费用支出、产奶量损失和动物价值等造成的经济影响，在公共卫生方面，牛结核病是最重要的人兽共患病之一，特别是在疾病不受控制、生乳和奶制品消费普遍的发展中国家。该病没有有效的处理方法，检测和淘汰阳性动物是根除牛结核病的基本策略和生物安全措施（Grange 和 Yates，1994；Pollock 和 Neill，2002）。

11.3.5 布鲁氏菌病

牛布鲁氏菌病是一种全球性的人兽共患病，由流产杆菌引起。该病影响性成熟动物，是堕胎的主要原因，有时还会伴有暂时性或永久性不孕症，造成巨大的经济损失。这种疾病在世界各地都存在，但一些国家已经设法根除了它，另一些国家正处于根除阶段。感染率因国家和地区不同而不同，特别是在领土辽阔的国家，如巴西（Brasil，2006）。流产杆菌有8个生物群，生物群1最为普遍（Le Flè che等，2006）。

这种疾病可能给家畜生产造成重要损失，包括产奶量减少，犊牛损失，平均出生间隔时间延长从而干扰繁殖计划，以及引起可能的后遗症——不孕不育。该疾病影响本国和国际经济，并且是一种人兽共患病，奶制品是人类感染的主要媒介（Sardana等，2010）。

这种疾病的临床表现取决于群体免疫状态，主要表现为妊娠的后1/3期流产。在随后的怀孕中，胎儿通常正常出生，尽管也有2次或3次流产的可能。胎盘滞留和子宫炎是常见的流产后遗症（Brasil，2006）。公牛偶发睾丸炎和附睾炎，不育症不常见。细菌是在胞内的，治疗时间长且不成功，所以不推荐进行治疗。在许多国家，由于控制和根除计划，治疗是被禁止的（Sardana等，2010）。

11.3.6 牛传染性鼻气管炎

牛传染性鼻气管炎（IBR）是由牛疱疹病毒1型（BoHV-1）引起的病毒性疾病。BoHV-1给奶牛造成了重大的经济损失。由BoHV-1引起的感染和暴发在野外条件下对动物健康造成影响，包括牛产奶量减少，呼吸系统疾病增加，犊牛死亡率上升，以及生殖问题（Jones，2010；Rissi等，2008）。

已知的感染率差别很大，在英国牛群血清阳性的百分比从40%到50%不等；在比利时，这个数字是62%（Ackermann和Engels，2006）；在巴西，研究表明患病率为29.2%~58.2%（Rocha等，2001）。

在没有可见病变的情况下，传播通过受感染公牛的精液进行人工授精（AI）发生。在牛群中，生殖器感染最常见。引起呼吸道和生殖器病变的BoHV-1潜伏期为2~6天（Jones，2010）。AI导致的子宫内BoHV-1定植可引起子宫内膜炎造成的不孕（Graham，2013）。

BoHV-1的感染分为三个阶段：初步感染，持续约两周；长期潜伏感染；以及偶发的病毒复发，造成病毒向其他动物传播。内源性糖皮质激素释放、应激状态或外源性大剂量糖皮质激素可激活生产性感染。因此，疾病控制困难，因为没有临床症状的动物能够在生产阶段重新激活时将病毒释放到环境中，有效地将病毒传播给其他易受感染的动物（Field等，2006）。

在影响呼吸系统的病例中，动物表现出过度流涎、流鼻涕、结膜炎和鼻部病变。在没有细菌性肺炎的情况下，动物在出现症状后4~5天内恢复（Jones，2010）。动物生殖器感染表现为排尿频繁，外阴肿胀，公牛可见阴茎和包皮病变，继发性细菌感染可导致暂时性不孕（Jones，2010）。

BoHV-1 引起的最常见的并发症是免疫受损的成年动物的流产。怀孕奶牛如携带 BoHV-1 可传染给胎儿，胎儿可能会非常虚弱，并成为病毒的携带者，在压力大的情况下发生传播。主要从怀孕第 2 个月开始，也可能发生胎盘退化造成的流产。妊娠母牛的流产可伴有呼吸症状，也可能无其他临床表现。胎儿常出现自溶物，然而，胎儿和胎盘通常都不会出现肉眼可见的变化（Pituco，2009）。

在没有实施卫生安全控制的国家，使用的是市面上可买到的疫苗。这种举措不够有效，因为该病的临床症状只是相对减少，并没有被消除，也不能阻止潜伏期的发展。在奥地利、丹麦和瑞士，血清学检测和受感染动物淘汰已被用于消灭 BoHV-1（Ackermann 和 Engels，2006）。这个程序的昂贵价格（Raaperi 等，2015），不利于疾病的根除。我们还需要更多的研究来更好地了解病毒感染的动态以及牛群感染 BoHV-1 后产生的影响和损失（Graham，2013）。

11.3.7　牛病毒性腹泻

牛病毒性腹泻病毒（BVD）是引起牛流产、产弱犊牛和感染犊牛的重要病原。BVD 在世界范围内分布，给奶畜生产造成重大经济损失（Dezen 等，2013）。

BVD 有 BVDV-1 和 BVDV-2 两种基因型，细胞病理性（CP）和非细胞病理性（NCP）两种生物型。BVDV-1 毒株可分为 1a 和 1b 两个亚群，流行病学研究表明，1b 和 1a 毒株分别在妊娠晚期的呼吸道病例和胎儿感染中占主导地位（Chaves 等，2010）。

BVDV 在牛群中的传播率取决于持续感染（PI）动物的比例、动物高密度区域的情况和病毒株的毒力（Thurmond，2005）。研究表明，PI 牛的占比在总数的 0.5%~2%（OIE，2008）。

BVDV 在多个国家都曾发生，包括挪威、丹麦、瑞典、德国、奥地利、法国、巴西、乌拉圭和智利。巴西的几个地区正在进行血清学研究，以确认 PI 牛的占比（Del Fava 等，2002）。北美的 BVDV-1 流行率很高，在美国，虽然对牛群使用了含有减毒或灭活病毒的疫苗，但表现出呼吸和生殖症状的病例仍然很常见（Fulton 等，2002）。

自然界中发现的大多数病毒都是 NCP，CP 病毒是从患有黏膜疾病的动物或接种疫苗后的动物身上分离出来的。NCP 通过胎盘进入胎儿，导致胎儿持续感染，引起各种先天性、肠道和生殖疾病（Andrews 等，2004）。

持续感染动物（PI）是 BVDV 的主要宿主，也是最大的传染源。这些动物对病毒具有免疫耐受性，PI 动物的免疫系统对 BVDV 没有反应，所以病毒继续繁殖，感染组织，并在动物的一生中被持续排泄出体外。PI 牛更容易发生黏膜疾病，并且经常在 2 岁之前死亡。PI 犊牛出生时可能小于正常体型，并表现出较慢的生长速度，发生生殖变化，或过早死亡（Flores 等，2005）。

PI 动物免疫抑制的发病机制涉及病毒与免疫系统的关系，病毒对 PI 动物的免疫细胞有亲和力，而且病毒感染会破坏其中一些免疫细胞，淋巴细胞和巨噬细胞是 BVDV 的重要靶细胞，随着感染的发生，CD41 和 CD81 T 淋巴细胞、B 淋巴细胞和中性粒细胞

减少（Graham，2013）。

血清学诊断方法受到母体抗体干扰的影响，这是因为直到由初乳提供的免疫力下降，PI 动物才能被识别。病毒鉴定也可以通过血清学技术进行，例如病毒中和、免疫荧光、免疫过氧化物酶和 ELISA（Pilz 等，2005）。

对患病动物没有针对性的治疗方法，对于疑似急性感染的牛，应采取支持治疗和预防继发性细菌感染的治疗，患有慢性 BVD 的动物应该从牛群中被淘汰（Chi 等，2002）。

11.4 结　论

布鲁氏菌病、结核病、副结核病、钩端螺旋体病、沙门氏菌病、BVD 和 IBR 等传染病可能会危及牛奶生产链，但乳腺炎无疑是奶牛的主要问题，对动物福利和牛奶生产有很大影响。乳腺有多种机制（物理的、免疫的、酶的）保护自身免受感染，但如果环境、微生物和宿主多种因素存在失衡就会发生乳腺炎。多种病原体在乳腺炎的发生发展中起着重要作用，其中有几种病原体具有很高的人兽共患病潜力。传统的治疗方法是根据抗生素图谱的结果使用抗生素，但由于耐药现象，效果并不总是令人满意，研究人员正在研究噬菌体、疫苗、纳米颗粒和生物活性分子等替代疗法。目前乳腺炎仍然是奶牛群的主要疾病，因此必须继续寻找治疗手段，以降低这种对牛奶生产链有重大影响的疾病的发病率和流行率。

参考文献

Aarestrup，F. M.，Wegener，H. C.，Collignon，P.，2008. Resistance in bacteria of the food chain：epidemiology and control strategies. Expert Rev. Anti. Infect. Ther. 6，733－750. Available from：https：//doi. org/10. 1586/14787210. 6. 5. 733.

Abbas，A. K.，Lichtman，A. H.，Pillai，S.，2011. Imunologia Celular e Molecular. Elsevier，Rio de Janeiro.

Ackermann，M.，Engels，M.，2006. Pro and contra IBR－eradication. Vet. Microbiol. 113，293－302. Available from：https：//doi. org/10. 1016/j. vetmic. 2005. 11. 043.

Adler，B.，de la Penã Moctezuma，A.，2010. *Leptospira* and *leptospirosis*. Vet. Microbiol. 140，287－296. Available from：https：//doi. org/10. 1016/j. vetmic. 2009. 03. 012.

Alluwaimi，A. M.，2004. The cytokines of bovine mammary gland：prospects for diagnosis and therapy. Res. Vet. Sci. 77，211－222. Available from：https：//doi. org/10. 1016/j. rvsc. 2004. 04. 006.

Andrews，A. H.，Blowey，R. W.，Boyd，H.，Eddy，R. G.，2004. Bovine Medicine：Diseases and Husbandry of Cattle，second ed. Blackwell Science Ltd.，Oxford，UK，pp. 853-857.

Arduino，G. G. C.，Girio，R. J. S.，Magajevski，F. S.，Pereira，G. T.，2009. Títulos de anticorpos aglutinantes induzidos por vacinas comerciais contra leptospirose bovina. Pesqui.

Vet. Bras. 29, 575-582. Available from: https: //doi. org/10. 1590/S0100-736X2009000700013.

Atasever, A., Ozdemir, H., Gulcin, I., Irfan Kufrevioglu, O., 2013. One-step purification of lactoperoxidase from bovine milk by affinity chromatography. Food Chem. 136, 864-870. Available from: https: //doi. org/10. 1016/j. foodchem. 2012. 08. 072.

Ayele, W. Y., Svastova, P., Roubal, P., Bartos, M., Pavlik, I., 2005. Mycobacterium avium subspecies paratuberculosis cultured from locally and commercially pasteurized cow's milk in the Czech Republic. Society 71, 1210-1214. Available from: https: //doi. org/10. 1128/AEM. 71. 3. 1210.

Barkema, H. W., Schukken, Y. H., Zadoks, R. N., 2006. Invited review: the role of cow, pathogen, and treatment regimen in the therapeutic success of bovine *Staphylococcus aureus* mastitis. J. Dairy Sci. 89, 1877-1895. Available from: https: //doi. org/10. 3168/jds. S0022-0302 (06) 72256-1.

Barlow, J., 2011. Mastitis therapy and antimicrobial susceptibility: a multispecies review with a focus on antibiotic treatment of mastitis in dairy cattle. J. Mammary Gland Biol. Neoplasia 16, 383-407. Available from: https: //doi. org/10. 1007/s10911-011-9235-z.

Barrio, M. B., Rainard, P., Poutrel, B., 2003. Milk complement and the opsonophagocytosis and killing of *Staphylococcus aureus* mastitis isolates by bovine neutrophils. Microb. Pathog. 34, 1-9. Available from: https: //doi. org/10. 1016/S0882-4010 (02) 00186-9.

Benić, M., Habrun, B., Kompes, G., 2012. Cell content in milk from cows with *S. aureus* intramammary infection. Vet. . . . 82, 411-422.

Blanco, R. M., Romero, E. C., 2014. Evaluation of nested polymerase chain reaction for the early detection of *Leptospira* spp. DNA in serum samples from patients with *leptospirosis*. Diagn. Microbiol. Infect. Dis. 78, 343-346. Available from: https: //doi. org/10. 1016/j. diagmicrobio. 2013. 12. 009.

Bogni, C., Odierno, L., Raspanti, C., 2011. War against mastitis: current concepts on controlling bovine mastitis pathogens. A. Méndez-Vilas (Ed.), Science Against Microbial Pathogens: Communicating Current Research and Technological Advances, pp. 483-494.

Burvenich, C. B., Erris, V. V. A. N. M., Ehrzad, J. M., Raile, A. D. I. E. Z., Uchateau, L. D., 2003. Review article severity of E. coli mastitis is mainly determined by cow factors. Vet. Res. 34, 521-564. Available from: https: //doi. org/10. 1051/vetres.

Bush, R. D., Windsor, P. A., Toribio, J. -A., 2006. 12 infected flocks over a 3-year period. Aust. Vet. J. 84.

Cardoso, T., Carvalho, V., 2006. Toxinfecção alimentar por *Salmonella* spp. Rev. Inst. Ciênc Saúde 24, 95-101.

Chaves, N. P., Bezerra, D. C., Sousa, V. E., de Santos, H. P., Pereira, Hde M., 2010. Frequência de anticorpos e fatores de risco para a infecção pelo vírus da diarreia viral bovina em fêmeas bovinas leiteiras não vacinadas na região Amazônica Maranhense, Brasil. Ciência Rural 40, 1448-1451. Available from: https: //doi. org/10. 1590/S0103-84782010005000089.

Chi, J., VanLeeuwen, J. A., Weersink, A., Keefe, G. P., 2002. Direct production losses and treatment costs from bovine viral diarrhoea virus, bovine leukosis virus, *Mycobacterium avium* subspecies *paratuberculosis*, and *Neospora caninum*. Prev. Vet. Med. 55, 137-153. Available from: https: // doi. org/10. 1016/S0167-5877 (02) 00094-6.

Costa, J. C. M., Espeschit, I. B., Pieri, F. A., Benjamin, L. A., Moreira, M. A. S., 2014. Increase in biofilm formation by *Escherichia coli* under conditions that mimic the mastitic mammary gland. Ciência Rural 44, 666-671.

Costerton, J. W., 1999. Bacterial biofilms: a common cause of persistent infections. Science 284, 1318-1322. Available from: https: //doi. org/10. 1126/science. 284. 5418. 1318.

De Barros, M., Perciano, P. G., Dos Santos, M. H., De Oliveira, L. L., Costa, É. D. M., Moreira, M. A. S., 2017. Antibacterial activity of 7-epiclusianone and its novel copper metal complex on *Streptococcus* spp. isolated from bovine mastitis and their cytotoxicity in MAC-T cells. Molecules 22. Available from: https: //doi. org/10. 3390/molecules22050823.

De La Rua-Domenech, R., 2006. Human Mycobacterium bovis infection in the United Kingdom: incidence, risks, control measures and review of the zoonotic aspects of bovine tuberculosis. Tuberculosis 86, 77-109. Available from: https: //doi. org/10. 1016/j. tube. 2005. 05. 002.

Del Fava, C., Pituco, E. M., D'Angelino, J. L., 2002. Herpesvírus Bovino tipo 1 (HVB-1): revisão e situação atual no Brasil. Rev. Educ. Contin. 5, 300-312. CRMV-SP.

Dezen, S., Otonel, R. A. A., Alfier, A. F., Lunardi, M., Alfieri, A. A., 2013. Perfil da infecção pelo vírus da diarreia viral bovina (BVDV) em um rebanho bovino leiteiro de alta produção e com programa de vacinação contra o BVDV1. Pesqui. Vet. Bras. 33, 141-147. Available from: https: //doi. org/10. 1590/S0100-736X2013000200002.

Eskine, S., De Graves, F. J., Wagner, R. J., 2003a. Mastitis therapy and pharmacology. Vet. Clin. Food Anim. Pract.

Eskine, R. J., Wagner, R. J., De Graves, F. J., 2003b. Mastitis therapy and pharmacology. Vet. Clin. Food Anim. Pract. 19, 109-138.

Faria, A. C. S., Schwarz, D. G. G., Carvalho, I. A., Rocha, B. B., De Carvalho Castro, K. N., Silva, M. R., et al., 2014. Short communication: viable Mycobacterium avium subspecies paratuberculosis in retail artisanal Coalho cheese from Northeastern Brazil. J. Dairy Sci. 97, 4111-4114. Available from: https: //doi. org/10. 3168/jds. 2013-7835.

Fica, A., Alexandre, M., Prat, S., Fernández, A., Fernández, J., Heitmann, I., 2001. Cambios epidemiológicos de las Salmonelosis en Chile. Rev. Chil. Infect. 18, 85-93. Available from: https: //doi. org/10. 4067/S0716-10182001000200002.

Field, H. J., Biswas, S., Mohammad, I. T., 2006. Herpesvirus latency and therapy—from a veterinary perspective. Antiviral Res. 71, 127-133. Available from: https: //doi. org/10. 1016/j. antiviral. 2006. 03. 018.

Flores, E. F., Weiblen, R., Vogel, F. S. F., Roehe, P. M., Alfieri, A. A., 2005. A infecção pelo Vírus da Diarréia Viral Bovina (BVDV) no Brasil Viral—histórico, situação atual e perspectivas. Pesq. Vet. Bras. 25, 125-134.

Fulton, R. W., Ridpath, J. F., Saliki, J. T., Briggs, R. E., Confer, A. W., Burge, L. J., et al., 2002. Bovine viral diarrhea virus (BVDV) 1b: predominant BVDV subtype in calves with respiratory disease. Can. J. Vet. Res. 66, 181-190.

Giese, S. B., Ahrens, P., 2000. Detection of *Mycobacterium avium* subsp. paratuberculosis in milk from clinically affected cows by PCR and culture. Vet. Microbiol. 77, 291-297. Available from: https: //doi. org/10. 1016/S0378-1135 (00) 00314-X.

Gomes, F., Henriques, M., 2015. Control of bovine mastitis: old and recent therapeutic approaches. Curr. Microbiol. Available from: https: //doi. org/10. 1007/s00284-015-0958-8.

Gonda, M. G., Chang, Y. M., Shook, G. E., Collins, M. T., Kirkpatrick, B. W., 2007. Effect of *Mycobacterium paratuberculosis* infection on production, reproduction, and health traits in US Holsteins. Prev. Vet. Med. 80, 103 - 119. Available from: https: //doi. org/10. 1016/j. prevetmed. 2007. 01. 011.

Graham, D. A., 2013. Bovine Herpes Virus-1 (BoHV-1) in Cattle—A Review with Emphasis on Reproductive Impacts and the Emergence of Infection in Ireland and the United Kingdom.

Grange, J. M., Yates, M. D., 1994. Zoonotic aspects of Mycobacterium bovis infection. Vet. Microbiol. 40, 137-151. Available from: https: //doi. org/10. 1016/0378-1135 (94) 90052-3.

Grant, I. R., 2005. Zoonotic potential of *Mycobacterium avium* ssp. paratuberculosis: the current position. J. Appl. Microbiol. 98, 1282-1293. Available from: https: //doi. org/10. 1111/j. 1365-2672. 2005. 02598. x.

Halasa, T., 2012. Bioeconomic modeling of intervention against clinical mastitis caused by contagious pathogens. J. Dairy Sci. 95, 5740-5749. Available from: https: //doi. org/10. 3168/jds. 2012-5470.

Halling, S. M., Peterson-burch, B. D., Betsy, J., Zuerner, R. L., Qing, Z., Li, L., et al., 2005. Completion of the genome sequence of *Brucella abortus* and comparison to the highly similar genomes of *Brucella melitensis* and *Brucella suis* completion of the genome sequence of *Brucella abortus* and comparison to the highly similar genomes of *Brucella melitensis*. Society 187, 2715-2726. Available from: https: //doi. org/10. 1128/JB. 187. 8. 2715.

Intorre, L., Vanni, M., Meucci, V., Tognetti, R., Cerri, D., Turchi, B., et al., 2013. Antimicrobial resistance of *Staphylococcus aureus* isolated from bovine milk in Italy from 2005 to 2011. Large Anim. Rev. 19, 287-291.

Jones, C., 2010. *Bovine herpesvirus* type 1 (BHV-1) is an important cofactor in the bovine respiratory disease complex. Vet. Clin. North Am. Food Anim. Pract. 26, 303-321. Available from: https: //doi. org/10. 1016/j. cvfa. 2010. 04. 007.

Juste, R. A., Perez, V., 2011. Control of Paratuberculosis in sheep and goats. Vet. Clin. North Am. —Food Anim. Pract. 27, 127-138. Available from: https: //doi. org/10. 1016/j. cvfa. 2010. 10. 020.

Keefe, G., 2012. Update on control of *Staphylococcus aureus* and *Streptococcus agalactiae* for management of mastitis. Vet. Clin. North Am. —Food Anim. Pract. 28, 203 - 216. Available from: https: //doi. org/10. 1016/j. cvfa. 2012. 03. 010.

Kehrli, M. E., Harp, J. A., 2001. Immunity in the mammary gland. Vet. Clin. North Am. Food Anim. Pract. 17, 495-516. Available from: https: //doi. org/10. 1016/S0749-0720 (15) 30003-7. vi.

Kinde, H., Regassa, F., Asaye, M., Wubie, A., 2015. The *in-vitro* antibacterial effect of three selected plant extracts against *Staphylococcus aureus* and *Streptococcus agalactiae* isolated from bovine mastitis. J. Vet. Sci. Technol. s13, 1 - 7. Available from: https: //doi. org/10. 4172/2157 - 7579. 1000S13-001.

Kirkan, S., Göksoy, E. O., Kaya, O., 2005. Identification and antimicrobial susceptibility of *Staphylococcus aureus* and coagulase negative *Staphylococci* from bovine mastitis in the Ayd Region of Turkey. Turk. J. Vet. Anim. Sci. 29, 791-796.

Klimiene, I., Ruzauskas, M., Pakauskas, V., Mockeliunas, R., Pereckiene, A., Butrimaite-Ambrozeviiene, C., 2011. Prevalence of gram positive bacteria in cow mastitis and their susceptibility to beta-lactam antibiotics. Vet. Ir. Zootech. 56 (78).

Krukowski, H., Saba, L., 2003. Bovine mycotic mastitis: a review. Folia Vet. 1, 3-7. Available from: https://doi.org/10.1017/CBO9781107415324.004.

Kussendrager, K. D., Van Hooijdonk, A. C., 2000. *Lactoperoxidase*: physico-chemical properties, occurrence, mechanism of action and applications. Br. J. Nutr. 84 (1), S19-S25. Available from: https://doi.org/10.1017/S0007114500002208.

Le Flèche, P., Jacques, I., Grayon, M., Al Dahouk, S., Bouchon, P., Denoeud, F., et al., 2006. Evaluation and selection of tandem repeat loci for a Brucella MLVA typing assay. BMC Microbiol. 6, 9. Available from: https://doi.org/10.1186/1471-2180-6-9.

Mallard, B. A., Dekkers, J. C., Ireland, M. J., Leslie, K. E., Sharif, S., Lacey Vankampen, C., et al., 1998. Alteration in immune responsiveness during the peripartum period and its ramification on dairy cow and calf health. J. Dairy Sci. 81, 585-595. Available from: https://doi.org/10.3168/jds.S0022-0302 (98) 75612-7.

Marques, S., Silva, E., Kraft, C., Carvalheira, J., Videira, A., Huss, V. A. R., et al., 2008. Bovine mastitis associated with *Prototheca blaschkeae*. J. Clin. Microbiol. 46, 1941-1945. Available from: https://doi.org/10.1128/JCM.00323-08.

Moon, J.-S., Lee, A.-R., Kang, H.-M., Lee, E.-S., Kim, M.-N., Paik, Y. H., et al., 2007. Phenotypic and genetic antibiogram of methicillin-resistant *Staphylococci* isolated from bovine mastitis in Korea. J. Dairy Sci. 90, 1176-1185. Available from: https://doi.org/10.3168/jds.S0022-0302 (07) 71604-1.

OIE, 2008. World Organization for Animal Health. Chapter 2.4.8. -Bovine viral diarrhoea. In: Manual of Diagnostic Tests and Vaccines for Terrestrial Animals 698-711. Disponível http://www.oie.int/fileadmin/Home/eng/Health-standards/tahm/2.04.08-BVD.pdf. (accessed 07.11.16).

Ospina, M. A., Pieri, F. A., Pietralonga, P. A., Moreira, M. A. S., 2014. Sistemas de efluxo multidrogas em *Escherichia coli* isoladas de mastite bovina e uso de seus inibidores como possíveis adjuvantes. Arq. Bras. Med. Vet. Zootec 66 (2), 381-387.

Oviedo-Boyso, J., Valdez-Alarco, J. J., Ochoa-Zarzosa, A., López-Meza, J. E., Bravo-Patinõ, A., Baizabal-Aguirre, V. M., 2007. Innate immune response of bovine mammary gland to pathogenic bacteria responsible for mastitis. J. Infect. Available from: https://doi.org/10.1016/j.jinf.2006.06.010.

Pachauri, S., Varshney, P., Dash, S. K., Gupta, M. K., 2013. Involvement of fungal species in bovine mastitis in and around Mathura, India. Vet. World 6, 393-395. Available from: https://doi.org/10.5455/vetworld.2013.393-395.

Pampariene, I., Veikutis, V., Oberauskas, V., Zymantiene, J., Zelvyte, R., Stankevicius, A., et al., 2016. Thermography based inflammation monitoring of udder state in dairy cows: sensitivity and diagnostic priorities comparing with routine California mastitis test. J. Vibroeng. 18 (1), 511-521.

Pardo, R. B., Langoni, H., Mendonça, L. J. P., Chi, K. D., 2001. Isolation of Mycobacterium spp. in milk from cows suspected or positive to Tuberculosis. Braz. J. Vet. Res. Anim. Sci. 38, 284-287. Available from: https://doi.org/10.1590/S1413-95962001000600007.

Park, Y. H., Joo, Y. S., Park, J. Y., Moon, J. S., Kim, S. H., Kwon, N. H., et al., 2004. Characterization of lymphocyte subpopulations and major histocompatibility complex haplotypes of mastitis-resistant and susceptible cows. J. Vet. Sci. (Suwon-si, Korea) 5, 29-39.

Pasca, C., Mărghitas, L., Dezmirean, D., Bobis, O., Bonta, V., Chirilă, F., et al., 2017. Medicinal plants based products tested on pathogens isolated from mastitis milk. Molecules 22. Available from: https://doi.org/10.3390/molecules22091473.

Peton, V., Le Loir, Y., 2014. *Staphylococcus aureus* in veterinary medicine. Infect. Genet. Evol. 21, 602-615. Available from: https://doi.org/10.1016/j.meegid.2013.08.011.

Petrovski, K. R., Trajcev, M., Buneski, G., 2006. A review of the factors affecting the costs of bovine mastitis. J. S. Afr. Vet. Assoc. 77, 52-60. Available from: https://doi.org/0038-2809.

Pilz, D., Alfieri, A. F., Alfieri, A. A., 2005. Comparação de diferentes protocolos para a detecção do vírus da diarreia viral bovina por RT-PCR em grupos de sangue total e de soro sanguíneo, artificialmente contaminados. Ciências Agrárias 219-228. Available from: https://doi.org/10.5433/1679-0359.2005v26n2p219.

Pituco, E. M. 2009. Aspectos clínicos, prevenção e controle da IBR. São Paulo: Centro de pesquisa e desenvolvimento de sanidade animal. Instituto Biológico. Comunicado Técnico, n. 94. Disponível em http://www.infobibos.com/Artigos/2009-2/IBR/Index.htm. Acesso em 01 de Maio de 2016.

Pollock, J. M., Neill, S. D., 2002. Mycobacterium bovis infection and Tuberculosis in cattle. Vet. J. 163, 115-127. Available from: https://doi.org/10.1053/tvjl.2001.0655. BRASIL, 2006. Programa Nacional de Controle e Erradicação da Brucelose e da Tuberculose Animal (PNCEBT). In: Programa Nacional de Controle E Erradicação Da Brucelose E Tuberculose Animal (PNCEBT) —Manual Técnico. p. 188.

Pyörälä, S., Taponen, S., 2009. Coagulase-negative Staphylococci—emerging mastitis pathogens. Vet. Microbiol. 134, 3-8. Available from: https://doi.org/10.1016/j.vetmic.2008.09.015.

Raaperi, K., Orro, T., Viltrop, A., 2015. Effect of vaccination against bovine herpesvirus 1 with inactivated gE-negative marker vaccines on the health of dairy cattle herds. Prev. Vet. Med. 118, 467-476. Available from: https://doi.org/10.1016/j.prevetmed.2015.01.014.

Rainard, P., Riollet, C., 2006. Innate immunity of the bovine mammary gland To cite this version. Vet. Res. 37, 369-400. Available from: https://doi.org/10.1051/vetres.

Rissi, D. R., Pierezan, F., Sa, M., Flores, E. F., Severo, C., De Barros, L., 2008. Neurological disease in cattle in southern Brazil associated with Bovine herpesvirus infection. J. Vet. Diagn. Invest. 349, 346-349.

Rocha, M. A., Gouveia, A. M. G., Lobato, Z. I. P., Leite, R. C., 2001. Pesquisa de anticorpos para IBR em amostragem de demanda no Estado de Minas Gerais, 1990-1999. Arq. Bras. Med. Vet. e Zootec. 53, 645-647.

Ruegg, P. L., 2010. The Application of Evidence Based Veterinary Medicine to Mastitis Therapy. World Buiatrics Congress, Santiago, Chile, pp. 14-18.

Sardana, D., Upadhyay, A. J., Deepika, K., Pranesh, G. T., Rao, K. A., 2010. Brucellosis: review on the recent trends in pathogenecity and laboratory diagnosis. J. Lab. Phys. 22, 55-60. Available from: https://doi.org/10.4103/0974.

Sarkar, U., Nascimento, S., Barbosa, R., Martins, R., Nuevo, H., Kalofonos, I., 2002. Popula-

tion-based case-control invertigation of risk factors for leptospirosis during an urban epidemic. Am. J. Trop. Med. Hyg. 66, 605-610. Available from: https: //doi. org/10. 4269/ajtmh. 2002. 66. 605.

Schukken, Y. H., Günther, J., Fitzpatrick, J., Fontaine, M. C., Goetze, L., Holst, O., et al., 2011. Host - response patterns of intramammary infections in dairy cows. Vet. Immunol. Immunopathol. 144, 270 - 289. Available from: https: //doi. org/10. 1016/j. vetimm. 2011. 08. 022.

Shaheen, M., Tantary, H. A., Nabi, S. U., 2015. A treatise on bovine mastitis: disease and disease economics, etiological basis, risk factors, impact on human health, therapeutic management, prevention and control strategy. Adv. Dairy Res. 4, 1-10. Available from: https: //doi. org/10. 4172/ 2329-888X. 1000150.

Shinohara, N. K. S., Barros, V. B., Jimenez, S. M. C., 2008. *Salmonella* spp., importante agente patogênico veiculado em alimentos. Ciências e sáude coletivaáude coletiva 13, 1675-1683.

Sordillo, L. M., Shafer - Weaver, K., DeRosa, D., 1997. Immunobiology of the mammary gland. J. Dairy Sci. 80, 1851 - 1865. Available from: https: //doi. org/10. 3168/jds. S0022 - 0302 (97) 76121-76126.

Stabel, J. R., 1998. Johnés disease: a hidden threat. J. Dairy Sci. 81, 283-288. Available from: https: //doi. org/10. 3168/jds. S0022-0302 (98) 75577-75578.

Suojala, L., Kaartinen, L., Pyörälä, S., 2013. Treatment for bovine *Escherichia coli* mastitis—an evidence-based approach. J. Vet. Pharmacol. Ther. 36, 521-531. Available from: https: //doi. org/ 10. 1111/jvp. 12057. REVIEW.

Thurmond, M. C., 2005. Virus transmission. In: Goyal, S. M., Ridpath, J. F. (Eds.), Bovine Viral Diarrhea Virus: Diagnosis, Management and Control, first ed Blackwell Publishing, Oxford, UK, pp. 91-104.

Viguier, C., Arora, S., Gilmartin, N., Welbeck, K., O'Kennedy, R., 2009. Mastitis detection: current trends and future perspectives. Trends Biotechnol. 27, 486 - 493. Available from: https: //doi. org/10. 1016/j. tibtech. 2009. 05. 004.

Wall, R. J., Powell, A. M., Paape, M. J., Kerr, D. E., Bannerman, D. D., Pursel, V. G., et al., 2005. Genetically enhanced cows resist intramammary *Staphylococcus aureus* infection. Nat. Biotechnol. 23, 445-451. Available from: https: //doi. org/10. 1038/nbt1078.

Waters, W. R., Palmer, M. V., Whipple, D. L., Carlson, M. P., Nonnecke, B. J., 2003. Diagnostic implications of antigen-induced gamma interferon, nitric oxide, and tumor necrosis factor alpha production by peripheral blood mononuclear cells from Mycobacterium bovis infected cattle. Clin. Diagn. Lab. Immunol. 10, 960-966. Available from: https: //doi. org/10. 1128/CDLI. 10. 5. 960.

12 食源性病原菌和人兽共患病

Ivan Sugrue[1,2,3], Conor Tobin[1,2,3], R. Paul Ross[1,3],
Catherine Stanton[2,3] and Colin Hill[1,3]

[1]School of Microbiology, University College Cork, Cork, Ireland
[2]Teagasc Food Research Centre, Moorepark, Fermoy, Ireland
[3]APC Microbiome Ireland, Cork, Ireland

12.1 引 言

奶及奶制品与健康息息相关，但生食也会产生风险，特别是在处理不当或产品生产加工标准不够高时。欧洲食品安全管理局（EFSA）将原料奶定义为“未经超过 40℃的热处理或其他类似处理的养殖动物生产的乳”（Hazards，2015）。人类病原体和人兽共患病病原体及它们产生的毒素可存在于原料奶及其制品中，导致许多疾病，其严重程度取决于病原体种类、感染量和消费该产品的个体的健康状况。据美国疾病控制和预防中心统计，美国每年约有 48 万人患食源性疾病，其中128 839人需要住院治疗，3 037人死亡（Scallan 等，2011）。在美国，虽然食用未经巴氏杀菌的牛奶和奶酪的人口比例相对较低，分别为 3.2%和 1.6%，但其患病风险增加 800 倍，住院风险增加 45 倍（Costard 等，2017），原料奶中潜在的病原微生物使得饮用原料奶引发食源性疾病的风险增加。据 EFSA 统计，原料奶中主要的病原微生物包括弯曲杆菌、沙门菌、产毒素大肠杆菌、蜡样芽孢杆菌、流产布鲁氏菌、马耳他布鲁士菌、单核细胞增多性李斯特菌、牛型结核分枝杆菌、金黄色葡萄球菌、小肠结肠炎耶尔森氏菌、假结核耶尔森菌、棒状杆菌和猪链球菌兽疫亚种（EFSA，2015）。本章将集中讨论原料奶中比较常见的细菌病原体，但是弓形虫和隐孢子虫等寄生虫及蜱源脑炎病毒等也是原料奶中常见的有害微生物。原料奶被污染和引起疾病的可能性很大程度上取决于为了防止有害微生物繁殖而设计的储存条件，尽管无效热处理、较高微生物含量或不良的包装条件会污染原料奶，但是大多数在高质量条件下进行收集、热处理和包装的奶制品对消费者来说风险很小。原料奶制品也会给消费者带来风险，因为未经巴氏杀菌的奶酪和其他软乳酪是食源性病原体的潜在载体，这些病原体可以在冰箱中存活甚至生长。多种可能致病的危险因素表明消费者应谨慎饮用原料奶。

12.2 弯曲杆菌属

弯曲杆菌是革兰氏阴性菌，无芽孢，呈螺旋杆状（Penner，1988），可在多种动物体肠道内定殖，随粪便间歇性排出，因此常见于农场。空肠弯曲杆菌和大肠弯曲杆菌是危害健康的最主要的类型，其中空肠弯曲杆菌更为常见。空肠弯曲杆菌的感染剂量为500~800个菌体（Robinson，1981）。弯曲杆菌病的症状与其他胃肠消化道下段（GI）细菌感染症状相似，表现为腹部疼痛、痉挛、发热、腹泻和血便，严重病例可发展为格林巴利综合征，这是一种涉及外周神经系统的自身免疫性疾病（Nachamkin 等，1998）。弯曲杆菌是全世界食源性疾病的主要原因，虽然全球范围内感染病例数在下降（Taylor 等，2013）。弯曲杆菌可污染原料奶，这些污染通常来自粪便（Humphrey 和 Beckett，1987），但细菌也可直接由乳液排出（Orr 等，1995）。巴氏消毒法可有效杀死原料奶中的弯曲杆菌，但巴氏消毒过程必须有效，因为加工过程或加工后环境不合格也可造成奶或奶制品污染（Fernandes 等，2015）。

12.3 大肠杆菌

大肠杆菌为革兰氏阴性兼性厌氧菌，是人体肠道中的正常菌群，常作为评估粪便污染和不良卫生状况的指标。有些大肠杆菌菌株具有毒力因子，进入人体肠道中可致病。产志贺毒素大肠杆菌（STEC），也称为产毒素大肠杆菌（VTEC）是人体肠道病原菌，最广为人知的血清型是 O157: H7，可致腹泻、出血性肠炎和溶血性尿毒综合征（HUS）。溶血性尿毒综合征可能会引起肾功能损伤，甚至会致命（Griffin 等，1988）。大肠杆菌 O157: H7 血清型毒力极强，5~50 个菌体细胞即可引起感染（Farrokh 等，2013），产生重大危害。产志贺毒素大肠杆菌由于其自身的特性可在低于 15℃的乳汁中生长，而非致病性大肠杆菌则无法生长（Vidovic 等，2011）。反刍动物是产志贺毒素大肠杆菌的重要携带者，常通过粪便向外界环境排菌。挤奶过程中奶牛排便是产志贺毒素大肠杆菌污染原料奶的重要途径，因此必须保持良好的挤奶操作和卫生状况（Martin 和 Beutin，2011）。研究表明，72℃热处理 15s 即可清除产志贺毒素大肠杆菌，因此巴氏消毒法可有效清除奶中的产志贺毒素大肠杆菌（D'Aoust 等，1988）。

12.4 小肠结肠炎耶尔森氏菌

小肠结肠炎耶尔森氏菌是一组异质性的革兰氏阴性兼性厌氧病原，可存在于原料奶、生或未煮熟的猪肉、未经处理的水和粪便（Bancerz-Kisiel 和 Szweda，2015）。该菌有 6 个生物型，其中 5 个对人类有致病性（Singhal 等，2014），典型的血清型超过 30 种（Dhar 和 Virdi，2014）。小肠结肠炎耶尔森氏菌是耶尔森氏菌病最常见的病原，其次是假结核耶尔森氏菌。耶尔森氏菌病是一种症状多样的疾病，可引起急性胃肠炎、末端回肠炎和肠系膜淋巴结炎等多种症状，在严重的病例中还会出现败血症（Ostroff，1995）。小肠结肠炎耶尔森氏菌在环境中无处不在，并且可在低温下生长，甚至在冷藏温度下也能增殖（Hudson 和 Mott，1993）。在 72℃下对原料奶进行巴氏杀菌 15s，可以有效地灭活小肠结肠炎耶尔森氏菌（D'Aoust 等，1988）。然而，由于小肠结肠炎耶尔森氏菌可以在低温下生长，如果不能有效地进行巴氏杀菌，其仍然是一个危险因素，以前耶尔森氏菌病的暴发被认为与饮用了热灭活不足的巴氏杀菌奶有关（Longenberger 等，2014）。

12.5 金黄色葡萄球菌

金黄色葡萄球菌是革兰氏阳性兼性厌氧菌，是一种重要的条件性致病菌，能够引起奶牛乳腺炎，在世界范围内造成巨大的经济损失。大多数菌株感染人类和其他动物皮肤，也有许多菌株可污染原料奶，这些菌株通过产生大量细胞外蛋白毒素和毒力因子，形成致病性（如经巴氏杀菌后仍保持稳定的热稳定肠毒素）（Balaban 和 Rasooly，2000）。葡萄球菌食物中毒的原因是摄入被金黄色葡萄球菌或其肠毒素污染的食物（Le Loi 等，2003），该病以急性胃肠炎为特征，在食后 2~6h 内出现呕吐和腹泻（Tranter，1990）。金黄色葡萄球菌耐药性是一个非常严重的问题，一些菌株通过获得在牧场中已经存在的耐药基因，对 β-内酰胺类抗生素形成高水平的耐药性（Smith 和 Pearson，2011）。耐甲氧西林金黄色葡萄球菌是越来越常见的医院内源性病原菌，自 20 世纪 70 年代以来，已经在乳样中发现（Devriese 和 Hommez，1975），对消费者构成严重的威胁（Holmes 和 Zadoks，2011）。乳制品和农业抗生素滥用导致了耐药性和多重耐药菌株（MDR）在牛群和乳中流行，多重耐药菌株是乳腺炎常见菌株（Holmes 和 Zadoks，2011；Kreausukon 等，2012；Haran 等，2012）。患临床型乳腺炎的泌乳期荷斯坦奶牛乳汁的抗生素耐药性明显高于未患乳腺炎的奶牛（Wang 等，2014）。最近的一项研究调查了巴氏杀菌灭活葡萄球菌肠毒素的效果，发现 72℃、85℃和 92℃分别处理的 40 份牛乳样品均含有毒素，占比各为 87.5%、52.5%和 45%（Necidova 等，2016）。

12.6 产芽孢菌株：芽孢杆菌和梭状芽孢杆菌

在特殊环境下能够形成芽孢的革兰氏阳性菌是食品行业特别是奶制品行业面临的一个主要问题（Doyle 等，2015）。细菌在高渗透压、营养不良或较大温差等恶劣的生长和生存条件下形成芽孢（Piggot 和 Hilbert，2004），芽孢可以克服生存环境中的酸碱度变化、辐射、热、冷和化学损伤等不利条件，直到条件改善再繁殖（Setlow，2006）。芽孢通常存在于土壤（Barash 等，2010）、青贮饲料（Te Giffel 等，2002）、动物粪便以及卫生状况差的乳房上（Christiansson 等，1999），这些因素在挤奶的环境中都很常见，导致集奶罐中乳的污染。牛乳中可形成芽孢的主要食源性病原体是芽孢杆菌和梭菌，分别是需氧菌和厌氧菌，这些菌属中的许多菌种都是嗜冷耐热菌，

在冷藏温度下不仅能存活，还能生长，是污染牛乳以及冷藏奶罐中细菌繁殖的罪魁祸首（Murphy 等，1999）。

蜡样芽孢杆菌虽然没有列入欧洲食品安全局的原料奶有害病原体清单（EFSA，2015），但由于某些菌株能够产生导致人类疾病的毒素，因此也是重要的危险因素。这些菌株能够在热处理前的原料奶及小肠中生长，释放呕吐或腹泻毒素（Kramer 和 Gilbert，1989）。2010 年，在欧盟检测的所有牛乳样本中，有 3.8%的样本显示芽孢杆菌毒素阳性（European Food Safety，2013）。最近的一项研究调查了储存温度和时间对爱尔兰集奶罐中乳微生物质量的影响，在 8%～12%的集奶罐乳样本中分离出了蜡样芽孢杆菌，可能因为样本量不足，不同的储存条件下没有显著差异（O'Connell 等，2016）。由于它们能够产生在接近巴氏杀菌温度和热处理温度下活动的脂溶酶，因此也很容易导致变质（Chen 等，2003）。耐热芽孢菌不仅存在于生牛乳中，也存在于奶制品、发酵奶制品和奶粉中，是一种危险因素，必须非常小心地防止奶制品受到污染，确保其中没有任何毒素。灭活牛乳中芽孢杆菌的方法包括高压均质法（Amador Espejo 等，2014；Dong 等，2015）、低压热处理法（Van Opstal 等，2004）、联合应用高温与食品防腐剂和细菌素，如乳酸链球菌素（Aouadhi 等，2014）。

梭菌是乳品产业中的重要问题（Doyle 等，2015），很多能够形成芽孢的菌株可产生毒素，如神经毒，或可能是腐败菌。集奶罐乳的污染可发生在挤奶过程中或者挤奶后，污染物可能源于牧场环境中的饲料、粪便、土壤和垫草（Gleeson 等，2013）。由于梭菌可形成芽孢，巴氏杀菌法不足以清除该细菌（McAuley 等，2014；Gleeson 等，2013），芽孢的顽固存在对生产标准产生了巨大的阻碍。梭菌引起疾病是由于产生的毒素被吸收，或由于奶或奶制品中的梭菌进入胃肠道内造成芽孢繁殖。产气荚膜梭菌和肉毒梭菌是牛乳中最危险的细菌，因为它们普遍存在于农场环境，并且能够产生毒素，尤其是肠毒素和肉毒杆菌毒素等强效神经毒素（Doyle 等，2015）。某些梭菌毒素具有热稳定性，不会因热处理而失活，必须确保严格的牧场管理，以避免牛乳被梭菌污染（Rasooly 和 Do，2010）。与芽孢杆菌相似，消除原料奶中梭菌芽孢可采用高压加热和乳链菌肽处理的方法（Gao 等，2011）

12.7 单核细胞增生性李斯特菌

单核细胞增生性李斯特菌是一种不形成芽孢的革兰氏阳性兼性厌氧菌，它会导致李斯特菌病，是孕妇、免疫功能受损的人和老年人特别易感的一种疾病（Farber 和 Peterkin，1991）。李斯特菌在环境中无处不在，产品的污染通常是由于恶劣的加工制造条件，如敞开的水箱或糟糕的水加热系统造成的。食用原料奶和未经巴氏杀菌并在低温下长时间保存的奶制品引起李斯特菌相关疾病的风险很高，因为在低温下细菌仍然可以生长（Bemrah 等，1998；Latorre 等，2011）。单核细胞增生性李斯特菌长期作为奶及奶制品致病菌（Boor 等，2017），并且可以说是奶制品工业中最令人担忧的食源性病原体之一。近年来在全球范围内发生了多起与原料奶和原料奶制品有关的疫情（Montero

等，2015），而由单核细胞增生性李斯特菌引起的疾病更多与食用未经巴氏杀菌的奶酪有关（Costard 等，2017）。

12.8 其他人兽共患病和毒素

在牛乳中发现的其他人畜共患细菌有牛分枝杆菌和伯氏立克次氏体。牛分枝杆菌引起牛结核病（TB），是一种慢性疾病，目前在发达国家罕见。人类可因为饮用被牛分枝杆菌污染的原料奶而被传染，症状与人类结核分枝杆菌引发的结核病相同（Thoen 等，2006）。除了饮用非巴氏杀菌奶（Mandal 等，2011）和受污染牛乳造成的暴发，牛分枝杆菌很少会在发展中国家以外地区的牛乳中发现。瞬时超高温（HTST）巴氏杀菌处理牛乳，牛分枝杆菌可以被清除（Mandal 等，2011）。

伯纳特氏立克次氏体是引发 Q 热的病原菌，是一种普遍存在的人兽共患病，可以感染包括人类、牛、绵羊和山羊在内的许多动物。对绵羊和山羊伯纳特氏立克次氏体感染的调查研究发现，该病原感染后，通常无临床症状，但带菌者会增加流产率（Arricau-Bouvery 和 Rodolakis，2005）。原料奶中也存在该菌，尽管饮用原料奶不造成传播（Ho 等，1995）。

布鲁氏菌属与小肠结肠炎耶尔森氏菌相似，不但能够在冷藏温度下存活，而且能生长，不管是在原料奶（Falenski 等，2011），还是污染的巴氏杀奶（Oliver 等，2005）。布鲁氏菌是革兰氏阴性需氧菌，可引起布鲁氏菌病，该病是常见的人兽共患病。基本上所有的人类布鲁氏菌病病例都是由与感染动物的密切接触或摄入被污染的未经巴氏杀菌的奶制品而引起（Young，2005）。这种传染性疾病与不良的环境卫生有关，尤其是在没有实施如北欧、北美和澳大利亚等地区的主要疾病清除计划的发展中国家（Whatmore，2009）。流产布鲁氏菌和羊布鲁氏菌是两种主要的感染牛且污染原料奶的布鲁氏菌（Meyer 和 Shaw，1920）。人类布鲁氏菌病表现为呈波状热的高烧，慢性布鲁氏菌病可导致器官损伤、关节炎、肝炎、脑脊髓炎和心内膜炎（Dean 等，2012）。牛布鲁氏菌病会引起流产、受孕率和产奶量下降（Aznar 等，2014）。

霉菌毒素是霉菌污染食品后产生的有机化合物。如果摄入过高浓度的霉菌毒素可对人体产生伤害。黄曲霉毒素和赭曲霉毒素是原料奶中常见的两种真菌毒素（Costard 等，2017）。霉菌毒素是来源于曲霉属和青霉属的次级代谢产物（Cullen 和 Newberne，1994）。这些毒素不引起奶牛传染性疾病，但食用被霉菌污染的饲料可使毒素进入牛乳。黄曲霉毒素和赭曲霉毒素均具有致癌性，在人致癌物中分别被归类于 1 级致癌物（IARC，2012）和 2b 级可能致癌物（IARC，1993），人体接触高浓度的霉菌毒素会导致疾病甚至死亡，黄曲霉毒素含量升高可导致肝坏死（Marroquín-Cardona 等，2014），而赭曲霉毒素与肾病有关（Heussner 和 Bingle，2015）。黄曲霉毒素是一种相对热稳定的化合物，巴氏杀菌法不足以完全破坏牛乳中的毒素，但能显著降低其含量（Rustom，1997）。

12.9 流行病学问题

据统计，美国每年有 761 例疾病和 22 例住院病例与食用未经巴氏杀菌的牛乳和奶酪有关，而其中 95%是沙门氏菌病和弯曲杆菌病（Costard 等，2017）。2007 年至 2012 年，欧洲有 27 例与食用原料奶制品有关的流行病报告，其中 24 例为细菌性流行病，且主要是弯曲杆菌属的细菌引起的。在这 24 例中，21 例可能是由于空肠弯曲杆菌污染，2 例是由于鼠伤寒沙门氏菌污染，另 1 例则是由产志贺毒素大肠杆菌引起（EFSA，2015）。在暴发的 27 起疫情中，有 4 起是食用生羊乳所致，其余 23 起是食用生牛乳所致。而在同一时期的美国，有 26 个州报告了共计 81 例与原料奶消费有关的疫情，且导致 979 人生病和 73 人住院。在过去的六年内，因食用未经巴氏杀菌的牛乳而暴发的疫情增加了近 4 倍，其中由弯曲杆菌属引起的疾病几乎翻了一番（Mungai 等，2015）。81 例疫情中有 78 例与单一传染源有关，其中最常见的是弯曲杆菌，造成 81%（62 例）的疫情。与欧洲不同，在美国，STEC 是第二常见的病原体，在暴发中占 17%（13 例），其次是肠出血性肠球菌。鼠伤寒沙门氏菌在暴发中所占比例为 3%（2 例），伯纳特氏立克次氏体只引起了一次暴发（Mungai 等，2015）。2007 年至 2009 年，由原料奶引起的疫情占美国食品相关疫情的 2%，2010 年至 2012 年这一比例上升至 5%（Mungai 等，2015），这很有可能是由于在某些地区销售未经巴氏杀菌的牛乳的禁令有所放宽（David，2012）。仅在 2012 年，一起弯曲杆菌感染就造成美国多个州的疫情暴发，其源头都可追溯到宾夕法尼亚州一个奶牛场，该农场有销售未经巴氏杀菌的牛乳的许可，且该农场正在对牛乳中的微生物污染物进行推荐检测。这次暴发导致 148 人患病，其中 10 人不得不住院治疗（Longenberger 等，2013）。随着近年来美国原料奶相关的疫情暴发次数增加，人们呼吁立法禁止销售和分销未经巴氏杀菌的牛乳，并继续就消费未经巴氏杀菌的牛乳的危险性对公众进行科普（Mungai 等，2015）。

在美国，1998 年至 2011 年，未经高温消毒的奶酪制品等原料奶制品引起了 38 次疫病暴发，按常见程度由高到低排列，相关病原体有沙门菌（34%），弯曲杆菌（26%），布鲁氏菌（13%），产志贺毒素大肠杆菌（11%），其中有 26 起疫病的暴发涉及软奶酪（Gould 和 Mungai，2014）。软奶酪通常由原料乳制造，水分含量较高，利于细菌生长，常含有大肠杆菌、金黄色葡萄球菌、沙门菌和李斯特菌等病原体（Johler 等，2015；DeValk 等，2000；Choi 等，2014；Quinto 和 Cepeda，1997）。美国食品药品监督管理局要求将未经高温消毒的软奶酪陈化 60 天以改善微生物质量，60 天的陈化过程确保了产酸的起始培养物能够有充足的时间进行发挥，因此限制了潜在病原体的生长与存活。这项标准虽已实施 60 多年，但其有效性仍存在争议，因为其效果和局限性都有研究证据（Brooks 等，2012；Schlesser 等，2006；D'Amico 等，2008）。即使在可以合法销售原料奶的地区，原料奶也常导致疾病。最近对在英国零售的 902 份原料奶饮品样品进行的一项研究发现，近一半的样品卫生条件较差，由于存在产志贺毒素大肠杆菌、弯曲杆菌、单核细胞增生李斯特菌或凝固酶阳性葡萄球菌，其中 1%的样品被认为

“不满意，可能对健康有害（Willis 等，2017）。免疫力低下人群、孕妇、老年人和婴幼儿不宜饮用原料奶，因为他们是原料奶相关病原体感染及并发症的高风险人群。”

12.10 讨 论

原料奶与热处理牛乳相比的优势一直存在争议，例如营养含量更高，防止乳糖不耐受，以及存在“有益”菌等，这些观点大多已被推翻（Lucey，2015）。由于潜在的病原体及其毒素的存在，原料奶给消费者带来了严重的风险。标准高温短时巴氏杀菌法（HTST）是根除牛乳中大多数微生物以确保食用安全的有效手段，尽管并非所有有害微生物都对该方法敏感，如芽孢杆菌；而且一些毒素也可能具有热稳定性，这些毒素如果在热处理前产生，则处理后仍可存在。良好的饲养方法以及冷链储存对于减少牛乳受环境中微生物污染的风险是必不可少的。目前美国的某些州和欧洲允许在严格的监管和监督下销售原料奶，但婴儿和老人、免疫低下者或孕妇等特殊人群不宜饮用原料奶，因为他们更容易受到潜在污染物的感染。由于存在市场需求，原料奶的销售和消费仍将继续，因此应该进行全产业链的监控，以限制任何潜在的危害。

参考文献

Amador Espejo, G. G., et al., 2014. Inactivation of *Bacillus spores* inoculated in milk by ultra high pressure homogenization. Food Microbiol. 44, 204-210.

Aouadhi, C., et al., 2014. Inactivation of *Bacillus sporothermodurans* spores by nisin and temperature studied by design of experiments in water and milk. Food Microbiol. 38, 270-275.

Arricau-Bouvery, N., Rodolakis, A., 2005. Is Q fever an emerging or re-emerging zoonosis? Vet. Res. 36 (3), 327-349.

Aznar, M. N., et al., 2014. Bovine brucellosis in argentina and bordering countries: update. Transboundary Emerg. Dis. 61 (2), 121-133.

Balaban, N., Rasooly, A., 2000. *Staphylococcal enterotoxins*. Int J Food Microbiol. 61 (1), 1-10.

Bancerz-Kisiel, A., Szweda, W., 2015. Yersiniosis—a zoonotic foodborne disease of relevance to public health. Ann. Agric. Environ. Med. 22 (3), 397-402.

Barash, J. R., Hsia, J. K., Arnon, S. S., 2010. Presence of soil-dwelling clostridia in commercial powdered infant formulas. J. Pediatr. 156 (3), 402-408.

Bemrah, N., et al., 1998. Quantitative risk assessment of human listeriosis from consumption of soft cheese made from raw milk. Prev. Vet. Med. 37 (1), 129-145.

Boor, K. J., et al., 2017. A 100-year review: microbiology and safety of milk handling. J. Dairy Sci. 100 (12), 9933-9951.

Brooks, J. C., et al., 2012. Survey of raw milk cheeses for microbiological quality and prevalence of foodborne pathogens. Food Microbiol. 31 (2), 154-158.

Chen, L., Daniel, R. M., Coolbear, T., 2003. Detection and impact of protease and lipase activities in milk and milk powders. Int. Dairy Journal 13 (4), 255-275.

Choi, M. J., et al., 2014. Notes from the field: multistate outbreak of listeriosis linked to soft-ripened cheese—United States, 2013. MMWR Morb. Mortal. Wkly. Rep. 63 (13), 294-295.

Christiansson, A., Bertilsson, J., Svensson, B., 1999. *Bacillus cereus* spores in raw milk: factors affecting the contamination of milk during the grazing period. J. Dairy Sci. 82 (2), 305-314.

Costard, S., et al., 2017. Outbreak - related disease burden associated with consumption of unpasteurized cow's milk and cheese, United States, 2009 - 2014. Emerg. Infect Dis. 23 (6), 957-964.

Cullen, J. M., Newberne, P. M., 1994. 1—Acute hepatotoxicity of aflatoxins A2—Eaton, David L. In: Groopman, J. D. (Ed.), The Toxicology of Aflatoxins. Academic Press, San Diego, CA, pp. 3-26.

D'Amico, D. J., Druart, M. J., Donnelly, C. W., 2008. 60-day aging requirement does not ensure safety of surface-mold ripened soft cheeses manufactured from raw or pasteurized milk when Listeria monocytogenes is introduced as a postprocessing contaminant. J. Food Prot. 71 (8), 1563-1571.

D'Aoust, J. Y., et al., 1988. Thermal inactivation of *Campylobacter* species, *Yersinia enterocolitica*, and hemorrhagic *Escherichia coli* 0157: H7 in fluid milk. J. Dairy Sci. 71 (12), 3230-3236.

Foodborne Pathogens and Zoonotic Diseases269David, S. D., 2012. Raw milk in court: implications for public health policy and practice. Public Health Rep. 127 (6), 598-601.

De Valk, H., et al., 2000. A community-wide outbreak of *Salmonella enterica* serotype Typhimurium infection associated with eating a raw milk soft cheese in France. Epidemiol. Infect. 124 (1), 1-7.

Dean, A. S., et al., 2012. Clinical manifestations of human brucellosis: a systematic review and meta-analysis. PLoS Negl. Trop. Dis. 6 (12), e1929.

Devriese, L., Hommez, J., 1975. Epidemiology of methicillin - resistantStaphylococcus aureus in dairy herds. Res. Vet. Sci. 19 (1), 23-27.

Dhar, M. S., Virdi, J. S., 2014. Strategies used by Yersinia enterocolitica to evade killing by the host: thinking beyond Yops. Microbes Infect. 16 (2), 87-95.

Dong, P., et al., 2015. Ultra high pressure homogenization (UHPH) inactivation of *Bacillus amyloliquefaciens* spores in phosphate buffered saline (PBS) and milk. Front. Microbiol. 6, 712.

Doyle, C. J., et al., 2015. Anaerobic sporeformers and their significance with respect to milk and dairy products. Int. J. Food Microbiol. 197, 77-87.

EFSA, 2015. Scientific opinion on the public health risks related to the consumption of raw drinking milk. EFSA J. 13 (1), 3940.

European Food Safety Authority, European Centre for Disease Prevention and Control, 2013. The European Union summary report on trends and sources of zoonoses, zoonotic agents and food-borne outbreaks in 2011. EFSA J. 11 (4), 3129-3133.

Falenski, A., et al., 2011. Survival of *Brucella* spp. in mineral water, milk and yogurt. Int. J. Food Microbiol. 145 (1), 326-330.

Farber, J. M., Peterkin, P. I., 1991. Listeria monocytogenes, a food-borne pathogen. Microbiol. Rev. 55 (3), 476-511.

Farrokh, C., et al., 2013. Review of Shiga-toxin-producing *Escherichia coli* (STEC) and their significance in dairy production. Int. J. Food Microbiol. 162 (2), 190-212.

Fernandes, A. M., et al., 2015. Partial failure of milk pasteurization as a risk for the transmission of

Campylobacter from cattle to humans. Clin. Infect. Dis. 61 (6), 903-909.

Gao, Y., et al., 2011. Assessment of *Clostridium perfringens* spore response to high hydrostatic pressure and heat with nisin. Appl. Biochem. Biotechnol. 164 (7), 1083-1095.

Gleeson, D., O'Connell, A., Jordan, K., 2013. Review of potential sources and control of thermoduric bacteria in bulk-tank milk. Ir. J. Agric. Food Res. 217-227.

Gould, L. H., Mungai, E. A., 2014. Outbreaks attributed to cheese: differences between outbreaks caused by unpasteurized and pasteurized dairy products, United States, 1998-2011. Foodborne Pathog. Dis. 11 (7), 545-551.

Griffin, P. M., et al., 1988. Illnesses associated with *Escherichia coli* O157: H7 infections. A broad clinical spectrum. Ann. Intern. Med. 109 (9), 705-712.

Haran, K. P., et al., 2012. Prevalence and characterization of *Staphylococcus aureus*, including methicillin-resistant *Staphylococcus aureus*, isolated from bulk tank milk from Minnesota dairy farms. J. Clin. Microbiol. 50 (3), 688-695.

Hazards, E. P. O. B., 2015. Scientific opinion on the public health risks related to the consumption of raw drinking milk. EFSA J. 13 (1), 3940-3943.

Heussner, A. H., Bingle, L. E., 2015. Comparative ochratoxin toxicity: a review of the available data. Toxins (Basel) 7 (10), 4253-4282.

Ho, T., et al., 1995. Isolation of *Coxiella burnetii* from dairy cattle and ticks, and some characteristics of the isolates in Japan. Microbiol. Immunol. 39 (9), 663-671.

Holmes, M. A., Zadoks, R. N., 2011. Methicillin resistant *S. aureus* in human and bovine mastitis. J. Mammary Gland Biol. Neoplasia 16 (4), 373-382.

Hudson, J. A., Mott, S. J., 1993. Growth of *Listeria monocytogenes*, *Aeromonas hydrophila* and *Yersinia enterocolitica* on cold-smoked salmon under refrigeration and mild temperature abuse. Food Microbiol. 10 (1), 61-68.

IARCInternational Agency for Research on Cancer, 1993. Some Naturally Occurring Substances: Food Items and Constituents, Heterocyclic Aromatic Amines and Mycotoxins., Vol. 56. World Health Organization, Geneva, p. 599.

IARC, 2012. Chemical agents and related occupations I. W. G. o. t. E. o. C. R. t. H. IARC Monogr. Eval. Carcinog. Risks Hum. 100 (PT F), 9-562.

Johler, S., et al., 2015. Outbreak of staphylococcal food poisoning among children and staff at a Swiss boarding school due to soft cheese made from raw milk. J. Dairy Sci. 98 (5), 2944-2948.

Kramer, J. M., Gilbert, R. J., 1989. Bacillus cereus and other Bacillus species. Foodborne Bact. Pathog. 19, 21-70.

Kreausukon, K., et al., 2012. Prevalence, antimicrobial resistance, and molecular characterization of methicillin-resistant *Staphylococcus aureus* from bulk tank milk of dairy herds. J. Dairy Sci. 95 (8), 4382-4388.

Latorre, A. A., et al., 2011. Quantitative risk assessment of listeriosis due to consumption of raw milk. J. Food Prot. 74 (8), 1268-1281.

Le Loir, Y., Baron, F., Gautier, M., 2003. *Staphylococcus aureus* and food poisoning. Genet. Mol. Res. 2 (1), 63-76.

Longenberger, A. H., et al., 2013. *Campylobacter jejuni* infections associated with unpasteurized

milk-multiple States, 2012. Clin. Infect. Dis. 57 (2), 263-266.

Longenberger, A. H., et al., 2014. *Yersinia enterocolitica* infections associated with improperly pasteurized milk products: southwest Pennsylvania, March-August, 2011. Epidemiol. Infect. 142 (8), 1640-1650.

Lucey, J. A., 2015. Raw milk consumption: risks and benefits. Nutr. Today 50 (4), 189-193.

Mandal, S., et al., 2011. Investigating Transmission of *Mycobacterium bovis* in the United Kingdom in 2005 to 2008. J. Clin. Microbiol. 49 (5), 1943-1950.

Marroquín-Cardona, A. G., et al., 2014. Mycotoxins in a changing global environment—a review. Food Chem. Toxicol. 69 (Supplement C), 220-230.

Martin, A., Beutin, L., 2011. Characteristics of Shiga toxin-producing *Escherichia coli* from meat and milk products of different origins and association with food producing animals as main contamination sources. Int. J. Food Microbiol. 146 (1), 99-104.

McAuley, C. M., et al., 2014. Prevalence and characterization of foodborne pathogens from Australian dairy farm environments. J. Dairy Sci. 97 (12), 7402-7412.

McIntyre, L., Wilcott, L., Naus, M., 2015. Listeriosis outbreaks in British Columbia, Canada, caused by soft ripened cheese contaminated from environmental sources. Biomed. Res. Int. 2015, 131623.

Meyer, K., Shaw, E., 1920. A comparison of the morphologic, cultural and biochemical characteristics of *B. abortus* and *B. melitensis* studies on the genus Brucella Nov. Gen. I. J. Infect. Dis. 27 (3), 173-184.

Montero, D., et al., 2015. Molecular epidemiology and genetic diversity of *Listeria monocytogenes* isolates from a wide variety of ready-to-eat foods and their relationship to clinical strains from listeriosis outbreaks in Chile. Front. Microbiol. 6 (384).

Mungai, E. A., Behravesh, C. B., Gould, L. H., 2015. Increased outbreaks associated with nonpasteurized Milk, United States, 2007-2012. Emerg. Infect. Dis. 21 (1), 119-122.

Murphy, P. M., Lynch, D., Kelly, P. M., 1999. Growth of thermophilic spore forming bacilli in milk during the manufacture of low heat powders. Int. J. Dairy Technol. 52 (2), 45-50.

Nachamkin, I., Allos, B. M., Ho, T., 1998. Campylobacter species and Guillain-Barrésyndrome. Clin. Microbiol. Rev. 11 (3), 555-567.

Necidova, L., et al., 2016. Short communication: pasteurization as a means of inactivating staphylococcal enterotoxins A, B, and C in milk. J. Dairy Sci. 99 (11), 8638-8643.

Foodborne Pathogens and Zoonotic Diseases 271O'Connell, A., et al., 2016. The effect of storage temperature and duration on the microbial quality of bulk tank milk. J. Dairy Sci. 99 (5), 3367-3374.

Oliver, S. P., Jayarao, B. M., Almeida, R. A., 2005. Foodborne pathogens in milk and the dairy farm environment: food safety and public health implications. Foodbourne Pathog. Dis. 2 (2), 115-129.

Orr, K. E., et al., 1995. Direct milk excretion of *Campylobacter jejuni* in a dairy cow causing cases of human enteritis. Epidemiol. Infect. 114 (1), 15-24.

Ostroff, S., 1995. Yersinia as an emerging infection: epidemiologic aspects of *Yersiniosis*. Contrib. Microbiol. Immunol. 13, 5-10.

Penner, J. L., 1988. The genus Campylobacter: a decade of progress. Clin. Microbiol. Rev. 1 (2), 157-172.

Piggot, P. J., Hilbert, D. W., 2004. Sporulation of *Bacillus subtilis*. Curr. Opin. Microbiol. 7 (6), 579–586.

Quinto, E. J., Cepeda, A., 1997. Incidence of toxigenic *Escherichia coli* in soft cheese made with raw or pasteurized milk. Lett. Appl. Microbiol. 24 (4), 291–295.

Rasooly, R., Do, P. M., 2010. Clostridium botulinum neurotoxin type B is heat-stable in milk and not inactivated by pasteurization. J. Agric. Food Chem. 58 (23), 12557–12561.

Raw MilkHumphrey, T. J., Beckett, P., 1987. Campylobacter jejuni in dairy cows and raw milk. Epidemiol. Infect. 98 (3), 263–269.

Robinson, D. A., 1981. Infective dose of *Campylobacter jejuni* in milk. Br. Med. J. 282 (May), 1584.

Rustom, I. Y. S., 1997. Aflatoxin in food and feed: occurrence, legislation and inactivation by physical methods. Food Chem. 59 (1), 57–67.

Scallan, E., et al., 2011. Foodborne illness acquired in the United States—unspecified agents. Emerg. Infect. Dis. 17 (1), 16–22.

Schlesser, J. E., et al., 2006. Survival of a five-strain cocktail of *Escherichia coli* O157: H7 during the 60- day aging period of Cheddar cheese made from unpasteurized milk. J. Food Prot. 69 (5), 990–998.

Setlow, P., 2006. Spores of *Bacillus subtilis*: their resistance to and killing by radiation, heat and chemicals. J. Appl. Microbiol. 101 (3), 514–525.

Singhal, N., Kumar, M., Virdi, J. S., 2014. Molecular analysis of beta-lactamase genes to understand their differential expression in strains of *Yersinia enterocolitica* biotype 1A. Sci. Rep. 4, 5270.

Smith, T. C., Pearson, N., 2011. The emergence of *Staphylococcus aureus* ST398. Vector Borne Zoonotic Dis. 11 (4), 327–339.

Taylor, E. V., et al., 2013. Common source outbreaks of *Campylobacter* infection in the USA, 1997–2008. Epidemiol. Infect. 141 (5), 987–996.

Te Giffel, M. C., et al., 2002. Bacterial spores in silage and raw milk. Antonie Van Leeuwenhoek 81 (14), 625–630.

Thoen, C., LoBue, P., De Kantor, I., 2006. The importance of Mycobacterium bovis as a zoonosis. Vet. Microbiol. 112 (2), 339–345.

Tranter, H. S., 1990. Foodborne staphylococcal illness. Lancet 336 (8722), 1044–1046.

Van Opstal, I., et al., 2004. Inactivation of *Bacillus cereus* spores in milk by mild pressure and heat treatments. Int. J. Food Microbiol. 92 (2), 227–234.

Vidovic, S., Mangalappalli-Illathu, A. K., Korber, D. R., 2011. Prolonged cold stress response of *Escherichia coli* O157 and the role of rpoS. Int. J. Food Microbiol. 146 (2), 163–169.

Wang, X., et al., 2014. Antimicrobial resistance and toxin gene profiles of *Staphylococcus aureus* strains from Holstein milk. Lett. Appl. Microbiol. 58 (6), 527–534.

Whatmore, A. M., 2009. Current understanding of the genetic diversity of *Brucella*, an expanding genus of zoonotic pathogens. Infect. Genet. Evol. 9 (6), 1168–1184.

Willis, C., et al., 2017. An assessment of the microbiological quality and safety of raw drinking milk on retail sale in England. J. Appl. Microbiol 124 (2), 535–546.

Young, E., 2005. Brucella species. Princ. Pract. Infect. Dis. 6.

13 生乳中的化学残留物与真菌毒素

Fabiano Barreto, Louíse Jank, Tamara Castilhos, Renata B. Rau, Caroline Andrade Tomaszewski, Cristina Ribeiro and Daniel R. Hillesheim

National Agricultural Laboratory (LANAGRO/RS), Ministry of Agriculture, Livestock and Food Supply (MAPA), São José, Brazil

13.1 引 言

生乳消费是多数人饮食结构组成的典型特征。食用生乳制作成的一些特制的或传统的食品在某些地区较为流行。而生乳可能会对幼儿、老年人等食源疾病易感群体，以及癌症、器官移植或艾滋病患者等免疫系统功能减弱的人群带来更大的风险。因此，国际上通常认为，食用未经巴氏杀菌的奶制品是奶相关食源性疾病的最常见原因（Langer 等，2012）。

在经济增长的推动下，许多发展中国家的奶制品消费实现了迅猛增长。自 20 世纪 60 年代以来，发展中国家人均奶的消费量增加了将近 2 倍。然而，肉类增加了 2 倍多，鸡蛋增加了 5 倍，对比其他畜产品消费，奶的消费量增加仍较缓慢。世界粮农组织数据显示，奶的全球人均年消费量为 30~150 kg，使得奶成为消费者摄入污染物的一个重要来源（FAO，2008 年）。

在需求不断增加的基础上，技术变革推动生产持续增长，大型规模化牧场的生产水平有了实质性改善。然而，从全球范围来看，通常大部分的奶农技术水平并不高，例如在发展中国家，大部分的产品都是由技术水平有限的小规模生产商生产的（Gerosa 和 Skoet，2012）。

考虑到国家政策与国际要求的协调统一，污染物控制一直是产生贸易问题的主要因素之一。实施残留物和污染物监测计划、利用风险分析工具开展风险分析，已成为强制性措施。因为某些条件与奶及奶制品关联度极大，因此为了发挥更好的风险评估引入风险管理技术。特别是在评价残留物、化学污染物和微生物产生的毒素时，会出现一个极其严重的问题，就是这些化合物在热处理后仍具有稳定性（Nag，2010）。

对于防控技术体系薄弱的国家，面临的将是食品中化学和微生物毒素污染风险的增大。此外，如果生产区域与工业区域邻近，则无意间给食物链增加了一个重要的污染风险来源。此外，为确保食品的安全供应，即使在强力推行良好农业规范（GAP）的发展中国家，也必须应用新的管理技术（例如兽药的使用管理）。当地小规模生产商很容易获得农药和兽药，却没有掌握足够的安全使用信息，超标或误用农药和兽药，甚至不遵守停药期规定，导致提供食品受污染的风险变得很高。

不同类别的化合物虽有不同目的和作用，但在许多国家，缺少能精确控制的工具，缺乏避免合理控制的使用数据。需要重点监测农药、抗生素、抗寄生虫药、重金属、真菌毒素、持久性污染物，以及新兴受关注的化合物，例如植物毒素。

为了进行适当的控制，必须有足够的支持来鉴定和定量食品样品中的浓度。另外，应强化环境、食品安全和卫生服务之间的协作治理，以持续控制食物链中的化学危害。

13.2 风险评估

科学的风险评估对全球风险治理发挥着越来越大的作用，但是作为促进贸易可持续的一个手段，需要有标准化风险评估程序。国际食品法典委员会（Codex Alimentarius Commission，CAC）是国际标准化组织。对食物中残留的微量化合物（比如农药或兽药），需要进行评估以确保安全。最大限量水平（MRL）是指在按照 GAP 规程操作执行时，法定允许在食品或饲料中残留的兽药或农药的最高水平。

动物饲料中也需要对农药和兽药的含量和作用进行评估。评估的目标是推荐形成食品中污染物、农药和兽药残留的适用标准。残留物评估复杂，因此采集到有价值的信息对理解残留状况很重要。残留数据评估是基于 GAP 对农药和兽药的使用，估算食品和饲料商品中最大残留限量的结果。根据 GAP，化合物可有效地用于害虫控制，但残留量最小。必须保证化合物的使用对使用者和环境安全，食品中的化合物残留必须确保对消费者安全。

13.3 残留物和污染物控制及实验室支持

为了公共卫生安全和保护消费者健康，对食品中的残留物和污染物充分控制至关重要。为了实现这一目标，需要足够的实验室支持和合理计划来分析样品数量。

为建立不同阶段的控制点，污染物和残留物的快速筛选方法需要在食品加工厂直接应用。使用最普遍的是抗生素分析试剂盒，通常用于还未加工的奶。这类试剂盒只能定性检测几类抗生素。

为了更准确地监测真菌毒素、农药和兽药等化合物，更现代的方法是基于仪器分析，采用色谱技术与质谱联用的方法，实现多残留检测。在这种情况下，出现了液相色谱串联质谱（LC-MS/MS）、液相色谱与四极杆飞行时间质谱联用（LC-qTOF）和气色谱串联质谱法（GC-MS/MS），在 ppb 和 ppt 浓度水平上实现检测。更多不断被制订的方法是检测覆盖不同类别的化合物的同时能够监测并发现其中的关键化合物。

13.3.1 农药

农药可通过被污染的饲料、饮用水、奶厅使用的清洁产品以及直接通过使用杀虫剂进入牛奶的生产链中。牛养殖过程中使用的农药主要有拟除虫菊酯、氨基甲酸酯和有机磷酸盐（Oliveira-Filho 等，2010）。研究表明，来自饲料的有机磷酸盐是污染奶最严重的来源之一（Fagnani 等，2011）。

持久性杀虫剂有机氯在长期禁用后，被检出的水平很低。如果与以前的结果相比，即使某些地区或国家禁用时间较短，其检出水平也较低（Gutierrez 等，2012；Nag 和 Raikwar，2008）。

控制奶中农药残留的方法有很多。最有效的方法是基于 LC-MS/MS 和 GC-MS/MS 的多残留检测方法，这些方法为同时控制不同类型的污染物提供了可靠的选择，也同时为风险管理提供有用的信息（Bandeira 等，2014；dos Anjos 等，2016）。

13.3.2 抗寄生虫药

抗寄生虫药物在世界范围内被用于治疗和预防食用动物的寄生虫病，对热带地区养殖的牛尤为重要，因为这里放牧的牛同时受到体内寄生虫和环境寄生虫的密集影响（Rübensam 等，2011，2013）。最常见的抗寄生虫药物有阿维菌素、伊维菌素（IVR）、多拉菌素、伊普菌素和米尔贝霉素等。

这些抗寄生虫药物的化合物，尽管关于其稳定性的可用数据有限，但已证明热处理后具有很强持久性（Imperiale 等，2009）。作为发酵产品，阿维菌素对奶制品生产工业过程没有重大影响（Imperiale 等，2002）。但由于其亲脂性特征，阿维菌素和其他抗寄生虫化合物（如苯并咪唑）可能浓缩在黄油和奶酪等脂肪类产品中，从而残留在最终产品中（Gomez Perez 等，2013）。

大多数化合物在生产供人类食用奶的奶畜动物中是不允许使用的（Commission，2010）。来自国家残留控制计划的数据表明，奶样中伊维菌素阳性样本处于可控制水平。但由于其频繁使用，一些寄生虫对阿维菌素产生抗药性的例子正被研究证实，这一现象带来了奶及奶制品中超剂量和更高残留水平的风险。

基于 LC-MS/MS 的多残留方法可用于抗寄生虫药物的检测，也是最灵敏高效的检测方法（Stubbings 和 Bigwood，2009；Wei 等，2015）。

13.3.3 重金属

与热处理杀灭微生物不同，残留在奶及奶制品中的重金属比较稳定，不易受加工过程影响（Bajwa 和 Sandhu，2014）。奶及奶制品中铁、铜和锌等必需微量元素缺乏，但也容易受到非必需或有毒元素（铅和镉）的污染。含量超过 MRL 要求的元素将会产生危害，能导致严重的代谢紊乱等病症。奶及奶制品中仅铅元素有 MRL 规定（MRL = 0.02 mg/kg w.w.）（Meshref 等，2014）。

泌乳动物在牧场放牧和采食受污染的精饲料时会摄入重金属。然而，在奶牛体内，矿物质在转移到乳汁的过程中变化很大。此外，奶中污染物也可能沿着食物链从运输和包装所使用的低质量材料带入。另外，运输过程、工艺流程和清洁材料中投入品的使用，都是奶中污染物的潜在来源。

另外，为提高动物生产性能，养殖管理上采取最普遍的做法是给牛提供矿物质饲料添加剂，但这也是带来重金属污染的主要途径之一，特别是给牛群提供低质量的矿物质饲料添加剂。

用于重金属检测分析的仪器不同，其检出限也不同。高灵敏度光谱技术，如火焰或石墨炉原子吸收光谱法、电感耦合等离子体发射光谱法和电感耦合等离子体质谱法（ICP-OES 和 ICP-MS）是测定食品和环境样品中重金属的广泛使用的方法（Meshref 等，2014）。尽管应用 ICP-MS 的技术方法价格更贵，但由于其具有高灵敏度，目前已成为监测奶及奶制品中金属多残留的关键工具。

13.3.4 真菌毒素

真菌毒素主要是由曲霉属、镰刀菌属和青霉属的真菌产生，人和其他脊椎动物摄入体内后具有极强毒性，表现出致癌、致畸和致突变作用（Hymery 等，2014）。真菌毒素为霉菌的次级代谢产物，是一类低分子量化合物。相关证据表明，反刍动物对霉菌毒素中毒的易感性低于单胃动物，对这些毒性分子的降解、灭活和结合等更有效（Gallo 等，2015）。

饲料中存在的霉菌毒素可导致人类食用食品的污染，由于霉菌毒素的不利影响会造成重大的经济损失并因此导致动物生产力下降，这不仅是人类健康的问题，也是经济方面的问题（Flores-Flores 等，2015）。大多数真菌毒素化学性质非常稳定，一旦在饲料中形成，将持续污染该产品和由其生产的其他饲料产品（Bryden，2012）。Sassahara 等发现，黄曲霉毒素 B_1（AFB_1）对动物的毒性作用最大，其次是黄曲霉毒素 M_1（AFM_1）、G_1（AFG_1）、B_2（AFB_2）和 G_2（AFG_2）（Sassahara 等，2005）。AFM_1 是 AFB_1 羟基化合物的转化产物，动物在摄入 AFB_1 12～24 h 后在乳汁中检测到转化的 AFM_1，其含量是摄入量的 1%～6%（Bryden，2012）。

其他真菌毒素及其共轭衍生物，如赭曲霉毒素 A（Tsiplakou 等，2014）、玉米赤霉烯酮、伏马菌素、T-2 毒素和脱氧雪腐镰刀菌烯醇，也在奶及奶制品中有检出，甚至以低浓度存在。它们具有高度的毒理学相关性，主要影响大量摄入有这些真菌毒素污染的奶及奶制品的消费人群，特别是儿童（Becker-Algeri 等，2016；Flores-Flores 等，2015）。

一些已发表的研究分析表明，奶和其他相关投入品物质（如饲料）中真菌毒素同时存在。与 AFM_1 相比，这些真菌毒素的化合物残留检出率虽然对奶制品的科学信息判断是有限的，但对与之联系的流行病学数据信息至关重要（Tsiplakou 等，2014；Zhang 等，2013）。基于 LC-MS/MS 方法，新的一系列研究对检测分析这些化合物与其他目标化合物（如兽药和农药）有很好的作用（Wang 等，2011）。

13.3.5 肠毒素

在肠毒素这一领域，对直接的、更具选择性和敏感性方法的挖掘，让研究者们掌握了不同的检测技术。目前，使用与酶联免疫吸附试验方法类似的 ELFA（荧光酶联免疫 ELISA 的变体）技术，检测分析肠毒素更灵敏。

有一种新方法正在建立，该方法是基于典型的蛋白质组学为工具开发而成的，其中使用胰蛋白酶对样品进行酶解，并通过 LC-MS/MS 分析生成的肽（Andjelkovic 等，2016；Zuberovic Muratovic 等，2015）。

肠毒素主要是与奶制品相关的一个严重问题，重点涉及奶和奶酪；因此，开发一种能够定量和明确鉴别这些物质的灵敏方法，对于确保产品的安全性至关重要。使用 LC-MS/MS 分析肠毒素，可作为实验室里经典微生物学方法以及基于分子生物学工具方法的一个补充方法。

对真菌毒素，金黄色葡萄球菌产生的肠毒素是来自微生物的一类有害污染物。因此，能够直接检测食品中是否存在这些化合物的方法，同时也是控制这些化合物的工具，目前也正在持续不断进行探索中。

13.3.6 抗生素

抗生素是兽药中使用的一类非常重要的化合物。它是一类作用于微生物，抑制其生长或破坏其结构的化合物。这些物质是在 20 世纪初由青霉素发现而来的，此后，由于耐药性产生导致效果降低或失效，人们又持续发现和合成了许多此类更好的化合物。

抗生素在人类医学和动物医学中的应用越来越广泛，在两者中都使用了许多种类的抗生素。除了在感染情况下起到治疗作用外，这些物质还具有预防感染和提高饲料转化率的功效。抗生素能减少养殖动物消化道中微生物对营养物质的竞争，缩短理想体重增加至屠宰所需的时间，以及减少饲料消耗、死亡率和改善养殖动物的健康。因此，目前在牲畜中抗生素被大规模施用。

用于养殖动物的药物主要有磺胺类、喹诺酮类、氟喹诺酮类、β-内酰胺类（青霉素类和头孢菌素类）、四环素类、大环内酯类、氨基糖苷类和甲砜霉素。抗生素可作为单一化合物单独用药，也可以与其他抗生素或其他化合物联合使用。

抗生素在奶牛养殖中使用，主要是治疗犊牛和成年奶牛发生的疾病。在犊牛中，主要用于用于腹泻、肺炎和蜱热等的治疗。在成母牛中，主要用于治疗乳腺炎、子宫炎、肢蹄病、产后子宫冲洗以及泌乳期结束时的预防性用药（Andreotti 和 Nicodemo，2004）。

乳腺炎的控制和预防是奶牛养殖的主要挑战。这种疾病会对生产者和奶业造成巨大的经济损失。对于生产者而言，意味着产奶量的减少和患病动物所产奶的丢弃，甚至是病牛的淘汰；此外奶酪生产效率会降低、产品货架期缩短，经济损失很大（Santos 和 Fonseca，2007）。

乳腺炎是导致奶牛死亡和生产力下降的主要原因之一（Langoni，2013；Ruegg，2011），患病牛的奶中钙、乳糖、钠、氯化物和酪蛋白等成分含量发生变化。与乳腺炎发生间接相关的参数，如体细胞数（SCC）直接影响奶酪（Coelho 等，2014）和酸奶（Feandes 等，2007）等奶制品的质量，微生物和营养成分的变化，则会降低这些产品的保质期。在巴氏杀菌奶中，较高的 SCC 会导致蛋白水解和脂解作用，因此，会产生与酸败和苦味相关的感觉缺陷（Ma 等，2000）。

使用抗生素药物治疗可以减少动物患病和降低 SCC 数量。在产奶量方面，与未接受治疗且 SCC 数较低的奶牛相比，产前接受抗生素治疗的奶牛产奶量更多，从经济角度来看，在确定发生乳腺炎的奶牛产前应用乳房内输注的干预方式是合理的预防措施（Santos 和 Fonseca，2007）。

在食用动物中使用抗生素以及其他活性药物化合物，可能导致这些化合物残留在经过治疗动物所生产的食物中。对于奶制品行业来说，主要问题是抑制了奶酪、酸奶等发酵产品生产中使用的对抗生素敏感的微生物，导致无法生产这些产品，或改变了其质量。其他问题方面，主要是在黄油和奶油中能形成难闻的气味。巴氏杀菌工艺对奶中残留的抗生素基本上有很小或者不产生影响。

与公共卫生相关的问题，包括摄入含有抗生素残留的乳品的个体发生过敏或毒性反应的可能性。例如，估计约 4%的人群对青霉素有不同程度的过敏，在严重情况下，青霉素残留可能导致这些个体发生过敏性休克（Jank 等，2015b；Stolker 等，2008b）。

过敏性反应主要表现为荨麻疹、皮炎、鼻炎和支气管哮喘。它们主要与青霉素类使用有关，四环素类、链霉素和磺胺类也可能引起这类反应。

毒性反应与一些具有致癌潜力的抗菌药有关，即在实验动物中可发生肿瘤（如磺胺二甲嘧啶、硝基呋喃）或导致易感个体血液学上的改变（如氯霉素）。

另一个问题，也许是最令人担忧的，是在畜禽规模养殖中使用抗生素使细菌选择和耐受增强，导致耐药性的发生和发展。这些化合物的不断使用，会在有牲畜的环境中不断输入残留物，很容易传播抗菌素耐药基因。公共卫生问题是耐药性细菌通过食物链传播给人类的潜在影响，例如来自患有隐性乳腺炎动物产的奶。Anderson 于 1965 年首次报道了对抗生素耐药性的关注，他描述了牛沙门菌分离株的耐药性问题，强调使用这些化合物具有治疗和预防作用，同时也是沙门菌等细菌维持、共同选择、垂直和水平传播抗生素耐药性的主要因素。

目前，在公共卫生方面变得令人担忧的是，已知的所有新化合物和所有新类别的抗生素，都会因其使用而表现出耐药性，最终导致这些化合物或多或少都可能变得无效。

当前，关于抗生素的耐药性问题，“大健康”的理念是讨论的重要内容。这意味着健康互相关联，耐药性可能在动物体内的细菌中发生，并通过食物链转移给人类。换句话说，由于兽药的广泛使用，尽管在牲畜中使用抗生素的要求管理严苛，但仍可能成为这些细菌传播到人类的途径。在某些情况下，超标使用这些抗生素，原料奶中的药物残留情况就变得严重。政府机构和国际组织，如食品法典，欧洲药品管理局，欧盟 EMA 和美国食品药品监督管理局制定了食品中几类兽药的 MRL。欧洲委员会制定的抗菌化合物 MRLs 值见表 13.1（Queenan 等，2016）。

文献中介绍了许多技术，用于分析生乳中是否存在残留物及其浓度。一般来说，它

们可以分为两种不同的类型：筛查型和确证型（Cháfer-Pericás 等，2010）。筛查型方法可以检测到某一化合物或某一类化合物（如四环素类）的存在，其中一些可以提供半定量结果。微生物筛查方法，由于应用于不同的抗生素而被广泛用于快速分析，其优点是成本和效果较好，并且不需要特殊的培训或设备（Pikkemaat 等，2009）。还有研究者认为这种方法很好，假阳性样本率低、高通量、选择性好、成本低（Cháfer-Pericás 等，2010）。

表 13.1 欧盟委员会关于奶中一些抗生素及其化合物 MRLs

类别	分析物	EMA[10]
大环内酯类	阿奇霉素	NA
大环内酯类	红霉素	40.0
大环内酯类	螺旋霉素	200.0
大环内酯类	替米考星	50.0
大环内酯类	泰拉霉素	NA[c]
大环内酯类	泰乐菌素	50.0
林可酰胺类	克林霉素	NA
林可酰胺类	林可霉素	150.0
林可酰胺类	吡利霉素	100.0
磺胺类药	磺胺氯哒嗪	100.0[a]
磺胺类药	磺胺嘧啶	100.0[a]
磺胺类药	磺胺二甲氧嘧啶	100.0[a]
磺胺类药	磺胺邻二甲氧嘧啶	100.0[a]
磺胺类药	磺胺异恶唑	100.0[a]
磺胺类药	磺胺甲基嘧啶	100.0[a]
磺胺类药	磺胺二甲嘧啶	100.0[a]
磺胺类药	磺胺甲恶唑	100.0[a]
磺胺类药	磺胺喹啉	100.0[a]
磺胺类药	磺胺噻唑	100.0[a]
氟喹诺酮类	环丙沙星	100.0[b]
氟喹诺酮类	达氟沙星	30.0
氟喹诺酮类	二氟沙星	NA[c]
氟喹诺酮类	恩诺沙星	100.0[b]
喹诺酮类	氟甲喹	50.0
喹诺酮类	萘啶酸	NA
氟喹诺酮类	诺氟沙星	NA
喹诺酮类	奥索利酸	20.0[c]

（续表）

类别	分析物	EMA[10]
氟喹诺酮类	沙拉沙星	NA
二氢叶酸还原酶抑制剂	甲氧苄氨嘧啶	50.0
四环素类	氯四环素	100.0
四环素类	强力霉素	NA[c]
四环素类	土霉素	100.0
四环素类	四环素	100.0
β-内酰胺类	阿莫西林	4.0
β-内酰胺类	氨苄青霉素	4.0
β-内酰胺类	头孢氨苄	100.0
β-内酰胺类	头孢匹林	60.0
β-内酰胺类	头孢洛宁	20.0
β-内酰胺类	头孢噻呋	100.0[d]
β-内酰胺类	头孢哌酮	50.0
β-内酰胺类	头孢喹肟	20.0
β-内酰胺类	邻氯青霉素	30.0
β-内酰胺类	双氯青霉素	30.0
β-内酰胺类	萘夫西林	30.0
β-内酰胺类	苯唑西林	30.0
β-内酰胺类	青霉素 G	4.0
β-内酰胺类	青霉素 V	4.0
氨基糖苷类	阿泊拉霉素	NA[c]
氨基糖苷类	双氢链霉素	200.0
氨基糖苷类	庆大霉素	100.0
氨基糖苷类	卡那霉素	150.0
氨基糖苷类	新霉素	1500.0
氨基糖苷类	巴龙霉素	NA[c]
氨基糖苷类	奇霉素	200.0
氨基糖苷类	链霉素	200.0
环肽	杆菌肽	100.0
环肽	黏菌素	50.0

注：[a] 磺酰胺基团内所有物质的总残留量不得超过 100 μg/kg。

[b]恩诺沙星与环丙沙星之和。

[c]不用于生产供人类食用的奶或鸡蛋的动物。NA，不适用。

[d]保留以去呋喃甲酰基头孢噻呋表示的 β-内酰胺结构的所有残基总和。

微生物筛查试验可分为试管试验和多平板试验。试管试验包括需要使用琼脂培养基、对化合物敏感的细菌以及 pH 指示剂或氧化还原指示剂。抗生素残留物的缺失或存在使细菌分别生长或不生长，培养基的颜色因其生产释放的物质而发生变化（Pikkemaat 等，2009）。温度升高可在数小时内产生结果。许多用于对奶进行分析的商业微生物试管测试可选择使用，例如 Charm Cowside/Charm Sciences Inc. 和 Delvotest/DSM。

对于（多）平板试验，检测时琼脂层位于放置样品的平板顶部。如果样品不符合规定，孵育时间过后，可在周围观察到生长抑制圈，抑制圈的大小与残留物浓度相关（Pikkemaat 等，2009）。

尽管提出对多种抗生素具有敏感性的实用解决方案，但微生物筛查测试并不具有特异性，需要使用诸如 LC-MS/MS 的确证方法。质谱分析是一种在该研究领域已被证明有价值的工具，因为它可以同时分析具有不同化学特征的化合物（Diaz 等，2013）。

质谱法相关的不同检测技术，特别是与液相色谱法联用，已用于食品样品中有机污染物的测定，通过 LC-MS/MS 可提供高选择性和高灵敏度定量结果，或通过使用 LC-QTOF-MS 提供的信息和数据，对样品中的污染物进行综合分析和评估。

液质联用技术代表了在有机污染物分析方面的一个进步，具有更高的灵敏度（痕量分析和超痕量分析的可能性 μg/L 和 ng/L）；无须衍生化，可测定不稳定、非极性和挥发性化合物，并可检测无发色基团的分析物。此外，由于质谱信息应用，与质谱仪的耦合提供了关于样品和研究分析物的更多数据。

LC-QTOF-MS 在有机污染物的筛选和确证分析中显示出巨大潜力，就像抗生素检测中的应用一样。质量准确度与完整数据集采集的组合，可使用软件工具同时提取和监测几个组件（Pitarch 等，2010），也是判别未知化合物的有效方法。尽管如此，仍可以对已经采集的数据进行评估，以寻找其他化合物（最初不包括在内）（Hernandez 等，2011），而无须进行额外的分析，从所采用的提取方法中，就能够选择出有疑问或要确证的化合物。此外，可能通过信息依赖性采集模式获得化合物的相似分析、精确物质种类和分解数据，这可能有助于确定样品中存在的未知化合物（Bueno 等，2012）。这些都证明了该技术是具有确证的定性方法。

LC-MS/MS 是用于定量测定食品和饲料样品中残留物的最广泛使用的分析技术（Malone 等，2009）。通过使用多反应离子监测模式，获得所选离子的数据，灵敏度和选择性参数的响应更好。

正因为如此，近年来在奶样中抗生素定性和定量分析方面所做的绝大多数工作都是采用液相色谱与质谱联用技术（Arsand 等，2016；Bohm 等，2009；Gaugain-Juhel 等，2009；Jank 等，2015a；Jank 等，2015b；Kantiani 等，2009；Martins 等，2014；Riediker 等，2001；Stolker 等，2008a，2008b；Tuipseed 等，2008，2011；Wang 等，2006）。

13.3.7 抗炎化合物

非甾体抗炎药（NSAID）是通过减少前列腺素生物合成（导致疼痛和肿胀）来抑制炎症的化合物，被分为选择性环氧合酶抑制剂（COX-1 和 COX-2）、非选择性 COX 抑制剂和选择性 COX-2 抑制剂。大多数 NSAID（安乃近除外）的化合物是 p*Ka* 在 3~5 范围内的酸，这是抑制 COX 的基本特性。NSAID 的结构分类如下：水杨酸及其衍生物、吲哚乙酸（吲哚美辛）、异芳基乙酸（双氯芬酸）、芳基丙酸（卡洛芬）、邻氨基苯甲酸或芬那酸（氟尼辛）、烯醇酸（美洛昔康）、吡唑衍生物（保泰松）、二芳基取代呋喃酮（非罗昔布）和磺胺（尼美舒利）（Peterson 等，2010）。

自 1970 年以来，这些药物一直在动物医学中使用，其使用情况与人类医学中的使用情况相似，是第二大最常用的处方药，仅次于抗生素（Lichtenberger 等，1995）。通常认为在不同种属动物炎症性疾病的初始时治疗使用，用于抑制或预防肌肉骨骼疾病、肺部疾病、乳腺炎、肠炎、发热和疼痛。另一种方法是联合抗生素治疗乳腺炎（Jedziniak 等，2013）。

虽然酸性药物残留于乳汁中的水平较低，但关于同一产品的药效信息较少。在兽医实践中，氟尼辛葡甲胺的使用广泛，在最后一次给药 24 h 后所产的奶中残留量已降至低点（Jedziniak 等，2013）。

食用含有 NSAID 残留物的食物会对人体健康造成风险，危害包括肝毒性、无菌性脑膜炎、腹泻和抑制中枢神经系统（Baert，2003）。为此，需要进行残留物控制以及开发方法来监测非甾体抗炎药残留情况，以保证风险应对和监管限制的实施，表 13.1 列出了欧盟委员会制定的奶中相关兽药的残留限量 MRLs 规定（European Commission，2010）。

此类物质化学结构差异，改变了研发主要针对样品处理（萃取和净化）的多残留方法的挑战。使用乙腈提取，因为蛋白沉淀和低脂溶性，可提供有效的提取和适当的清洁，使其成为最广泛使用的有机溶剂的（如兽药和农药）提取剂（Dowling 等，2008；Gentili 等，2012；Jedziniak 等，2012；Malone 等，2009）。甲醇（Dubreil-Chéneau 等，2011）以及乙腈/甲醇混合物（Gallo 等，2008）或乙腈/乙酸乙酯混合物（Peng 等，2013）使用时也显示了较好的总回收率。

用于奶样的 NSAID 分析的确证性方法很少有见报道。尽管也使用了气相色谱，但通常是基于 LC-MS/MS 的方法（Dowling 等，2008；Stolker 等，2008a）。

奶是一个复杂的基质，而 LC-MS 又易受基质效应影响，除了一些研究者提出的方法（Dubreil-Chéneau 等，2011；van Pamel 和 Daeseleire，2015）外，大多数方法都包括提取物净化的步骤。已有几种描述的方式，例如使用己烷进行液液萃取以去除脂肪（Malone 等，2009；Peng 等，2013），以及使用不同吸附剂（氨基、十八烷基或聚合物相）与方法中包含的一组化合物相对应进行较长时间的固相萃取（Gallo 等，2008；Gentili 等，2012）等。

LC-MS/MS 是测定 NSAID 残留物确证方法的一种选择。色谱分离通常采用十八烷

基色谱柱，流动相为乙腈/水与 pH 酸性的混合物。对于 MS 检测，大多数方法使用的是带 ESI 源的 QqQ 仪器，根据化合物的不同，采用正离子模式或负离子模式。

13.3.8 植物毒素

植物毒素，如吡咯里西啶生物碱（PA），存在于许多菊科、紫草科和豆科植物中。这些化合物能造成动物中毒和生产力严重损失。存在于豚草属的 PA，它们可促使马和奶牛患上肝病，并可能导致动物死亡，并转移至动物源性可食用产品中，因此，对消费者的健康构成威胁（Hoogenboom 等，2011）。

PA 中毒是由于食用了含有这些生物碱的植物所致。这些植物可以作为食物、药用或作为其他被污染的农作物食用。谷类作物和饲料作物有时会被产生吡咯里西啶的杂草污染，生物碱会进入面粉和其他食物中，包括以这些植物为食的奶牛的乳汁里。紫草科、菊科和豆科的许多植物含有超过 100 种肝毒性 PA（Valese 等，2016）。

与草药和药物不同，国际上对食品中的 PA 没有专门进行监管（Vacillotto 等，2013）。关于奶，根据查到可用的有限数据，摄入的生物碱转移至奶中的含量不会超过 0.1%（Authority，2001）。PAs 和 PA 氮-氧化物可以残留转移至牛奶中，但是由于奶牛产奶量大等产生的稀释作用，牛奶来源的 PA 显著暴露可能性不大。LC-MS/MS 方法是监控这些化合物的主要技术（Valese 等，2016）。

13.4 结　论

为确保消费者的安全，缓解引起的急性和慢性不良反应，对生乳或加工产品以及其他奶制品，控制化学污染物和毒素的残留都是非常必要的。

切实控制好动物饲料和饲料添加剂生产中使用的原料，以及水质和环境的污染，对于避免奶中出现不可接受水平的污染物至关重要。

使用灵敏的分析方法作为监控工具，可获得可靠的结果，同时也加深了对降解产物和代谢物的研究。多残留方法的使用是检测这些污染物发生变化的一个重要技术方向。基于实施监测计划的实验室分析，旨在同时监测兽药、农药和毒素的残留情况，其应用显著增大了监测计划中可获得的信息与数据，使风险评估更准确，更有效帮助提高食品的安全水平。

参考文献

Andjelkovic, M., Tsilia, V., Rajkovic, A., De Cremer, K., Van Loco, J., 2016. Application of LCMS/MS MRM to determine staphylococcal enterotoxins (SEB and SEA) in milk. Toxins 8 (4), 118.

Andreotti, R., Nicodemo, M. L. F., 2004. Uso de Antimicrobianos na Producãode Bovinos e Desenvolvimento de Resistência Campo Grande. Embrapa, Brazil.

Arsand, J. B., Jank, L., Martins, M. T., Hoff, R. B., Barreto, F., Pizzolato, T. M., et al., 2016. Determination of aminoglycoside residues in milk and muscle based on a simple and fast extraction procedure followed by liquid chromatography coupled to tan-dem mass spectrometry and time of flight mass spectrometry. Talanta 154, 3845.

Authority, A. N. Z. F., 2001. Pyrrolizidine alkaloids in food.

A Toxicological Review and Risk Assessment. ANZFA Australia, Canberra. Baert, K., 2003. Pharmacokinetics and Pharmacodynamics of Non-Steroidal Anti-Inflammatory Drugs in Birds. Universiteit Gent, Gent.

Bajwa, U., Sandhu, K. S., 2014. Effect of handling and processing on pesticide residues in food—a review. J. Food Sci. Technol. 51 (2), 201-220.

Bandeira, D. D., Munaretto, J. S., Rizzetti, T. M., Ferronato, G., Prestes, O. D., Martins, M. L., et al., 2014. Determinação de resíduos de agroto 'xicos em leite bovino empregando método QuEChERS modificado e GCMS/MS. Química Nova 37, 900-907.

Becker-Algeri, T. A., Castagnaro, D., de Bortoli, K., de Souza, C., Drunkler, D. A., Badiale-Furlong, E., 2016. Mycotoxins in bovine milk and dairy products: a review. J. Food Sci. 81 (3), R544-R552.

Bohm, D., Stachel, C., Gowik, P., 2009. Multi-method for the determination of antibiotics of different substance groups in milk and validation in accordance with Commission Decision 2002/657/EC. J. Chromatogr. A 1216 (46), 8217-8223.

Bryden, W. L., 2012. Mycotoxin contamination of the feed supply chain: implications for animal productivity and feed security. Anim. Feed Sci. Technol. 173 (12), 134-158.

Bueno, M., Ulaszewska, M., Gomez, M., Hernando, M., Fernandez-Alba, A., 2012. Simultaneous measurement in mass and mass/mass mode for accurate qualitative and quantitative screening analysis of pharmaceuticals in river water. J. Chromatogr. A 1256, 8088.

Cháfer - Pericás, C., Maquieira, A., Puchades, R., Miralles, J., Moreno, A., 2010. Fast screening immunoassay of sulfonamides in commercial fish samples. Anal. Bioanal. Chem. 396 (2), 911-921.

Coelho, K. O., Mesquita, A. J., Machado, P. F., Lage, M. E., Meyer, P. M., Reis, A. P., 2014. The effect of somatic cell count on yield and physico-chemical composition of Mozzarella cheese. Arq. Bras. Med. Vet. Zootec. 66 (4), 1260-1268.

Commission, E., 2010. Commission regulation no. 37/2010. Off. J. Eur. Union, L 15/1L 15/72.

COMMISSION REGULATION (EU), 2010. No 37/2010. Chapter Brussels.

Diaz, R., Ibanez, M., Sancho, J., Hernandez, F., 2013. Qualitative validation of a liquid chromatography-quadrupole-time of flight mass spectrometry screening method for organic pollutants in waters. J. Chromatogr. A 1276, 4757.

dos Anjos, M. R., Castro, I. M. D., Souza, M. D. L. M. D., de Lima, V. V., de Aquino-Neto, F. R., 2016. Multiresidue method for simultaneous analysis of aflatoxin M_1, avermectins, organophosphate pesticides and milbemycin in milk by ultra-performance liquid chromatography coupled to tandem mass spectrometry. Food Addit. Contam. : A 33 (6), 995-1002.

Dowling, G., Gallo, P., Fabbrocino, S., Serpe, L., Regan, L., 2008. Determination of ibu-profen, ketoprofen, diclofenac and phenylbutazone in bovine milk by gas chromatography -

tandem mass spectrometry. Food Addit. Contam. A Chem. Anal. Control Exposure Risk Assess 25 (12), 1497-1508.

Dubreil-Chéneau, E., Pirotais, Y., Bessiral, M., Roudaut, B., Verdon, E., 2011. Development and validation of a confirmatory method for the determination of 12 non steroidal anti-inflammatory drugs in milk using liquid chromatography-tandem mass spectrometry. J. Chromatogr. A 1218 (37), 6292-6301.

FAO, 2008. Dairy Production and Products: Milk and Milk Products.

Fagnani, R., Beloti, V., Battaglini, A. P. P., Dunga, K. d S., Tamanini, R., 2011. Organophosphorus and carbamates residues in milk and feedstuff supplied to dairy cattle. Pesquisa Veterinária Brasileira 31, 598-602.

Fernandes, A. M., Oliveira, C. A. F., Lima, C. G., 2007. Effects of somatic cell counts in milk on physical and chemical characteristics of yoghurt. Int. Dairy J. 17 (2), 111-115.

Flores-Flores, M. E., Lizarraga, E., López de Cerain, A., González-Penãs, E., 2015. Presence of mycotoxins in animal milk: a review. Food Control 53, 163-176.

Gallo, A., Giuberti, G., Frisvad, J. C., Bertuzzi, T., Nielsen, K. F., 2015. Review on myco-toxin issues in ruminants: occurrence in forages, effects of mycotoxin ingestion on health status and animal performance and practical strategies to counteract their nega-tive effects. Toxins 7 (8), 3057-3111.

Gallo, P., Fabbrocino, S., Vinci, F., Fiori, M., Danese, V., Serpe, L., 2008. Confirmatory identification of sixteen non-steroidal anti-inflammatory drug residues in raw milk by liquid chromatography coupled with ion trap mass spectrometry. Rapid Commun. Mass Spectrom. 22 (6), 841-854.

Gaugain-Juhel, M., Delepine, B., Gautier, S., Fourmond, M., Gaudin, V., Hurtaud-Pessel, D., et al., 2009. Validation of a liquid chromatography-tandem mass spectrom-etry screening method to monitor 58 antibiotics in milk: a qualitative approach. Food Addit. Contam. A—Chem. Anal. Control Exposure Risk Assess. 26 (11), 1459-1471.

Gentili, A., Caretti, F., Bellante, S., Mainero Rocca, L., Curini, R., Venditti, A., 2012. Development and validation of two multiresidue liquid chromatography tandem mass spectrometry methods based on a versatile extraction procedure for isolating non-steroidal anti-inflammatory drugs from bovine milk and muscle tissue. Anal. Bioanal. Chem. 404 (5), 1375-1388.

Gerosa, S., Skoet, J., 2012. Milk availability. Trends in production and demand and mediumterm outlook. Gomez Perez, M. L., Romero-Gonzalez, R., Martinez Vidal, J. L., Garrido Frenich, A., 2013. Analysis of veterinary drug residues in cheese by ultra-high-performance LC coupled to triple quadrupole MS/MS. J. Sep. Sci. 36 (7), 1223-1230.

Gutierrez, R., Ruiz, J. L., Ortiz, R., Vega, S., Schettino, B., Yamazaki, A., et al., 2012. Organochlorine pesticide residues in bovine milk from organic farms in Chiapas, Mexico. Bull Environ. Contam. Toxicol. 89 (4), 882-887.

Hernandez, F., Ibanez, M., Gracia-Lor, E., Sancho, J., 2011. Retrospective LCQTOFMS analysis searching for pharmaceutical metabolites in urban wastewater. J. Sep. Sci. 34 (24), 3517-3526.

Hoogenboom, L. A., Mulder, P. P., Zeilmaker, M. J., van den Top, H. J., Remmelink, G. J., Brandon, E. F., et al., 2011. Carry-over of pyrrolizidine alkaloids from feed to milk in dairy cows. Food Addit. Contam. A Chem. Anal. Control Exposure Risk Assess. 28 (3), 359-372.

Hymery, N., Vasseur, V., Coton, M., Mounier, J., Jany, J. -L., Barbier, G., et al., 2014. Filamentous fungi and mycotoxins in cheese: a review. Compr. Rev. Food Sci. Food Saf. 13 (4), 437-456.

Imperiale, F., Sallovitz, J., Lifschitz, A., Lanusse, C., 2002. Determination of ivermectin and moxidecin residues in bovine milk and examination of the effects of these residues on acid fermentation of milk. Food Addit. Contam. 19 (9), 810-818.

Nag, S. K., Raikwar, M. K., 2008. Organochlorine pesticide residues in bovine milk. Bull. Environ. Contam. Toxicol. 80 (1), 59.

Oliveira- Filho, J. C., Carmo, P. M. S., Pierezan, F., Tochetto, C., Lucena, R. B., Rissi, D. R., et al., 2010. Intoxicação por organofosforado em bovinos no Rio Grande do Sul. Pesquisa Veterinária Brasileira 30, 803-806.

van Pamel, E., Daeseleire, E., 2015. A multiresidue liquid chromatographic/tandem mass spectrometric method for the detection and quantitation of 15 nonsteroidal anti-inflammatory drugs (NSAIDs) in bovine meat and milk. Anal. Bioanal. Chem. 407 (15), 4485-4494.

Peng, T., Zhu, A. -L., Zhou, Y. -N., Hu, T., Yue, Z. -F., Chen, D. -D., et al., 2013. Development of a simple method for simultaneous determination of nine subclasses of non-steroidal anti-inflammatory drugs in milk and dairy products by ultra - performance liquid chromatography with tandem mass spectrometry. J. Chromatogr. B 933, 1523.

Peterson, K., McDonagh, M., Thakurta, S., Dana, T., Roberts, C., Chou, R., et al., 2010. Drug class reviews. Drug Class Review: Nonsteroidal Antiinflammatory Drugs (NSAIDs): Final Update 4 Report. Oregon Health & Science University Oregon Health & Science University, Portland (OR).

Pikkemaat, M. G., Rapallini, M. L., Dijk, S. O., Elferink, J. W., 2009. Comparison of three microbial screening methods for antibiotics using routine monitoring samples. Anal. Chim. Acta 637 (1-2), 298-304.

Pitarch, E., Portoles, T., Marin, J., Ibanez, M., Albarran, F., Hernandez, F., 2010. Analytical strategy based on the use of liquid chromatography and gas chromatography with triple-quadrupole and time - of - flight MS analyzers for investigating organic con - taminants in wastewater. Anal. Bioanal. Chem. 397 (7), 2763-2776.

Queenan, K., Häsler, B., Rushton, J., 2016. A one health approach to antimicrobial resistance surveillance: is there a business case for it? Int. J. Antimicrob. Agents 48 (4), 422-427.

Riediker, S., Diserens, J., Stadler, R., 2001. Analysis of beta - lactam antibiotics in incurred raw milk by rapid test methods and liquid chromatography coupled with electrospray ionization tandem mass spectrometry. J. Agric. Food. Chem. 49 (9), 4171-4176.

Rübensam, G., Barreto, F., Hoff, R. B., Kist, T. L., Pizzolato, T. M., 2011. A liquidliquid extraction procedure followed by a low temperature purification step for the analysis of macrocyclic lactones in milk by liquid chromatographytandem mass spectrometry and fluorescence detection. Anal. Chim. Acta 705 (12), 24-29.

Rübensam, G., Barreto, F., Hoff, R. B., Pizzolato, T. M., 2013. Determination of avermectin and milbemycin residues in bovine muscle by liquid chromatography-tandem mass spectrometry and fluorescence detection using solvent extraction and low temperature cleanup. Food Control 29 (1),

55-60.

Ruegg, P. L., 2011. Managing mastitis and producing quality milk. In: Retamal, C. A. R. A. P. M. (Ed.), Dairy Production Medicine. Blackwell Publishing Ltd, Oxford, UK. Santos, M. V. D., Fonseca, L. F. L. D., 2007. Estratégias para o controle da mastite e melhoria da qualidade do leite. Editore Manole, São Paulo.

Sassahara, M., Pontes Netto, D., Yanaka, E. K., 2005. Aflatoxin occurrence in foodstuff supplied to dairy cattle and aflatoxin M1 in raw milk in the North of Parana state. Food Chem. Toxicol. 43 (6), 981-984.

Stolker, A., Rutgers, P., Oosterink, E., Lasaroms, J., Peters, R., van Rhijn, J., et al., 2008a. Comprehensive screening and quantification of veterinary drugs in milk using UPLCTo FMS. Anal. Bioanal. Chem. 391 (6), 2309-2322.

Stolker, A. A. M., Rutgers, P., Oosterink, E., Lasaroms, J. J. P., Peters, R. J. B., Van Rhijn, J. van Pamel, E., Daeseleire, E., 2015. A multiresidue liquid chromatographic/tandem mass spectrometric method for the detection and quantitation of 15 nonsteroidal anti-inflammatory drugs (NSAIDs) in bovine meat and milk. Anal. Bioanal. Chem. 407 (15), 4485-4494.

Peng, T., Zhu, A.-L., Zhou, Y.-N., Hu, T., Yue, Z.-F., Chen, D.-D., et al., 2013. Development of a simple method for simultaneous determination of nine subclasses of non-steroidal anti-inflammatory drugs in milk and dairy products by ultra-performance liquid chromatography with tandem mass spectrometry. J. Chromatogr. B 933, 1523.

Peterson, K., McDonagh, M., Thakurta, S., Dana, T., Roberts, C., Chou, R., et al., 2010. Drug class reviews. Drug Class Review: Nonsteroidal Antiinflammatory Drugs (NSAIDs): Final Update 4 Report. Oregon Health & Science University Oregon Health & Science University, Portland (OR).

Pikkemaat, M. G., Rapallini, M. L., Dijk, S. O., Elferink, J. W., 2009. Comparison of three microbial screening methods for antibiotics using routine monitoring samples. Anal. Chim. Acta 637 (1-2), 298-304.

Pitarch, E., Portoles, T., Marin, J., Ibanez, M., Albarran, F., Hernandez, F., 2010. Analytical strategy based on the use of liquid chromatography and gas chromatography with triple-quadrupole and time-of-flight MS analyzers for investigating organic contaminants in wastewater. Anal. Bioanal. Chem. 397 (7), 2763-2776.

Queenan, K., Häsler, B., Rushton, J., 2016. A one health approach to antimicrobial resistance surveillance: is there a business case for it? Int. J. Antimicrob. Agents 48 (4), 422-427.

Riediker, S., Diserens, J., Stadler, R., 2001. Analysis of beta-lactam antibiotics in incurred raw milk by rapid test methods and liquid chromatography coupled with electrospray ionization tandem mass spectrometry. J. Agric. Food. Chem. 49 (9), 4171-4176.

Rübensam, G., Barreto, F., Hoff, R. B., Kist, T. L., Pizzolato, T. M., 2011. A liquidliquid extraction procedure followed by a low temperature purification step for the analysis of macrocyclic lactones in milk by liquid chromatographytandem mass spectrometry and fluorescence detection. Anal. Chim. Acta 705 (12), 24-29.

Rübensam, G., Barreto, F., Hoff, R. B., Pizzolato, T. M., 2013. Determination of avermectin and milbemycin residues in bovine muscle by liquid chromatography-tandem mass spectrometry and fluorescence detection using solvent extraction and low temperature cleanup. Food Control 29 (1), 55-60.

Ruegg, P. L., 2011. Managing mastitis and producing quality milk. In: Retamal, C. A. R. A. P. M. (Ed.), Dairy Production Medicine. Blackwell Publishing Ltd, Oxford, UK.

Santos, M. V. D., Fonseca, L. F. L. D., 2007. Estratégias para o controle da mastite e melhoriada qualidade do leite. Editore Manole, São Paulo. Sassahara, M., Pontes Netto, D., Yanaka, E. K., 2005. Aflatoxin occurrence in foodstuff supplied to dairy cattle and aflatoxin M1 in raw milk in the North of Parana state. Food Chem. Toxicol. 43 (6), 981-984.

Stolker, A., Rutgers, P., Oosterink, E., Lasaroms, J., Peters, R., van Rhijn, J., et al., 2008a. Comprehensive screening and quantification of veterinary drugs in milk using UPLCTo FMS. Anal. Bioanal. Chem. 391 (6), 2309-2322.

Stolker, A. A. M., Rutgers, P., Oosterink, E., Lasaroms, J. J. P., Peters, R. J. B., Van Rhijn, J. A., et al., 2008b. Comprehensive screening and quantification of veterinary drugs in milk using UP-LCTo FMS. Anal. Bioanal. Chem. 391 (6), 2309-2322.

Stubbings, G., Bigwood, T., 2009. The development and validation of a multiclass liquid chromatography tandem mass spectrometry (LCMS/MS) procedure for the determination of veterinary drug residues in animal tissue using a QuEChERS (QUick, Easy, CHeap, Effective, Rugged and Safe) approach. Anal. Chim. Acta 637 (1-2), 68-78.

Tsiplakou, E., Anagnostopoulos, C., Liapis, K., Haroutounian, S. A., Zervas, G., 2014. Determination of mycotoxins in feedstuffs and ruminant s milk using an easy and sim-ple LCMS/MS multiresidue method. Talanta 130, 819.

Turnipseed, S., Andersen, W., Karbiwnyk, C., Madson, M., Miller, K., 2008. Multi-class, multi-residue liquid chromatography/tandem mass spectrometry screening and confir-mation methods for drug residues in milk. Rapid Commun. Mass Spectrom. 22 (10), 1467-1480.

Turnipseed, S., Storey, J., Clark, S., Miller, K., 2011. Analysis of veterinary drugs and metabolites in milk using quadrupole time-of-flight liquid chromatographymass spectrometry. J. Agric. Food. Chem. 59 (14), 7569-7581.

Vacillotto, G., Favretto, D., Seraglia, R., Pagiotti, R., Traldi, P., Mattoli, L., 2013. A rapid and highly specific method to evaluate the presence of pyrrolizidine alkaloids in Borago officinalis seed oil. J. Mass. Spectrom. 48 (10), 1078-1082.

Valese, A. C., Molognoni, L., de SáPloêncio, L. A., de Lima, F. G., Gonzaga, L. V., Górniak, S. L., et al., 2016. A fast and simple LCESIMS/MS method for detecting pyrrolizidine alkaloids in honey with full validation and measurement uncertainty. Food Control 67, 183-191.

Wang, H., Zhou, X. -J., Liu, Y. -Q., Yang, H. -M., Guo, Q. -L., 2011. Simultaneous determination of chloramphenicol and aflatoxin M1 residues in milk by triple quadrupole liquid chromatography2tandem mass spectrometry. J. Agric. Food. Chem. 59 (8), 3532-3538.

Wang, J., Leung, D., Lenz, S., 2006. Determination of five macrolide antibiotic residues in raw milk using liquid chromatography-electrospray ionization tandem mass spectrometry. J. Agric. Food. Chem. 54 (8), 2873-2880.

Wei, H., Tao, Y., Chen, D., Xie, S., Pan, Y., Liu, Z., et al., 2015. Development and validation of a multi-residue screening method for veterinary drugs, their metabolites and pesticides

in meat using liquid chromatography-tandem mass spectrometry. Food Addit. Contam.：A 32（5），686-701.

Zhang，K.，Wong，J. W.，Hayward，D. G.，Vaclavikova，M.，Liao，C. -D.，Trucksess，M. W.，2013. Determination of mycotoxins in milk-based products and infant formula using stable isotope dilution assay and liquid chromatography tandem mass spectrometry. J. Agric. Food. Chem. 61（26），6265-6273.

Zuberovic Muratovic，A.，Hagström，T.，Rosén，J.，Granelli，K.，Hellenäs，K. E.，2015. Quantitative analysis of staphylococcal enterotoxins A and B in food matrices usingultra high-performance liquid chromatography tandem mass spectrometry（UPLCMS/MS）. Toxins 7（9），3637-3656.

Tsiplakou，E.，Anagnostopoulos，C.，Liapis，K.，Haroutounian，S. A.，Zervas，G.，2014. Determination of mycotoxins in feedstuffs and ruminant s milk using an easy and simple LCMS/MS multiresidue method. Talanta 130，819.

Turnipseed，S.，Andersen，W.，Karbiwnyk，C.，Madson，M.，Miller，K.，2008. Multi - class，multi - residue liquid chromatography/tandem mass spectrometry screening and confir - mation methods for drug residues in milk. Rapid Commun. Mass Spectrom. 22（10），1467-1480.

Turnipseed，S.，Storey，J.，Clark，S.，Miller，K.，2011. Analysis of veterinary drugs and metabolites in milk using quadrupole time - of - flight liquid chromatographymass spectrometry. J. Agric. Food. Chem. 59（14），7569-7581.

Vacillotto，G.，Favretto，D.，Seraglia，R.，Pagiotti，R.，Traldi，P.，Mattoli，L.，2013. A rapid and highly specific method to evaluate the presence of pyrrolizidine alkaloids in Borago officinalis seed oil. J. Mass. Spectrom. 48（10），1078-1082.

Valese，A. C.，Molognoni，L.，de SáPloêncio，L. A.，de Lima，F. G.，Gonzaga，L. V.，Górniak，S. L.，et al.，2016. A fast and simple LCESIMS/MS method for detecting pyrrolizidine alkaloids in honey with full validation and measurement uncertainty. Food Control 67，183-191.

Wang，H.，Zhou，X. -J.，Liu，Y. -Q.，Yang，H. -M.，Guo，Q. -L.，2011. Simultaneous determination of chloramphenicol and aflatoxin M_1 residues in milk by triple quadrupole liquid chromatography2tandem mass spectrometry. J. Agric. Food. Chem. 59（8），3532-3538.

Wang，J.，Leung，D.，Lenz，S.，2006. Determination of five macrolide antibiotic residues in raw milk using liquid chromatography - electrospray ionization tandem mass spectrometry. J. Agric. Food. Chem. 54（8），2873-2880.

Wei，H.，Tao，Y.，Chen，D.，Xie，S.，Pan，Y.，Liu，Z.，et al.，2015. Development and vali-dation of a multi - residue screening method for veterinary drugs，their metabolites and pesticides in meat using liquid chromatography-tandem mass spectrometry. Food Addit. Contam.：A 32（5），686-701.

Zhang，K.，Wong，J. W.，Hayward，D. G.，Vaclavikova，M.，Liao，C. -D.，Trucksess，M. W.，2013. Determination of mycotoxins in milk-based products and infant formula using stable isotope dilution assay and liquid chromatography tandem mass spectrometry. J. Agric. Food. Chem. 61（26），6265-6273.

Zuberovic Muratovic，A.，Hagström，T.，Rosén，J.，Granelli，K.，Hellenäs，K. -E.，2015. Quantitative analysis of staphylococcal enterotoxins A and B in food matrices using ultra high-performance liquid chromatography tandem mass spectrometry（UPLCMS/MS）. Toxins 7（9），3637-3656.

延伸阅读

Bueno, M. J. M., Aguera, A., Hernando, M. D., Gomez, M. J., Fernandez - Alba, A. R., 2009. Evaluation of various liquid chromatography-quadrupole-linear ion trap-mass spectrometry operation modes applied to the analysis of organic pollutants in waste - waters. J. Chromatogr. A 1216, 5995-6002.

Jank, L., Hoff, R., Tarouco, P., Barreto, F., Pizzolato, T., 2012. Beta - lactam antibiotics residues analysis in bovine milk by LCESIMS/MS: a simple and fast liquid - liquid extraction method. Food Addit. Contam. A—Chem. Anal. Control Exposure Risk Assess. 29 (4), 497-507.

Le Loir, Y., Baron, F., Gautier, M., 2003. *Staphylococcus aureus* and food poisoning. Genet. Mol. Res. 2 (1), 63-76.

Morandi, S., Brasca, M., Lodi, R., Cremonesi, P., Castiglioni, B., 2007. Detection of classical enterotoxins and identification of enterotoxin genes in *Staphylococcus aureus* from milk and dairy products. Vet. Microbiol. 124 (1-2), 66-72.

14 牛奶蛋白过敏与乳糖不耐

Paulo H. F. da Silva[1], Vanísia C. D. Oliveira[1] and Luana M. Perin[2]

[1]ICB—Departamento de Nutrição, Universidade Federal de Juiz de Fora, Juiz de Fora, Brazil; [2]Departamento deVeterinária, Universidade Federal de Viçosa, Viçosa, Brazil

14.1 牛奶蛋白过敏：概念、生理病理、症状、流行病学、诊断和治疗

食品不良反应是指人体对摄食、接触或吸入体内的食品或食品添加剂而产生的异常反应。由于个人的身体状况不同，这类反应可分为毒性和非毒性反应。毒性反应的表现与先前的健康状况不同，当患者摄入足够数量的食物时会引发这种不良反应（Brasil, Associação Brasileira de Alergia e Imunopatologia, 2008）。非毒性反应根据个人易感性的反应，分为免疫介导和非免疫介导。免疫介导反应即食物过敏。非免疫介导反应则是食物不耐受，这种情况是在没有免疫系统参与下发生的（Brasil, Associatiçã Brasileira de Alergia e Imunopatologia, 2008）。

导致发育期儿童牛奶蛋白过敏（CMPA）的最重要因素包括遗传因素、儿童出生两年内肠黏膜尚未发育成熟、在婴儿喂养和母乳早期断奶中引入奶及奶制品，以及肠道屏障的通透性增加等。随着年龄的增长，婴儿肠黏膜逐渐成熟，可通过肠黏膜对待摄入抗原的能力来判断黏膜的成熟度，这种能力被称为口服耐受能力（OT）（Brasil, Associação Brasileira de Alergia e Imunopatologia, 2012; Brasil, Sociedade Brasileira de Pediatria, 2012）。

CMPA 是一种与免疫系统有关的食物不良反应。这些反应可分为：Ⅰ型超敏反应或 IgE 介导的超敏反应、Ⅱ型超敏反应或细胞毒性过敏反应、Ⅲ型超敏反应或免疫复合物介导和Ⅳ型超敏反应或细胞介导的超敏反应。然而，最常见的是Ⅰ型（IgE 介导）和Ⅲ型（免疫复合物介导）（Falcão 和 Mansilha, 2017）。

Ⅰ型超敏反应引起的过敏反应由于症状出现迅速（在摄入牛奶后的几秒钟或几分钟开始到 8 h 内），较方便的是通过鉴定特异性 IgE 抗体来诊断（Ferreira 等, 2014）。

Ⅲ型超敏反应引起的过敏反应是由T细胞（淋巴细胞）、免疫球蛋白G和免疫球蛋白M引起的，其特征是表现相对延迟，可能发生在牛奶摄入的几天或几周后（Ferreira等，2014；Antunes和Pacheco，2009）。混合过敏反应是IgE介导的和非IgE介导的（例如上皮中CD8淋巴细胞的存在证明了IgE介导免疫细胞参与T淋巴细胞、嗜酸性粒细胞、促炎细胞因子和其他复杂的细胞机制）（Ferreira等，2014）。

最容易导致过敏的乳蛋白有酪蛋白、α-乳白蛋白、β-乳球蛋白、球蛋白和牛血清白蛋白，它们可引起IgE介导的和非IgE介导的过敏反应。患者及其家人应注意食品和药物中这些蛋白质的存在（Lifschitz和Szajewska，2015）。有8种食物容易导致过敏，包括牛奶、鸡蛋、花生、海鲜、鱼、坚果、大豆和小麦。这些大约占食物过敏反应的90%。然而，CMPA是最常见的过敏反应（American Academy of Pediatrics，2000；Delgado等，2010）。

CMPA的症状是可变的且非特异性的，可能包括口腔和口周肿胀（皮肤表现更为明显：特异性皮炎、荨麻疹、血管水肿）、胃肠道症状（嗜酸性食管炎、反流、呕吐、消化不良、直肠出血伴或不伴吸收不良、拒食、严重绞痛、便秘和嗜酸性胃炎）和呼吸道症状（持续性哮喘、过敏性鼻炎、喘息或慢性咳嗽）；患者还可能出现胸痛、心律失常（心血管系统）、困倦、癫痫或精神错乱。更严重的还可能出现过敏性休克（Koletzko等，2012）。

美国最近的一项调查显示，在18岁以下的人群中，有3.9%的人患有CAMP，并且在1997年到2007年十年间患有这一症状的人数增长了18%。据估计，在欧洲出生一年内的婴儿患CMPA的比率大约为2%~3%，在儿童6岁时患病率为1%。当有一级亲属（父母或兄弟姐妹）具有过敏症状时，儿童过敏的风险会增加40%（Branum和Lukacs，2009；Koletzko等，2012）。

在巴西，CMPA的发病率和患病率分别为2.2%和5.4%。婴儿出生后1年内发病率为2%~3%。其中，有56%的1岁以下儿童症状得到改善，在3岁时有87%，在15岁则有97%的儿童症状得到好转。被诊断对牛奶蛋白过敏的80%~90% 5岁以下儿童病例中表现出积极的效果（Delgado等，2010）。然而，即使是有耐受性的儿童，也会有哮喘、鼻炎或皮炎的发展趋势，这一过程被称为“特应性步态”（Vandenplas等，2017）。

诊断食物过敏最有效的测试是皮肤测试、血液测试、放射性过敏原（RAST）和酶联免疫法（ELISA）、上下消化道内窥镜检查、肠道活检、排除饮食法（不含过敏物质的饮食）和口腔食物的检测方法（Morais等，2010）。皮肤试验如点刺试验或斑贴试验是直接检测特异性IgE的超敏试验。与标准提取物接触15 min后形成直径为3 mm或更大的丘疹则为过敏反应。该检测方法具有快速、安全、简便（可在医生办公室或门诊部进行）和低成本等优点，被广泛应用。然而，有必要由训练有素的专业人员来进行测试。阴性预测值为95%（Cruz等，2006）。

口腔食物的检测方法可以是开放的、单盲的或双盲的。开放式食物测试是指医生、家庭和患者都可以知道所提供的那部分食物。这种方式更简单，且可在医生办公室内进行，但其潜在的误差更大，必须通过其他测试加以确认。单盲食物测试是只有医生知道

所提供的食物有哪些。它可能是安慰剂控制的，也可能不是安慰剂控制的，但是当它被使用时要注意，气味、质地、黏稠度和味道都应与牛奶有明显差异（Mendonça 等，2011）。

双盲、安慰剂对照的食物激发试验是诊断 CAMP 的黄金标准试验，也是唯一与其他试验相比结果可靠的试验。这项测试没有标准的方案，且因医院而异。患者进行完全禁食（包括可能影响测试结果的药物）。通常情况下，是用牛奶浸湿的纱布接触口周围区域。30 min 后，口服 10 mL 全脂牛奶或婴幼儿配方奶粉，逐渐增加口服的量，每 20~30 min 一次，持续 2.5 h。当出现一种或多种牛奶蛋白过敏反应时，试验结果被视为阳性（Mendonça 等，2011）。尽管双盲食物测试是黄金标准测试，但却很少应用。它费时、费力、昂贵，而且不在公共和私人医疗体系的范围内。因此，CMPA 的诊断常通过临床病史、体格检查、RAST、ELISA、皮肤试验以及使用排除饮食时症状的改善情况。然而，由于奶制品对人类健康的重要性、对儿童的营养益处以及对社会文化的影响，正确诊断 CMPA 是值得的（Mendonça 等，2011）。

食物过敏的治疗从营养角度基本使用饮食排除法，如果是婴幼儿，则使用低过敏性或“HA”配方或饮食（Lifschitz 和 Szajewska，2015）。牛奶富含高营养价值的蛋白质、脂类、乳糖、维生素，特别是 B 族维生素，如核黄素和钴胺素，以及钙和磷等矿物质，在全脂牛奶中富含维生素 A 和维生素 D（Matanna，2011）。CMPA 和乳糖不耐症（LI）的诊断应当谨慎，因其治疗根本是需将牛奶排除在饮食之外。在没有足够的替换和补充的情况下排斥牛奶的摄入可能会损害人体正常的生长和饮食结构（Lifschitz 和 Szajewska，2015）。

营养治疗的主要目的是防止过敏症状的出现和疾病的进一步发展以及过敏症状的恶化，并为儿童的生长发育提供充分保障。重要的是要招募一个多学科的团队来制定饮食计划，并根据儿童的营养需要选择必要的食物。必须尽量做到必要食物的替换，以便根据技术法规中对蛋白质、维生素和矿物质膳食推荐摄入量来保证充足的营养供应。

对于牛奶蛋白过敏的婴幼儿来说，母乳喂养是最好的哺育方式，可提供给婴幼儿充分的营养并满足其各种生长需要，预防疾病和细菌感染，并可加强母婴之间的联系。但母乳喂养的儿童数量仍然很少，使用其他早期阶段的婴儿奶粉的情况仍然很普遍。纯母乳喂养指的是出生 6 个月内使用纯母乳喂养，在这个年龄之后采用辅食补充喂养（世界卫生组织；Gasparin 等，2010）。在这种情况下，如果发现过敏，则母亲必须实行剔除奶及奶制品的饮食方式，同时给她和她的宝宝提供相应的营养补充并坚持母乳喂养。然而，由于没有确凿的证据表明在怀孕和哺乳期实行排除饮食可以防止宝宝的牛乳蛋白过敏，因此该方法使用时必须谨慎。母亲的体重增加也可能对其有所影响。但是，如果实施去除牛奶的饮食，则应谨慎地进行营养计算，包括钙和多种维生素等复杂的营养物补充。当无法母乳喂养且被诊断为 CMPA 时，应根据孩子的年龄和其他相关食物过敏情况选择适当的配方奶粉（Lifschitz 和 Szajewska，2015）。

针对患有 CMPA 的 1 岁以下儿童的配方奶粉是豆基的配方奶粉（6 个月以上），含有必要的和纯化过的蛋白质、充分水解的蛋白质（蛋白质水解产物）以及游离的氨基酸（完全不导致过敏的一类）（Lifschitz 和 Szajewska，2015）。在婴儿喂养中使用豆基配方奶粉目前存在争议。考虑到大豆的过敏性，过敏原会促进黏膜中的炎症反应，因此在患有肠黏膜屏障炎症时长为 1 个月的患者中引入大豆是不安全的（Agostoni 等，2006）。由于肠道炎症，随着大分子渗透性的增加，黏膜的通透性增加，炎症将持续。在很多情况下，正常人也会对大豆蛋白过敏（Agostoni 等，2006）。以大豆为基础的配方，如液体或粉末配方的提取物，不适用于未满 6 个月大的婴儿。因为它的营养组成不符合其年龄组的营养建议，也不包含分离和纯化后的蛋白质。同样，山羊、绵羊和其他哺乳动物的乳汁由于其抗原相似性也不适用（Agostoni 等，2006）。大豆蛋白基配方奶粉适用于6 个月后患有 CAMP-IgE 介导、乳糖不耐症、半乳糖血症、以及特殊家庭情况（素食或纯素）的婴儿。大豆饮料或提取物可用于 2 岁后儿童的过敏或不耐受。因为大豆的L-蛋氨酸、左旋肉碱、牛磺酸等婴儿必需的营养物含量较低，因此大豆饮品应补充这些营养素（Agostoni 等，2006）。

由于植酸盐会干扰铁和锌的吸收并降低其生物利用度，因此大豆配方食品应补充这些矿物质以及钙和磷，以保证骨骼矿物质的充分营养。除植酸盐外，大豆还含有大量的铝和植物雌激素（属于异黄酮、染料木素和大豆黄酮类）（Agostoni 等，2006）。已有研究表明，高植物雌激素含量与性发育和生殖发育存在一定关系，因此需要进一步研究长期食用大豆的不利影响。早产儿不应使用大豆配方，因为有证据表明其会导致持续低体重及总血清和总蛋白水平降低（Agostoni 等，2006）。

部分蛋白水解的 HA 配方奶粉被用于预防过敏，但对牛奶过敏的人效果不佳（American Academy of Pediatrics，2000）。开发 HA 产品的目的是防止婴儿的原发性致敏，同时刺激 OT 对乳抗原的反应。与彻底水解的配方相比，更好的感官特性和更低的成本是部分水解配方的潜在优势。不过，还需要进一步的研究来证明使用这种防过敏配方的有效性（American Academy of Pediatrics，2000）。

对于 CMPA 患者食用羊奶是不安全的，因为 92%的患者可能对羊奶有反应。这是因为牛乳和羊乳蛋白可能具有包含表位结构域的相同氨基酸序列，或者可能具有允许结合特定抗体的类似结构（相同的三维构象）。尽管如此，只有在一次以上的诊断试验或临床症状证明出现不良反应时，才必须将羊奶排除在饮食外。CMPA 患者不应用羊奶代替牛奶（Agostoni 等，2006）。

婴儿在刚出生的几天内接触少量含有牛奶的配方奶粉可能会增加婴儿对牛奶过敏的几率。与不间断使用牛奶配方奶粉相比，使用水解配方奶粉和母乳都能防止过敏。

14.2 乳糖不耐的概念、生理病理学、症状、流行病学、诊断和治疗

乳糖不耐是一种小肠黏膜疾病，其特征是由于肠道内的 β-D-半乳糖苷酶（俗称乳糖酶）产量低或活性低而无法消化和吸收乳糖所导致的一系列症状。在正常情况下，乳糖酶水解乳糖，生成半乳糖和葡萄糖单糖并进入血液循环。这些单糖通过门静脉系统

被输送到肝脏，在此半乳糖转化为葡萄糖。乳糖酶在空肠的肠细胞顶部表面产量较高（Leberity 等，2012）。肠腔中未被消化的乳糖增加了局部渗透压，吸收肠内水分和电解质，从而引起腹泻。这种由渗透压引起的肠道扩张加速了肠道吸收障碍（Mazo，D. F. de C.，2010）。乳糖不被消化则不会被小肠吸收后直接进入结肠，被微生物群发酵，释放出 CO_2和 H_2气体以及产生乙酸、丙酸和丁酸等短链脂肪酸。如是，粪便酸性增加、不成型，同时出现腹胀和肛周充血，这都是乳糖不耐受的常见症状（mazo，D. F. de c.，2010）。这些症状通常在食用奶制品后 30 min 到 2 h 内出现，其主要反应为肠胃气胀、腹部不适、腹泻、恶心、呼吸困难、呕吐和便秘（Lomer 等，2008）。

人类断奶后，若能继续消化乳糖，可被称作含有“持久性乳糖酶”或有“正常乳糖分解能力”；否则，即称作“非持久性乳糖酶”或“肠道乳糖酶缺乏”，这类人占有世界人口的 75%左右。非持久性乳糖酶可分为原发性或获得性缺乏、继发性或短暂性缺乏以及先天性或遗传性缺乏（Canani 等，2016；Mazo，D. F. de C.，2010）。

乳糖酶的原发或获得性缺乏通常发生在幼儿的 3 岁左右。多年来，人类乳糖酶产生能力的下降是遗传导致的，不可逆转，但它的发生非常缓慢（Bacelar Júnior 等，2013）。继发性或暂时性乳糖酶缺乏源于疾病或药物，这些疾病或药物会导致小肠黏膜受损、促进肠道转运，或减少肠道吸收表面积，如肠切除术（Lomer 等，2008）。感染性肠炎、贾第虫病、腹腔疾病、炎症性肠病（尤其是克罗恩病）、药物性或辐射性肠炎以及结肠憩室等均可导致疾病继发性缺乏症。乳糖酶是一种肠道刷状缘相关酶，因此，只要该区域出现形态变化，就会导致乳糖水解能力下降（Lemite 等，2012）。乳糖不耐受愈后效果良好，治疗后症状即可消失，患者亦可食用含乳糖的食物（Liberity 等，2012）。

先天性或遗传性乳糖酶缺乏症极为罕见，它是一种常染色体隐性遗传（通过乳糖酶基因修饰）。在 1966 年至 2007 年的一项研究中，只有来自 35 个芬兰家庭的 42 名患者发现了这种缺陷，发病率为 1∶60 000（Mazo，D. F. de C.，2010；Burgain 等，2012）。

乳糖不耐的患病率因民族而异。澳大利亚人和美国人的患病率最低。乳糖不耐的患病率在东北欧为 5%，丹麦为 4%，英国为 5%，瑞典为 1%~7%，芬兰为 25%，法国为 15%，在南美和非洲超过 50%，而在某些亚洲国家几乎能达到 100%（Mazo，D. F. de C.，2010）。在巴西，发病率为 44. 11%，受影响最大的是 0~10 岁年龄组（占 23. 71%的病例），发病率在 40 岁后下降，60 岁后年龄组所占比例更低（6. 71%，73 例）（Pereira Filho 和 Furlan，2004；Canini 等，2016）。

造成这种种族差异的原因尚不清楚（Lomer 等，2008；Canini 等，2016）。然而，在亚洲和非洲国家，不良的气候和 1900 年以前奶牛的高死亡率降低了牛奶的供应量，并可能从那时开始人类进化导致牛奶消化出现问题。有观点称黑人乳糖不耐比白人更普遍，因此推断曾经的奴隶通常没有饮用过牛乳。随着奶牛养殖的不断扩大，消化和代谢乳糖的能力已成为人类进化的一个新的特征（Mazo，D. F. de C.，2010）。

乳糖不耐的诊断是基于临床检查和既往病史，探寻其妊娠史、家族史、饮食习惯和某些触发因素，如早期引入牛乳作为补充喂养（Leberity 等，2012）。空肠活检是黄金诊断方法，但价格昂贵并会对人肠道造成创伤。

OT 试验具有 93%的特异性和 78%的敏感性，可作为诊断的依据。在测试过程中，必须监测血糖，以免影响结果。滴定空腹血糖，摄取 50 g 乳糖（1L 牛奶）后计算血糖曲线。患者应在摄入后 15 min、30 min、60 min 和 90 min 进行检查（Mazo，D. F. de C.，2010）。

尿检试验需同时服用乙醇和乳糖，它防止半乳糖在肝脏转化为葡萄糖，促进乳糖通过尿液排泄（Mazo，D. F. de C.，2010；Canini 等，2016）。氢呼气试验是在乳糖摄入后通过呼吸观察的，H_2 由未消化乳糖的细菌发酵形成，被肺部吸收和排出（Mazo，D. F. de C.，2010）。

遗传检测是对提取出 DNA 的遗传多态性进行检验，可分析出乳糖酶水解酶相关的 C/T-13910 和 G/A-22018 基因多态性。遗传突变与乳糖吸收不良有关。该试验具有 100%的敏感性和 96%的特异性，可通过氢呼气试验验证结果。它无需禁食，无副作用，血液采集也很简单（Mazo，D. F. de C.，2010）。

豆类、西兰花、马铃薯、花椰菜、洋葱和用作甜味剂（三氯蔗糖、甘露醇和山梨醇）的膳食产品中所含的棉纤维和粗纤维，不会被肠道消化，也可能引起与乳糖不耐相似的症状。一个准确和良好的诊断可以避免不必要的禁奶饮食。

乳糖不耐治疗可基本采用奶制品排除式饮食（婴幼儿和成人）、使用母乳喂养或使用“无乳糖”婴幼儿配方奶粉（Liberal 等，2012 年）。每个病人对奶制品有不同的反应。应该提供少量乳糖，并在饮食中逐渐增加。显然，增加或持续摄入乳糖可能导致 OT。然而，大多数患者更喜欢从饮食中排除乳糖以避免临床症状（Mazo，D. F. de C.，2010）。

对于儿童和成人来说，一些奶制品比其他食品更易耐受。例如，牛奶巧克力比白巧克力更容易被耐受。此外，硬奶酪（切达干酪、瑞士干酪、帕尔马干酪）由于乳糖含量低和总干物质高，对牛奶蛋白过敏和乳糖不耐受性较好。成熟的奶酪含有最低量的乳糖，这是由于乳清在生产过程中被去除，乳糖被发酵转化为乳酸和其他酸。低乳糖牛奶中乳糖减少了 80%~90%。除了新鲜奶酪外，奶酪［Brie（布里干酪）、Camembert（卡门贝尔干酪）、Cheddar（切达干酪）、Kingdom（金达姆干酪）、Emmental（埃门塔尔干酪）、Gorgonzola（戈尔根朱勒干酪）、Parmesan（帕玛森干酪）、Prato（普拉托干酪）、Provolone（波萝伏洛烟熏干酪）、Roquefort（洛克福尔干酪）和 Swiss（瑞士大孔干酪）］也是不错的选择，它们只含有少量乳糖（Antune 和 Pacheco，2009）。

酸奶中的乳糖被乳酸杆菌或乳糖酶转化成乳酸，其半固态结构会延迟胃排空和肠道转运，进而延缓乳糖在肠道中的释放。最近的研究表明，由嗜酸乳杆菌和保加利亚乳杆菌菌株生产的酸奶会刺激乳糖酶的产生（Canini 等，2016）。

食物摄入后反应的可变性是由渗透压、食物脂肪含量、胃排空时间、未水解乳糖渗透负荷引起的腹胀敏感性、肠道转运和结肠对碳水化合物负荷的反应引起的（Mazo，D. F. de C.，2010）。通常摄入 12 g 乳糖（240 mL 牛奶）就可能出现症状。但一些患者

即便摄入少量乳糖，也可能没有症状表现（Canini 等，2016）。

确保消除该症状的一些建议很必要，如把奶制品与其他食物一起吃、全天分开吃、以及吃一些发酵和成熟的产品。

在这两种症状中，有必要鼓励家庭和患者正确阅读和理解食品和药品标签。目前，乳糖和牛奶蛋白常作为添加辅料被加入食品中，用以改变食品质地、颜色和保水能力。而在药物中，乳糖则是一种载体或赋形剂。由此来看，含有乳成分的非奶制品种类繁多，需格外注意（Antunes 和 Pacheco，2009）。

14.3 剔除饮食的后果

为了减少饮食剔除的营养影响，必须补充一些营养素，尤其是钙、锌、磷和维生素 A 和维生素 D。补充建议应该考虑饮食史、生化检测和营养缺乏引起的症状（Mazo，D. F. de C.，2010）。

这种方式下，制定针对 CMPA 和 LI 的饮食结构是一个复杂的工程，这不仅是从饮食中去除碳水化合物或蛋白质。必须强调的是，应调查即使有足够的饮食也没有获得令人满意的临床和营养演变的 CMPA 或 LI 儿童，特别是在严格遵守饮食且症状没有缓解的情况下，应对这些患者的饮食进行历史性分析，并确认 CMPA 和 LI 的诊断结果（Morais 等，2010）。

在大多数继发性乳糖酶缺乏症中，肠道内的酶活性需要 1~8 个月的时间恢复，但这并不是把奶制品限制在饮食之外的理由。这种限制会导致机体运转所需的许多基本营养素无法正常的摄取（Santos 等，2014）。据称，一些乳糖不耐受的妇女在怀孕期间重新建立了消化乳糖的能力。这可能是机体的一种适应现象，因为在怀孕期间，饮食中的一些营养素，特别是钙的含量会增加（Ruzynyk 和 Still，2001）。

乳糖在母乳喂养过程中对婴儿有重要作用，在其成人阶段也一样。乳糖为婴儿提供了重要的能量来源，而且由于乳糖使肠道酸化造成钙的吸收能力增加。此外，肠道 pH 值的降低与免疫系统的增强也有关（Medeiros 等，2004）。

Medeiros 等（2004）比较 CMPA 和非 CMPA 儿童的营养状况，发现限制性饮食的儿童能量、脂肪、蛋白质、碳水化合物、钙和磷的消耗量较低。此外，不吃奶及奶制品的人的一些身体指标，如身高与年龄比、体重与身高比、体重与年龄比均较正常人低，但只有体重与年龄比指数存在统计学上的显著差异。在另一项评估 CMPA 儿童的研究中，发现他们体重与年龄比、体重与身高比和年龄与身高比数值都很低。Villares 等（2006）评估了在成长中患有 CMPA 的儿童、有其他过敏症状的儿童和仅患有 CMPA 症状的儿童的数据。各组间体重有显著性差异。结果显示，仅患有 CMPA 的儿童在接受合理的饮食替换后，在 2 岁时的体重—身高发育情况与健康人群相似。

值得注意的是，钙、磷和维生素 D 与骨骼健康有直接关系，缺乏会导致骨折和生长缓慢（Imataka 等，2004）。佝偻病与维生素 D、钙和磷的浓度有关，这可能由饮食的缺陷、基因突变或这些矿物质的代谢异常导致。佝偻病是一种骨矿化紊乱，是由于骨骺生长板的形成异常引起的。婴儿和儿童的佝偻病可归咎于以谷类食物为基础的饮食中较低的钙摄入和较少的奶制品摄入。因此，合理的膳食补充可以保证骨病的治愈（Imataka 等，2004）。

许多专家仍然混淆 CMPA 和 LI 的发病机理或不知道正确的诊断方法和治疗方法。由此可能会延误诊断，进而耽误疾病治疗，或者在某些情况下甚至会误导病人采取不必要的排除饮食措施。此外，对 CMPA 治疗不合理的情况十分普遍，例如用山羊奶或豆奶代替牛奶。许多研究都提醒医学界应正确对待这一事实（Cruz 等，2006）。在巴西儿科学会（BSP）最近进行的一项研究中，编制了一份调查问卷，评估儿科医生对 CMPA 的诊断、症状学和治疗的了解情况。这项研究表明，有必要就食物过敏的诊断方法和治疗达成共识，避免给儿童带来不良的饮食调整。BSP 也了解到，由于缺乏理想的诊断方法而使得临床病史变为一个重要的诊断工具。然而，对这些症状及其发展情况认知过少，导致了对食物过敏的错误诊断，从而造成排除饮食应用的不合理增加。研究还表明，羊奶的摄入加剧了饮食上对牛奶的过敏症状（Sole 等，2007）。

在另一项研究中，Cortez 等（2007）指出，儿科医生和营养学家在牛奶过敏的主要治疗建议方面存在错误。在评估饮食干预措施时，注意到一些专业人士认为采用山羊奶、无乳糖配方奶、部分水解配方奶、大豆饮料和其他哺乳动物奶等产品来治疗过敏是合理的。此外，专业人员没有指出水解配方和氨基酸配方是最安全的治疗方案。关于日常推荐摄入钙含量上，在所有被调查的专业人士中，他们并不知道针对不同年龄组的推荐摄入量（Cortez 等，2007）。

因此，重要的是鼓励专业人员采用标准的营养建议，以协助评估饮食和提供合理的饮食方案，主要是钙。同时注意不要把乳糖不耐受与牛奶蛋白过敏混淆。

参考文献

Agostoni，C.，et al.，2006. Soy protein infant formulae and follow-on formulae：a commentary by the ESPGHAN Committee on Nutrition. J. Pediatr. Gastroenterol. Nutr. 42（4），352-361.

American Academy of Pediatrics，2000. Committee on Nutrition. Hypoallergenic infant formulas. J. Am. Acad. Pediatr. 106（2），346-349.

Antunes，A. E. C.，Pacheco，M. T. B.，2009. Leite para adultos：mitos e fatos frente à ciência，1. ed. Varela，São Paulo.

Branum，A. M.，Lukacs，S. L.，2009. Food allergy among children in the United States. J. Am. Acad. Pediatr. 124（6），1549-1555.

Brasil，Associação Brasileira de Alergia e Imunopatologia，2008. Consenso brasileiro sobre alergia alimentar：2007. Rev. Bras. Alerg. Imunol. 31（2），64-89（Brasília）.

Brasil，Associação Brasileira de Alergia e Imunopatologia，2012. Guia pra ' tico de diagno ' stico e tratamento da Alergia às Proteínas do Leite de Vaca mediada pela imunoglobulina E. Rev. Bras. Alerg. Imunol. 35（6），203-233.

Brasil，Sociedade Brasileira de Pediatria，2012. Manual de orientação para a alimentação do lactente，do pré-escolar, do escolar, do adolescente e na escola, 3. ed. The publisher is Associação Brasileira de Alergia e Imunopatologia, Rio de Janeiro, p. 148.

Burgain, J., et al., 2012. Maldigestion du lactose: formes cliniques et solutions thérapeutiques. Cahiers de nutrition et de diététique. Cahiers de nutrition et de diététique 47, 201-209 (Paris).

Canani, R. B., et al., 2016. Diagnosing and treating intolerance to carbohydrates in children. Nutrients v. 8 (n. 157), 1-16. Itália.

Cortez, A. P. B., et al., 2007. Conhecimento de pediatras e nutricionistas sobre o tratamento da alergia ao leite de vaca no lactente. Rev. Paul. Pediatr. 25 (2), 106-113 (São Paulo).

Cruz, A. G., Oliveira, C. A., Sá, P., Corassim, C. H., 2016. Química, Bioquímica, Análise Sensorial e Nutrição no Processamento de Leite e Derivados, first ed Elsevier, Rio de Janeiro.

Delgado, A. F., Cardoso, A. L., Zamberlan, P., 2010. Nutrologia básica e avançada, 1. ed. Manole, São Paulo.

Falcão, I., Mansilha, H. F., 2017. Cow's Milk Protein Allergy and Lactose Intolerance. Acta Pediátr. Portuguesa v. 48 (n. 1), 53-60. Portugal.

Ferreira, S., et al., 2014. Alergia às proteínas do leite de vaca com manifestaçõ es gastrointestinais. Nascer e crescer v. 23 (n. 2), 72-79. Revista de pediatria do centro hospitalar do Porto, Portugal.

Gasparin, F. S. R., et al., 2010. Alergia à proteína do leite de vaca versus intolerância à lactose: as diferenças e semelhanças. Rev. Saude Pesqui. 3 (1), 107-114 (Maringá).

Imataka, G., Mikami, T., Yamanouchi, H., Kano, K., Eguchi, M., 2004. Vitamin D deficiency rickets due to soybean milk. J. Paediatr. Child Health 40 (3), 154-155.

Koletzko, S., et al., 2012. Diagnostic approach and management of cow's milk protein allergy in infants and children: ESPGHAN GI Committee practical guidelines. J. Pediatr. Gastroenterol. Nutr. 55, 221-229.

Liberal, E. F., et al., 2012. Gastroenterologia Pediátrica, 1. ed. Guanabara Koogan, Rio de Janeiro.

Lifschitz, C. E., Szajewska, H., 2015. Cow's milk allergy: evidence-based diagnosis and management for the practitioner. Eur. J. Pediatr. v. 147, 141-150.

Lomer, M. C. E., et al., 2008. Review article: lactose intolerance in clinical practice—myths and realities. Aliment. Pharmacol. Ther. 27 (2), 93-103.

Matanna, P. Desenvolvimento de requeijão cremoso com baixo teor de lactose produzido por acidificação direta e coagulação enzimática. Dissertação (Mestrado em Ciência e Tecnologia dos Alimentos) - Universidade Federal de Santa Maria, Santa Maria, RS, 2011.

Mazo, D. F. de C. Intolerância à lactose: mudanças de paradigmas com o biologia molecular. 2010. Rev. Assoc. Med. Bras. 2010. 56 (2), 230-236 (São Paulo).

Medeiros, L. C. Nutrient intake and nutritional status of children following a diet free from cow's milk and cow's milk by-products. 2004. J. Pediatr. 2004. 80 (5), 363-370 (Rio de Janeiro).

Mendonça, R. B., et al., 2011. Teste de provocação oral aberto na confirmação de alergia ao leite de vaca mediada por IgE: qual seu valor na prática clínica? Rev. Paul. Pediatr. 29 (3), 415-422.

Morais, M. B., et al., 2010. Alergia à proteína do leite de vaca. Rev. Pediatr. Mod. 46 (5), 165-182.

PereiraFilho, D., Furlan, S. A., 2004. Prevalência de intolerância à lactose em função da faixa etária e do sexo: experiência do laboratório Dona Francisca, Joinville (SC). Revista Saúde e Ambiente 5

(1), 24-30 (Joinville).

Ruzynyk, A., Still, C., 2001. Lactose intolerance. J. Am. Osteopath. Assoc. 101, 10-12.

Santos, F. F. P., et al., 2014. Intolerância à lactose e as conseqüências no metabolismo do cálcio. Revista Interfaces: Saúde, Humanas e Tecnologia 2, 1-7 (especial) (Juazeiro do Norte).

Sole, D., et al., 2007. Oconhecimento de pediatras sobre alergia alimentar: estudo piloto. Rev. Paul. Pediatr. 25 (4), 311-316 (São Paulo).

Vandenplas, Y., et al., 2017. Prevention and management of cow's milk allergy in nonexclusively breastfed infants. Nutrients 9 (731), 2-15.

Villares, J. M. M., et al., 2006. Cómo crecen los lactantes diagnosticados de alergia a proteinas de leche de vaca? J. An. Pediatr. 64 (3), 244-247.

延伸阅读

Bacelar Júnior, A. J., et al., 2013. Intolerância à lactose-revisão de literatura. J. Surg. Clin. Res. 4 (4), 38-42 (Ipatinga).

Caffarelli, C., et al., 2010. Cow's milk protein allergy in children: a practical guide. Ital. J. Pediatr. 36 (5), 1-7.

Christie, L., Hine, J. R., Parker, J. G., Burks, W., 2002. Food allergies in children affect nutrient intake and growth. J. Am. Diet. Assoc. 102 (11), 1648-1651.

Correa, F. F., et al., 2010. Teste dedesencadeamento aberto no diagnóstico de alergia à proteína do leite de vaca. J. Pediatr. 86 (2), 163-166. Rio de Janeiro.

Dias, J. C., 2012. Asraízes leiteiras do Brasil, 1. ed. Barleus, São Paulo.

Host, A., 2002. Frequency of cow's milk allergy in childhood. Ann. Allergy Asthma Imunol. 89 (6), 33-37.

Johansson, S., et al., 2004. A revised nomenclature for allergy for global use: report of the nomenclature review Committee of the World Allergy Organization. J. Allergy Clin. Immunol. 56, 832-836.

Medeiros, L. C., Lederman, H. M., deMorais, M. B., 2012. Lactose malabsorption, calcium Intake, and bone mass in children and adolescents. J. Pediatr. Gastroenterol. Nutr. 54 (2), 204-209.

Pereira, P. B., Silva, C. P., 2008. Alergia a proteína do leite de vaca em crianças: repercussõ es da dieta de exclusão e da dieta substitutiva sobre o estado nutricional. Rev. Pediatr. 30 (2), 100-106 (São Paulo).

Rafael, M. N., et al., 2014. Alimentação no primeiro ano de vida e prevenção de doenças alérgicas: evidências atuais. Braz. J. Allergy Immunol. 2 (2), 50-55 (São Paulo).

Ramos, R. E. M., et al., 2013. Alergia alimentar: reaçõ es e me ' todos diagno ' stico. J. Manage. Prim. Health Care 4 (2), 54-63.

Salvador, M., et al., 2013. Alergia a proteínas de leite de vaca em idade pedia ' trica—abordagem diagno ' stica e terapêutica. Rev. Port. Dermatol. Venereol. 71 (1), 23-33 (Lisboa).

Savaiano, D., et al., 2013. Improving lactose digestion and symptoms of lactose intolerance with a novel galacto-oligosaccharide (RP-G28): a randomized, double-blind clinical trial. Nutr. J. 12 (1),

160–169. Estados Unidos.

Sole, D., et al., 2012. Guia pra 'tico de diagno' stico e tratamento da alergia às proteínas do leite de vaca mediada pela imunoglobulina E. Rev. Bras. Alerg. Imunopatol. 35 (6), 203–233.

Spolidoro, J. V., et al., 2005. Cow's milk protein allergy in children: a survey on features in Brazil. J. Parenter. Enteral Nutr. 29 (1), p. s. 27.

Vieira, M. C., et al., 2010. A survey on clinical presentation and nutritional status of infants with suspected cow' milk allergy. J. BMC Pediatr. 10, 25.

Wortmann, A. C., et al., 2013. Ana 'lise molecular da hipolactasia prima' ria do tipo adulto: uma nova visão do diagnóstico de um problema antigo e frequente. Rev. AMRIGS 57 (4), 335–343 (Porto Alegre).

Yonamine, G. H., et al., 2011. Uso de fórmulas à base de soja na alergia à proteína do leite de vaca. Rev. Bras. Alerg. Imunopatol. 34 (5), 187–182.

Yu, J. M., Pekeles, G., Legault, L., Mccusker, C. T., 2006. Milk allergy and vitamin D deficiency rickets: a common disorder associated with an uncommon disease. Ann. Allergy Asthma Immunol. 96 (4), 615–619.

15 消费者对生乳及其制品的认可

Lisbeth Meunier-Goddik and Joy Waite-Cusic

Department of Food Science and Technology, Oregon State University, Corvallis, OR, United States

15.1 引 言

奶制品是世界许多地区人们膳食的重要组成部分。奶制品营养平衡，富含各种有效营养成分、各种必需维生素和矿物质，所以常被用作婴儿早期食物的基料。人类对奶制品的消费，包括液态奶、奶酪、酸奶和其他产品，一直持续至幼年和整个成年期。美国大约有 78.5%的成年人至少每周食用一次液态奶（疾病控制预防中心，2007）。由于奶制品在人群中消费率高，所以必须通过公共卫生工作确保其生产和销售方式能保留产品的营养成分，同时尽可能降低食源性疾病的风险。

本章主要是想谈谈消费者对生乳及生乳制品的认可和看法的复杂性。作者是从美国的角度来讨论的，但也会对文化和地理差异进行讨论。

15.2 美国乳品生产历史

要了解消费者对生乳消费的看法，必须了解美国牛奶生产和消费的历史背景和演变。从这个背景可了解美国不同历史时期的监管者、科学家、生产者和消费者的观点。

在 19 世纪美国大规模城市化之前，大多数家庭的奶制品或者来自自养的牲畜或邻居的牲畜，或者来自当地农场的牲畜。有买的，有以货易货的，纯粹是为了满足当地的需要，这个时期很少有什么监管。随着美国城市的发展，奶业开始形成大规模的生产和销售体系。但由于对卫生和处理方法不甚了解，加上农场和销售环节缺少制冷设备，导致了严重的奶源性疾病（如肺结核、伤寒、白喉）的暴发（Potter 等，1984）。美国奶业是通过两种策略来控制这些疾病的：牛奶认证运动和牛奶巴氏杀菌运动（Potter 等，1984）。

15.2.1 牛奶认证运动

在 19 世纪末，医生与兽医和奶农携手为向医疗机构（特别是治疗婴幼儿疾病

的）提供牛奶的奶牛场制定卫生标准。这些内容范围广泛的畜牧养殖和牛奶处理规范为后来制定生产和销售“认证牛奶”（美国医学牛奶委员会协会，1912）的方法和标准奠定了基础。奶牛场根据这些要求进行管理，包括检查和记录，生产的牛奶被美国医学牛奶委员会认定为“认证牛奶”（Currier，1981）。认证牛奶生产标准的实施对婴幼儿存活率的提高产生了积极影响（Potter 等，1984）。

15.2.2 牛奶巴氏杀菌运动

20 世纪初，加热巴氏杀菌法被引入美国乳品工业。牛奶加热巴氏杀菌在乳品行业迅速增长，使乳源性疾病，包括结核病和 Q 热病例大大减少。巴氏杀菌成为奶制品行业抵御食源性疾病的主要保障，而认证牛奶的卫生措施成为乳品行业卫生标准的基础。标准牛奶条例（A 级巴氏杀菌奶条例的前身）的第一个版本于 1924 年提出，并于 1927 年由美国食品药品监督管理局（FDA）审定，从而为各个州提供了减少液态奶制品中的目标微生物的行业标准（Knutson 等，2010）。20 世纪 30 年代，美国开始广泛实施液态奶的巴氏杀菌。

15.2.3 观点各异——倡导生乳的背景

在 20 世纪 20 年代和 30 年代，有两派科技人员发生了一场争论，其中一派是主要关注人类营养的生物化学家和生理学家，另一派是更关注传染病控制的细菌学家和公共卫生工作者。生物化学家和生理学家担心巴氏杀菌会导致奶中关键营养物质被热破坏，对于牛奶对食源性疾病的影响不以为然。而细菌学家和公共卫生工作者则是强制性热处理的倡导者，他们的理由是，没有令人信服的证据表明巴氏杀菌降低了奶的营养价值（威尔逊，1938）。

牛奶生产者和乳品加工商也加入了这场争论，在报纸登广告宣传自己的生乳或巴氏杀菌奶的好处。这些广告从单行的分类广告到整个版面的广告都有，目的都是要告诉消费者自己产品的好处，贬低别人的产品。下面是 20 世纪 30 年代在俄勒冈州刊登的此类广告中的一些广告词：

巴氏杀菌奶广告：

在牛奶中发现维生素的 McCallum 博士在他编著的《营养学》一书中写道，市区所有的牛奶都应该经过巴氏杀菌消毒。明尼苏达州罗切斯特市世界著名的内科医生和外科医生梅奥兄弟两个纯种牛群的所有牛奶都经过巴氏杀菌消毒。

“妈妈们，如果你们听从上述权威人士的建议，确保你们的亲人只喝巴氏杀菌奶，岂不是最明智的选择？桑尼布鲁克乳业公司的巴氏杀菌奶仅产自本地两家拥有优秀、健康娟姗牛和更赛牛的最好的奶牛场。桑尼布鲁克巴氏杀菌奶并不比普通生牛乳贵。”——1934 年 9 月 6 日刊登在《科瓦利斯时报》的桑尼布鲁克乳业公司的广告。

生乳广告：

“巴氏杀菌并不能完全消除细菌污染，想通过巴氏杀菌彻底消灭细菌，这是办不到的。无需争议，而且可以肯定的是，经巴氏杀菌后牛奶还算安全，但如果这些牛奶不进行巴氏杀菌则可能是不适合食用的。”——1934 年 2 月 16 日《科瓦利斯时报》刊登的优质生乳集团广告。

牛奶巴氏杀菌确实可杀死部分细菌，但并不能除掉奶中的任何污物。其所含的大量液体污物也是煮过或加热过的，你不过是吃了煮熟而不是生的污物而已。

我们已经读过一大堆由有权有势的人和广告公司出版、由销售巴氏杀菌奶的公司或个人派发的小册子。但我们还没有看到过那些支持巴氏杀菌方案，据称是著名教授或著名医生们的一篇文章，也没听到过他们的一个讲座，甚至是一句话。他们都没告诉我们牛奶生产卫生和正确的处理方法的真相，这才是决定牛奶好坏的关键。

“经过适当的巴氏杀菌后，通常被称为有害菌的细菌会被杀死。但被杀死的细菌数量如此之多，它们在巴氏杀菌后仍会导致牛奶腐败或腐烂，然后再变酸。腐败会比生奶更早开始。我们经常会发现巴氏杀菌奶变老后有股难闻的味道。此时腐败就开始出现。如果能买到优质的，甚至是比较好的生牛奶，谁还想去买充满细菌尸体的牛奶呢？几乎所有的巴氏杀菌奶都是如此，没有例外。”——1934 年 4 月 27 日《科瓦利斯时报》上刊登的三叶草乳品公司的广告。

给孩子们喝足量健康可口的生乳，可保护他们的牙齿，生乳中的正常化学关系不受破坏。钙磷在预防龋齿中有重要作用，要确保它们不受巴氏杀菌的影响。

“我的奶牛场任何时候都对公众开放，请你 4 月 29 日星期天来我的奶牛场参观，亲眼看看牛奶的生产条件，再去看看其他牛场，自己决定该从哪里购买牛奶。”—1934 年 4 月 28 日《科瓦利斯时报》刊登的 Mt. View 乳品公司广告。

巴氏杀菌对营养素破坏影响的研究贯穿 20 世纪 30 年代和 40 年代。研究表明，生乳和巴氏杀菌奶的许多营养素（乳清蛋白凝固、凝乳酶凝固时间、酪蛋白凝块的质地、可溶性钙和磷酸盐浓度、碘、维生素 B_1、维生素 C）存在可测量的差异；但据测定这些差异都很小，或可忽略不计，动物饲养研究表明，这两种奶之间没有显著差异（Wilson，1938）。越来越多的研究证据支持巴氏杀菌是减少奶源性疾病的有效手段，几乎没有对人的营养需求产生负面影响的风险。

尽管有这些发现，但对巴氏杀菌的非议仍在继续，包括有人出版了《反对牛奶巴氏杀菌的案例：对牛奶巴氏杀菌拯救生命的说法的统计检验》一书。该书的主要论点是，食用受低水平的结核分枝杆菌污染的生乳，是儿童接种疫苗的一种形式，对公共卫生有利，可以预防成人发生严重的结核病（Kay，1945）。

15.2.4 国家层面对巴氏杀菌的要求越来越高

1947 年，密歇根州成为第一个要求对液态奶进行巴氏杀菌的州，到 20 世纪 50 年代，大多数州都实施了类似的法规（Katafiasz 和 Barett，2012）；然而，直到 20 世纪 70 年代才开始制定州际奶类贸易的联邦法规。美国食品药品监督管理局实际上是在 1973 年 12 月 10 日才禁止州际间的生奶销售的（FDA，1973）。针对新的规定，医学牛奶委员会协会、美国认证牛奶生产商协会和三家正在运营的认证奶牛场中的两家奶牛场对巴氏杀菌要求提出正式反对。FDA 作出了暂缓执行认证生奶巴氏杀菌要求的决定（FDA，

1974）。

在整个20世纪70年代，FDA与CDC一起对与生乳及其制品，包括对认证的奶制品厂生产的产品相关的奶源性疾病进行了调查。从1971年到1975年，发现一些侵蚀性沙门氏菌病病例与食用加州一家奶牛场的认证生乳有关。与此次疫情相关的都柏林沙门氏菌侵蚀性特别强，导致住院治疗率很高，并有数人死亡。许多消费者本身就有基础疾病，买生牛奶本来是当“保健品”用的（Currier，1981）。1977年至1978年发生了第二次都柏林沙门氏菌疫情，同样与这家奶牛场的认证生牛奶有关。尽管奶牛场方面作出了很大努力，严格遵守认证牛奶的生产要求，但仍无法持续生产出没有沙门氏菌污染的牛奶（Currier，1981）。据加州卫生署计算，食用阿尔塔-德纳奶牛场生产的认证牛奶，患都柏林沙门氏菌病的可能性是食用巴氏杀菌奶的51倍。

尽管暴发了这些疫情，而且当时在美国正在运营的认证奶牛场数量非常少（1985年为2家），但FDA对认证生奶暂缓执行巴氏杀菌要求一直持续到1987年。监管的变化是由非营利公共卫生组织、公民健康研究组织和美国公共卫生协会撰写的一份请愿书推动的，该请愿书要求FDA禁止所有生乳及其制品在国内销售。进一步的法律行动迫使FDA召开了一个非正式的公开听证会，以收集有关“食用生乳（包括经认证的生乳）和生乳产品是否涉及公共卫生问题”的材料（FDA，1984）。1984年10月的听证会形成了一份330页的笔录，加上300条评论，整个卷宗总共有4 000页之多。反对强制性巴氏杀菌的论点主要包括：① 与其他“高风险”食物相比存在监管不平等情况；② 缺乏病例对照研究；③ 缺乏营养益处和感官研究方面的信息；④ 在标签上标示经巴氏杀菌即可获准销售。

1985年1月，FDA草拟了一项规定，要求州际贸易的所有奶及奶产品都必须经过巴氏杀菌；然而，卫生和社会服务部部长（玛格丽特·赫克勒）认为联邦发布禁令不是有效减少与认证生牛奶相关风险的正确做法。作为回应，公民健康研究组织又提起诉讼，要求对FDA的行为进行司法审查。法院在审查FDA的行政记录后认为，FDA的行政行为主观武断、前后不一，一方面实际上指出所有生牛奶都具有已知的健康风险，但又不禁止所有类型的生牛奶。法院责令FDA禁止生乳和生乳产品（包括经认证和未经认证）的州际贸易，并要求尽快完成法规的制定。FDA于1987年6月公布了这一拟议的规定（FDA，1987a），结果收到的反对这项提案的评论寥寥无几。第一个是来自一个认证的牛奶生产商，他认为个人应该有权自由决定认证生牛奶的好处是否大于潜在的风险。第二个反对意见由美国众议院议员Deannemeyer（加州众议员）提出，他强调了生牛奶的营养和免疫益处。1987年8月，FDA发布了最终裁定，要求州际贸易中供人食用的所有预包装牛奶和奶制品必须经过巴氏杀菌（FDA，1987b）。州际贸易中对牛奶的巴氏杀菌要求目前仍然有效；但是，各州有权根据自己的选择对州内的生乳贸易进行监管。

15.2.5 州级层面对巴氏杀菌要求越来越低

与联邦监管机构相比，各州在乳品立法方面是比较前卫的，在20世纪40年代就开始要求对液态奶产品进行强制性巴氏杀菌。大多数州都有严格的巴氏杀菌要求，但法规中也存在漏洞，消费者可通过不太严格的监管机制获得生乳。一方面公共卫生官员想堵住漏洞，而另一方面消费者则要求有更多合法获得生乳的渠道。州级的法规一直就在这种拉锯战中逐渐形成。一些州，如蒙大拿州和艾奥瓦州，没有法律机制可让消费者购买生乳。其他州，如华盛顿州和加利福尼亚州，则允许生乳全面零售（商店内）。获取生乳最常见的法律定位是通过农场现场销售或入股成为牛场的股东。不管州内采取什么样的法律对策，这些监管方法都不能消除奶源性疾病（表 15.1）（Knutson 等，2010）。

一些公共卫生官员认为，提供合法获得生乳的途径是对付不安全产品的一个切实可行的方法。合法途径为监管提供了机会，通过贴标、检查和检测等办法有助于降低风险。如果没有合法的途径，消费者可能会去寻找风险更大的生乳来源（Beecher，2016）。但也有人对这种做法持反对意见，认为提供合法的零售渠道，使得能获得生乳的消费群体变得更大，所以会使生乳消费率变得更高。

2006 年，华盛顿州的监管部门就碰到这个难题。该州发生的 18 例大肠杆菌 O157:H7 疫情被发现与一个共享经营的奶牛场有关，州监管部门必须决定是对参与提供生乳的农场进行处罚，还是为它们提供一个合法的途径，给它们发放许可证，并对其产品进行检查和检测。华盛顿州选择了后者，作为支持公共卫生工作的最佳选择，即尽一切可能提供最安全的生乳，这一选择也提升了人们对整个奶业的信心。目前华盛顿州的消费者对生乳的需求很高，今后还会继续增高（Beecher，2016）。

随着消费者需求和合法市场的增加，生乳生产农场的数量也增加了。在宾夕法尼亚州，获准出售生乳的农场数量从 2003 年的 20 家猛增至 2006 年的 57 家和 2016 年的 71 家（宾夕法尼亚州农业部，2016）。同样，华盛顿州获得许可的 A 级生乳农场数量也从 2006 年的 6 家稳步增长至 2013 年的 18 家和 2016 年 1 月的 39 家（Beecher，2016）。由于生乳在市场上可卖到较高价钱，使小型奶牛场也能盈利。

表 15.1　美国部分州生乳销售的合法性、消费率和发生疫情的次数

州名	州内生乳销售的合法性[a]	生乳消费率[b]	与生乳相关疫情次数（2007—2012 年）
阿拉斯加州	非法	NR[c]	1
亚利桑那州	零售合法	NR	1
加利福尼亚州	零售合法	3.0%；3.2%[d]	3
科罗拉多州	允许入股认养奶牛	2.4%	3
康涅狄格州	零售合法	2.7%	1
佐治亚州	非法（当宠物饲料合法）	3.8%	1
爱达荷州	零售合法	NR	1
印第安纳州	非法	NR	1
艾奥瓦州	非法	NR	1

（续表）

州名	州内生乳销售的合法性[a]	生乳消费率[b]	与生乳相关疫情次数（2007—2012年）
堪萨斯州	农场现售合法	NR	2
马里兰州	非法（当宠物饲料合法）	3.0%	0
马萨诸塞州	农场现售合法	NR	1
密歇根州	非法	NR	4
明尼苏达州	农场现售合法	2.3%	6
密苏里州	农场现售合法	NR	2
蒙大拿州	非法	NR	0
内布拉斯加州	农场现售合法	NR	1
新墨西哥州	零售合法	3.4%	0
纽约州	农场现售合法	3.5%	6
北达科他州	非法	NR	2
俄亥俄州	非法	NR	4
俄勒冈州	极少量销售合法	2.8%	0
宾夕法尼亚州	零售合法	NR	17
南卡罗来纳州	零售合法	NR	5
田纳西州	非法（入股认养）	3.5%	1
犹他州	零售合法	NR	5
佛蒙特州	农场现售合法	7.4%[e]	4
华盛顿州	零售合法	NR	5
威斯康星州	农场现售合法	NR	3

[a]疾病控制和预防中心报告的生乳的合法性和发生疫情的信息（2015）。

[b]2006—2007年食品网络调查的消费数据；报告数据是前7天的消费量（疾病控制和预防中心，2007）。

[C]NR表示无报道。

[d]Headrick等（1994）报道的加利福尼亚州1994年电话调查的消费数据；报告数据为过去一年的消费量。

[e]Leamy等（2014）报道的佛蒙特州2013年电话调查的消费数据；报告数据为上个月的消费量。

15.3 生乳消费者

15.3.1 美国食用生乳的人有多少？

虽然大多数美国人（78%）食用奶制品，但只有小部分人（3%）食用生乳

(2006—2007 年食品网调查)。这意味着生乳消费率比十年前翻了一番 (1.5%; 1996—1997 年食品网调查) (Shiferaw 等, 2000)。生乳消费者的人数难以估算, 全国不同地区的生乳消费者数量可能差别很大, 因为零售的准入类型和离农场的远近情况各不一样。但是, 生乳消费率似乎与生乳的合法准入不对应。例如, 虽然加利福尼亚州允许生乳进入零售渠道销售, 而马里兰州只允许生乳作宠物饲料销售, 但据估计两州生乳消费率均为 3% (表 15.1)。应当指出的是, 这些消费率是根据最近的食品网调查得出的。但这已经是 10 年前的数据。各州不断修改法规, 增加生乳准入渠道, 可能会对消费模式产生较大影响。例如, 佛蒙特州在 2009 年放宽了对生乳的禁令, 允许在农场销售生乳。2013 年在佛蒙特州进行的一项调查发现, 上一年生乳的消费率为 11.6%, 上个月的消费率约为 7.4% (Leamy 等, 2014)。根据 2006—2007 年食品网的调查数据, 如按一个非常粗略但可能是保守的估计数 (3%) 来计算, 美国每周生乳消费者的数量应该有 740 万成年人。

15.3.2 生乳消费者都是些什么人?

美国生乳消费最全面的社会人口学评价是 Buzby 等对 1996—1997 年、2002—2003 年和 2006—2007 年食品网调查的汇编 (FDA, 1987a)。生乳消费者和非生乳消费者在种族、收入、教育程度和居住面积之间存在显著差异。总的来说, 生乳消费者更有可能是西班牙裔, 年收入 2.5 万美元, 高中文化程度或更低。与不喝生乳的人相比, 喝生乳者更可能住在农场、农村或城市, 住在市郊的可能性比较小 (Katafiasz 和 Barett, 2012; Leamy 等, 2014; Bigouette 等, 2018; Buzby 等, 2013)。生乳消费者和非生乳消费者之间的年龄和性别分布相似; 但是, 需要注意的是, 26.7%的生乳消费者年龄在 18 岁以下, 对家里购物决定权的控制可能非常有限 (Buzby 等, 2013)。1994 年在加利福尼亚州进行的一项调查报告了类似的生乳消费者人群特征 (Headrick 等, 1994); 然而, 最近的调查则发现有与此不同的人群特征。最值得注意的是, 在太平洋西北部地区、佛蒙特州和密歇根州, 生乳消费人群中白人、受过高等教育 (大学学历) 和高收入者 (年收入 5 万美元) 的数量似乎有增加的趋势 (Katafiasz 和 Barett, 2012; Leamy 等, 2014; Bigouette 等, 2018)。

生乳消费者的特点可以用一些传统的人群结构数据来描述; 但是, 可供分析的数据非常有限且已过时。当消费率较低, 且可能受到不断变化的监管环境的影响, 而这又影响到生乳的市场准入和价格, 这一点尤其成问题。

15.3.3 农场主和农场雇员消费生乳

农场主及其雇员是一个特殊的生乳消费人群。虽然他们只占消费者人群的一小部分, 但他们从事奶牛场的日常管理工作, 在其产品的销售中发挥重要作用。35%~60%的奶农食用自己农场的生乳 (Jayarao 等, 2006; Jayarao 和 Henning, 2001; Rohrbach 等, 1992)。大多数奶农 (宾夕法尼亚州有 68.5%) 知道生乳可引起食源性疾病, 但大多数人 (58.1%) 还是一直食用生乳。不知道生乳有致病风险的奶农食用生乳的概率比知道有此

风险的奶农食用生乳的概率高一倍（Jayarao 等，2006）。许多农场主允许员工将生乳带回家（Jayarao 等，2006），这样就增加了获取生乳的渠道，也降低了价格，起到促进生乳消费的作用。农场主对生乳消费的影响作用将在本章后面进一步讨论。

15.3.4 生乳消费者从哪里买到生乳？

由于获取生乳的渠道存在巨大差异，且数据收集不足，所以很难对各种销售渠道的效用进行定性。在加利福尼亚州（生乳可全面零售），大多数生乳消费者（39%）从零售店购买生牛奶。农场销售也是一个非常重要的渠道，占销售量的 30%。也有的是从家庭和奶制品厂购买的（Headrick 等，1994）。密歇根州（仅允许入股认养）的一项调查发现，生乳消费者平均每月取 4 次生乳（Katafiasz 和 Barett，2012）。在生乳供应有限的州，生乳的忠实消费者要开车到远处去买生乳。密歇根州的生乳消费者平均要驱车 39 km 才能取到生乳（Katafiasz 和 Barett，2012）。

15.3.5 消费者多久喝一次生乳，喝多少生乳？

生乳的消费模式很难估计，因为现有的数据非常有限；但是，没有证据表明在更大的人群，生乳的消费模式与巴氏杀菌奶的消费模式有什么不同。美国农业部估计，美国成年人每天液态奶平均消费量略高于 3/4 杯，儿童（2~11 岁）的平均消费量是成年人的两倍（Sebastian 等，2010）。据报道，加州的生乳消费者每月饮用 4 杯的占 59%，每月饮用 4~8 杯的占 12%，每月饮用 8 杯以上的占 27%（Headrick 等，1994）。佛蒙特州很大一部分（47%）的生乳消费者在上个月购买了至少 1 加仑（1 美制加仑≈3.7854 L）生乳，16%的人上个月购买了至少 0.5 加仑生乳（Leamy 等，2014）。结合消费统计数据，可以看出这些消费者似乎不太可能只喝生牛奶。密歇根州和太平洋西北部地区的调查显示，生乳消费者的排他性存在地区差异。密歇根州的大多数生乳消费者只喝生牛奶，这可能是因为他们参与了牛群入股认养（Katafiasz 和 Barett，2012）。而在太平洋西北部地区，目前 47%的消费者只喝生乳，而 53%的消费者不是只喝生乳；但该地区的生乳饮用者可能每天都喝生乳（47%）（Bigouette 等，2018）。目前还不清楚美国每年的生乳消费量有多少，而且由于销售渠道多种多样，也很难准确估计。1994 年，加州的生乳年产量估计为 150 万加仑。在之前的 20 年里，生产量显著增加（Headrick 等，1994）。据最保守估计，美国生乳消费量是每天 250 万份。

15.3.6 生乳消费者愿意出多高的价钱？

生乳消费者愿意为生乳支付高价钱，可能是因为他们认为生乳更好。通常情况下，消费者至少在购买部分物品时会根据其与同类产品的差价决定是否要购买。这一理论被称为“锚定定价”。在市场上常规巴氏杀菌奶常被视为有机奶价格的“锚”，而有机奶则是生乳价格的合适的“锚”。2010 年，消费者愿意为巴氏杀菌有机奶（5.78~7.62 美元/加仑）支付比巴氏杀菌常规奶（2.89~3.69 美元）高 78%~103%的价格。与巴氏杀菌有机奶（Knutson 等，2010）相比，生乳的价格要高出 57%（7.59~10.50 美元）。由于俄勒冈州的生乳产量很有限，销售也受法律限制，所以生乳价格持续上涨，有报道称消费者愿意支付高达 24 美元/加仑的价格（Gumpert，2015）。

15.4 消费者的看法：消费者为什么要选择生牛奶?

在美国，消费者几乎视牛奶为“有益健康的神圣象征”（Currier，1981），再加上合法获取生乳的渠道很有限，这就造就了一个热衷生乳的忠诚消费群体。

早在 19 世纪 90 年代，生乳消费者和认证奶生产者就开始宣传生乳比巴氏杀菌奶有更多好处。认证奶医学委员会公开抨击巴氏杀菌法，声称它造成营养缺乏，破坏天然风味，生产销售的是灭菌的脏牛奶（Potter 等，1984）。有趣的是，这些声称生乳优于巴氏杀菌奶的说法，在 100 多年后仍然是人们喜爱生乳的缘由。在本章中，消费者的预期价值将分为滋味、健康/营养和价值等几大类。生乳消费者做出购买决定可能是受了这些因素以及本章中可能不会讨论的许多其他因素的综合作用的影响。

15.4.1 滋味

无论什么地方几乎都有一些人会食用“高风险”食品，因为这些食品更美味（Knutson 等，2010）。虽然本章的重点是生乳，但生乳肯定不是唯一的一种高风险食物。大多数生鲜产品，包括牡蛎和菠菜，食源性疾病风险都很高，但人们照样会购买和食用。

在所有调查中，滋味均被认为是消费者选择生乳的驱动因素。几乎所有的生乳消费者都认为生乳比巴氏杀菌奶更美味（Beecher，2016）。在 1994 年的调查中，滋味是加州生乳消费的驱动因素（Headrick 等，1994）。太平洋西北部地区 72%的生乳消费者和密歇根州 83.9%的生乳消费者认为味道鲜美是他们食用生乳的主要原因（Katafiasz 和 Barett，2012；Bigouette 等，2018），佛蒙特州的消费者表示喜欢生乳的味道是他们食用生乳的主要原因。即便不是直接食用生乳，而是用于自制奶酪或酸奶，购买生乳的动机也与滋味有关（Leamy 等，2014）。虽然滋味是大多数生乳消费者购买生乳的主要驱动因素，但生乳倡导者认为，食用生乳的好处远不仅限于感官性状（Knutson 等，2010）。

15.4.2 健康和营养

通常认为生乳的健康和营养益处是驱动人们购买生乳的第二个原因（Katafiasz 和 Barett，2012；Leamy 等，2014；Bigouette 等，2018）。绝大多数密歇根州的生乳消费者（91.1%）认为生乳比巴氏杀菌奶更健康（Katafiasz 和 Barett，2012）。在 20 世纪 80 年代，有关食用生乳的感知健康益处被认为是消费者选择生乳的驱动因素（Potter 等，1984；Fier，1983）。有人认为生乳对健康的益处有多种机制；然而，这些机制很少得到充分研究，能得到证实的就更少。但消费者并不管这些，他们照样认为食用生乳会带来健康和营养方面的好处。

营养价值更高。生乳消费者认为巴氏杀菌会破坏营养成分，因此他们认为生乳更有营养（Katafiasz 和 Barett，2012）。研究表明，巴氏杀菌导致硫胺素、维生素 B_{12} 和维生

素 C 的损失并不显著。巴氏杀菌导致的其他乳成分的生物利用率降低尚未得到证实（Potter 等，1984）。

整体健康。目前太平洋西北部地区的大多数（67%）生乳消费者认为，感知的整体健康益处也与他们决定饮用生乳有关。几乎所有的只食用生乳者（93%，而不是只喝生乳的则有 45%的人）都表示，整体健康益处是他们食用生乳的主要原因（Bigouette 等，2018）。密歇根州 76.8%的生乳消费者表示，整体健康益处是他们喜爱生乳的主要原因（Katafiasz 和 Barett，2012）。

治病与防病。一些生乳消费者认为生乳可以治病和防病，包括关节炎和癌症（Beecher，2016）。太平洋西北部地区 50%的生乳消费者报告说，防病是他们食用生乳的原因，35%的人报告说食用生乳改善了他们的肠道疾病（Bigouette 等，2018）。密歇根州 60.7%的生乳消费者表示，预防免疫相关疾病是他们喜爱生乳的主要原因（Katafiasz 和 Barett，2012）。密歇根州的生乳消费者认为，食用生乳对牛皮癣（19.6%）、肠道疾病（64.3%）、感冒和流感（44.6%）、龋齿（35.7%）和骨科疾病（32.1%）有帮助或预防作用（Katafiasz 和 Barett，2012）。密歇根州的消费者还主动提供信息，说生乳对心脏病、神经系统疾病、痤疮和癌症有益（Katafiasz 和 Barett，2012）。

缓解过敏。太平洋西北部地区 41%的生乳消费者认为，食用生乳使他们减少了过敏反应（Bigouette 等，2018）。密歇根州 69.6%的生乳消费者认为，食用生乳对过敏有帮助或有预防作用（Katafiasz 和 Barett，2012）。

一些生乳消费者觉得他们对巴氏杀菌奶有过敏反应，但喝生乳时就不会（Beecher，2016）。

消化问题。许多生乳消费者表示，饮用巴氏杀菌奶会导致他们出现胀气和其他消化道问题，但食用生乳时则不会出现任何不良症状（Beecher，2016）。太平洋西北部地区近 59%的生乳消费者认为，食用生乳缓解了消化道问题（Bigouette 等，2018）。密歇根州 83.9%的生乳消费者认为，食用生乳对消化道问题有帮助或预防作用，包括缓解与乳糖不耐受相关的症状（Katafiasz 和 Barett，2012）。生乳消费者也倾向于认为巴氏杀菌会破坏对消化有重要作用的酶（Katafiasz 和 Barett，2012）。

益生菌/接种免疫。许多生乳消费者认为生乳是“活的”，并认为生乳中的天然微生物群对健康有益。生乳消费者认为，生乳中的乳酸菌具有益生菌特性，可以促进肠道健康（Ferguson，2010）。一些消费者还认为，低水平的致病菌对人健康有好处，为机体提供一个接种产生免疫力的途径（Schmidt 和 Davidson，2008）。

安全性。太平洋西北部地区的大部分生乳消费者认为加工或巴氏杀菌的牛奶不安全。只食用生乳的消费者有更多（59%）认为，食用生乳的原因是因其安全性更高，相比之下仅有 19%的非只食用生乳的消费者持有这种看法（Bigouette 等，2018）。同样，密歇根州 57.1%的生乳消费者认为加工牛奶不如生乳安全（Katafiasz 和 Barett，2012）。

在太平洋西北部地区几乎所有的生乳消费者（96%）都认为生乳不会增加食源性疾病的风险（Bigouetteal，2018）。同样，密歇根州只有 10.7%的生乳消费者认为，食用生乳会增加食源性疾病的风险，许多消费者认为，放牧饲养奶牛的牛奶受食源性病原体污染的机会比较少（Katafiasz 和 Barett，2012）。

15.4.3 社会

社会因素对消费者个人的购物选择有显著影响，可限制或促进食品购买决策（Sobal 和 Bisogni，2009）。现在和过往的社会关系对个人的食物消费决策有着复杂的影响。

以前的接触/家庭经历。成年人的食物选择受到儿童时期食物选择的影响。对于那些在奶牛场或食用生乳的家庭中长大的孩子来说，他们成年后很可能会将生乳视为一种可接受的食物选择，即使他们有可能搬到城市化更高的地区居住（Knutson 等，2010）。佛蒙特州有一小部分（2.3%）生乳消费者报告说，他们食用生乳是因为他们小时候喝的是生乳（Leamy 等，2014）。

与农场主的关系。有些喝生乳的人表示，他们购买生乳的主要原因（17.2%）是因为他们认识卖生乳的农场主（Leamy 等，2014）。在合法获得生乳仅限于入股认养奶牛的那些州，生乳消费者几乎都是（98.2%）自己到奶牛场去取奶，且至少与农场主有合同关系（Katafiasz 和 Barett，2012）。亲临农场可以增强人们对奶牛的饲养管理和健康以及农场的卫生标准的信任（Katafiasz 和 Barett，2012）。

其他有影响的社会关系。其他重要的社会群体会对生乳消费习惯产生重大影响。众所周知，家人、朋友和邻居会影响购买行为。杂货合作社和农贸市场也可能影响生乳的购买决定（Knutson 等，2010）。

15.4.4 价值

消费者是否购买某些食品，至少有些是通过反复权衡其价值之后才做出决定的。而这些价值因人而异，可能包括前几类中列出的因素，如有益健康，但通常与其他更抽象的东西（如环保或经济因素）有关联。除了下面列出的，这些价值可能还包括有机农业、可持续性、慢食等。

本地家庭农场。牛奶需经巴氏杀菌迫使奶牛场与乳品加工厂签订收奶合同，导致牛奶的进一步商品化生产，压低了牛奶价格。这对大牛场和零售系统有利，但对乡村奶牛场的盈利能力产生负面影响，也疏远了农民与消费者的关系（Newsholme，1935）。许多生乳消费者更愿意用自己买食物的钱去支持家庭农场而不是大规模“工厂化农场”的发展（Beecher，2016）。太平洋西北部地区的生乳消费者有 60%表示，他们食用生乳部分原因是为了支持当地的农场（Bigouette 等，2018）。佛蒙特州生乳消费者中有一小部分（1%）表示，他们购买生乳是为了支持当地的农场（Leamy 等，2014）。密歇根州 85.7%的生乳消费者表示，他们喜爱生乳主要是为了支持当地农场（Katafiasz 和 Barett，2012）。消费者还认为，在农场或农贸市场买的东西更安全（Knutson 等，2010）。

希望能支持本地家庭农场也可能源自人们对大的社会结构的不信任。美国有一部分人对食品工业普遍不信任。这些人想方设法去找健康、天然、新鲜的产品，喜欢直接从生产者手中购买产品。美国大多数民众对政府监管食品行业的能力没信心或不相信

（Knutson 等，2010）。太平洋西北部地区的大多数生乳消费者（68%）不信任州卫生官员有关食品安全的建议（Bigouette 等，2018）。密歇根州的生乳消费者中，不相信公共卫生官员的建议的比例较小（7.1%）（Katafiassand，2012）。美国人对科学和医学专业人士的话也不相信（Knutson 等，2010）。

畜牧业和传统农业。许多生乳生产场沿用较为传统的养殖方法，符合有机农业的要求，包括放牧饲养。供应生乳的奶牛场往往也只饲养传统品种的奶牛，如娟姗牛或瑞士褐牛，并以其优质牛奶（如高乳脂）为卖点（Knutson 等，2010）。

15.5　消息传递和消费者感知

食用生乳的原因多种多样，是否购买生乳显然各人有各人的原因，而且原因也是多方面的。了解消费者对消息传递的感知对于找出对策，改进沟通，增加消费者的知情决策有重要意义，可能也会影响个人行为的变化。

15.5.1　信息传递的目的是什么？

信息传递的目的总会偏向于信息提供者的目的。就生乳而言，公共卫生官员希望禁绝或尽量减少生乳消费，而生乳倡导者则希望推动增加生乳消费。公共卫生官员认为，食用生乳没有确凿的益处能抵得上其带来的风险。生乳倡导者则宣传生乳的种种好处，不讲它的疾病风险。在这两个极端之间存在各种不同看法，包括大多数人，即奶制品行业的专业人士、消费者和医学专业人士的看法。

15.5.2　目前食品安全信息传递是否有效？

食品安全消息传递并不鼓励食用生乳，而显然是力求进一步限制或完全禁止生乳消费（表 15.2）。与生乳风险相关的消费者信息传递是否有效？目前关于这方面的信息非常少。从目前的低消费率（3%）来看，政府和公共卫生信息传递很可能正在实现将生乳消费保持在最低水平的目标。最近在太平洋西北部地区进行的一项调查发现，从未食用过生乳的消费者认为健康风险是不食用生乳的最常见原因（48.3%）。方便性（33.6%）、价格（10.4%）和滋味（9.5%）也是消费者从未食用过生乳的主要原因（Bigouette 等，2018）。

不过，生乳消费率似乎在不断上升，在各个州，生乳倡导者正在努力增大和拓展生乳市场。最近对太平洋西北部地区和佛蒙特州的生乳消费者进行的调查表明，缺乏渠道或不方便（34%~40%）是最近不购买生乳的主要原因。此外还担心有健康和安全问题（19%~21%）（Leamy 等，2014；Bigouette 等，2018）。这似乎表明，风险信息的传播正在对消费产生预期的负面影响；然而，与目前的信息传递相比，缺乏获取渠道对生乳消费的负面影响更大。根据这一信息，增加获取渠道可能会使生乳消费增加，从而可能导致食源性疾病发病率增加。了解什么样的健康和安全信息传递可影响原来喝生乳的人停止喝生乳，这将非常有帮助。

表 15.2 来自联邦政府机构、学术界、行业协会和其他重要团体的食品安全信息

组织	作者	信息
AAP	内科医生	AAP 支持 FDA 的立场，赞同孕妇、婴儿和儿童只允许食用巴氏杀菌奶和巴氏杀菌奶制品。美国儿科学会也支持禁止在美国销售生乳或未经巴氏杀菌的奶及奶制品，包括销售某些生奶酪的禁令……（美国儿科学会，2014 年）
AAPHV	兽医	“公共卫生兽医联盟委员会建议只食用或销售巴氏杀菌奶和巴氏杀菌奶制品。”（美国公共卫生兽医协会，2000 年）
AMA	内科医生	“美国医学协会重申其原则，所有供人食用的奶都必须经过巴氏消毒。”（美国医学会，2015）
AFDO	政府官员（监管部门）	“美国食品和药品官员协会支持对所有直接供人食用的奶及奶制品进行强制性巴氏杀菌，除非采用可替代巴氏杀菌的程序（即对某些奶酪品种进行熏制），能保证成品的安全。”（食品和药品官员协会，2005）
CDC	公共卫生政府官员（非监管部门）	“为了保护公众的健康，州监管机构应继续支持巴氏杀菌，并考虑进一步限制或禁止生乳和其他未经巴氏杀菌的奶制品在州内的销售和流通。”（公民诉讼组织对 Heckler，1987）
康奈尔大学食品科学系	学校教职员、推广和研究人员	“我们建议对供人食用的奶进行巴氏杀菌。我们尤其建议不向婴儿、幼儿、孕妇、或患有慢性病或免疫抑制的人提供生乳。此外，我们强烈建议不要在农场或零售店向公众提供生乳。”（康奈尔大学食品科学系）
加拿大乳品加工商协会	乳品加工商	“奶制品加工商支持政府采取行动，禁止在加拿大任何地方销售生乳。”（加拿大乳制品加工商协会，2010）
FDA	政府官员（监管部门）	“无论生产过程多么小心谨慎，生乳都可能是不安全的。”（FDA，1987b）“美国 FDA 强烈建议不要食用生乳。”（FDA，2003）
加拿大卫生部	政府官员（监管部门）	出于健康考虑，食品和药品法规要求在加拿大销售的所有奶类都必须经过巴氏杀菌……”（加拿大卫生部，2005）
国际食品保护协会	研究人员	“……IAFP 的立场是：食用未经巴氏杀菌的生乳将增加患严重奶源性疾病甚至死亡的风险，特别是在高危人群中；作为一项公共卫生政策，允许出售未经高温消毒的生乳供直接食用，会置许多消费者于危险之中，所以应予以禁止。”（Schmidt 和 Davidson，2008）
国际乳制品协会和全国乳品联合会	生产加工联合会	“虽然消费者的选择权很重要，但不应置于公共卫生和健康之上。无论是通过直接销售还是入股认养奶牛，让生乳及其制品的销售合法化，都会对消费者的安全构成不必要的风险。”

AAP：美国儿科学会；AAPHV：美国公共卫生兽医协会；AMA：美国医学协会；AFDO：食品和药品官员协会；CDC：疾病控制和预防中心；FDA：美国食品药品监督管理局。

在太平洋西北部地区几乎所有的生乳消费者（96%）都认为食用生乳不会增加食源性疾病的风险，大多数（68%）喝生乳的消费者表示不相信州卫生官员关于食品安

全的建议（Bigouette 等，2018）。这个统计数字实在令人不安，需要考虑以其他方式来传播食品安全信息。有效的信息传递须来自对生乳生产商和消费者有影响的来源。推广和拓展计划可能是有效的策略；但是，与奶农、家人和朋友的私人互动可能更具影响力（Leamy 等，2014；Jayarao 等，2006）。

15.5.3 生乳消费信息传递为什么有效?

生乳的潜在消费者常会得到有关生乳功效的错误信息或不完整信息；但生乳消费者往往就喜欢这些信息，不喜欢听有关风险的信息（Katafiasz 和 Barett，2012）。对这些信息的有效性或信息传递方法的评估可以为食品安全信息传递的新策略提供借鉴。

有关生乳的好处的信息通常来自消费者认为值得信任的人。生乳信息通常主要来源于与奶农、朋友、家人和同事面对面的交谈；但有人发现，网络（即生产商网站、社交媒体、倡导者的网站）和印刷材料也是有效的传播工具（LEAMY 等，2014）。

15.5.4 与奶农和其他人的交往

佛蒙特州的生乳消费者认为奶农为其生乳信息的主要来源（38.9%）（Leamy 等，2014）。自 20 世纪 30 年代以来，生乳奶农一直向消费者传递信息，强调生乳的营养优势（Currier，1981）。生乳奶农和其他直销农场正努力与消费者建立越来越紧密的联系。近年来，生乳奶农利用数字化技术，通过网站推广他们的业务。有趣的是，大多数生乳网站推广自己的产品似乎还不如推广自己的农场卖力。虽然这些网站经常也会提供有关生乳益处的信息或链接，但通常更侧重于介绍其农场的历史、目标和文化，还有他们是如何做好奶牛的选育和饲养管理等工作。网站上经常有农场主和重要员工的照片，还有风和日丽时奶牛在草地上吃草的照片。

社交媒体和博客为生产者提供了一个可将他们的想法和测试结果快速有效直接传递给消费者的途径。这些信息的透明度增进了生产者与消费者之间的关系，增强了消费者日后购买生乳的信心。例如，2016 年 8 月，犹他州米德兰一个家庭奶牛场生产的生乳被查出是圣保罗发生沙门菌中毒的元凶。这家名叫 Heber Valley 的奶牛场通过脸书公布了最新的阴性检测结果，强调他们公司和他们家族始终把食品安全放在第一位（Siegner，2016）。

15.5.5 瞬息万变的信息传递的威力

与来自公共卫生官员的食品安全信息传递不同，宣传生乳的信息传递方式多种多样，内容有趣。由于信息瞬息万变，消费者不太可能不屑一顾。除了本章“消费者的看法”一节中描述的信息传递外，新的营销信息也开始出现在生产商的网站上。新的信息包括观光农业、可持续性、非有机农业（有不符合有机农业要求的合理理由）、非转基因生物和特定品种的优势。

15.5.6 联合传递信息的威力

由于部分生乳消费者所倡导的文化，生乳奶农在市场营销中结成联盟，抨击、诋毁公共卫生机构的信息。这些倡导者，包括 Weston A. Price 基金会这样的组织，说公共卫生机构的食品安全信息纯属谬论。他们的信息倒很有效，导致消费者不相信政府监管部门和乳品行业，要靠自己的价值观来做出决策。下面是这些消息的示例：

"在卫生和营养的历史上，从没有一种食物像生乳那样遭受如此多的污蔑和诽谤，有如此多的人串谋与它作对。"

"美国 FDA 希望我们都相信生乳是一种可能造成全国性灾难、危害公众健康的食物。还有什么比生鲜食物更有毒呢，对吧？我们全国都得病的罪魁祸首一定是生鲜食物，而不是过度食用转基因、含有大量农药的食品。"——Angel4Light777 的博客

"国家千方百计不让人买到生乳，简直荒唐，全国各个州和地方的政府都乐意出动特警队来对付民众，名为保护我们免受生乳的潜在危害，实际上生乳就是我们祖祖辈辈的主要食品。"——Kougar Kisses 的博客

15.5.7 是时候考虑采用更为宽容、尊重消费者的食品安全信息了

对仅仅饮生乳或经常饮用生乳的人，试图阻止他们饮食用生乳的做法是不太可能奏效的。这些人可能明白有风险，但断定风险是可接受的，或者其个人经历与传递的信息不同。目前的食品安全信息（表 15.2）采用的全是高高在上、不容置疑的语气，这可能正是生乳消费者不予理睬的原因。食品安全信息，在做到肯定、准确、有的放矢的同时，或许应该考虑对生乳消费者采取更为宽容、尊重的态度。这里举一个例子，有家牛奶认证企业以前的一名医务代表曾提出这样的建议："最好不要吃生乳和生乳产品，除非你甘为美味冒风险"（Knutson 等，2010；Leedom，2006）。

这些调查的结果表明，当前的食品安全警示信息对从未食用过生乳的消费者影响最大。这似乎表明，在各个州增加生乳的获取渠道之前，相较于在联邦一级增加消息传递，这种类型的消息传递是最有效的。销售点的警示标签可能也会对初次购买者起到阻遏作用，但对老顾客则可能无效（Knutson 等，2010）。

15.6 生乳获取渠道和消费者态度的地区差异

美国的生乳消费文化和消费者的态度长期以来争议甚多，颇为复杂。然而，这种控制公共卫生风险和消费者需求的斗争，当然不是美国独有的。全世界市场上信息传递的不一致使问题进一步复杂化，可能会影响公共卫生目标的实现。在美国，有关消费者的看法的数据很有限，其他国家就更少。下面介绍的各个国家的异同是为了证明不同文化之间存在差异。

15.6.1 限制获取渠道：加拿大、澳大利亚和巴西

加拿大和澳大利亚联邦一级禁止生乳销售，但与美国不同的是，联邦法规促使各省和州制定法律，进一步限制生乳的获取渠道。加拿大有些省份禁止农场主向邻居赠送生牛奶。在这两个国家，非法提供生乳的农场主曾因持续向消费者提供生乳而遭到突然搜查和无穷无尽的起诉（美国也发生过这种事）（Ijaz，2014）。新南威尔士州食品管理局最近批准可用高压处理代替热巴氏杀菌，可能会允许高压处理奶作为“生乳”销售（新南威尔士州食品管理局，2016）。巴西不允许零售生乳，但有些地区生乳消费率高达25%。毫不奇怪，生乳消费率高似乎与食用生乳相关风险认知的缺乏相吻合（Pieri等，2014）。

15.6.2 增加获取渠道：欧洲

在19世纪，为了实现公共卫生目标，欧洲采取了与美国类似的做法，要求对液态奶进行巴氏杀菌。然而，欧洲大多数国家已经大大放宽了这些要求，正在增加消费者获得生乳的渠道。与美国类似，乳品行业规模越来越大，奶价下跌迫使奶农重新评估其收入来源，以免被淘汰出局。农场和城市里的生乳自动售货机越来越多。随着人们对其健康益处认识的提高，生乳市场可能还会增大。目前有三家公司专门生产生乳自动售货机，不过他们打算对这些机器进行改造，使之能够销售其他产品（如酪乳、酸奶、奶酪）。2015年通过自动售货机销售的生乳价值645万美元，预计到2024年，其价值将增长近两倍。

欧洲是世界上唯一一个长期积极进行生乳消费研究的地区。PASTURE是由一批研究人员、医生和其他医学专业人员组成的研究团队，他们一直在研究生乳、自煮农场鲜奶和商业巴氏杀菌奶对孕妇（住在农场或不住在农场）及其后代的影响，以评估环境和不同的奶对各种健康状况的影响。越来越多的证据表明，食用生乳可以保护儿童不发生某些传染病（Baars，2013）。

15.7 生奶酪和其他产品

生乳及其制品的食品安全风险存在明显差异，因为在生乳中快速繁殖的病原体在生乳制品中存活的可能性较小。因此，本章的第二部分将重点放在奶制品上，如奶酪和酸奶。生奶酪的安全性问题对于消费者对巴氏杀菌奶酪和生奶酪的看法至关重要。同样，销售生乳制品的相关法规也会影响消费者的看法。有限制生奶酪销售法规的国家的消费者，可能会担心食用此类奶酪会有安全风险，而在不限制生奶酪销售的国家，就不太可能影响消费者的看法。

15.7.1 生奶酪的安全性

不能笼统地说所有的病原体都不能在奶酪的环境中生存，还要看病原体和奶酪的类型。但总体的趋势是，由于低 pH 值、低水分活度、高盐含量和高乳酸菌群的恶劣环境，病原菌在奶酪中无法存活。因此，与生鲜液态奶相比，生奶酪引发的中毒事件比较少，许多国家也因此允许生产和销售生奶酪（表 15.3）。

表 15.3 部分国家生奶酪商业生产和销售的相关规定

国家	是否允许生奶酪销售	规定	食品安全机构	资料来源
美国	是	奶酪出售前必须在高于 1.7℃下至少熟化 60 天	FDA	联邦法规
法国	是	只要满足某些最低要求，就允许生产生奶酪。产品标签（包装、证书、招贴、标签、标签环或标签带）必须清楚标明“用生乳生产”	欧盟和 ANSES	欧洲委员会
挪威	是	产品必须经 FSA 注册或批准，用生乳制造的产品，如制造过程不采用任何热处理或其他物理或化学处理，应标有“用生乳生产”字样	挪威食品安全局	挪威食品安全局
英国	是	只要满足某些最低要求，就允许生产生奶酪。产品标签（包装、证书、招贴、标签、标签环或标签袋子）必须清楚标明“用生乳生产”	食品标准局	食品法行业准则
印度	是	须符合附录 B 中规定的微生物要求和《食品安全和标准》的产品标准	印度食品安全与标准局	食品安全和标准（食品标准和食品添加剂）条例

15.7.2 生奶酪的生产和销售法

尽管目前多个国家允许销售生奶酪，但相关法规可能会改变。例如，在美国，负责监管州际贸易乳制品的生产和销售的 FDA 经常评估是否要禁止生奶酪的销售。作为这项持续不断的评估的一部分，FDA 在 2014 年进行一项为期两年的研究，对国产和进口的生奶酪进行了大量抽样，以确定三种病原菌的检出率。结果在 2016 年 8 月公布（FDA，2016）。共对 1 606份奶酪的沙门菌、单核细胞增生李斯特菌和致病性志贺毒素产生大肠杆菌（STEC）进行检测。在 14 份样本中检测到病原菌：其中 10 份含有单核细胞增生李斯特菌，3 份含有沙门菌，1 份含 STEC。因此，每种病原菌的检出率远低于1%。尽管检出率较低，但 FDA 的结论是：“考虑到所得到的检出率和病原菌已熟知的致病性，FDA 依然担心即食食品生奶酪中可能会存在李斯特菌，我们将在必要时采取行动。”除了监管性研究之外，学术性研究也报道生乳产品安全性的结果有很大矛盾。例如，对于被认为是风险最高的奶酪之一的软质洗皮奶酪，有证据表明，生奶酪和巴氏杀菌奶酪的单核细胞增生李斯特菌的检出率相近（Rudolf 和 Scherer，2001）。有意思的是，FDA 要求生奶酪至少要熟化 60 天。对生软质奶酪，这反而会导致病原菌数量增

加，因为这些奶酪在熟化过程中可能会滋生多种病原菌。最近，Waldman 和 Kerr (2015) 对 FDA 有关手工奶酪的政策是否与消费者的偏好相吻合进行了研究。结果发现，情况确实并非如此。这项研究的结论是："手工奶酪消费者之所以购买手工奶酪是因为喜欢它的滋味，而不是根据自己对食品安全的看法去购买。" 另外，尽管巴氏杀菌奶酪被认为更安全，但消费者却不愿意多花钱去购买。

然而，人们普遍认为，有一个特定的消费群体，即孕妇，不应食用生乳和某些奶酪。孕妇及其胎儿特别容易感染单核细胞增生李斯特菌。Atharn 等（2004）调查了孕妇在妊娠期间对食品安全建议的知晓和接受情况。一般来说，妇女即使在知晓有关安全问题的信息后，也很不愿意改变饮食习惯。这些女性通常对不要吃生海鲜和做饭时不要接触宠物等建议也愿意接受。她们也接受不要食用生乳及其制品的建议。但她们认为没必要忌吃软质奶酪，如奎索·弗雷斯科奶酪和熟食沙拉冷盘。这表明，即便更加倾向于优先考虑安全问题的消费者，也对专家的食品安全建议持怀疑态度。

15.7.3 生奶酪的风险

食品安全风险控制是一个艰巨的任务。食品科学家普遍认为，食品本身存在固有的风险。因此，食品安全是一个风险控制问题。食品科学家所受的训练就是尽力将风险降到最低。相反，有一些支持生奶酪的利益相关者，从价值观出发，提倡用木板进行奶酪熟化，对用密闭式奶酪桶工业化生产奶酪嗤之以鼻。这些基于价值观的利益相关者要在社会和文化背景下权衡风险的大小（雀巢，2003）。有关食品安全的讨论仍在进行，并影响到全球消费者。社会学家调查了不同的信息，这些信息来源于与监管机构有联系的科学家和生奶酪支持者（如美国奶酪协会）。West（2008）研究了"食品恐惧症和生奶酪"中的争论。West 说，这场争论涉及多个利益相关体，包括监管机构、科学家、巴氏杀菌奶酪大生产商、手工生产者及其消费者。毫不奇怪，监管机构的动机是规避风险，他们是有科学试验依据的，这些试验不一定跟现实生活中的情况一模一样。大型巴氏杀菌奶酪生产商之所以喜欢生产巴氏杀菌奶酪，是因为可预测性和一致性的提高以及浪费的减少。此外，这些生产商希望推动政府叫停手工生产生奶酪，因为生奶酪出现安全事故可能会影响消费者对所有奶酪的看法。相反，手工生产者和他们的支持者强调的是正宗奶酪的特性、风土和生物多样性的价值。West 的结论是，叫停生奶酪生产的压力普遍存在，生奶酪生产者及其消费者必须时刻保持小心谨慎，确保能继续获准生产这些产品。

Colonna 等（2011）的一项研究调查了消费者对生奶酪和巴氏杀菌奶酪安全性以及食品安全信息传递的看法。有趣的是，当被问及生奶酪的安全性是否比不上巴氏杀菌奶酪时，891 名消费者中只有 1/3 的人表示生奶酪安全性较低。但当得知生奶酪是用 FDA 批准的方法（在高于 1.7℃的温度下至少熟化 60 天）制成时，这些持怀疑态度的消费者有 2/3 改变了看法。因此，生奶酪生产者如果告诉消费者他们生产生奶酪的工艺已获当地食品安全部门批准，可能有利于改变消费者对其产品的看法。这有几个不同方式，比如，直接在奶酪包装上打上一条提示，或者在销售点摆放一个提示牌。大多数消费者并不担心生奶酪的安全性，这一发现与 Waldman 和 Kerr（2015）的研究结果一致。值得注意的是，这两项最近针对俄勒冈州、密歇根州、纽约州和佛蒙特州的特色奶酪消费者的研究都得出一样的结论，即消费者普遍相信生奶酪是安全的。但美国的烹饪文化一直经常被人指责是在推销平淡乏味的灭菌食品。这两项研究表明，如果情况果真如此，则说明美国在这一点上已经今非昔比，美国消费者已愿意接受含有细菌的食品。

15.7.4 推广生奶酪

在美国，多个组织都在推广生奶酪。其中最主要的是 ACS。ACS 是特色奶酪生产者、零售商和普通奶酪爱好者的组织。该组织与 FDA 合作，共同推动建立有利于生产和销售生奶酪的政策环境。因此，全国的奶酪制造商和零售商组织起来，共同推广生奶酪。这项工作还包括直接游说和鼓励成员与地方立法机构联系，以防立法机构叫停生奶酪的销售。生奶酪也得到推动社会公平积极人士的支持。例如，Halweil（2000，2002）认为反对生奶酪跟奶酪规模化制造商保护市场有关。Halweil 还鼓励新时代的食品消费者要在推广当地生产的食品方面发挥积极作用。然而，商业化奶酪制造商担心市场份额会被手工奶酪制造者夺走这种说法很难站得住。因为目前在美国，手工奶酪只占奶酪市场份额的不到 1%。这可能是由于这些奶酪的价格往往比商业化生产奶酪贵 10 倍。更有可能的原因是，生产巴氏杀菌产品的奶制品加工商担心，与生乳产品有关的安全事故可能会对所有奶制品的良好形象产生负面影响。

除了监管方面的工作外，ACS 还指导了一项外展计划，向美国消费者介绍无论用生乳或巴氏杀菌奶生产的特色奶酪的好处。由于 ACS 的宣传和众多备受瞩目的奶酪倡导者的努力，现在美国人有一个普遍的看法，即生奶酪往往比巴氏杀菌奶酪更复杂，质量也更好。例如，一项研究发现，奶酪消费者认为生奶酪具有更复杂的风味特征，而巴氏杀菌奶酪的风味特征则没那么复杂（Colonna 等，2011）。可惜的是，该研究并未对复杂的风味进行进一步的定义。虽然复杂可以有正面的意思，也可以有负面的意思，但这里所说的风味复杂是指好的特征。消费者明白生奶酪是小规模生产出来的，巴氏杀菌奶酪是大规模生产出来的（表 15.4）。虽然有些手工生产者也生产巴氏杀菌奶制品，但很少有大型加工厂生产生乳制品。大型乳品公司生产巴氏杀菌奶制品，目的是为了控制风险，减轻责任，提高一致性，延长产品保质期。

表 15.4 美国消费者对特色生奶酪和巴氏杀菌奶酪的相关描述

项目	生奶酪的相关术语	巴氏杀菌奶酪的相关术语
主要术语（>15%的受访者）	小规模生产/农庄/手工生产、风味更复杂、不太安全、价格较高、产品质量较高、有益健康	更安全、大规模工业化生产、风味没那么复杂、有益健康、价格较低、产品质量较高、产品质量较低
次要术语（<15%的受访者）	对健康有负面影响、产品质量较低、风味没那么复杂、价格较低、更安全、大规模工业化生产	风味更复杂、对健康有负面影响、价格较高、小规模生产/农庄/手工生产、不太安全

资料来源：根据 Colonna 等（2011）的资料重新整理。

有趣的是，优化产品风味并不在考虑之列。这为主要专注于生产最优产品的手工生产商提供了一个细分市场。值得注意的是，消费者列举了生奶酪和巴氏杀菌奶酪对健康的好处。这可能是因为消费者对有益健康有不同的看法。有些人可能认为生奶酪有有益的营养或生物活性。这种看法在新兴消费群体中得到了广泛的支持，他们认为轻微加工的食品更好。与上面这些人不同，有些人可能会将有益健康与安全性挂钩，觉得巴氏杀菌奶酪更安全，因而也更健康。事实上，一些美国奶酪公司生产热激奶（heat-shocked-milk）奶酪，但没在标签上注明，免得不被消费者接受，因为消费者可能会觉得这种奶酪不那么安全，因此不那么受欢迎。热激法是一种比巴氏杀菌强度小的处理方法，足以杀灭大多数病原菌，但仍能保留较多的酶活，有利于风味物质的形成（Johnson 等，1990）。根据美国的法规，热激奶可视同生乳，而在法国，热激奶则不能视为生乳。这就是说，美国奶酪生产商用热激奶制作奶酪，可标为生乳酪，而在法国则不行。

15.7.5 消费者对生乳产品的偏好

挪威。不同国家的消费者态度各不一样。例如，挪威直到最近才允许生奶酪进入市场。因此，挪威消费者没有品尝和食用这些产品的传统。挪威人奶酪消费量很大（人均约 17 kg/年），但基本上所有当地奶酪都是用巴氏杀菌奶生产的（加拿大乳制品信息中心，2010）。最近有关法规改变了，现在已允许销售生奶酪了。然而，习惯上认为巴氏杀菌才安全的人不太可能马上就接受生乳产品。在 Almli 等（2011）最近的一项研究中，挪威消费者表示喜欢巴氏杀菌奶酪。当被问及有关奶酪新产品的优点时，巴氏杀菌被认为是一种优势，而对生奶酪的看法则是负面的，对其强烈抵制。这项研究的作者推测，对巴氏杀菌奶酪的偏爱可能与数十年来禁止生乳的法规有关，这些法规可能导致消费者认为生奶酪不安全。但挪威有一群消费者并不在乎牛奶是否经过热处理，他们愿意接受生奶酪。毫不奇怪，这些消费者也更喜欢购买新奇的食品，其特点是学历和收入比较高。可能是因为这些人游历的地方多，接触过各种各样的食物，包括生奶酪。因此，他们有愿意尝试不同食品的经历。如果生奶酪能重返挪威市场，他们将会是推动这一变化的消费群体。但可以预计，生奶酪重新进入挪威市场的步伐将会很缓慢，生奶酪仍将是一个小众产品。

法国。人们常将生奶酪与法国奶制品相关联。在世界各地，人们以为大多数法国奶酪都是用生乳生产的。没有什么是比卡门贝特生奶酪更地道的法国货了。但实际上现在生奶酪只占法国奶酪产量约 10%。而且，25%的法国生奶酪是 Comté 奶酪，这种奶酪基本上是模仿批量式巴氏杀菌的热处理来加热牛奶制成的。然而，法国消费者多数喜欢生奶酪，喜欢买生奶酪的人明显多于喜欢买巴氏杀菌奶酪的人（Almli 等，2011）。意大利也是同样的情况，Pasta 等（2009）的一项研究调查显示，受访消费者对生奶酪多数表示支持，支持率高达 78%。2007—2008 年，法国两大奶酪公司要求修改卡门贝特奶酪传统的原产地控制法规，允许使用巴氏杀菌奶。结果遭到强烈反对而告败。这显然与实际市场情况完全相反。如果消费者大多数支持生奶酪，为什么生奶酪市场份额那么低呢？其中一个问题是生奶酪价钱往往比较高。如前所述，大型奶酪制造商更愿意生产巴氏杀菌奶酪，因此，小规模生产者只好专攻生奶酪了。因为它们不能靠规模经济获利，奶酪自然就比较贵。法国消费者对生奶酪的偏爱和实际购买率与其他国家不同也有可能是出于方便的需要。世界各地对切碎、切片和方便包装的奶酪的消费正在增长，这些产品往往是由巴氏杀菌奶制成的。在法国最受欢迎的奶酪，如 Emmental 奶酪和 Fromage Frais 奶酪，都是由巴氏杀菌奶制成的，法国消费者可能不知道法国巴氏杀菌奶制成的奶酪的比例有这么高。尽管这项研究表明，法国人喜爱生奶酪，挪威人喜欢巴氏杀菌奶酪，但作者认为，在这两个例子中，这都表明人们对文化传统的喜爱。在这两个国家，消费者更喜欢他们饮食文化推崇的食品，因而人是按习惯行事的生物，会选择从小接触过的东西。

美国。Colonna 等（2011）在一项研究中对美国人对生奶酪和巴氏杀菌奶酪的偏好进行了探讨。他们发现，手工奶酪制造者对生奶酪生产感兴趣，是因为特色奶酪消费者明显更喜欢生奶酪。但值得注意的是，他们是从参加所谓的美食节的消费者那里得到数据的，这样的美食节通常会吸引更多高收入的消费者参加。在其研究中，891 名美食消费者品尝了当地奶酪制造商生产的两两配对的多种奶酪。每个奶酪生产商都用相似的方法生产两种奶酪，一种用生牛奶，一种用巴氏杀菌牛奶。这些奶酪的风味迥然不同。请消费者同时品尝生奶酪和巴氏杀菌奶酪，并问他们哪种好吃。其中有一半的消费者分到标有三位数代码的奶酪，另一半则分到标注为巴氏杀菌和非巴氏杀菌的奶酪。当被问及他们更喜欢哪种奶酪时，那些品尝了标有三位数代码的奶酪的消费者总的来说并没有什么偏好。约一半的消费者喜欢生奶酪，另一半则更喜欢巴氏杀菌奶酪。相比之下，那些事先知道哪些奶酪是用生牛奶和巴氏杀菌牛奶制成的消费者，则表现出对生奶酪有强烈的偏好。这说明人们认为生奶酪优于巴氏杀菌奶酪。因此，这项研究的结论是，美国的手工奶酪制造商对生奶酪生产感兴趣，应该在标签上注明自己的奶酪是用生乳制成的。但应该注意本研究的局限性，包括参与本研究的消费者类型。这些消费者并非美国的普通消费者，而可能是对特色食品怀有浓厚兴趣的消费者，所以才参加了在当地举办的美食节。另一方面，也可以说，因为他们是手工奶酪制造商的目标消费群体，所以标注生奶酪的建议才有效。表 15.4 中的数据表明，这些消费者似乎很了解生奶酪和巴氏杀菌奶酪的总体差异。

爱尔兰。爱尔兰消费者对奶酪的偏好资料非常有限。Murphy 等（2004）调查了消费者对农家（手工）奶酪的偏好。他们发现，有的消费者群体喜欢生奶酪，有的喜欢巴氏杀菌奶酪，有的两种都喜欢。更重要的是，爱尔兰手工奶酪消费者认为包装比巴氏杀菌或不杀菌更加重要。事实上，研究发现，包装、风味、质地、营养、颜色和价格等因素都比牛奶是否热处理更重要。对于那些对这一因素感兴趣的人来说，巴氏杀菌奶酪被认为比生奶酪更具优势。作者对这一调查结果表示惊讶，因为爱尔兰手工奶酪运动一直致力于保护生奶酪（Murphy 等，2004）。有趣的是，有少数消费者喜欢生奶酪。他们也最注重奶酪的风味，而把包装排在低得多的位置。这两个消费群体罗列出各自的理想奶酪的特点。毫不奇怪，这两组人喜欢的奶酪类型迥异。巴氏杀菌奶酪组（139 名消费

者）称最喜欢的奶酪是大规模生产的巴氏杀菌白切达干酪，最不喜欢的是农家生奶酪。生奶酪组（117 名消费者）最喜欢风味浓烈的白色生奶酪。他们对价格不太敏感，愿意为喜欢的奶酪多掏钱。因此，与挪威消费者相似，很明显，高收入群体的消费者更有可能接受生奶酪，至少在生奶酪消费不普遍的国家是这样。Colonna 等（2011）以稍微不同的方式探讨了收入水平与购买意愿之间的关系。他们发现，收入越高的消费者越有可能购买昂贵的奶酪，如花皮奶酪和其他软质奶酪。这并不奇怪，也与巴氏杀菌奶酪和生奶酪没有直接关系。尽管他们确实发现高收入消费者更喜欢气味浓烈的奶酪，这是生奶酪的一个特点（Chambers 等，2010）。

土耳其。上述生乳或巴氏杀菌特色奶酪的研究，针对的主要是发达国家的高收入群体。高收入消费者购买昂贵的生奶酪的意愿更高。但在发展中国家，人们偏爱生乳制品则可能是由于其价格比较低。ATES 和 Ceylan（2010）调查了土耳其城市和农村人群的偏好，城市人群受教育程度和富裕程度明显比较高。在土耳其，酸奶消费量很大，城市家庭平均每月消费 14.06 kg，农村家庭平均每月消费 34.26 kg。城市消费者主要购买巴氏杀菌酸奶，而农村消费者更喜欢在家里用生鲜奶自制酸奶。即使在农村的消费者中，也存在差异，收入越低，酸奶消费量越多，酸奶越有可能是用生乳自制的。研究得出的结论是，高收入消费者购买巴氏杀菌奶制品时，看的是新鲜度和包装，而低收入消费者则靠自己家的奶畜所产的奶来自制生乳制品。

从以上总结的研究可以明显看出，不同国家的消费者对生乳和巴氏杀菌奶制品的看法千差万别。表 15.5 也对这些研究进行了总结。

表 15.5 部分国家消费者对生乳和巴氏杀菌奶制作的奶酪和酸奶的偏好

国家	消费者	偏爱生奶酪或巴氏杀菌的奶酪	年度	资料来源
意大利	奶酪消费者	非常喜欢生奶酪（73%）	2009	Pasta 等，2009
法国	喜欢伊波西斯奶酪，每年至少吃两次	非常喜欢生奶酪，不吃巴氏杀菌奶酪	2011	Almli 等，2011
挪威	喜欢贾尔斯伯格奶酪，至少一个月吃一次	喜欢巴氏杀菌奶酪，少数人喜欢生奶酪	2011	Almli 等，2011
爱尔兰	50%奶酪消费者吃爱尔兰农家奶酪（手工奶酪）	喜欢巴氏杀菌奶酪，少数人喜欢生奶酪	2004	Murphy 等，2004
土耳其	两个不同的社会经济消费群体：城市富裕群体和农村低收入群体	城市富裕消费者更喜欢巴氏杀菌酸奶，而农村低收入消费者喜欢生乳酸奶	2010	Ates 和 Ceylan，2010
美国	参加特色食品节者	明显喜欢生奶酪	2011	Colonna 等，2011

那么，生奶酪是否优于巴氏杀菌奶酪呢？答案是“这得看情况”。许多研究试图找到这个问题的答案，结果并不是很有说服力。但想根据对研究工作的综述来回答这个问

题显然超出了本章的范围。相反，应该考虑到这些研究的不足之处。例如，在许多比较生奶酪和巴氏杀菌奶酪的研究中，唯一有变动的参数是热处理。但奶酪专业人士都知道，要制出优质的巴氏杀菌奶酪，可能需要添加辅助发酵剂，也许还需要改变发酵时间和其他奶酪制作参数。因此，在仅仅热处理方面有所不同的奶酪的研究中，巴氏杀菌奶酪的得分可能会低于相应的生奶酪。这意味着，许多想回答哪种奶酪最好的学术研究本身就有问题。此外，有些偏好测试研究，研究的对象是消费者，有些则是用训练有素的测评员或奶酪行家。显然，参加奶酪品尝的人不同，结果也有所不同（Barcenas 等，2004），使人难以对结果进行比较。最后，巴氏杀菌的影响似乎还取决于奶酪的类型。Retiveau 等（2005）对 22 种不同的法国奶酪进行评估，结果无法得出什么结论。即使我们可以借助科学方法来确定生奶酪是否优于巴氏杀菌奶酪，结果可能也并不重要。正如 Colonna 等（2011）的研究所证明，最要紧的还是消费者的看法。认为生奶酪最好的消费者很可能会找到自己看法的证据。不过，那些认为巴氏杀菌奶酪最好的消费者，如挪威的消费者（Almli 等，2011），也会找到证据来支持他们的看法。

本章关于消费者对巴氏杀菌奶酪与生奶酪和巴氏杀菌酸奶与生酸奶的偏好的综述揭示不同国家之间存在巨大差异，这可能跟文化差异，跟人与食物的关系有很大关系。新趋势的出现为数不多，比如南欧人喜欢生奶酪，而北欧人更喜欢巴氏杀菌奶酪。这种偏好似乎也有一定程度的价格依赖性，发达国家的生乳产品价格高于巴氏杀菌奶产品，而发展中国家生乳产品价格反而比巴氏杀菌产品低。

参考文献

Almli，V.，Nas，R.，Enderli，G.，Sulmont - Rosse，C.，Issanchou，S.，Hersleth，M.，2011. Consumers' acceptance of innovations in traditional cheese. A comparative study in France and Norway. Appetite 57，110-120.

American Academy of Pediatrics（AAP），2014. Consumption of raw or unpasteurized milk and milk products by pregnant women and children. Pediatrics 133，175-179.

American Association of Medical Milk Commissions（AAMMC），1912. Methods and Standards for the Production and Distribution of "Certified Milk". Washington Government Printing Office，Washington，DC，Reprint from Public Health Reports No. 85.

American Association of Public Health Veterinarians（AAPHV），2000. Position statement on raw（unpasteurized）milk/products. Available from:，https：//marlerclark. com/ images/uploads/about - ecoli/PUBLIC-HEALTH-VETERINARIAN-COALITION-COMMITTEE. pdf. .

American Medical Association（AMA），2015. H-150. 980 Milk and human health. Available at：，https：//policysearch. ama-assn. org/policyfinder. .

Association for Food and Drug Officials（AFDO），2005. Presenting information and position statement to state legislative officials considering changing food laws regarding sale of raw milk and raw milk products. Resolution Number 1. Available at：https：//marlerclark. com/pdfs/AFDOrawmilkres. pdf. .

Ates, H., Ceylan, M., 2010. Effects of socio-economic factors on the consumption of milk, yoghurt, and cheese. Insights from Turkey. Br. Food J. 3, 234-250.

Athearn, P., Kendall, P., Hillers, V., Schroeder, M., Bergmann, M., Chen, G., et al., 2004. Awareness and acceptance of current food safety recommendations during pregnancy. Matern. Child Health J. 8, 149-162.

Baars, T., 2013. Milk consumption, raw and general, in the discussion on health or hazard. J. Nutr. Ecol. Food Res. 1, 91-107.

Barcenas, P., Perez Elortondo, F., Albisu, M., 2004. Projective mapping in sensory analysis of ewes milk cheeses: a study on consumers and trained panel performance. Food Res. Int. 37, 723-772.

Beecher, C., 2016. Raw milks "explosive growth" comes with costs to the state. Food Saf. News. Available from: http://www.foodsafetynews.com/2016/01/raw-milksexplosive-growth-comes-with-costs-to-the-state/#. V28QSGOtS7Y.

Bigouette, J. P., Bethel, J. W., Bovbjerg, M. L., Waite-Cusic, J. G., Häse, C. C., Poulsen, K. P., 2018. Knowledge, attitudes and practices regarding raw milk consumption in the Pacific Northwest. Food Protect Trends 38 (2), 104-110.

Buzby, J. C., Gould, L. H., Kendall, M. E., Jones, T. F., Robinson, T., Blayney, D. O. N. P., 2013. Characteristics of consumers of unpasteurized milk in the United States. J. Consum. Aff. 47, 153-166.

Canadian Dairy Information Centre, 2010. World cheese production. Canadian Dairy Information Center. Government of Canada, Ottawa. Available from: https://www.canada.ca/en/health-canada/services/food-nutrition/food-safety/information-product/statement-about-drinking-milk.html.

Centers for Disease Control and Prevention (CDC), 2007. Foodborne active surveillance network (FoodNet) population survey Atlas of exposures. U. S. Dep. Heal. Hum. Serv. Centers Dis. Control Prev. 1, 1-28.

Centers for Disease Control and Prevention (CDC), 2014. Letter to state and territorial epidemiologists and state public health veterinarians - the ongoing public health hazard of consuming raw milk. Available at:, https://www.cdc.gov/foodsafety/pdfs/raw-milk-letter-to-states-2014-508c.pdf. .

Centers for Disease Control and Prevention (CDC), 2015. Legal Status of the Sale of Raw Milk and Outbreaks Linked to Raw Milk, by State, 2007-2012. Available at: https://www.cdc.gov/foodsafety/pdfs/legal-status-of-raw-milk-sales-and-outbreaks-map-508c.pdf.

Chambers, D., Retiveau, A., Esteve, E., 2010. Effect of milk pasteurization on flavor properties of seven commercially available French cheese types. J. Sens. Stud. 25, 494-511.

Colonna, A., Durham, C., Meunier-Goddik, L., 2011. Factors affecting consumers' preferences for and purchasing decisions regarding pasteurized and raw milk specialty cheeses. J. Dairy Sci. 94, 5217-5226.

Cornell University Food Science Department, n. d. Cornell University Food Science Department position statement on raw milk sales and consumption. Available at: http://www.milkfacts.info/CurrentEvents/PositionStatementRawMilk.pdf.

Currier, R. W., 1981. Raw milk and human gastrointestinal disease: problems resulting from legalized sale of "certified raw milk. J. Public Health Policy 3, 226–234.

Dairy Processors Association of Canada (DPAC), 2010. Dairy processors supportgovernment actions to ban the sale of raw milk. Available at:, http://www. newswire. ca/news – releases/dairy – processors–support–government–actions–to–ban–the–sale–of–rawmilk–539704312. html. .

Ferguson, A., 2010. Who benefits from raw milk? Food Saf. News. Available from: http:// www. foodsafetynews. com/2010/02/who–benefits–from–raw–milk/#. WCnQXztEzww.

Fierer, J., 1983. Invasive Salmonella Dublin infections associated with drinking raw milk. West. J. Med. 138, 665–669.

Food and Drug Administration, 1973. Part 18—milk and cream. 38 FR. Fed. Regist. 38, 27924.

Food and Drug Administration, 1974. Identity Standards for Milk and Cream: Order Staying Certain Provisions. 39 FR.

Food and Drug Administration, 1984. Notice of public hearing to receive information on whether milk and milk products sold for human consumption should be pasteurized. Fed. Reg 49, 31065.

Food and Drug Administration, 1987a. Final rule: requirements affecting raw milk for human consumption in interstate commerce. Fed. Regist. 52, 29509.

Food and Drug Administration, 1987b. Requirements affecting raw milk for human consumption in interstate commerce. Fed. Reg 52 (1987), 22340.

Food and Drug Administration (FDA), 2003. M–I–03–4: Sale/consumption of rawmilk—position statement. Available at:, http://www. fda. gov/food/guidanceregulation/guidancedocumentsregulatoryinformation/milk/ucm079103. htm. .

Food and Drug Administration (FDA), 2016. FY 2014–2016 Microbiological Sampling Assignment Summary Report: Raw Milk Cheese Aged 60 Days. Available at: https:// www. fda. gov/downloads/Food/ComplianceEnforcement/Sampling/UCM512217. pdf.

Gumpert, D., 2015. Who Says You Can't Succeed By Selling Raw Milk at $24 Per Gallon?. Available at: http://www. davidgumpert. com/who–says–you–cant–succeedby–selling–raw–milk–at–24–per–gallon.

Halweil, B., 2000. Setting the cheez whiz standard. World Watch 163, 5–58.

Halweil, B., 2002. Home grown. The case for local food in a global market. World Watch.

Headrick, M. L., Timbo, B., Klontz, K. C., Werner, S. B., 1994. Profile of raw milk consumers in California. Public Health Rep. 112, 418–422.

Health Canada, 2005. Statement from health Canada about drinking raw milk. Available from:, http:// www. hc–sc. gc. ca/fn–an/securit/facts–faits/rawmilk–laitcru–eng. php. .

Ijaz, N., 2014. Canadás "other" illegal white substance: evidence, economics and raw milk policy. Health Law Rev 22, 26–39.

Jayarao, B. M., Henning, D. R., 2001. Prevalence of foodborne pathogens in bulk tank milk, J. Dairy Sci., 84. pp. 2157–2162.

Jayarao, B. M., Donaldson, S. C., Straley, B. A., Sawant, A. A., Hegde, N. V., Brown, J. L., 2006. A survey of foodborne pathogens in bulk tank milk and raw milk consumption among farm families in Pennsylvania, J. Dairy Sci., 89. pp. 2451–2458.

Johnson, E., Nelson, J., Johnson, M., 1990. Microbiological safety of cheese made from heat–treated milk. Part II. Microbiology. J. Food Prot. 53, 519–540.

Katafiasz, A. R., Bartett, P., 2012. Motivation for unpasteurized milk consumption in Michigan, 2011. Food Prot. Trends 32, 124-128.

Kay, H. D., 1945. A critique of pasteurization. The case against pasteurization of milk: a statistical examination of the claim that pasteurization of milk saves lives. Nature 33.

Knutson, R. D., Currier, R. W., Ribera, L., Goeringer, P., 2010. Asymmetry in Raw Milk Safety Perceptions and Information: Implications for Risk in Fresh Produce Marketing and Policy. The Economics of Food, Food Choice and Health, Freising, Germany.

Leamy, R. J., Heiss, S. N., Roche, E., 2014. The impact of consumer motivations and sources of information on unpasteurized milk consumption in Vermont, 2013. Food Prot. Trends 34, 216-225.

Leedom, J., 2006. Milk of nonhuman origin and infectious diseases in humans. Clin. Infect. Dis. 43, 610-615.

Murphy, M., Cowan, C., Meehan, H., 2004. A conjoint analysis of Irish consumer preferences for farmhouse cheese. Br. Food J. 106, 288-300.

National Milk Producers Federation (NMPF) and International Dairy Foods Association (IDFA), 2012. Oppose Sen. Rand Paul's (R-KY) amendment No. 2180 permitting the interstate sale of raw milk. Available at:, http: //www. realrawmilkfacts. com/PDFs/NMPF-IDFA-Letter-Sen-Rand-Amendment-060812. pdf. .

Nestle, M., 2003. Safe Food: Bacteria, Biotechnology, and Bioterrorism. University of California Press, Berkeley, CA.

New South Wales Food Authority, 2016. Approval of High Pressure Processing (HPP) of Milk. Available at: http: //www. foodauthority. nsw. gov. au/news/newsandmedia/departmental/2016 - 06 - 03 - HPP-milk.

Newsholme, A., 1935. Pasteurization of Milk. Nature 136, 1-3.

Pasta, C., Cortese, G., Campo, P., Licitra, G., 2009. Do biodiversity factors really affect consumer preferences? Prog. Nutr. 11, 3-11.

Pennsylvania Department of Agriculture, 2016. Raw Milk Bottlers. Available at: http: // www. agriculture. pa. gov/Protect/FoodSafety/DairyandDairyProductManufacturing/Documents/ListingofPAPermittedRawMilkBottlers. pdf.

Pieri, F. A., Colombo, M., Merhi, C. M., Juliati, V. A., Ferreira, M. S., Nero, M. A., et al., 2014. Risky consumption habits and safety of fluid milk Available in retail sales outlets in Viçosa, Minas Gerais State, Brazil. Foodborne Pathog. Dis. 11, 490-496.

Potter, M. E., Kaufmann, A. F., Blake, P. A., Feldman, R. A., 1984. Unpasteurized milk: the hazards of a health fetish. JAMA 252, 2048-2052.

Public Citizen v. Heckler. 1987. 653 F. Suppl. 1229. Civ. A. No. 85-1395. United States District Court, District of Columbia (March 11, 1987).

Retiveau, A., Chambers, D., Esteve, E., 2005. Developing a lexiconfor the flavor description of French cheeses. Food Qual. Prefer. 16, 517-527.

Rohrbach, B. W., Draughon, F. A. N. N., Davidson, P. M., Oliver, S. P., 1992. Prevalence of Listeria monocytogenes, Campylobacter jejuni, Yersinia enterocolitica, and Salmonella in bulk tank milk: risk factors and risk of human exposure. J. Food Prot. 55, 93-97.

Rudolf, M., Scherer, S., 2001. High incidence of Listeria monocytogenes in European red smear cheese. Int. J. Food Microbiol. 63, 91-98.

Schmidt, R. H., Davidson, P. M., 2008. Internationalassociation for food protection (IAFP) position statement: milk pasteurization and the consumption of raw milk in the United States. Food Prot. Trends 45-47. Available from: https://dairy. nv. gov/safety/International-Association-for-Food-Protection/.

Sebastian, R. S., Goldman, J. D., Enns, C. W., Randy, P. 2010. Fluid Milk Consumption in the United States. U. S. Department Of Agriculture Agricultural Research Service Beltsville Human Nutrition Research Center Food Surveys Research Group. Available at: https://www. ars. usda. gov/ARSUserFiles/80400530/pdf/DBrief/3-milk-consumption-0506. pdf.

Shiferaw, B., Yang, S., Cieslak, P., Vugia, D. U. C., Marcus, R., Koehler, J., et al. . 2000. Prevalence of high-risk food consumption and food-handling practices among adults: a multistate survey, 1996 to 1997. The Foodnet Working Group. J. Food Prot. 63, 1538-1543.

Siegner, C., 2016. Nine Salmonella illnesses linked to raw milk from Utah dairy. Food Saf. News. Available from: http://www. foodsafetynews. com/2016/08/nine-cases-ofsalmonella-infection-linked-to-raw-milk-from-utah-dairy/#. WvSx1y-MxsM.

Sobal, J., Bisogni, C. A., 2009. Constructing food choice decisions. Ann. Behav. Med. 38 (Suppl. 1), S37-S46.

Waldman, K., Kerr, J., 2015. Is Food and Drug Administration policy governing artisan cheese consistent with consumers' preferences? Food Policy 55, 71-80.

West, H. G., 2008. Food fears and raw-milk cheese. Appetite 51, 25-29. Wilson, G. S., 1938. Pasteurization of milk. Nature 141, 579-581.

16　生乳及其制品的生产和消费面临的挑战

Luís A. Nero[1] and Antonio F. de Carvalho[2]

[1]Departamento de Veterinária, Universidade Federal de Viçosa, Viçosa, Brazil
[2]Departamento de Tecnologia de Alimentos, Universidade Federal de Viçosa, Viçosa, Brazil

16.1　引　言

对于未经杀菌的生乳及其制品的消费，如奶酪和发酵乳，很长一个时期以来，始终是一个争论不休的话题。另外，为获取食物为目的而进行的动物驯化，是以食用动物的乳汁作为重要的营养来源，使得今天的人们认为奶及奶制品在人类饮食中的重要地位已经成为一个毋庸置疑的问题了。今天的奶业已然发展成了一个产业链不断在延长和技术处在不断改进之中的非常复杂庞大的产业。

自从为了产奶而饲养奶牛，人类和饲养动物之间的接触就增加了。当然作为新的营养源，饮奶的好处是显而易见的，但同时由于与饲养动物的密切接触而产生的某些负面影响也随之而来。一旦有人患上与动物疾病特征相似的疾病，人们对疾病的起源就产生了许多疑问。以为食用生乳是引发疾病的最主要的原因，远远超过了与产奶动物直接接触这一因素。这样的信念推动了许多新技术的发展，以消除生乳潜在的传染疾病的危害。

然而，越来越多的证据表明，这些新的牛奶处理技术并不足以确保奶及其制品的安全性，本质上依然必须从养殖生产的源头开始，实施全过程的卫生控制。所有的技术改进都是通过保证原料奶及其制品的安全性和高质量来实现的，并且只有在严格执行操作程序的情况下，才能体现出对奶业的促进作用。另一方面社会对生乳及其制品的需求却依然非常强劲，原因在于这些产品既是传统文化的代表，又符合新的健康导向的选择，消费者并不在乎奶业的其他方面，究竟成功开发了多少消除危害和污染的控制技术。

借助已经鉴定的益生菌的许多应用实例，数量可观的科学研究已经证明了生奶具有多种有益功能，确实能够提高人体健康水平。另有许多研究专注于生乳的潜在技术性开发，以获得能够控制微生物污染的其他发酵产品，以及在乳品工业中用途广泛的各种发酵剂。更为重要的是，世界各地许多消费者在特定的场合里，例如面对手工特别制作的奶酪和发酵奶时，不仅全都接受而且根本无视它们可能带来的潜在风险，因为毫无疑问这是人类饮食和文化遗产的一部分。

我们既要综合考量涉及生乳及其制品积极和消极的两个方面，还必须兼顾消费需求，最后才能形成一个有根有据的看法。所有与之相关的情况，在本书的前几章中已经有了详细介绍和阐述，加深了我们对生乳及其制品在食品和食品产业中所承担的貌似自相矛盾角色的理解。

16.2 消极方面

生乳存在潜在的风险是确定的（Becker-Algeri 等，2016；van Asselt 等，2017；Verraes 等，2014，2015；Zastempowska 等，2016）。在生产过程中，动物暴露在广泛的生物性、化学性和物理性危害的风险环境里，这些风险会直接影响生产（Claeys 等，2013）。奶牛从牛奶生产链一开始就接触到各种生物制品，有时会导致污染（Can 等，2015；Cavirani，2008；Franco 等，2013；Garcia 等，2010；Hurtado 等，2017；Michel 等，2015；Oliver 等，2005；Widgeren 等，2013）。除了可能引起疾病的生物制品外，还必须考虑到环境的污染。生物污染物具有多样性，如生产环境中出现的器具、设备和车辆等，都可能成为污染终端产品的媒介（Knowlton 和 Cobb，2006；Liu 和 Haynes，2011；Oliver 等，2005；Rychen 等，2008；Saegerman 等，2006；Santorum 等，2012）。这样看来，传播致病因子的不仅来自动物本身，还广泛存在于奶生产的自然环境之中。此外还有人自身的因素：牧场员工也可能是生物污染体的宿主（Barkema 等，2015；Delgado 等，2003；Devendra，2001；Gran 等，2002；Guerreiro 等，2005；Kijlstra 等，2009；Vallin 等，2009；Ventura 等，2016）。种种情况表明，必须在涉及奶及其制品的所有环节，从源头的生乳起步，每个环节都需要全面广泛切实有效的对污染因子控制。确实，新技术和设备可以明显改善卫生条件，但必须强调的是，随着整个奶业产业链每个环节都日益重视采用可靠和有效的卫生程序，用于牧场生产的设备和技术的数量必然在不断增加，污染控制的工作量也必然在同步增加。

化学危害对奶业的威胁同样也是客观存在的（Mitchell 等，1998；Pacheco Silva 等，2014）。在养殖过程中，奶畜动物需要接受不同的临床治疗，难免使用抗生素、抗病毒和抗寄生虫等药物。因此所有的治疗必须在合格的兽医主持下进行，并且必须遵循法律法规给出的严格规定，挤取医治期间病畜所产的奶，不得供作食用。奶中残留的药物有可能会造成重大健康问题，例如过敏症、耐药性、甚至中毒，因为人群中存在对某类药物特别敏感的个体（Mitchell 等，1998；Oliver 等，2011；Pacheco-Silva 等，2014；Straley 等，2006）。此外，奶中的残留药物还可能影响到发酵剂的正常培养进程，危及发酵奶和奶酪产品中益生菌菌株的存活（Mitchell 等，1998）。化学性危害不仅来自治疗药物，凡涉及奶业产业链的所有环节都有遭遇各种各样的化学污染的可能，例如放牧的草地、饲料的加工、水源地等（Bilandzic 等，2011；Michlean 等，2011；Perween，2015；Zhao 等，2012）。奶畜终生都暴露在污染的环境之中，因此它们生产的奶非常可能被来自不同来源的化学物质所污染。

生乳及其制品监管的现状还引出了另一个必须有待解决的消极因素。一般情况下法律都禁止生乳的销售和消费，但消费者对生乳的需求不仅旺盛而且持续。实际上存在着“地下销售市场”，可是政府却征不到税。真正的问题是监管地下生乳交易还需要集中大量的时间和资源。为什么不将这些花费在如何提高质量和安全上去生产更好的生乳呢，因为最终生乳依然在地下交易销售，政府依然还是征不到税，但时间和资源都被白白浪费了。

总之，与生乳及其制品消费有关的负面问题，都是生乳历来固有的老问题，需要在整个生产过程中进行控制，并制定监管程序，对奶制品产业链进行充分监督。但前景并非都是负面的，积极的一面就比如生乳的消费量总是在上升的。

16.3　积极方面

这是肯定存在的，生乳及其制品可能会带来很多风险，在禁止销售的情况下没有任何的税收，也是一个令人担忧的问题。当然这一点是应该肯定的，在发展和采用了确保奶制品安全的工业化程序之后，疾病和死亡的发生率大大降低了。然而更需要肯定的是，自奶畜育种有史以来，人类食用生乳及其制品的生产和消费的需求一直都在增长（Lucey，2015）。尽管主张消费生乳的很多理由并非始终都是科学合理的，不过都是值得认真思考的。

生乳及其制品可能带有致病菌，但值得利用的有益菌也同时隐身在其中（Fernandez 等，2015；Montel 等，2014；Quigley 等，2013）。许多来自生乳的内源菌在人类健康和福祉方面具有广阔的开发潜力（Abushelaibi 等，2017；Aloglu 等，2016；Ayyash 等，2018；De Sant'Anna 等，2017；del Rio 等，2016；Vimont 等，2017；Zhang 等，2016，2017）。除了益生的潜力外，出现在生奶里的另一些细菌还可以产生抗菌化合物，这些抗菌化合物在某种程度上对病原体和腐败菌等不良细菌的生长，起到有效的遏制作用（de Souza，2017；Furtado 等，2015；Gaaloul 等，2015；Macaluso 等，2016；Mirkovic 等，2016；Perin 等，2016，2017；Perin，2014；Portilla 等，2016；Ribeiro 等，2014；Sobrino 等，2008；Tulini 等，2016；Vimont 等，2017；Ziarno，2006）。许多研究已经证明了生乳里的内源性微生物群落之间的相互拮抗作用，可以干扰某些食源性病原体的驻入（Cavicchioli 等，2015；Nero 等，2008；Ortolani 等，2010；Valero 等，2014；Yoon 等，2016）。最后，能够在生牛奶罐中存活的许多土著细菌会产生对乳品加工技术能够获益的物质。这些物质在发酵奶和成熟奶酪的加工中发挥关键作用，保证了独特的味道、质地和香味的形成，从而提高了最终产品的附加值（Banwo 等，2013；Bendimerad 等，2012；de SouzaDias，2017；Fguiri 等，2016；Perin 等，2017；Tulini 等，2016）。

存活在生乳里的微生物群落发挥出来的正面技术效应还派生出了另一个重要事实：手工食品的制作。手工食品是我们文化遗产的一部分，值得铭记、保存和祝福。尤其是手工奶酪在这方面具有重要意义，因为它们是代表世界上多种不同文化的标志性食品

(Alichanidis 等，2008；Luiz 等，2016；von Dentz，2017)。保持传统手工奶酪的制作程序，已经成为许多国家的共识，认为是事关保存和尊重历史的一个关键。在法国、意大利、西班牙、希腊，甚至巴西等地已经出现了一种趋势，即崇敬和恢复手工奶酪制作，以便最大限度地保存这些国家历史的丰满性。

我们已经讨论了生乳及其制品潜在的危害和消费者的需求，还有另一个积极方面的问题需要研究：开发替代性的新技术来提高生乳的安全性（Aguero 等，2017；Amaral 等，2017；Kumar 等，2013；Meena 等，2017；Ng 等，2017；Odueke 等，2016)。这是生乳及其制品市场的自然进化，确保安全和增加供应以满足需求。结果是引入了多样化的适用于设备和用具清洁的技术，还开发了乳的热处理新工艺（过度的加工，如高温巴氏杀菌和超高温灭菌）（Aguero 等，2017；Kumar 等，2013；Meena 等，2017)。所以，多亏了不断增长的对生乳的需求，围绕奶制品加工的科学活动才能得以开展，并且导致该领域的科学研究获得重要成果。

这些积极的方面，以及本书不同章节中讨论到的其他方面，进一步证明了生乳及其制品具有非常正面的优势。然而由于生乳及其制品既有积极的一面，也有消极的另一面，所以生产和消费必须谨慎并向消费者和监管机构充分说明。

16.4 生乳：好还是坏?

这个问题没有对与错的答案。正如本章所述，必须评估生乳生产和消费的正反两方面，以确定需要改进和调整的奶业产业链环节，使之容纳消费生乳的古老传统。毫无疑问，生乳及其制品，特别是奶酪，无论现在和将来，人类都将一直消费下去。毫无疑问，在某些情况下，生乳及其制品会对消费者造成真正的危险，因此监管机构有责任确保产品安全，以避免潜在危害传递给消费者。

这就引出了监管机构的重要性。参与管理的各机构在制定严格可靠的准则方面发挥着重要作用；还要监管生乳生产，监督动物的防疫控制和奶畜动物的疾病治疗；授权牧场的强制登记、疾病监测和生产卫生状况监测等都是必不可少的。所有这些都需要适当的培训和充分的资源。

这样就有了税收：只有通过规范生产和销售生乳及其制品才可以征收足够和可靠的税收。考虑到目前生乳的销售和消费情况对生乳制品征税，肯定能够形成新的资源积累，这些都应该用于提高产品质量和安全性。例如监测生乳生产的关键点和预测人类直接消费量必须有严格的指导方针和执行措施，这两方面都需要大量的财政投资。反过来这项投资又被所提议的税收来证明是合理的。还需要农民必须团结在合作社和协会中，所以需要明确组织促进法，来确立保护和改善生乳生产的目标。其中许多工作是需要由欧洲生奶酪生产商和相应的主管部门来实施的。这样就能大大提高传统欧洲奶酪的质量和安全性，同时也保护了这些国家的文化遗产。

对于生乳及其制品的生产和消费，教育至关重要。必须告知消费者关于生乳及其制品相关的所有危害。这反过来又将促使他们要求生产商严格遵守生产程序，并要求监管

机构负责对购买和消费的产品进行可靠的监测。正确的、基于科学的信息透明是关键：消费者必须能够获得关于与生乳及其制品有关的质量、安全和风险的信息。他们还必须了解监管机构是如何执行监控和监督计划的。此外，必须为高危人群制定特殊教育计划，如老年人、孕妇和哺乳期妇女、新生儿、儿童和免疫缺陷患者。

为评估生乳的实际作用已经提炼出了若干关键要素，以及如何评价生乳及其制品的风险分析与这些关键要素相关性的方法，可以用来衡量这些产品对人类健康可能产生的影响（De Roever，1998；Nesbitt 等，2014；Papademas 等，2010；Young 等，2017a，b）。持续性的监控、确保质量、原料奶和原料奶产品的安全性、监管机构的可靠政策以及基于科学、公正信息的消费者教育，对于未来确定生乳及其制品，究竟是“好食品”还是“坏食品”来说，都至关重要。

参考文献

Abushelaibi，A.，Al-Mahadin，S.，El-Tarabily，K.，Shah，N. P.，Ayyash，M.，2017. Characterization of potential probiotic lactic acid bacteria isolated from camel milk. LWT—Food Sci. Technol. 79，316-325.

Aguero，R.，Bringas，E.，San Roman，M. F.，Ortiz，I.，Ibanez，R.，2017. Membrane processes for whey proteins separation and purification. A review. Curr. Org. Chem. 21，1740-1752.

Alichanidis，E.，Polychroniadou，A.，2008. Characteristics of major traditional regional cheese varieties of East-Mediterranean countries：a review. Dairy Sci. Technol. 88，495-510.

Aloglu，H. S.，Ozer，E. D.，Oner，Z.，2016. Assimilation of cholesterol and probiotic characterization of yeast strains isolated from raw milk and fermented foods. Int. J. Dairy Technol. 69，63-70.

Amaral，G. V.，Silva，E. K.，Cavalcanti，R. N.，Cappato，L. P.，Guimaraes，J. T.，Alvarenga，V. O.，et al.，2017. Dairy processing using supercritical carbon dioxide technology：theoretical fundamentals，quality and safety aspects. Trends Food Sci. Technol. 64，94-101.

Ayyash，M.，Abushelaibi，A.，Al - Mahadin，S.，Enan，M.，El - Tarabily，K.，Shah，N.，2018. In - vitro investigation into probiotic characterisation of *Streptococcus* and *Enterococcus* isolated from camel milk. LWT—Food Sci. Technol. 87，478-487.

Banwo，K.，Sanni，A.，Tan，H.，2013. Technological properties and probiotic potential of *Enterococcus faecium* strains isolated from cow milk. J. Appl. Microbiol. 114，229-241.

Barkema，H. W.，von Keyserlingk，M. A. G.，Kastelic，J. P.，Lam，T.，Luby，C.，Roy，J. P.，et al.，2015. Invited review：changes in the dairy industry affecting dairy cattle health and welfare. J. Dairy Sci. 98，7426-7445.

Becker-Algeri，T. A.，Castagnaro，D.，de Bortoli，K.，de Souza，C.，Drunkler，D. A.，

Badiale-Furlong，E.，2016. Mycotoxins in bovine milk and dairy products：a review. J. Food Sci. 81，R544-R552.

Bendimerad，N.，Kihal，M.，Berthier，F.，2012. Isolation，identification，and technological characterization of wild leuconostocs and lactococci for traditional Raib type milk fermentation. Dairy Sci. Technol. 92，249-264.

Bilandzic, N., Dokic, M., Sedak, M., Solomun, B., Varenina, I., Knezevic, Z., et al., 2011. Trace element levels in raw milk from northern and southern regions of Croatia. Food Chem. 127, 63-66.

Can, H. Y., Elmali, M., Karagoz, A., 2015. Detection of *Coxiella burnetii* in cows', goats', and ewes' bulk milk samples using polymerase chain reaction (PCR). Mljekarstvo 65, 26-31.

Cavicchioli, V. Q., Dornellas, W. D., Perin, L. M., Pieri, F. A., Franco, B., Todorov, S. D., et al., 2015. Genetic diversity and some aspects of antimicrobial activity of lactic acid bacteria isolated from goat milk. Appl. Biochem. Biotechnol. 175, 2806-2822.

Cavirani, S., 2008. Cattle industry and zoonotic risk. Vet. Res. Commun. 32, S19-S24. Claeys, W. L., Cardoen, S., Daube, G., De Block, J., Dewettinck, K., Dierick, K., et al., 2013. Raw or heated cow milk consumption: review of risks and benefits. Food Control 31, 251-262.

DeRoever, C., 1998. Microbiological safety evaluations and recommendations on fresh produce. Food Control 9, 321-347.

DeSant'Anna, F. M., Acurcio, L. B., Alvim, L. B., De Castro, R. D., De Oliveira, L. G., Da Silva, A. M., et al., 2017. Assessment of the probiotic potential of lactic acid bacteria isolated from Minas artisanal cheese produced in the Campo das Vertentes region, Brazil. Int. J. Dairy Technol. 70, 592-601.

de Souza, J. V., Dias, F. S., 2017. Protective, technological, and functional properties of select autochthonous lactic acid bacteria from goat dairy products. Curr. Opin. Food Sci. 13, 1-9.

del Rio, M. D. S., Andrighetto, C., Dalmasso, A., Lombardi, A., Civera, T., Bottero, M. T., 2016. Isolation and characterisation of lactic acid bacteria from donkey milk. J. Dairy Res. 83, 383-386.

Delgado-Pertinez, M., Alcalde, M. J., Guzman-Guerrero, J. L., Castel, J. M., Mena, Y., Caravaca, F., 2003. Effect of hygiene-sanitary management on goat milk quality in semi-extensive systems in Spain. Small Ruminant Res. 47, 51-61.

Devendra, C., 2001. Smallholder dairy production systems in developing countries: characteristics, potential and opportunities for improvement—review. Asian-Australas. J. Anim. Sci. 14, 104-113.

Fernandez, M., Hudson, J. A., Korpela, R., de los Reyes-Gavilsn, C. G., 2015. Impact on human health of microorganisms present in fermented dairy products: an overview. Biomed. Res. Int. 2015, 13.

Fguiri, I., Ziadi, M., Atigui, M., Ayeb, N., Arroum, S., Assadi, M., et al., 2016. Isolation and characterisation of lactic acid bacteria strains from raw camel milk for potential use in the production of fermented Tunisian dairy products. Int. J. Dairy Technol. 69, 103-113.

Franco, M. M. J., Paes, A. C., Ribeiro, M. G., Pantoja, J. C. D., Santos, A. C. B., Miyata, M., et al., 2013. Occurrence of mycobacteria in bovine milk samples from both individual and collective bulk tanks at farms and informal markets in the southeast region of Sao Paulo, Brazil. BMC Vet. Res. 9, 85.

Furtado, D. N., Todorov, S. D., Landgraf, M., Destro, M. T., Franco, B., 2015. Bacteriocinogenic *Lactococcus lactis* subsp lactis DF04Mi isolated from goat milk: application in the control of Listeria monocytogenes in fresh Minas-type goat cheese. Braz. J. Microbiol. 46, 201-206.

Gaaloul, N., ben Braiek, O., Hani, K., Volski, A., Chikindas, M. L., Ghrairi, T., 2015.

Isolation and characterization of large spectrum and multiple bacteriocin-producing Enterococcus faecium strain from raw bovine milk. J. Appl. Microbiol. 118, 343-355.

Garcia, A., Fox, J. G., Besser, T. E., 2010. Zoonotic enterohemorrhagic Escherichia coli: a one health perspective. ILAR J. 51, 221-232.

Gran, H. M., Mutukumira, A. N., Wetlesen, A., Narvhus, J. A., 2002. Smallholder dairy processing in Zimbabwe: hygienic practices during milking and the microbiological quality of the milk at the farm and on delivery. Food Control 13, 41-47.

Guerreiro, P. K., Machado, M. R. F., Braga, G. C., Gasparino, E., Franzener, A. D. M., 2005. Microbiological quality of milk through preventive techniques in the handling of production. Cienc. Agrotecnol. 29, 216-222.

Hurtado, A., Ocejo, M., Oporto, B., 2017. *Salmonella* spp. and *Listeria monocytogenes* shedding in domestic ruminants and characterization of potentially pathogenic strains. Vet. Microbiol. 210, 71-76.

Kijlstra, A., Meerburg, B. G., Bos, A. P., 2009. Food safety in free-range and organic livestock systems: risk management and responsibility. J. Food Prot. 72, 2629-2637.

Knowlton, K. F., Cobb, T. D., 2006. ADSA foundation scholar award: implementing waste solutions for dairy and livestock farms. J. Dairy Sci. 89, 1372-1383.

Kumar, P., Sharma, N., Ranjan, R., Kumar, S., Bhat, Z. F., Jeong, D. K., 2013. Perspective of membrane technology in dairy industry: a review. Asian-Australas. J. Anim. Sci. 26, 1347-1358.

Liu, Y. Y., Haynes, R. J., 2011. Origin, nature, and treatment of effluents from dairy and meat processing factories and the effects of their irrigation on the quality of agricultural soils. Crit. Rev. Environ. Sci. Technol. 41, 1531-1599.

Lucey, J. A., 2015. Raw milk consumption: risks and benefits. Nutr. Today 50, 189-193.

Luiz, L. M. P., Chuat, V., Madec, M. N., Araujo, E. A., de Carvalho, A. F., Valence, F., 2016. Mesophilic lactic acid bacteria diversity encountered in Brazilian farms producing milk with particular interest in Lactococcus lactis strains. Curr. Microbiol. 73, 503-511.

Macaluso, G., Fiorenza, G., Gagho, R., Mancuso, I., Scatassa, M. L., 2016. *In vitro* evaluation of bacteriocin-like inhibitory substances produced by lactic acid bacteria isolated during traditional Sicilian cheese making. Ital. J. Food Saf. 5, 5503.

Meena, G. S., Singh, A. K., Panjagari, N. R., Arora, S., 2017. Milk protein concentrates: opportunities and challenges. J. Food Sci. Technol. 54, 3010-3024.

Michel, A. L., Geoghegan, C., Hlokwe, T., Raseleka, K., Getz, W. M., Marcotty, T., 2015. Longevity of Mycobacterium bovis in raw and traditional souring milk as a function of storage temperature and dose. PLoS ONE 10, e0129926.

Miclean, M., Cadar, O., Roman, C., Tanaselia, C., Stefanescu, L., Stezar, C. I., et al., 2011. The influence of environmental contamination on heavy metals and organochlorine compounds levels in milk. Environ. Eng. Manage. J. 10, 37-42.

Mirkovic, N., Polovic, N., Vukotic, G., Jovcic, B., Miljkovic, M., Radulovic, Z., et al., 2016. *Lactococcus lactis* LMG2081 produces two bacteriocins, a nonlantibiotic and a novel lantibiotic. Appl. Environ. Microbiol. 82, 2555-2562.

Mitchell, J. M., Griffiths, M. W., McEwen, S. A., McNab, W. B., Yee, A. J., 1998. Antimicrobial drug residues in milk and meat: causes, concerns, prevalence, regulations, tests, and test performance. J. Food Prot. 61, 742–756.

Montel, M. –C., Buchin, S., Mallet, A., Delbes–Paus, C., Vuitton, D. A., Desmasures, N., et al., 2014. Traditional cheeses: rich and diverse microbiota with associated benefits. Int. J. Food Microbiol. 177, 136–154.

Nero, L. A., deMattos, M. R., Barros, M. D. F., Ortolani, M. B. T., Beloti, V., Franco, B., 2008. *Listeria monocytogenes* and *Salmonella* spp. in raw milk produced in Brazil: occurrence and interference of indigenous microbiota in their isolation and development. Zoonoses Public Health 55, 299–305.

Nesbitt, A., Thomas, M. K., Marshall, B., Snedeker, K., Meleta, K., Watson, B., et al., 2014. Baseline for consumer food safety knowledge and behaviour in Canada. Food Control 38, 157–173.

Ng, K. S. Y., Haribabu, M., Harvie, D. J. E., Dunstan, D. E., Martins, G. J. O., 2017. Mechanisms of flux decline in skim milk ultrafiltration: a review. J. Membr. Sci. 523, 144–162.

Odueke, O. B., Farag, K. W., Baines, R. N., Chadd, S. A., 2016. Irradiation applications in dairy products: a review. Food Bioprocess Technol. 9, 751–767.

Oliver, S. P., Jayarao, B. M., Almeida, R. A., 2005. Foodborne pathogens in milk and the dairy farm environment: food safety and public health implications. Foodborne Pathog. Dis. 2, 115–129.

Oliver, S. P., Murinda, S. E., Jayarao, B. M., 2011. Impact of antibiotic use in adult dairy cows on antimicrobial resistance of veterinary and human pathogens: a comprehensive review. Foodborne Pathog. Dis. 8, 337–355.

Ortolani, M. B. T., Yamazi, A. K., Moraes, P. M., Vicosa, G. N., Nero, L. A., 2010. Microbiological quality and safety of raw milk and soft cheese and detection of autochthonous lactic acid bacteria with antagonistic activity against *Listeria monocytogenes*, *Salmonella* spp., and *Staphylococcus aureus*. Foodborne Pathog. Dis. 7, 175–180.

Pacheco–Silva, E., de Souza, J. R., Caldas, E. D., 2014. Veterinary drug residues in milk and eggs. Quim. Nova 37, 111–122.

Papademas, P., Bintsis, T., 2010. Food safety management systems (FSMS) in the dairy industry: a review. Int. J. Dairy Technol. 63, 489–503.

Perin, L. M., Belviso, S., dal Bello, B., Nero, L. A., Cocolin, L., 2017. Technological properties and biogenic amines production by bacteriocinogenic *lactococci* and *enterococci* strains isolated from raw goat's milk. J. Food Prot. 80, 151–157.

Perin, L. M., Nero, L. A., 2014. Antagonistic lactic acid bacteria isolated from goat milk and identification of a novel nisin variant *Lactococcus lactis*. BMC Microbiol. 14, 36.

Perin, L. M., Todorov, S. D., Nero, L. A., 2016. Investigation of genes involved in nisin production in *Enterococcus* spp. strains isolated from raw goat milk. Antonie Van Leeuwenhoek 109, 1271–1280.

Perween, R., 2015. Factors involving in fluctuation of trace metals concentrations in bovine milk. Pak. J. Pharm. Sci. 28, 1033–1038.

Portilla–Vazquez, S., Rodriguez, A., Ramirez–Lepe, M., Mendoza–Garcia, P. G., Martinez, B., 2016. Biodiversity of bacteriocin – producing lactic acid bacteria from Mexican regional cheeses and their contribution to milk fermentation. Food Biotechnol. 30, 155–172.

Quigley, L., O'Sullivan, O., Stanton, C., Beresford, T. P., Ross, R. P., Fitzgerald, G. F., et

al., 2013. The complex microbiota of raw milk. FEMS Microbiol. Rev. 37, 664-698.

Ribeiro, S. C., Coelho, M. C., Todorov, S. D., Franco, B., Dapkevicius, M. L. E., Silva, C. C. G., 2014. Technological properties of bacteriocin-producing lactic acid bacteria isolated from Pico cheese an artisanal cow's milk cheese. J. Appl. Microbiol. 116, 573-585.

Rychen, G., Jurjanz, S., Toussaint, H., Feidt, C., 2008. Dairy ruminant exposure to persistent organic pollutants and excretion to milk. Animal 2, 312 - 323. Saegerman, C., Pussemier, L., Huyghebaert, A., Scippo, M. L., Berkvens, D., 2006. Onfarm contamination of animals with chemical contaminants. Rev. Sci. Tech. 25, 655-673.

Santorum, P., Garcia, R., Lopez, V., Martinez - Suarez, J. V., 2012. Review. Dairy farm management and production practices associated with the presence of Listeria monocytogenes in raw milk and beef. Span. J. Agric. Res. 10, 360-371.

Sobrino-Lopez, A., Martin-Belloso, O., 2008. Use of nisin and other bacteriocins for preservation of dairy products. Int. Dairy J. 18, 329-343.

Straley, B. A., Donaldson, S. C., Hedge, N. V., Sawant, A. A., Srinivasan, V., Oliver, S. P., et al., 2006. Public health significance of antimicrobial - resistant Gram - negative bacteria in raw bulk tank milk. Foodborne Pathog. Dis. 3, 222-233.

Tulini, F. L., Hymery, N., Haertle, T., Le Blay, G., De Martinis, E. C. P., 2016. Screening for antimicrobial and proteolytic activities of lactic acid bacteria isolated from cow, buffalo and goat milk and cheeses marketed in the southeast region of Brazil. J. Dairy Res. 83, 115-124.

Valero, A., Hernandez, M., De Cesare, A., Manfreda, G., Gonzalez - Garcia, P., Rodriguez - Lazaro, D., 2014. Survival kinetics of Listeria monocytogenes on raw sheep milk cured cheese under different storage temperatures. Int. J. Food Microbiol. 184, 39-44.

Vallin, V. M., Beloti, V., Battaglini, A. P. P., Tamanini, R., Fagnani, R., da Angela, H. L., et al., 2009. Milk quality improvement after implantation of good manufacturing practices in milking in 19 cities of the central region of Parana. Semina Cienc. Agrar. 30, 181-188.

vanAsselt, E. D., van der Fels-Klerx, H. J., Marvin, H. J. P., van Bokhorst-van de Veen, H., Groot, M. N., 2017. Overview of food safety hazards in the European dairy supply chain. Compr. Rev. Food Sci. Food Saf. 16, 59-75.

Ventura, B. A., vonKeyserlingk, M. A. G., Wittman, H., Weary, D. M., 2016. What difference does a visit make? Changes in animal welfare perceptions after interested citizens tour a dairy farm. PLoS ONE 11, e0154733.

Verraes, C., Claeys, W., Cardoen, S., Daube, G., De Zutter, L., Imberechts, H., et al., 2014. A review of the microbiological hazards of raw milk from animal species other than cows. Int. Dairy J. 39, 121-130.

Verraes, C., Vlaemynck, G., Van Weyenberg, S., De Zutter, L., Daube, G., Sindic, M., et al., 2015. A review of the microbiological hazards of dairy products made from raw milk. Int. Dairy J. 50, 32-44.

Vimont, A., Fernandez, B., Hammami, R., Ababsa, A., Daba, H., Fliss, I., 2017. Bacteriocin - producing Enterococcus faecium LCW 44: a high potential probiotic candidate from raw camel milk. Front. Microbiol. 8, 865.

von Dentz, B. G. Z., 2017. Artisan production of traditional food as an intangible patrimony: prospects and possibilities. RIVAR 4, 92-115.

Widgren, S., Eriksson, E., Aspan, A., Emanuelson, U., Alenius, S., Lindberg, A., 2013. Environmental sampling for evaluating verotoxigenic Escherichia coli O157: H7 status in dairy cattle herds. J. Vet. Diagn. Invest. 25, 189-198.

Yoon, Y., Lee, S., Choi, K. H., 2016. Microbial benefits and risks of raw milk cheese. Food Control 63, 201-215.

Young, I., Reimer, D., Greig, J., Meldrum, R., Turgeon, P., Waddell, L., 2017a. Explaining consumer safe food handling through behavior-change theories: a systematic review. Foodborne Pathog. Dis. 14, 609-622.

Young, I., Thaivalappil, A., Reimer, D., Greig, J., 2017b. Food safety at farmers' markets: a knowledge synthesis of published research. J. Food Prot. 80, 2033-2047.

Zastempowska, E., Grajewski, J., Twaruzek, M., 2016. Food-borne pathogens and contaminants in raw milk—a review. Ann. Anim. Sci. 16, 623-639.

Zhang, B., Wang, Y. P., Tan, Z. F., Li, Z. W., Jiao, Z., Huang, Q. C., 2016. Screening of probiotic activities of lactobacilli strains isolated from traditional Tibetan Qula, a raw yak milk cheese. Asian-Australas. J. Anim. Sci. 29, 1490-1499.

Zhang, F. X., Wang, Z. X., Lei, F. Y., Wang, B. N., Jiang, S. M., Peng, Q. N., et al., 2017. Bacterial diversity in goat milk from the Guanzhong area of China. J. Dairy Sci. 100, 7812-7824.

Zhao, X. H., Bo, L. Y., Wang, J., Li, T. J., 2012. Survey of seven organophosphorus pesticides in drinking water, feedstuffs and raw milk from dairy farms in the Province Heilongjiang during 2008-2009. Milchwissenschaft 67, 293-296.

Ziarno, M., 2006. Bacteria of *Enterococcus* genus in milk and dairy products. Med. Weter. 62, 145-148.